普通高等教育机械工程类精品课程系列教材

工程图学 CAD 实践

（Inventor 2020 版）

主　编　杨光辉
副主编　陈　平　许　倩
主　审　窦忠强　尚凤武

中国铁道出版社有限公司

2023年·北　京

内 容 简 介

本书是“普通高等教育机械工程类精品课程系列教材”之一。全书共8章,包括形体和零件的构形及分析设计方法、零件参数化特征设计、草图设计和零件特征设计、产品造型设计、实体装配设计、部件分解表达、工程图设计、渲染与动画。

本书适合作为高等学校计算机三维造型设计课程的教材,也可作为工科类高等本科和高职院校相关专业教材,同时还可作为广大科技工作者的工具书。

图书在版编目(CIP)数据

工程图学CAD实践:Inventor 2020版/杨光辉主编.—北京:中国铁道出版社有限公司,2023.9
普通高等教育机械工程类精品课程系列教材
ISBN 978-7-113-30355-6

Ⅰ.①工… Ⅱ.①杨… Ⅲ.①工程制图-计算机辅助设计-应用软件-高等学校-教材 Ⅳ.①TU202

中国国家版本馆CIP数据核字(2023)第120502号

书　　名:工程图学CAD实践(Inventor 2020版)
作　　者:杨光辉

责任编辑:尹　娜　　**编辑部电话:**(010)51873206　　**电子邮箱:**624154369@qq.com
封面设计:刘　颖
责任校对:刘　畅
责任印制:赵星辰

出版发行:中国铁道出版社有限公司(100054,北京市西城区右安门西街8号)
网　　址:http://www.tdpress.com
印　　刷:天津嘉恒印务有限公司
版　　次:2023年9月第1版　2023年9月第1次印刷
开　　本:787 mm×1 092 mm 1/16　**印张:**18.25　**字数:**443千
书　　号:ISBN 978-7-113-30355-6
定　　价:49.00元

前　言

计算机辅助设计(computer aided design,CAD)技术推动了产品设计和工程设计的革命,受到了极大重视并正在被广泛地推广应用。Inventor 是 Autodesk 公司 1999 年推出的一款面向机械工程师、制造工程师和工业产品设计师的三维产品设计软件。它融合了当前 CAD 所采用的最新技术,具有强大的造型能力;其独特的自适应技术使得以装配为中心的“自上向下”的设计思想成为可能;该软件与 AutoCAD 有极好的兼容性,具有直观的用户界面、直观菜单、智能纠错等优秀功能,广泛应用于机械工程、工程设计等相关行业。

本书以 Inventor 2020 为设计平台,是《工程图学 CAD 实践(Inventor 2010 版)》的升级改版。本书全面贯彻教育部最新颁布的制图课程教学基本要求,融入了近几年三维设计表达和传统制图教学相结合的教学实践和成果,以加强引导和培养现代工程技术人员的计算机工程实践能力和创新设计能力。

本书是根据教育部高等学校工程图学教学指导分委员会制定的《普通高等院校工程图学课程教学基本要求》、《全国大学生先进成图技术与产品信息建模创新大赛机械类竞赛大纲》和中国图学学会《CAD 技能等级考评大纲》构思整体框架,参考国内外同类教材,在教学实践的基础上编写而成,适合工业产品类 CAD 技能的各个专业人员的学习和培训。本教材的编写得到了“十三五”期间高等学校本科教学质量与教学改革工程建设项目和北京科技大学教材建设项目的支持。

全书共分 8 章。第 1 章为形体和零件的构形及分析设计方法,主要讲述各种构形设计表达方法;第 2 章为零件参数化特征设计,主要通过实例了解简单零件的三维设计过程和参数化设计过程;第 3 章为草图设计和零件特征设计,主要讲述各种草图特征命令和零件特征命令;第 4 章为产品造型设计,主要通过大量实例详细介绍不同产品造型的思路;第 5 章为实体装配设计,主要通过典型实例讲述三维实体装配设计的基本方法;第 6 章为部件分解表达,主要通过典型实例讲述部件爆炸分解的表达方法;第 7 章为工程图设计,主要介绍包括二维零件图和装配图在内的二维工程图的生成;第 8 章为渲染与动画,主要通过典型实例介绍零部件的渲染技术和动画方法。

本书的主要特色如下：

1. 突出了应用性和实用性，通过丰富的实例强化技能培训，因此可以作为工科类高等本科学校和高职院校相关专业教材，也可作为广大科技工作者的工具书。

2. 选用了"全国大学生先进成图技术与产品信息建模创新大赛"的部分典型比赛真题，便于设计者准确了解对三维建模技术所要求掌握的程度。

3. 在编写过程中注重启发设计者的建模思路和方法，每个实例都包含模型分析（部分模型素材可从中国铁道出版社有限公司的网站下载），同时每章后附有练习题，方便设计者进行针对性练习。

4. 继续丰富了三维建模实例，与时俱进，方便不同阶段的使用者选用练习。同时选用了在教学实践环节中遇到的一些难点和重点部分进行重点讲解，能够帮助设计者快速掌握 Inventor 的三维建模技能。

5. 为了让初学者了解、学习和掌握 Inventor 软件的基本功能，包括零件的三维建模、三维虚拟装配、三维爆炸分解、生成拆装动画视频、由零件模型生成二维零件图、由部件模型生成二维装配图等，本书所提供的实例步骤详细，可操作性强，方便初学者自我快速学习。

6. 及时升级软件版本，紧跟科研发展前沿，将最新的软件功能及其特色在教材中体现出来，同时方便读者在学习时所用软件版本的一致性。

本书由北京科技大学杨光辉任主编，陈平、许倩任副主编，杨恭领、周天宇参与了编写工作。北京科技大学窦忠强教授、北京航空航天大学尚凤武教授对本书进行了审阅，并提出了许多宝贵意见和建议，在此表示衷心的感谢。

由于编者水平有限，书中难免仍有疏漏之处，敬请广大读者批评指正。作者 E-mail 联系方式：yanggh@ ustb. edu. cn。

编　者

2023 年 6 月

目　　录

第 1 章　形体和零件的构形及分析设计方法

学习目标

1. 学习形体的形成方式和构形方法。
2. 熟悉组合体构形设计中的原则和方法。
3. 掌握零件的构形设计方法。

学习内容

1. 简单形体的形成方式。
2. 复杂形体的分类、构形和分析方法。
3. 组合体构形设计中的基本要求、原则和方法。
4. 零件的构形设计要求和方法。

1.1　简单形体的形成方式和结构特点

简单形体主要指形状比较简单的**平面立体**和**曲面立体**（**回转体**为常见的曲面体）。

平面立体指各表面都是由平面围成的立体。平面立体多种多样，最常见的有棱柱和棱锥。

曲面立体指表面全部或部分由曲面围成的立体。工程中常见的曲面立体为**回转体**，其上的曲面为**回转面**。

1.1.1　平面立体

常见平面立体的形成方式和结构特点见表 1-1。

表 1-1　常见平面立体的形成方式和结构特点

名　称	六　棱　柱	棱　柱　体	四　棱　锥	棱　锥　体
直观图				
形成方式				
结构特点	由上、下两底面和若干棱面组成，棱面垂直于底面，各条棱线互相平行； 底面形状反映立体特征，为特征平面，不同的特征平面形成不同的柱体		由一个或两个底面和具有公共顶点的棱面组成，各棱线交于顶点； 不同形状的底面形成不同的锥体	

1.1.2 回转体

常见回转体的形成方式和结构特点见表1-2。

表1-2 常见回转体的形成方式和结构特点

名　称	圆 柱 面	圆 锥 面	圆 球 面	圆弧回转面
直观图				
回转面形成方式	O A B O	O A B O	O A B C O	O A B O
回转体形成方式				
结构特点	由上、下两底面和一个回转面组成，回转面垂直于底面，各条素线与轴线平行	由一个底面和一个回转面组成，各条素线与轴线交于公共顶点	由一圆绕过直径的轴线回转而成	由上、下两底面和一圆弧回转面组成，两底面互相平行，素线为一段圆弧

1.2 复杂形体的构形和分析方法

复杂形体主要指**组合体**、**放样体**和**扫掠体**等。

组合体可看作是由一些**简单形体**（基本几何体）包括棱柱、棱锥、圆柱、圆锥、圆球、圆环等，按一定方式组合而成。有**叠加类**、**切割类**和**综合类**三种类型。

放样体是不在同一平面上的两个或多个截面轮廓之间进行连接过渡，产生表面光滑、形状复杂的三维实体。

扫掠体是将截面轮廓沿着一条路径移动，其截面轮廓移动的轨迹构成三维实体。扫掠体包含二维路径扫掠体、三维路径扫掠体和螺旋扫掠体。

1.2.1 构形方法

复杂形体构形的基本方法包括**叠加**（并运算）、**挖切**（差运算）、**求交**（交运算）三种集合运算方法和**拉伸**、**旋转**、**放样**、**扫掠**等动平面轨迹运算方法。

（1）**叠加**：并运算，求形体的并集（ ∪ ），如图 1-1（a）所示。

（2）**挖切**：差运算，求形体的差集（\），如图 1-1（b）所示。

（3）**求交**：交运算，求形体的交集（ ∩ ），如图 1-1（c）所示。

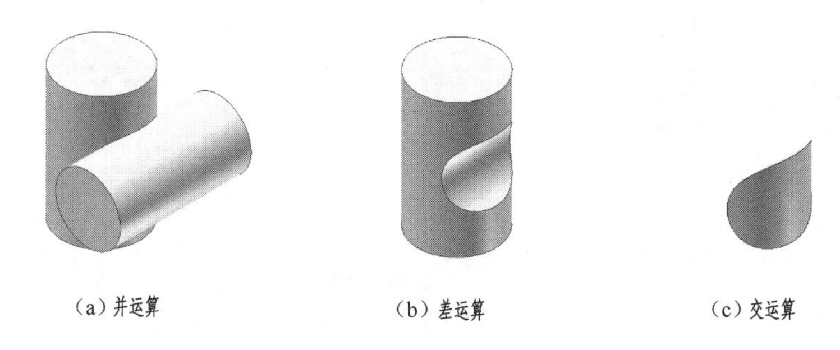

（a）并运算　　（b）差运算　　（c）交运算

图 1-1　形体的并、差、交运算示例

（4）**拉伸**：一动平面沿着其法线方向拉伸形成拉伸体。截面不变拉伸时形成柱体，截面变化时形成锥体，如图 1-2 所示。

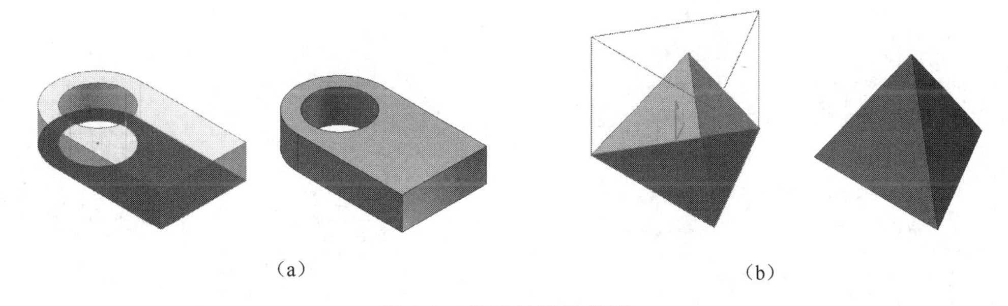

（a）　　（b）

图 1-2　常见的拉伸构形

（5）**旋转**：一动平面绕轴线旋转（动平面与轴线共面）形成回转体，如图 1-3 所示。

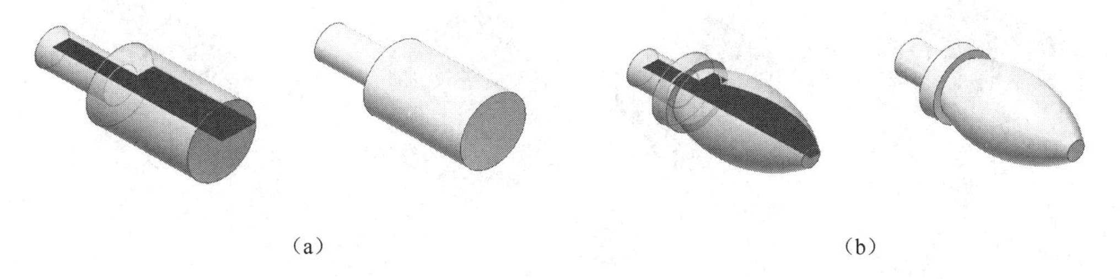

（a）　　（b）

图 1-3　常见的旋转构形

（6）**放样**：不在同一平面上的两个或多个平面之间进行表面光滑连接过渡而产生放样体，如图 1-4 所示。

（7）**扫掠**：将动平面沿着一条路径移动，其动平面移动的轨迹构成三维实体。如果路径是二维路径（平面曲线），就会得到二维路径扫掠体；如果路径是三维路径（空间曲线），就会得到三维路径扫掠体；如果路径是螺旋线，就会得到螺旋扫掠体，如图 1-5 所示。

从工程制造实现角度考虑，形体组合构成复杂体的基本形式是**叠加**（并运算）和**挖切**（差运算），较复杂的组合体常常是综合运用**叠加**、**挖切**和**综合**（叠加和挖切的复合）三种形式得到的，如图 1-6 ~ 图 1-8 所示。

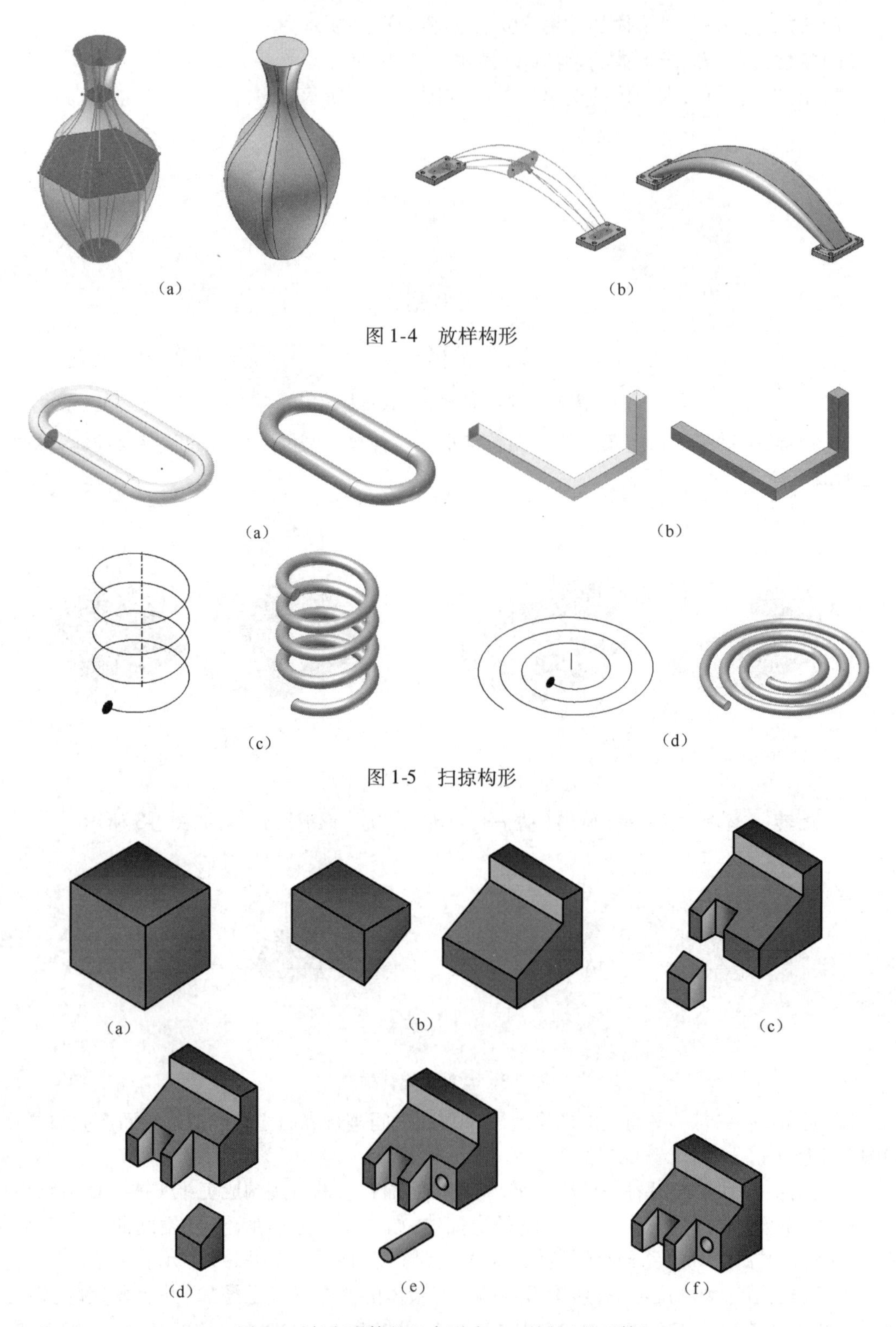

图1-4　放样构形

图1-5　扫掠构形

图1-6　复杂形体的组合形式——挖切(差运算)

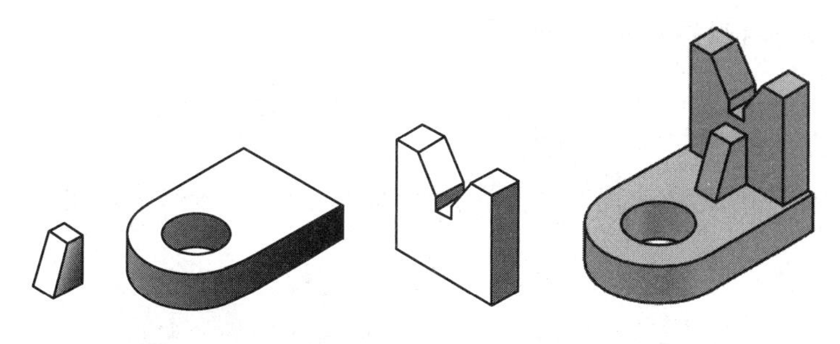

图 1-7　复杂形体的组合形式——叠加(并运算)

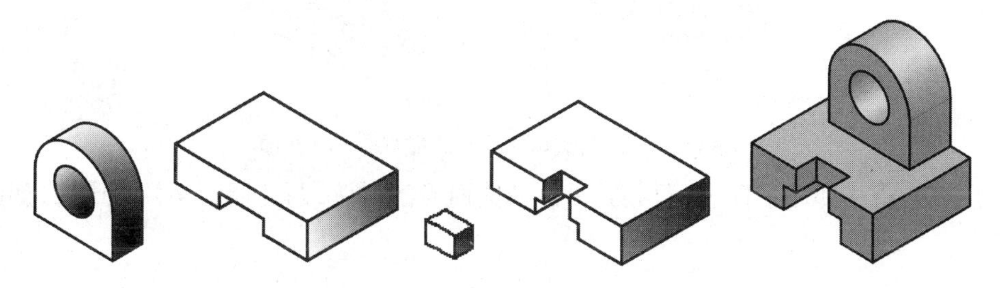

图 1-8　复杂形体的组合形式——综合(并运算和差运算的复合)

1.2.2　组合体构形的描述

实体几何构造(Constructive Solid Geometry,CSG)法是一种常用的三维模型表示法。通过 CSG 法可将体素(即形体)通过并(∪)、交(∩)、差(\)集合运算,构成更为复杂的三维实体模型。用 CSG 法表示一个物体可用二叉树的形式,即 CSG 树加以描述。

CSG 树是用一棵有序的倒置二叉树来表示组合体的集合构成方式。CSG 树的叶节点是形体,根节点是复杂形体,中间节点是集合运算符号。CSG 树能够形象地描述组合体构形的思维过程,有助于建模构思。图 1-9 给出了一个组合体构形 CSG 树的例子。

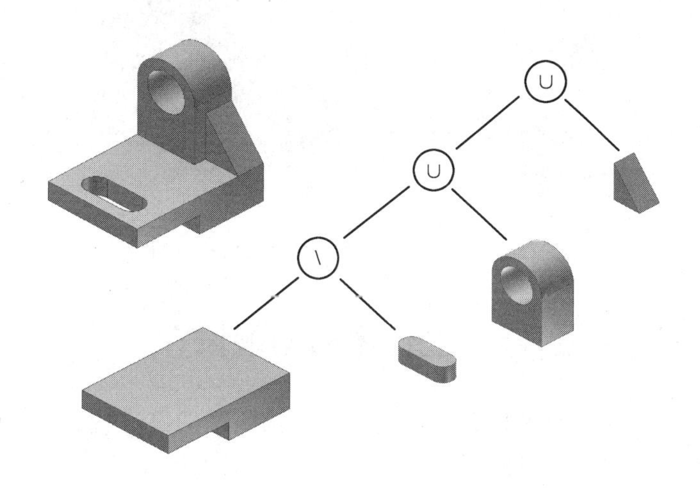

图 1-9　组合体构形的 CSG 树

1.2.3 形体间的相对位置和邻接表面关系

构成组合体的形体之间可能处于上下、左右、前后或对称、同轴等相对位置。相邻两形体表面的过渡关系可以分成三种：

（1）**共面**：指相邻两形体表面互相平齐，两表面结合处无分界线，如图1-10所示。

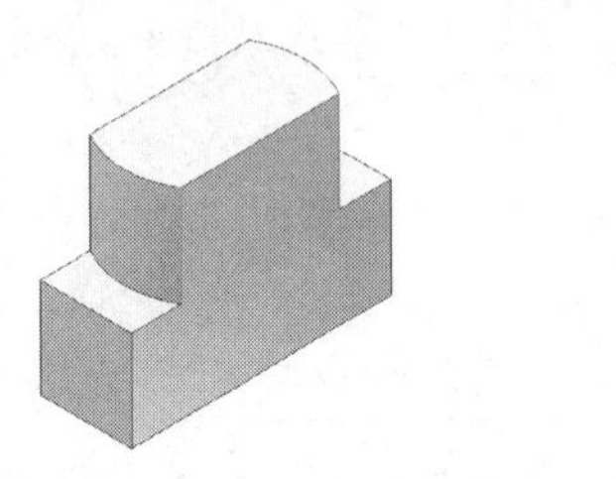

图1-10　相邻形体的邻接表面关系——共面

（2）**相切**：指相邻两形体表面相切，平面与曲面光滑过渡，两表面相切处不画线，如图1-11所示。

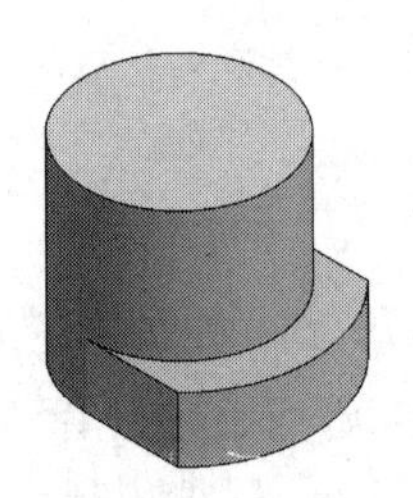
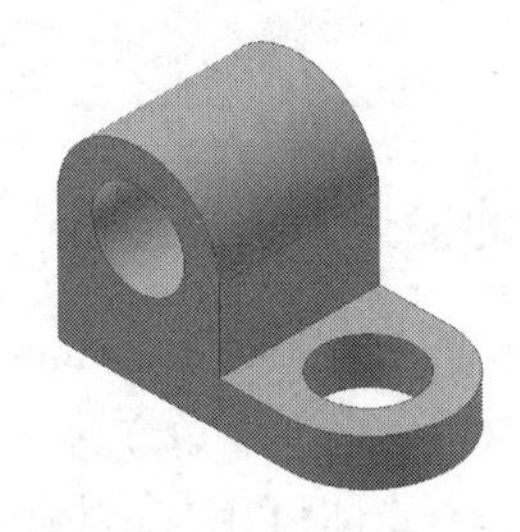

图1-11　相邻形体的邻接表面关系——相切

（3）**相交**：指相邻两形体表面相交，两表面相交处要画交线，如图1-12所示。

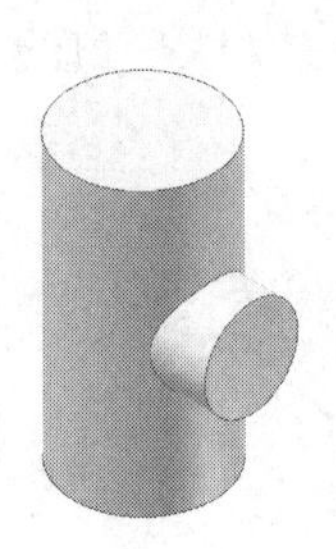
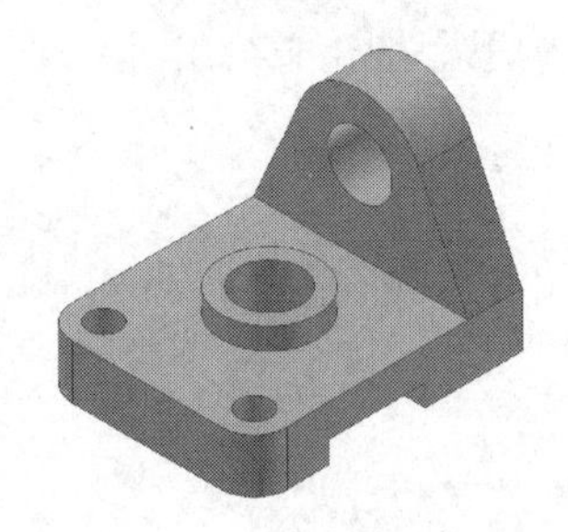

图1-12　相邻形体的邻接表面关系——相交

1.3　组合体的构形设计

组合体可看作是实际机件的**抽象**和**简化**。组合体的构形设计就是利用基本几何形体构建组合体，并将其表达成图样。即淡化设计和工艺的专业性要求，只是把形状构造出来，实现物体形状的模拟或根据给定条件（例如：与给定的视图相符合）构造实体。这种创意构形、形体表达的过程，对于空间想象能力和创新能力的培养非常有利。

1.3.1　构形设计的基本要求

1. 构形应为现实的实体

构形设计的组合体应是实际可以存在的实体。两形体之间不能用点连接(仅一点接触)[图 1-13(a)],不能用线连接[图 1-13(b)、(c)]。另外,封闭的内腔不便于成形,一般不要采用[图 1-13(d)]。

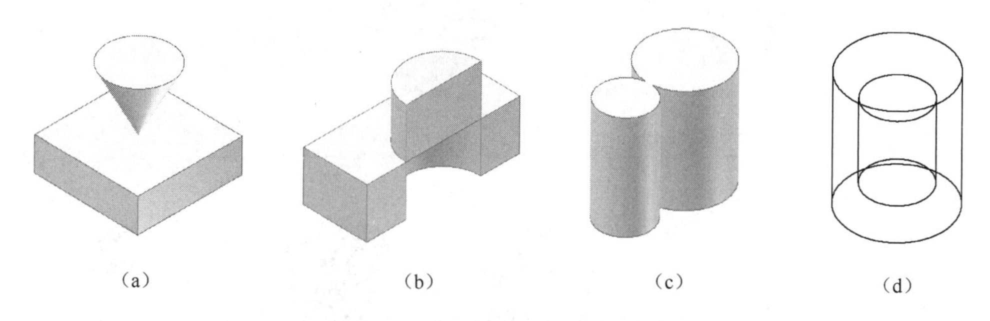

(a)　(b)　(c)　(d)

图 1-13　形体构形中的错误

2. 组合体构形过程中使用的基本形体尽可能简单

一般使用**平面立体**、**回转体**来构形,没有特殊需要不用其他曲面,这样绘图、标注尺寸和制作都比较方便。如图 1-14 所示的台灯和书柜,构形中体现着**简单**、**大方**、**时尚**。

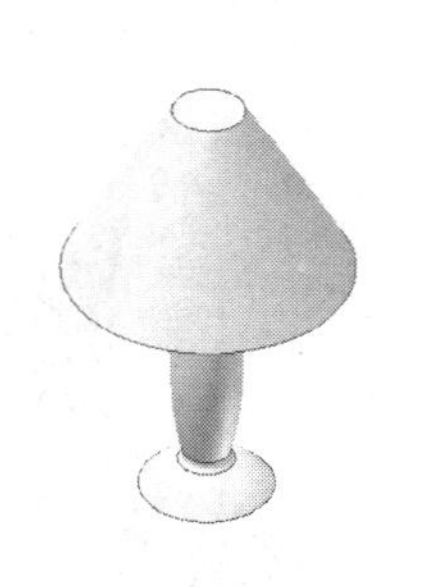
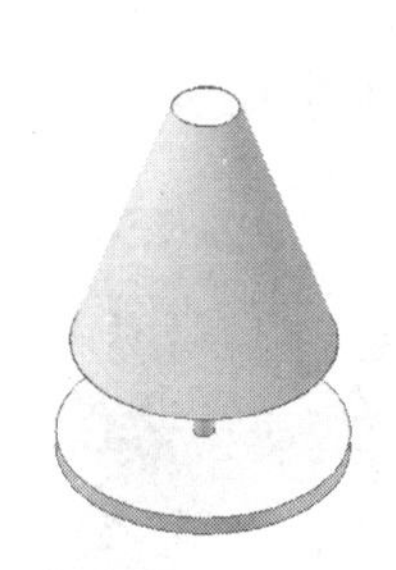
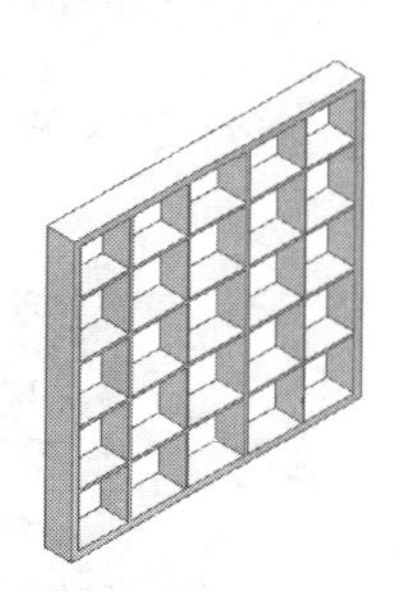
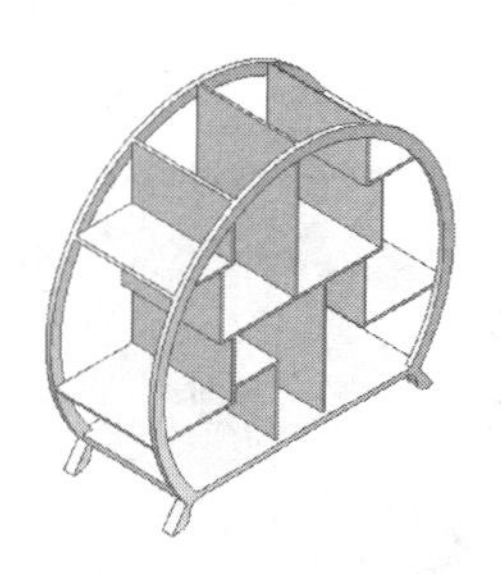

图 1-14　构形简单示例

3. 多样、变异、新颖

构建组合体的各形体的形状(平曲、凹凸)、大小、相对位置(**相切**、**相交**、**对称**、**平行**、**垂直**、**倾斜**等)和虚实(空形体、实形体)的任一因素发生变化,就将引起构形的变化。这些变化的组合就是千变万化的构形结果。

应充分发挥想象力、创新思维、发散思维,激励构形的灵感,力求构想出打破常规、与众不同的新颖方案。如图 1-15 和图 1-16 所示的香水瓶和花瓶,通过改变不同的因素,构形设计出不同的造型。

图 1-15　香水瓶

4. 体现稳定、平衡、动、静等造型艺术法则

使组合体的重心落在支承面之内,会给人稳定和平衡感,对称形体应符合这种要求,如图 1-17 所示。非对称形体应注意形体分布,以获得力学和视觉上的稳定和平衡感,如图 1-18

所示。如图1-19所示的小轿车和飞机的造型，显得静中有动，给人以美观、轻便、可快速行驶的感觉。

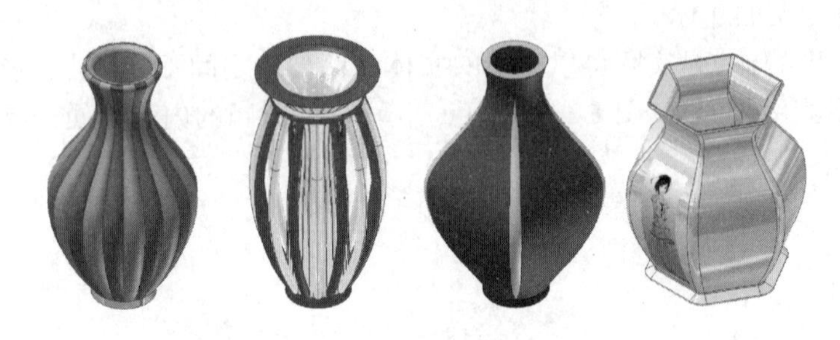

图1-16　花瓶

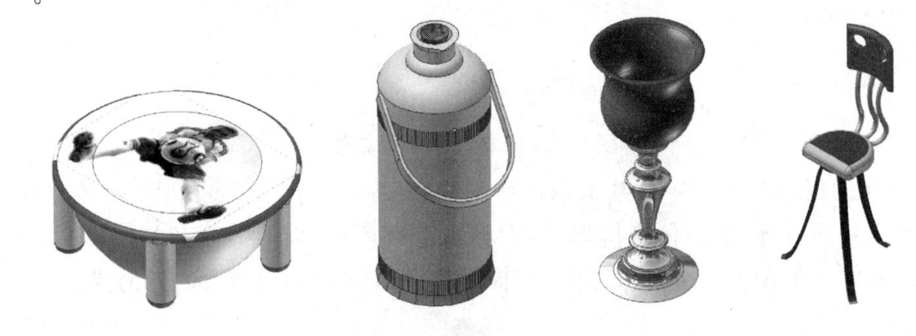

图1-17　对称形体构形设计

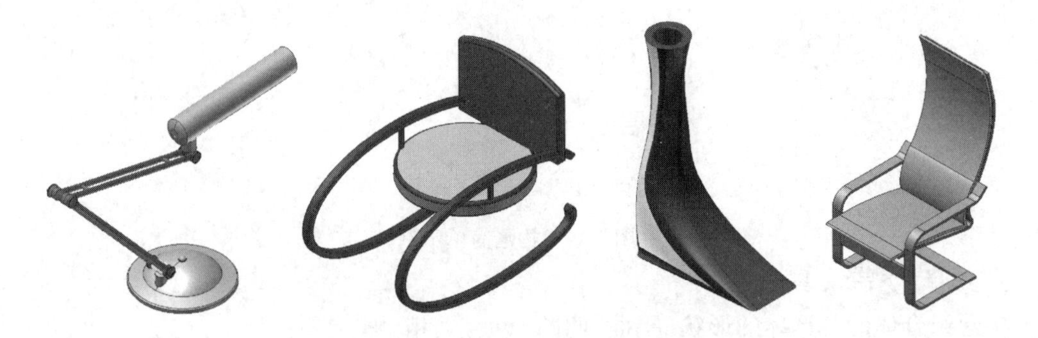

图1-18　非对称形体构形设计

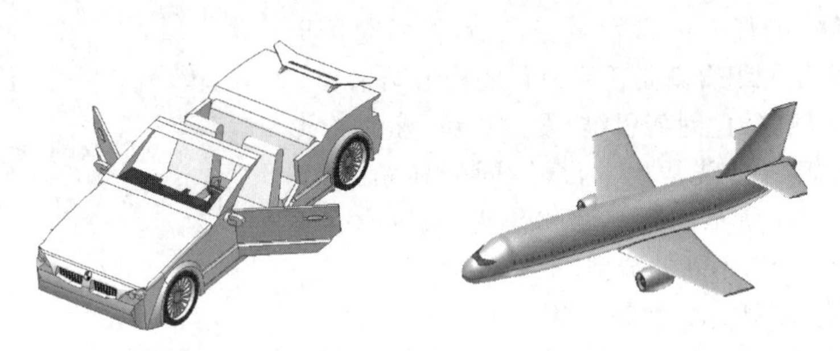

图1-19　小轿车和飞机造型

1.3.2　构形常用的原则

1. 先加后减原则

在构形设计时,“加(并运算)”和“减(差运算)”的运算顺序有时对构形的最后结果没有影响(图 1-9);有时对构形结果影响很大,如图 1-20 所示。对于常见的机械加工零件,构形设计可采用“**先加后减原则**”,即将差运算都放在构形的最后阶段进行,而几个差运算之间的运算顺序是不相关的。

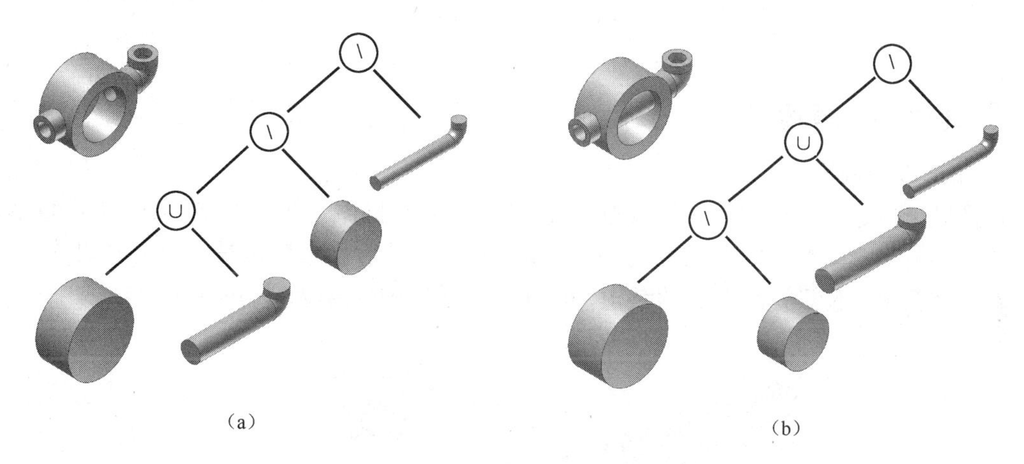

(a)　　(b)

图 1-20　运算顺序对构形的影响

2. 整体构形原则

整体构形原则是指使形体的形状保持完整,特别是应使主要形体的形状保持完整,这样符合机件的设计和制造要求。如图 1-21(a)所示的组合体由圆筒和底板两部分构成,其可以按图 1-21(b)和图 1-21(c)所示不同思路构形分析。图 1-21(b)所示的分析将圆筒分为两部分;图 1-21(c)所示的分析是将圆筒作为主要形体,保持其形体完整,从圆筒的功能和加工的角度考虑,这样的分析是比较合理的。

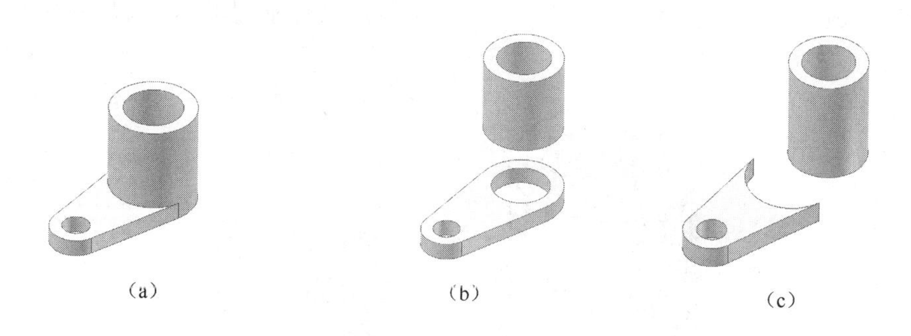

(a)　　(b)　　(c)

图 1-21　组合体构形不同思路

3. 复杂形体的有限简单化原则

有限简单化原则是指在形体分析过程中减少形体数量及构形运算数量,可使构形分析过程更简单、容易理解。通常,把组合体分解为**拉伸体**或**回转体**,可减少分解后的形体数量及构形运算数量,方便“**综合起来想整体**”,如图 1-22 所示。

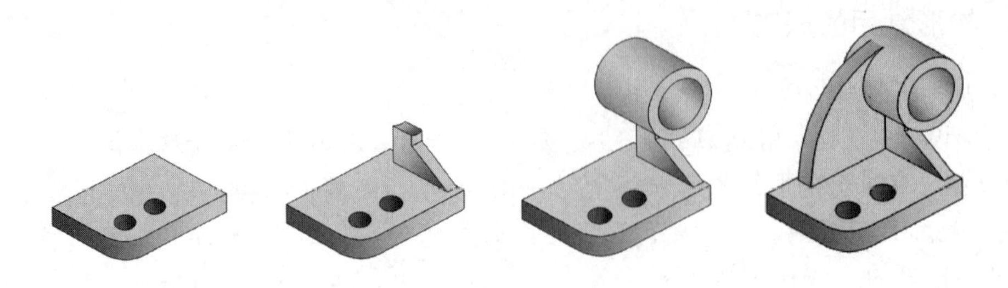

图 1-22　组合体的构形过程

1.3.3　构形设计方法

1. 仿形设计构形

仿形设计就是仿照已知物体的结构特点，设计类似的物体。如图 1-23 所示，这款创意新奇的三脚架就借鉴了蚂蚱[图 1-23(a)]的造型。它的外形看上去就像是一个金属蚂蚱，相机固定在蚂蚱头上。借助这种独特的结构，可以随意升降、调整角度[图 1-23(b)]。

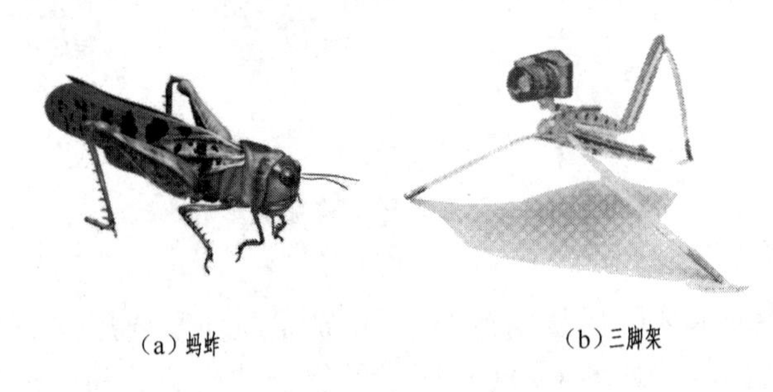

(a) 蚂蚱　　(b) 三脚架

图 1-23　金属蚂蚱仿生三脚架

2. 互补构形

所谓互补构形是根据给定物体的凹凸关系，构思一个物体与给定物体的凹凸形式相反，两者相配使之成为一个完整体，如图 1-24 是一对互补体，把它们镶嵌在一起，可以构成一个完整的圆柱体。

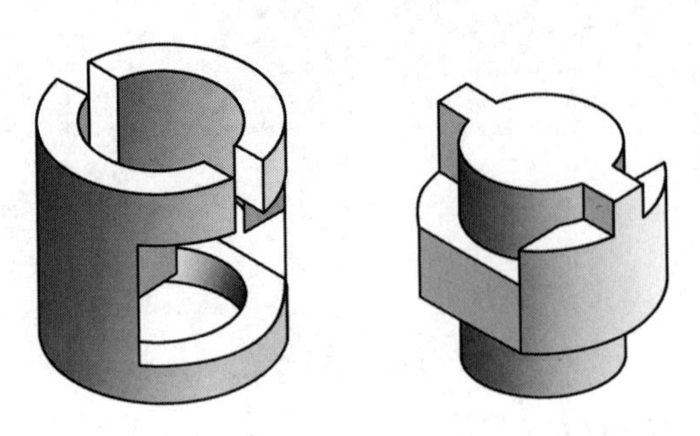

图 1-24　互补构形

3. 分向穿孔构形

分向穿孔构形是依据孔板上的三个孔形，设计一个物体能分别沿着三个不同方向、不留间隙地通过这三个孔。比如为一有三个孔的平板设计一塞块，要使这个塞块能够紧密地堵塞住平板上的三个孔，而且还能无间隙地穿过这些孔。

构形的方法是把平板上的三个孔形设想为所设计物体三个方向的外缘形状，并按照投影规律进行排列，再补上所缺的图线，就可以得到物体的形状，如图 1-25 所示。

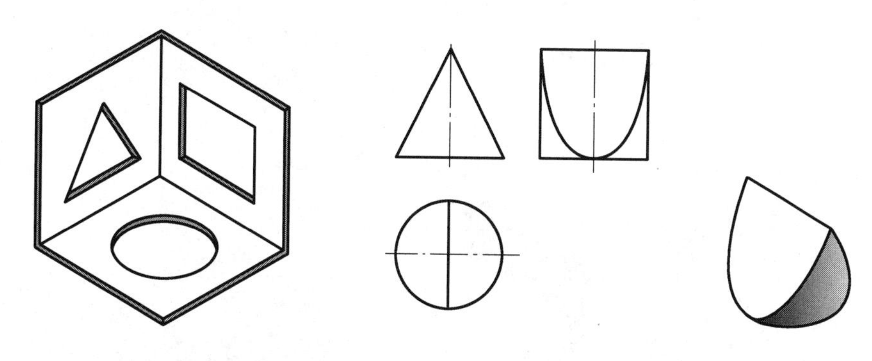

图 1-25　分向穿孔构形

4. 等体积变换构形

给定一个基本形体，要求经切割分解后，不丢弃任何部分再堆积成一个新的组合体。例如，图 1-26 就是一个长方体经等体积变换后得到的简易飞机。

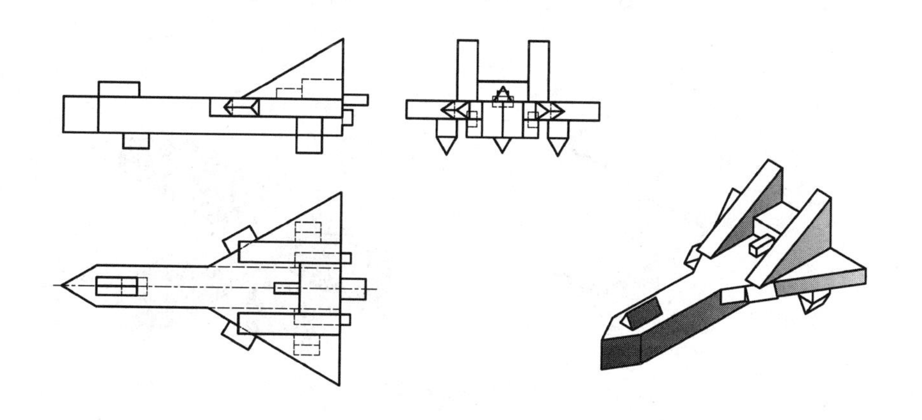

图 1-26　长方体经等体积变换后得到的简易飞机

1.3.4　构形设计实例

【例 1-1】　设计展览场馆的展台支架，建立各种管接头的模型。要求：展台支架可以收折，便于装运；设计三种管接头（三通、四通、五通）和支架与地面的连接接头。

解：三通管接头设计如图 1-27 所示。

四通管接头设计如图 1-28 所示。

支架与地面的连接接头如图 1-29 所示。

最终的综合设计结果如图 1-30 所示。

可以设计的方案有很多，管接头（三通）模型的几种不同设计方案如图 1-31 所示。

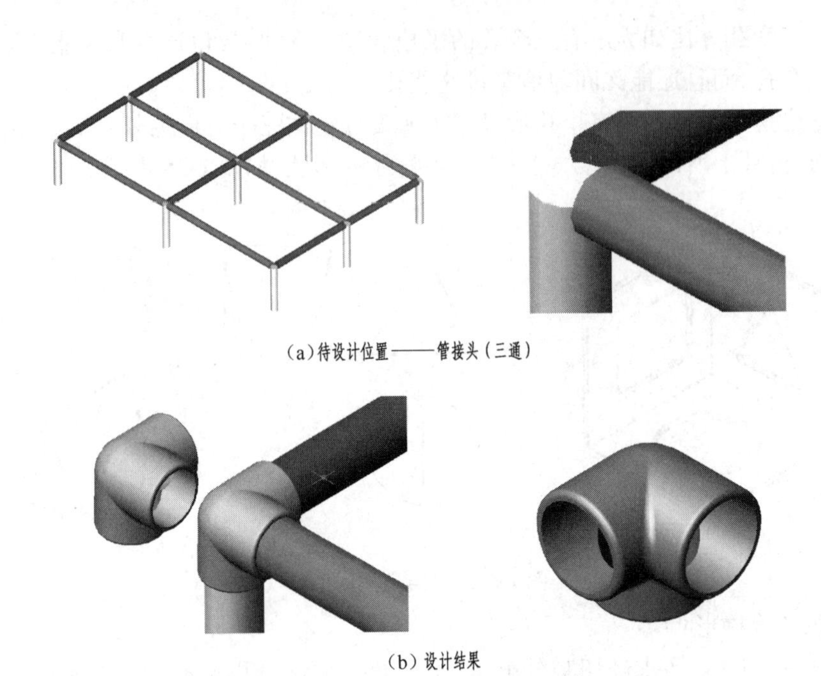

（a）待设计位置——管接头（三通）

（b）设计结果

图 1-27　管接头（三通）模型的设计

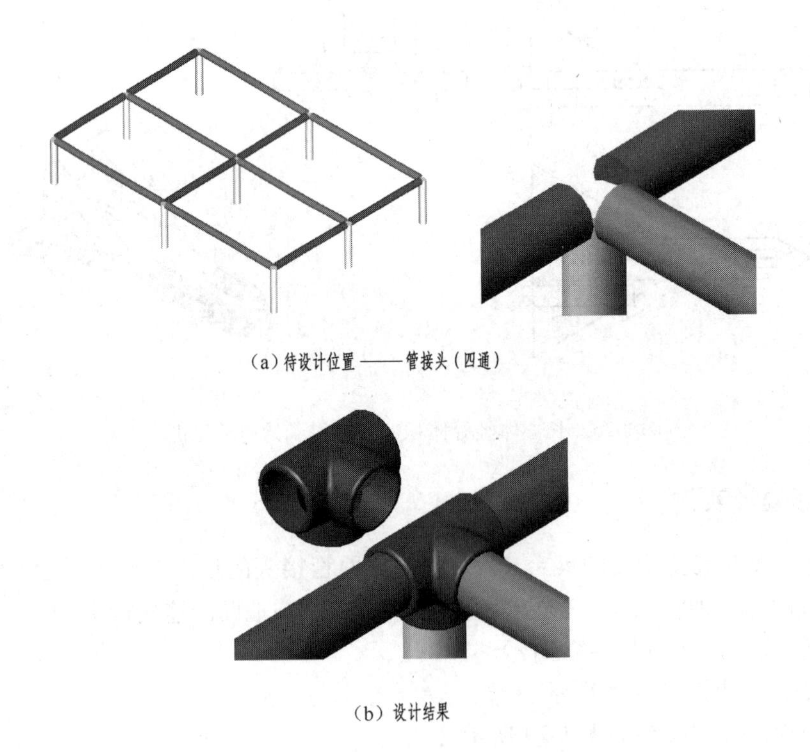

（a）待设计位置——管接头（四通）

（b）设计结果

图 1-28　管接头（四通）模型的设计

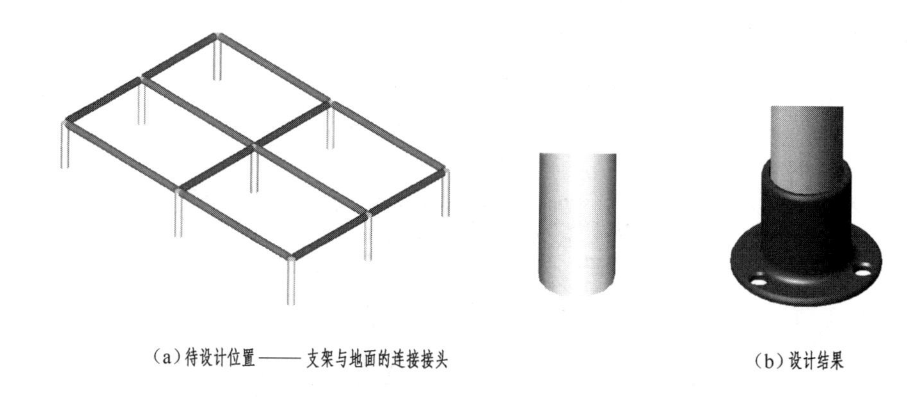

图 1-29　支架与地面的连接接头模型的设计

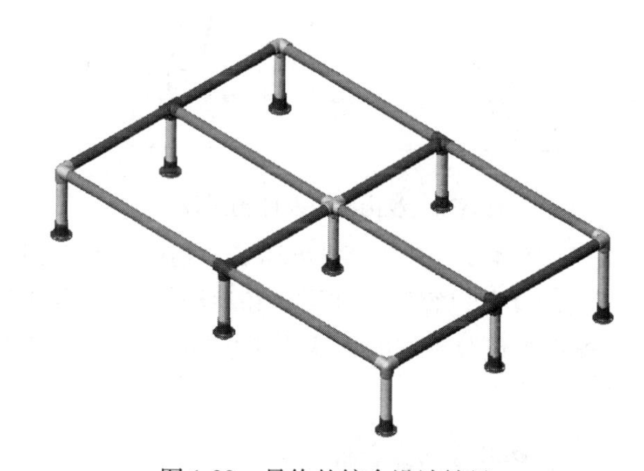

图 1-30　最终的综合设计结果

图 1-31　管接头（三通）模型的几种不同设计方案

1.4　零件的构形设计

零件构形的要求主要取决于零件在机械中的功能、位置、作用以及与其他零件间的依存关系。构形设计必须满足功能要求，尽管零件的形状各式各样，但按其功能进行结构分析，大体上可分为三大部分，如图 1-32 所示。

（1）**工作部分**：满足预定功能部分。

（2）**安装部分**：与其他零件连接、装配的部分。

（3）**连接部分**：把工作部分与安装部分连接在一起的部分。

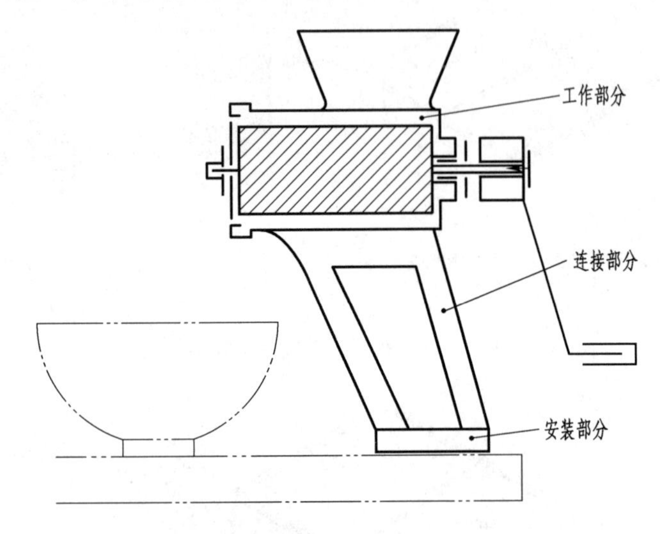

图 1-32　绞肉机机座的构形设计

零件的工作部分应满足工作要求，安装部分要可靠，连接部分应合理。

工作部分形状取决于其内部所包容的零件形状和运动情况，通常采用“**由内定外**”原则进行构形，如图 1-33 所示。根据被包容零件的形状确定包容件的内形，再根据其内形确定包容件的外形。

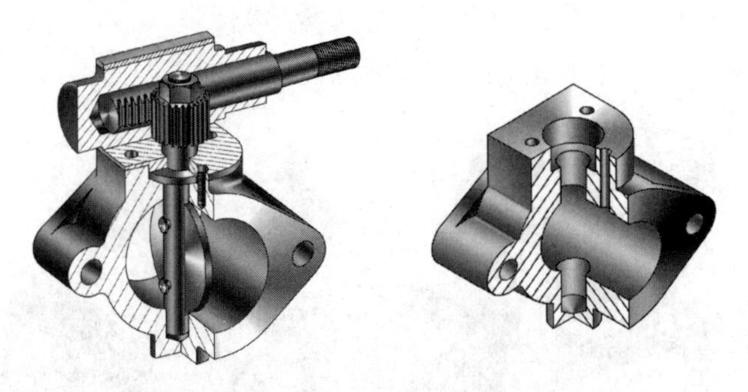

图 1-33　“由内定外”原则

安装部分是为实现零件和其他零件间的连接而设计的，如图 1-34 所示。

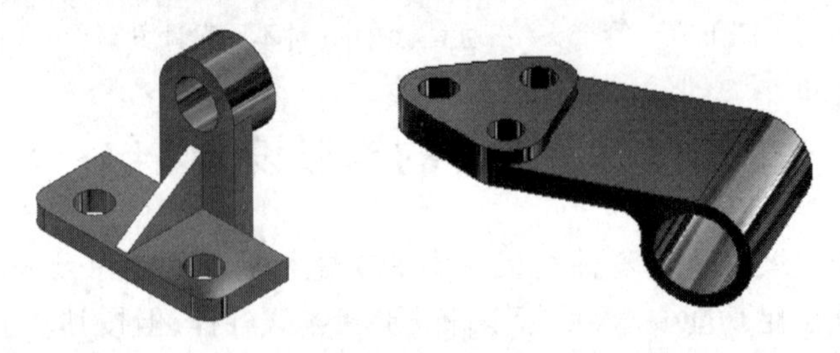

图 1-34　安装部分

连接部分由已设计出的工作部分和安装部分决定，如图 1-35 所示。

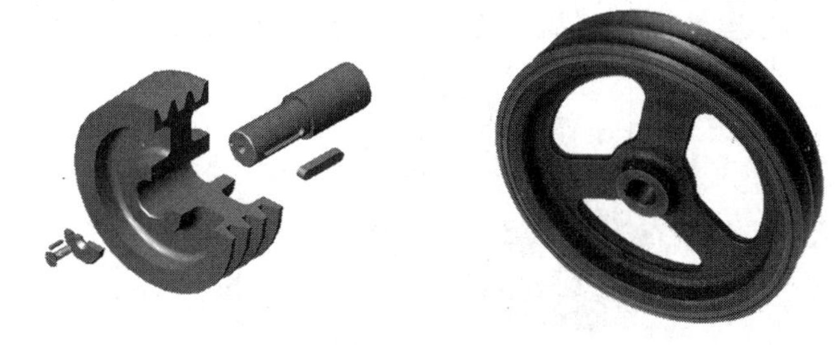

图 1-35　连接部分

相邻零件（尤其是箱体类和端盖类）间的外形与接触面应协调一致、外观统一，如图 1-36 所示。

图 1-36　相邻零件间的构形

机件的形状与机件的受力状况有密切的关系，受力大的机件部位结构应厚些，或为增加强度增加一些肋板，如图 1-37 所示。

在保证机件有足够强度、刚度的情况下，应使机件质量最轻、用料最省，如图 1-38 所示。

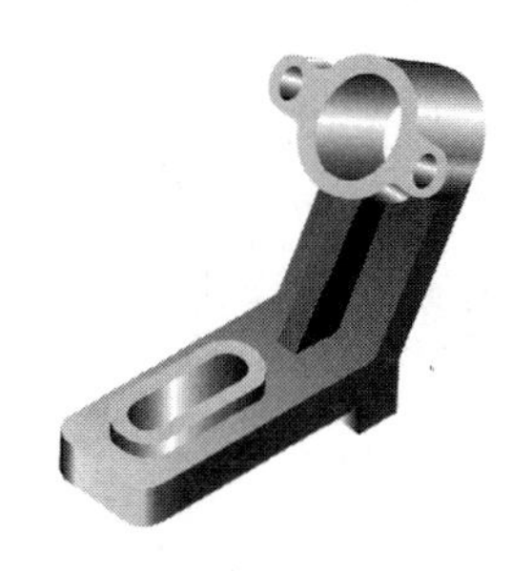

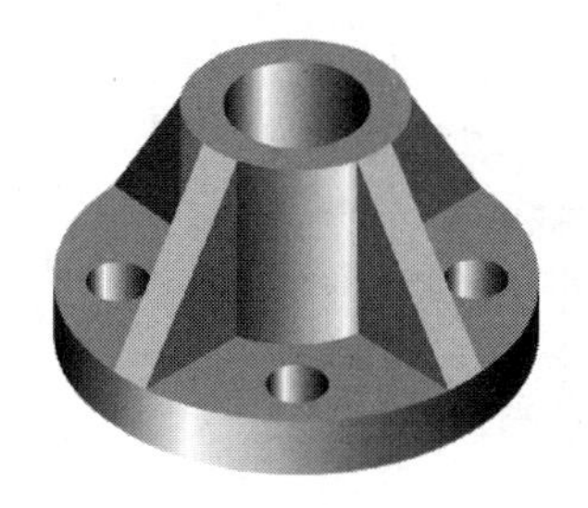

图 1-37　受力与构形

图 1-38　质量与构形

【例 1-2】　减速器底座的主要功能是容纳支承轴和齿轮，并与减速器盖连接。所以其工作部分要能够容纳支承轴系传动件；安装部分分成两部分，一是减速器箱体与箱盖的连接，二是箱体与基座的连接。它的结构分析过程和需要考虑的主要问题见表 1-3。

表 1-3　减速器底座的结构分析

序　　号	操　　作	结构形状形成过程	主要考虑问题
1	中空箱体		为了容纳齿轮和润滑油，底座做成中空形状
2	开轴孔	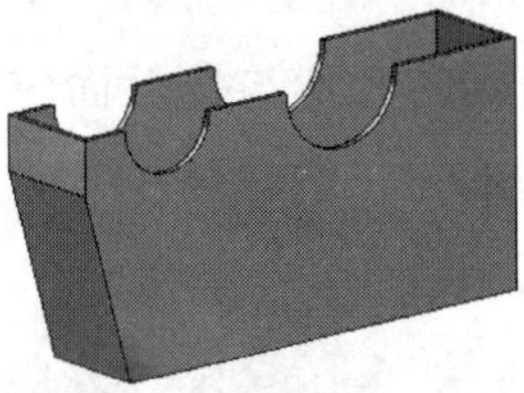	为了支承两根轴，底座上部必须开有两对大孔
3	作轴承座	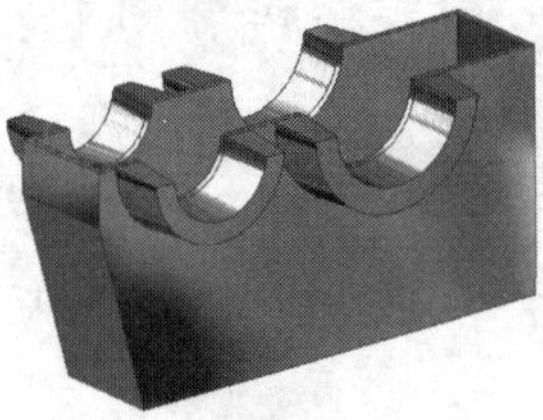	为了支承滚动轴承，底座在大孔处加凸缘
4	作与上箱体的安装面	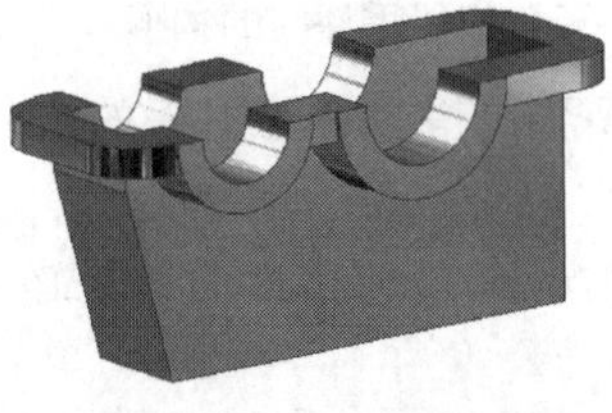	为了与减速器盖连接，底座上部要加连接板
5	作与基座的安装面	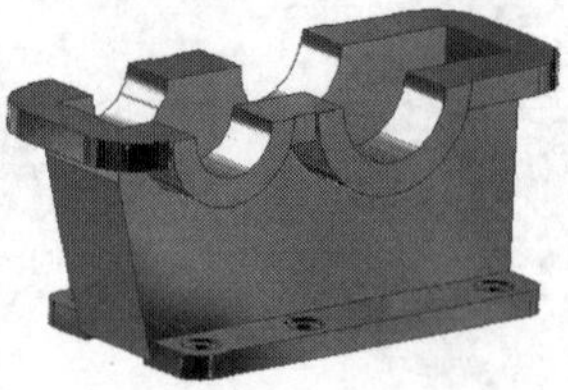	为了安装方便，便于固定在工作地点，底座下部要加一底板，并做出安装孔
6	油标和放油螺塞	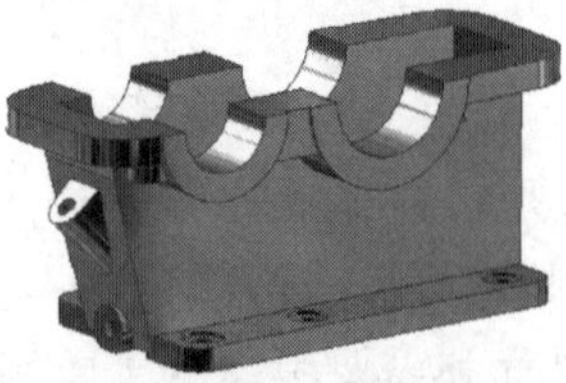	为了更换润滑油和观察润滑油面的高度，底座下部开有放油孔和油针孔。为了保证油针孔处便于钻孔，外部做成斜凸台

续上表

序　　号	操　　作	结构形状形成过程	主要考虑问题
7	开安装孔、油沟和肋板		为了与减速器盖对准和连接,连接板上应该有定位销孔和连接螺纹孔。 由于凸缘伸出过长,为了避免变形,在凸缘的下部加肋板
8	开轴承座上的孔		固定轴承需要加装轴承端盖,为了固定轴承端盖,在轴承座上开安装孔
9	做吊耳		为了安装方便,便于搬动,在连接板下面增加两个吊耳

【例 1-3】　已知定滑轮和轴,如图 1-39 所示,设计其安装架。

解:安装架的设计过程是根据定滑轮和轴的尺寸大小,设计工作部分;根据定滑轮的尺寸和安装需要,设计安装部分;根据工作部分和安装部分设计连接部分,如图 1-40 所示。

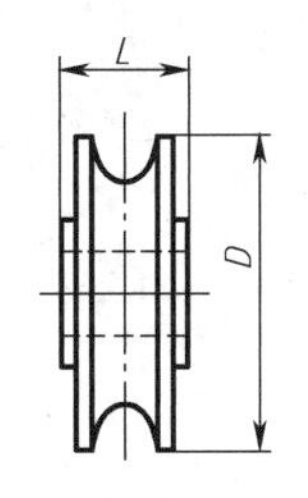

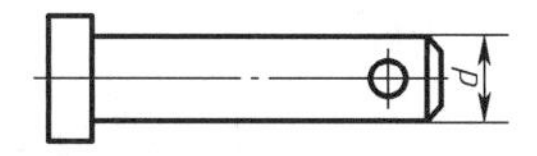

图 1-39　定滑轮和轴

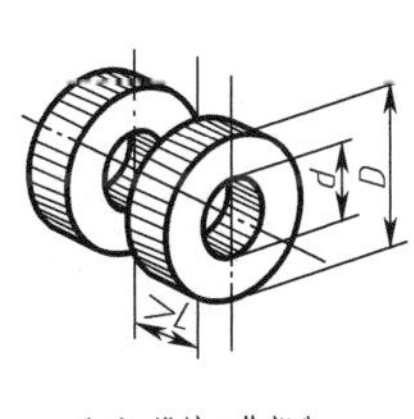

(a) 设计工作部分

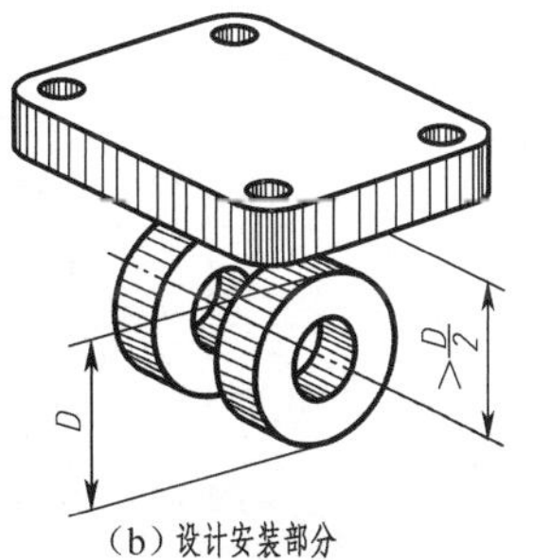

(b) 设计安装部分

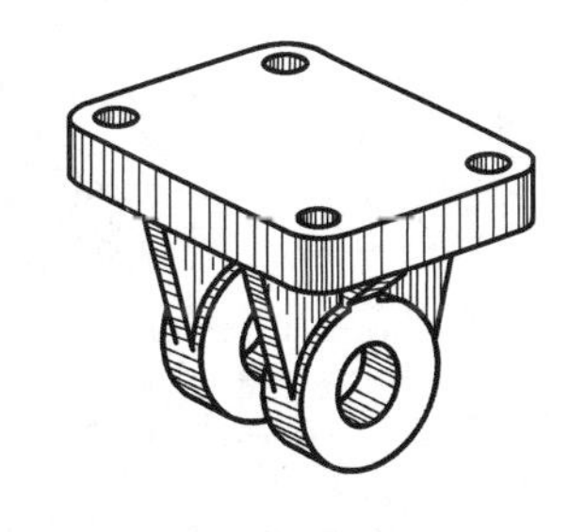

(c) 设计连接部分

图 1-40　安装架的设计过程

练　习　题

1. 分析图 1-41 中复杂形体的构形方法。

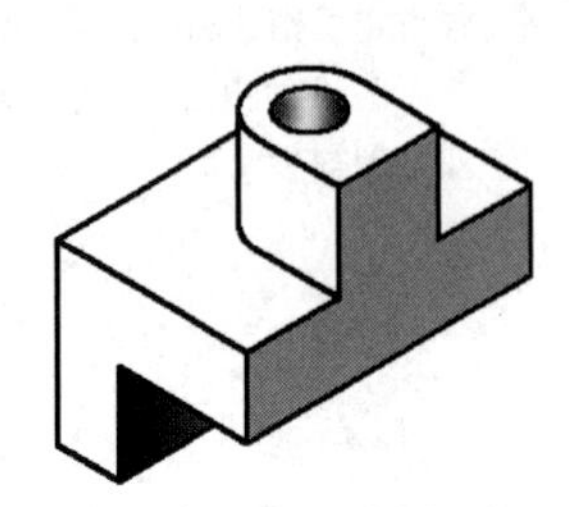
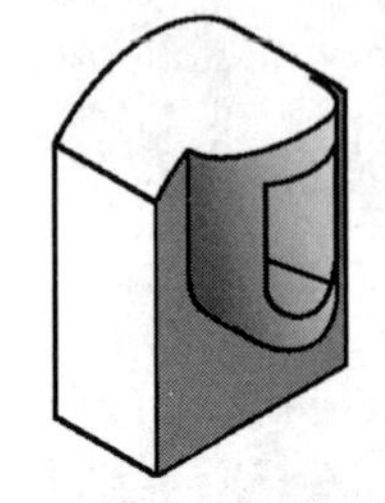
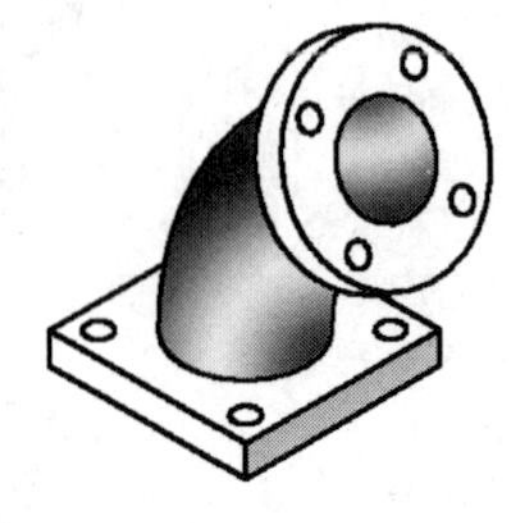

图 1-41　复杂形体构形分析

2. 分析图 1-42 中的汽车构形体现了构形设计的哪些基本要求？

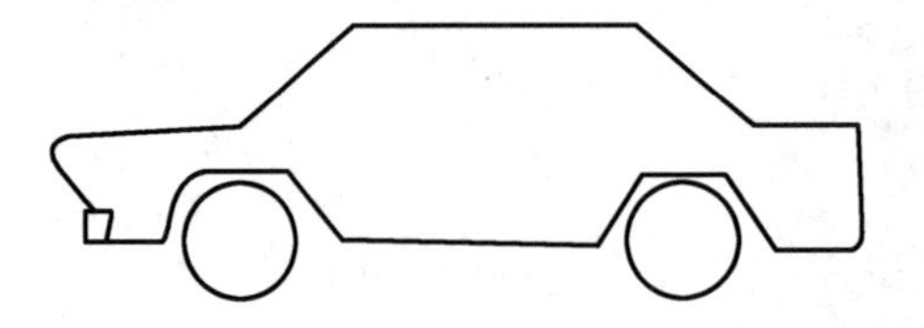
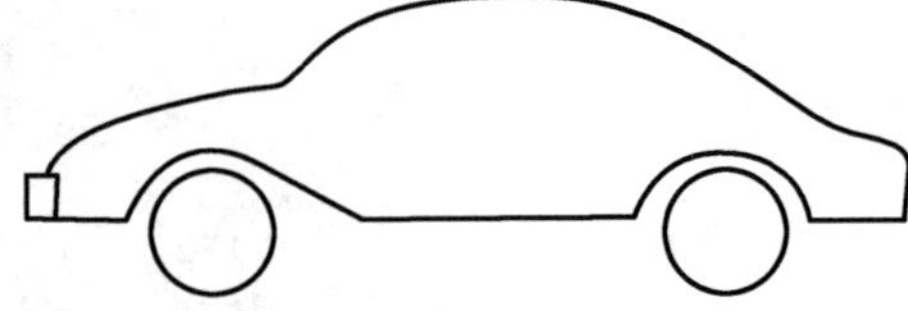

图 1-42　汽车构形分析

3. 分向穿孔构形：如图 1-43 所示，设计一个实物的三维模型，使得其三个方向的外形轮廓能刚好分别通过坐标面板上的三个孔洞。

图 1-43　分向穿孔构形

4. 图 1-44 所示的支架是用来支撑带连接板的管道部件，分析图中两个不同支架设计方案的构形特点。

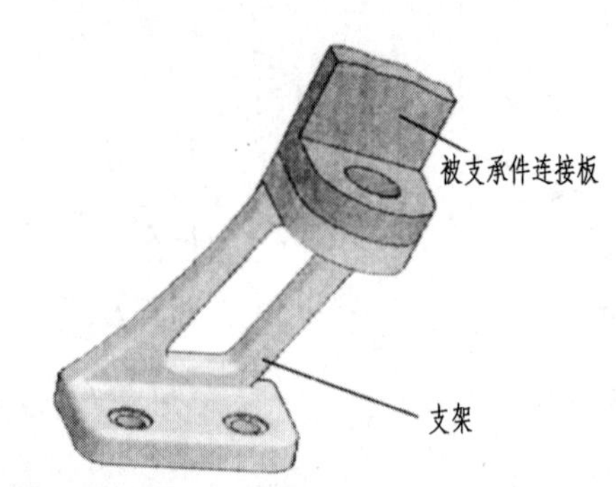

图 1-44　支架

5. 分析图 1-45 中的叉架所采用的构形方法。

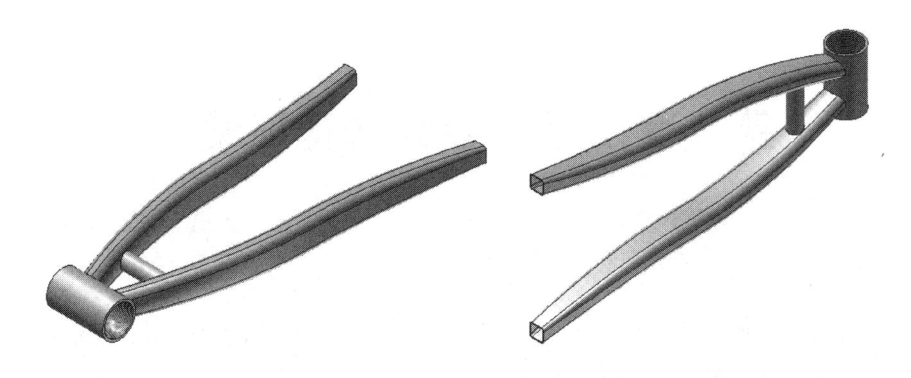

图 1-45　叉架

第2章　零件参数化特征设计

学习目标

1. 学习三维实体模型的基础知识。
2. 初步认识三维参数化设计软件的基本功能。

学习内容

1. 参数化设计和特征设计的基本概念。
2. 介绍参数化特征造型软件 Inventor 的基本功能。
3. 一个简单零件的三维设计过程实例。
4. 一个简单零件的参数化三维设计过程实例。

参数化特征设计是现代 CAD 软件的必备特征。在产品开发设计初期,零件形状和尺寸有一定模糊性和不确定性,需要在装配验证、性能分析后才能最终确定,这就要求零件的形状具有易于修改的特性。

2.1　参数化设计

最早期的 CAD 造型系统是刚性的、不可修改的,图形中各图素之间没有任何约束关系,即不能通过改变尺寸来改变图形。如图 2-1 所示,绘制了 120 mm×60 mm 的矩形后,要将其更改为 120 mm×50 mm 的矩形,就需要将原有图形删除重新绘制,这样的图形称为非参数化的图形。非参数化的图形不能通过尺寸去“驱动”改变,这样的设计方法效率很低。

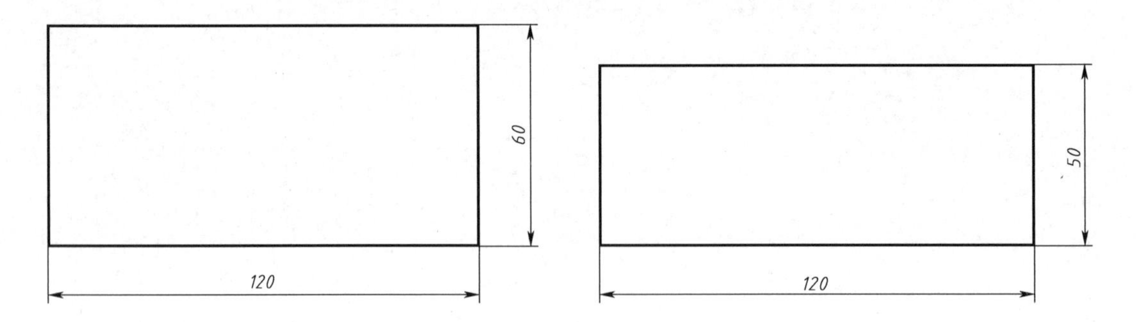

图 2-1　更改矩形尺寸

而在参数化造型系统,可以通过尺寸约束来实现对几何形状的控制,它将控制图形形状的尺寸作为一种可变参数存储于系统中,因此同样的矩形修改操作只需要将尺寸 60 修改为

50 即可实现，从而极大地提高了 CAD 建模效率。

Inventor 软件是建立在参数化与变量化造型技术的基础之上的，它将模型的几何形状和尺寸以变量的形式关联起来，用变量驱动模型的变化来完成产品设计。Inventor 中的参数化与变量化设计功能主要表现为：

（1）在二维或三维设计环境中，利用变量驱动模型的变化。

（2）建立变量间的函数关系，用一个变量驱动其他变量值的改变。

（3）修改现有模型变量，快速完成新的类似模型的设计。

2.1.1　参数尺寸和图形的关联性

尺寸约束由标注一组可以改变的参数尺寸来确定图形的形状，如距离尺寸、角度尺寸、直径尺寸以及尺寸之间的约束关系。CAD 系统给每个尺寸自动赋予一个变量名字（也可以由用户自己命名），使之成为可以任意调整的参数。对于变量化的参数赋予不同数值，就可得到不同大小和形状的零件模型。

在图 2-2 中，尺寸参数化了后不再是一个固定的数值，而是一个可变的数值。参数尺寸和图形是关联的，直接修改尺寸则图形自动改变。如图 2-2（a）中，图形的尺寸被一组变量参数确定，当将尺寸参数 H_1 修改为 50，图形自动发生改变，并保持了原图形中的几何约束（平行、垂直）关系，如图 2-2（b）所示。

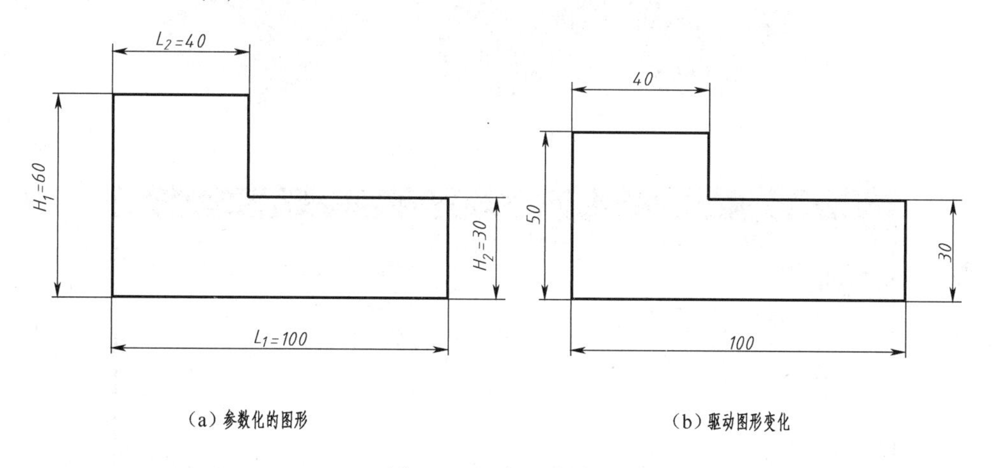

（a）参数化的图形　　（b）驱动图形变化

图 2-2　尺寸驱动图形

2.1.2　参数形式

不同的 CAD 系统，参数类型和参数名称的定义不尽相同，大致可以分为以下几种形式：

（1）直接参数。给予尺寸变量赋一个显式的数值，该数值直接驱动图形的变化，如图 2-2 所示。

（2）表达式参数。工程设计中，一个零件的各部分结构尺寸之间常常具有一定的比例和计算关系，这就需要用到表达式参数。如轴和轴肩、轴的直径和轴端倒角等尺寸关系就属于这种情况。

图 2-3 是一个底板零件的视图，按设计要求，如果各部分尺寸之间的关系如图 2-3（a）所示，则尺寸变量 L_1、L_2 和 H_1 则可以用表达式来表示，如图 2-3（b）所示。

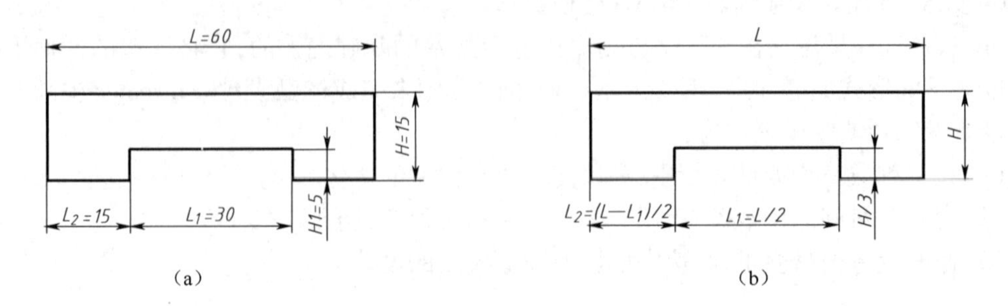

图 2-3　表达式参数

(3)表格参数。工程设计中,有些零件的各个结构尺寸之间不一定具有比例关系,不宜采用表达式参数进行参数化,而这些零件又适合进行“**三化设计**”,即**标准化**、**通用化**、**系列化**,所以可以采用数据表格参数。如图2-4 所示为轴套零件的系列化设计,表格参数有6 个,即大圆柱长度、大圆柱半径、小圆柱长度、小圆柱半径、螺纹孔径、倒角。

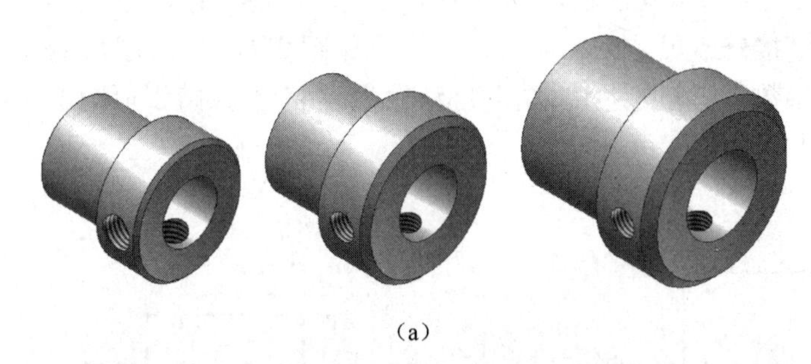

(a)

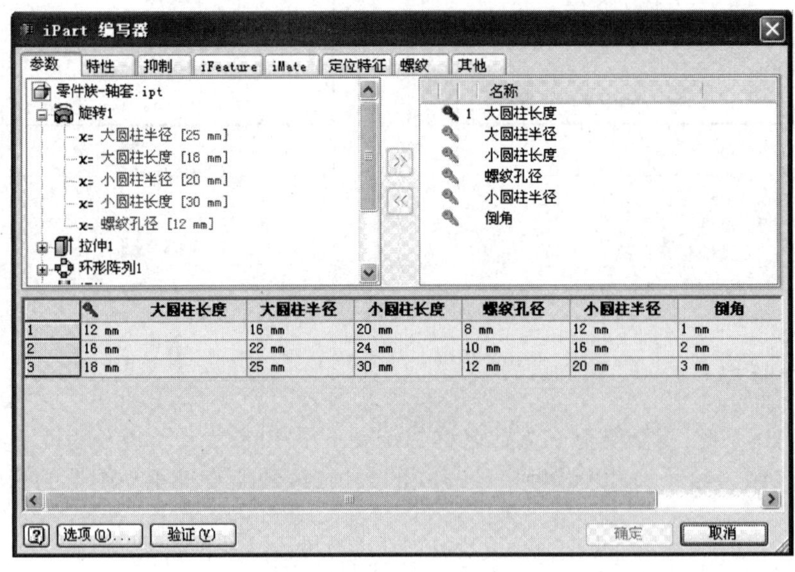

(b)

图 2-4　轴套的表格参数设计

(4)自适应参数。在具有“自适应”功能的CAD系统中,自适应参数是一种更智能化的参数类型,常用于控制零件与零件之间的约束关系。例如,在装配零件时,可以根据装配规则自动捕捉设计者的设计意图。参数的传递是隐式的,设计者感觉不到参数的传递过程。

图2-5(a)所示为两个待装配的零件,轴套是设计的基础零件,按设计规则,相配合的轴直径应和轴套的孔径相等,轴端长度应和轴套的宽度相等。施加这种装配约束非常简单,当点取轴、孔表面后,轴的直径自动“适应”轴套的孔径,如图2-5(b)所示;当点取轴端面和轴套表面后,轴的长度自动“适应”轴套的宽度,如图2-5(c)所示。

(a)轴和轴套　(b)轴径等于孔径　(c)端面平齐

图2-5　自适应参数应用

利用参数化设计手段开发的专用产品设计系统,可使设计人员从大量繁重而琐碎的绘图工作中解脱出来,可以大大提高设计速度,并减少信息的存储量。因此,先进的三维CAD系统都采用了参数化的设计技术。

2.2 特征设计

通常将形状特征定义为具有一定拓扑关系的一组几何元素构成的形状实体。它对应零件上的一个或多个功能,能够被相应的加工方法加工成形。

通常情况下,零件**形状特征**可分为**主特征和辅助特征**。主特征主要包括**拉伸体**、**回转体**、**放样体**和**扫掠体**等。辅助特征包含各类**孔**、**螺纹**、**槽**、**圆角**、**倒角**、**凸台**等。

所谓特征设计就是根据零件的功能需求从建立其主特征开始,逐个添加其他辅助特征的过程。在建立特征的同时依靠其**尺寸约束特征的位置和大小**,用**平行**、**垂直**等几何形状约束条件确定特征的形状。图2-6所示零件轴架是由若干特征组合而成的实体模型。

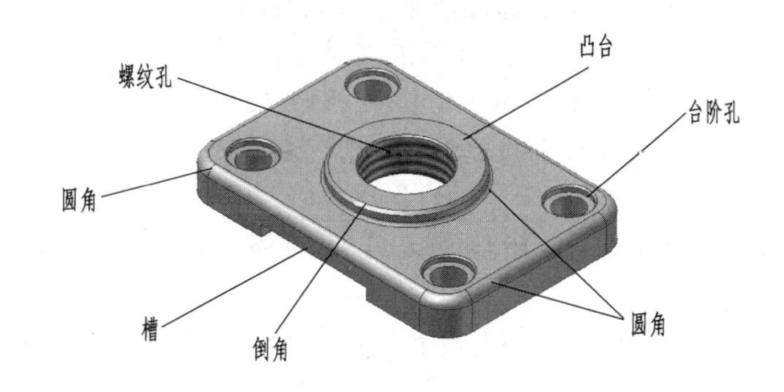

图2-6　轴架的特征

图2-7表示了建立轴架实体模型的特征过程。

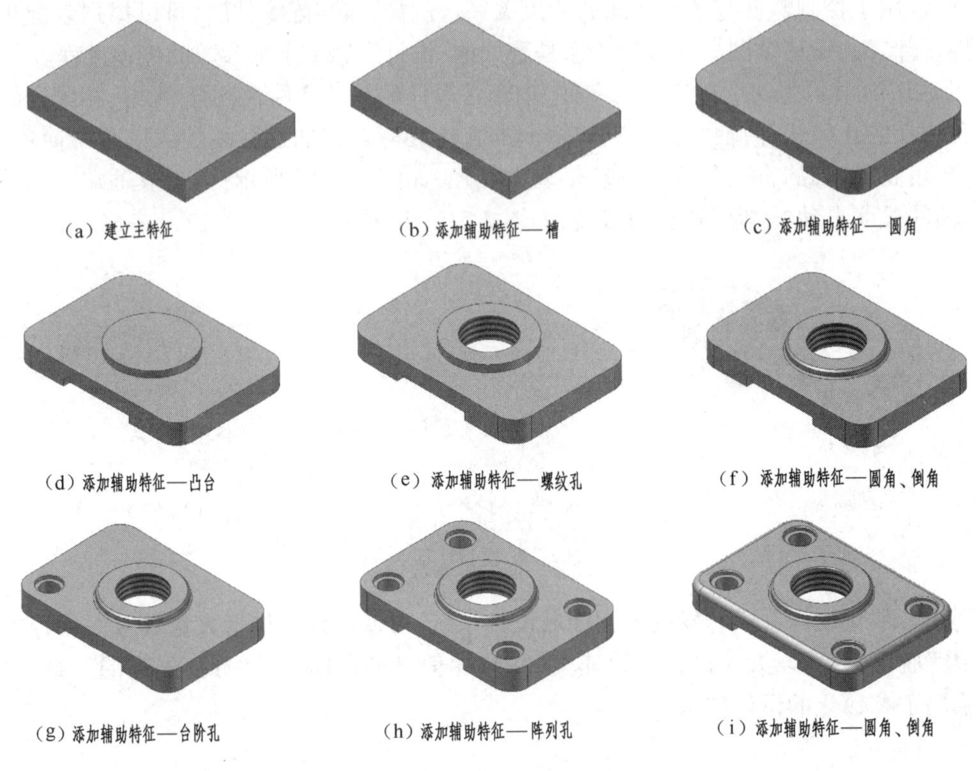

（a）建立主特征　（b）添加辅助特征—槽　（c）添加辅助特征—圆角

（d）添加辅助特征—凸台　（e）添加辅助特征—螺纹孔　（f）添加辅助特征—圆角、倒角

（g）添加辅助特征—台阶孔　（h）添加辅助特征—阵列孔　（i）添加辅助特征—圆角、倒角

图2-7　轴架的特征设计过程

2.3　Inventor工作环境

Autodesk Inventor是Autodesk公司1996年推出的基于特征的参数化三维实体设计的系统,此后推出了若干升级版本,本书选取了比较经典的2020年推出的Autodesk Inventor 2020中文版本(以下简称Inventor)为例介绍三维设计软件应用的方法。

1. Inventor的技术特点

Inventor主要是**面向机械设计的三维设计软件**。它融合了当前CAD所采用的最新的技术,具有**强大的造型能力**;其独特的**自适应技术**使得以装配为中心的“自上向下”的设计思想成为可能;系统具有在计算机上处理大型装配的能力;设计师的设计规则和设计经验可以作为“设计元素”存储和再利用;与AutoCAD有极好的兼容性以及具有直观的用户界面、直观菜单、智能纠错等功能;提供了进一步开发Inventor的开放式的应用程序接口(API)。

2. Inventor的主要功能

(1)零件造型设计。可以建立**拉伸体**、**旋转体**、**放样体**、**扫掠体**、**曲面设计**等各种特征,如图2-8所示。

(2)部件装配设计。支持以部件装配为中心的设计思想,在装配环境下可以“在位”设计新的零件,并对装配体中的零件进行修改。在装配环境下,还可以进行零部件间的干涉检查,动态演示机构运动和产品装配过程等,如图2-9(a)所示。

图 2-8　各种零件设计

（3）装配体分解设计。用多种形式分解装配体，以表达装配体中各零件的装配顺序和零件间的装配构成关系，如图 2-9(b)所示。

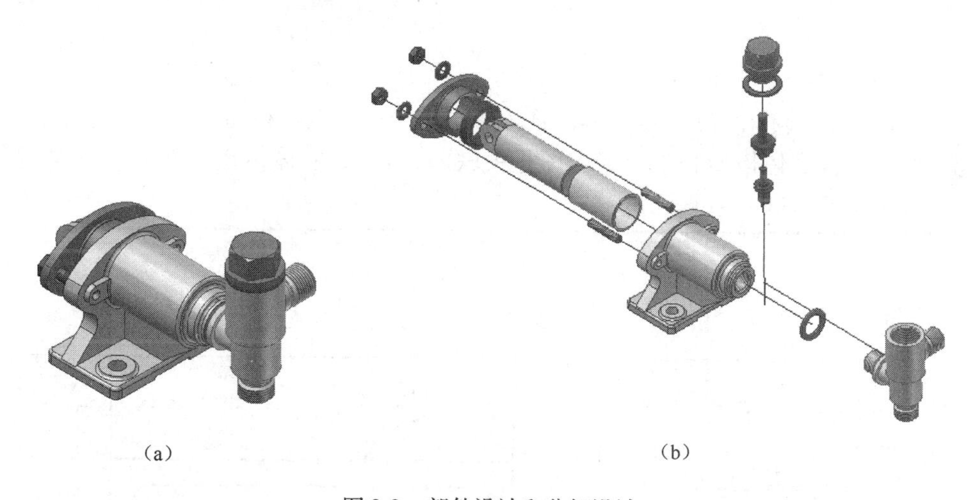

(a)　　　　　　　　　　(b)

图 2-9　部件设计和分解设计

（4）焊接组件设计。能够在装配体上按焊接标准添加焊缝特征，如图 2-10 所示。

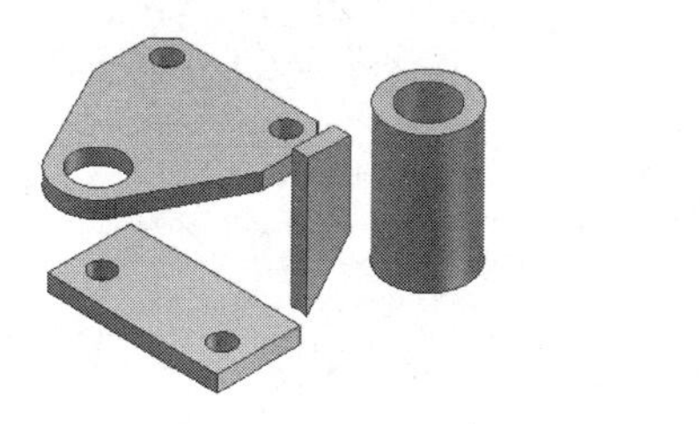

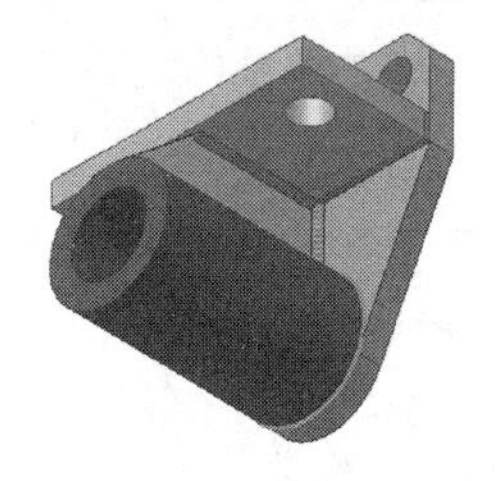

图 2-10　焊接装配件设计

（5）钣金设计。可以做各种钣金件和冲压件的设计，如图 2-11 所示。

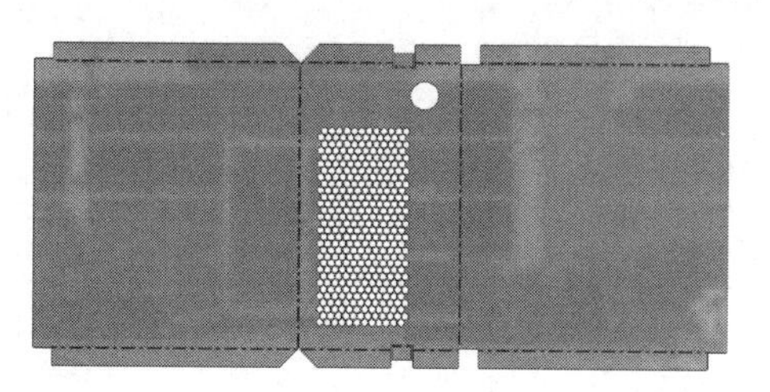

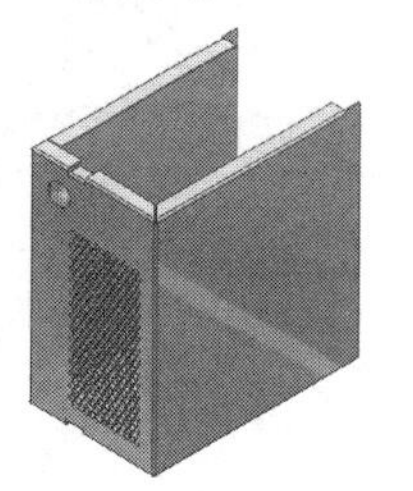

图 2-11　钣金零件设计

(6)管路设计。可进行空间管路设计、选择各种标准的管子、接头等，如图2-12所示。

(7)标准件库。系统包含了中国国家标准（GB）和国际标准（ISO）在内的多个国家的标准和不同的系列的标准零件库，如图2-13所示。

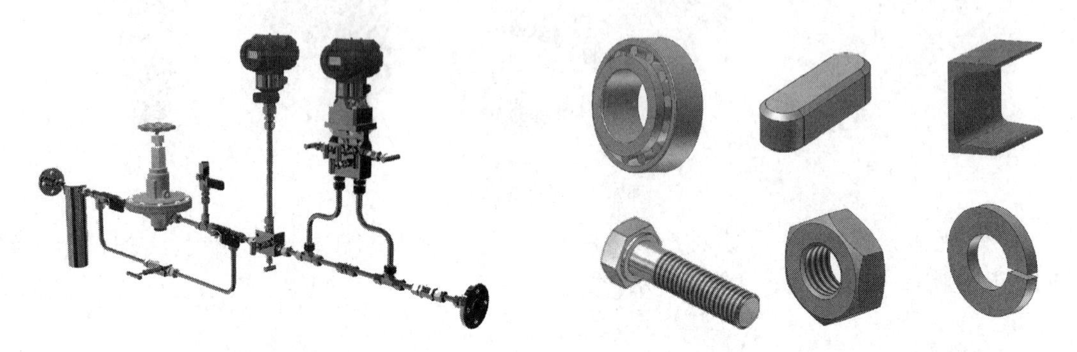

图2-12　三维管路设计　　　　图2-13　各种标准零件

(8)二维工程图设计。在二维工程图环境中可以由三维实体模型投射为符合标准的各种二维工程图。三维实体模型和二维工程图是关联的，当三维实体模型改变时，二维工程图的所有视图全部更新，如图2-14所示。

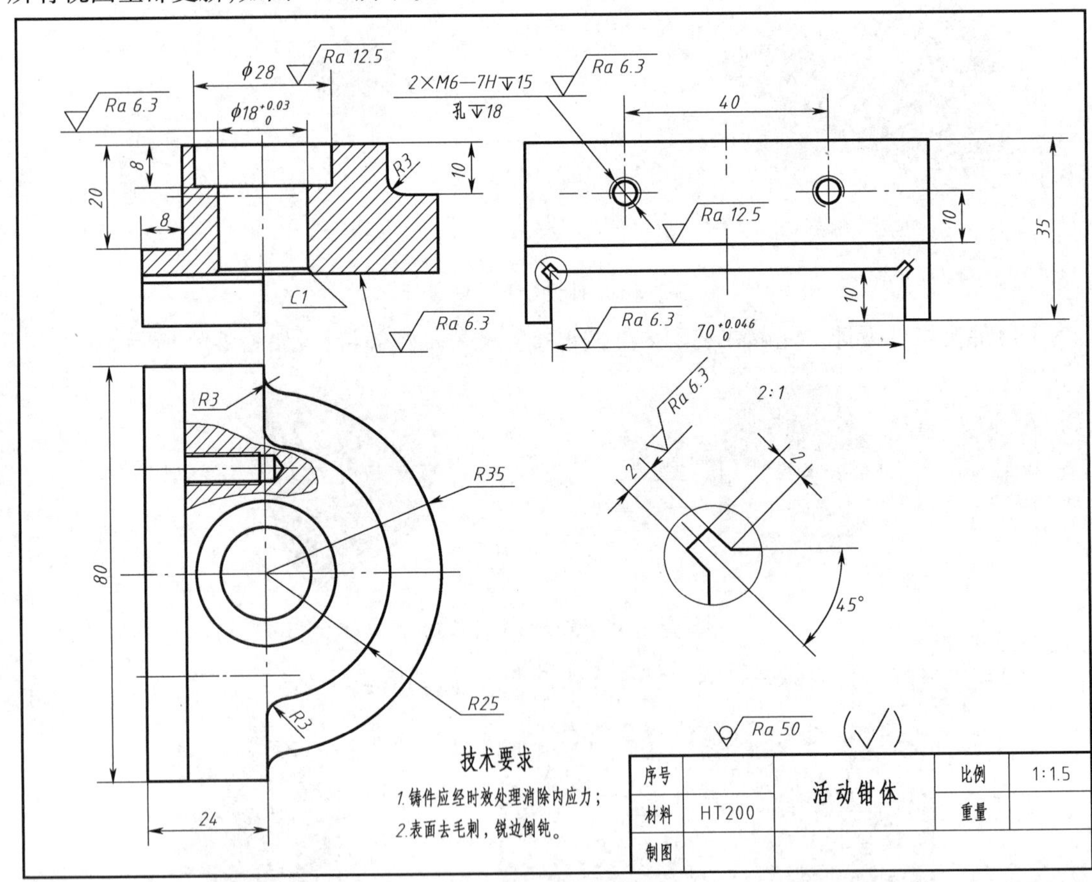

图2-14　二维工程图

2.3.1　启动界面

Inventor 2020 启动以后，出现的第一个界面如图 2-15 所示。

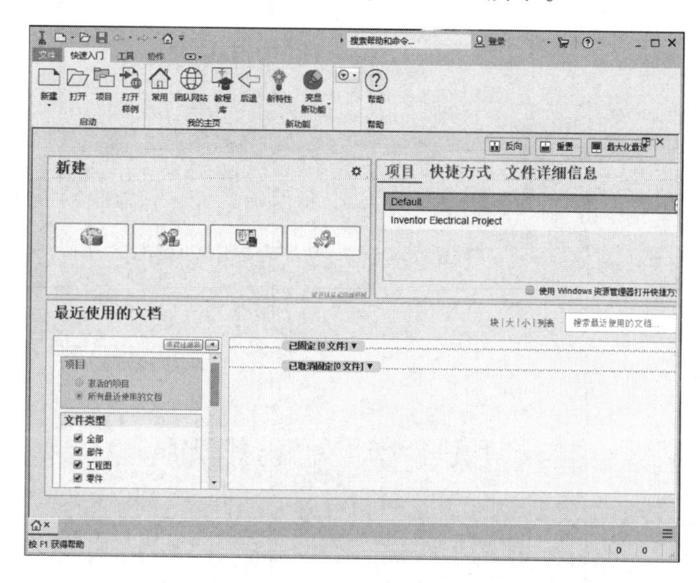

图 2-15　Inventor 2020 启动界面

2.3.2　工作环境

若开始新建立一个模型文件，单击图 2-15 所示界面中左上角的“新建”按钮，出现“新建文件”对话框如图 2-16 所示，双击某一个图标可进入一种工作环境。Inventor 提供了 7 种工作环境，见表 2-1。

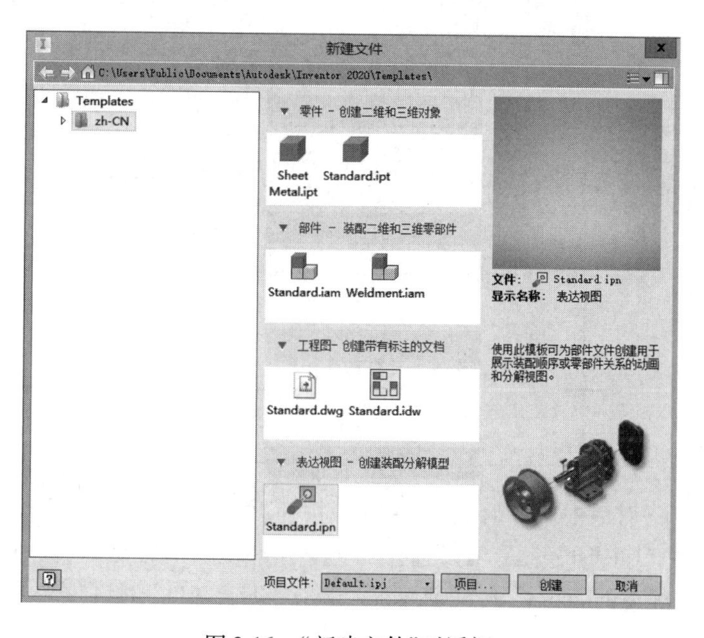

图 2-16　“新建文件”对话框

表2-1　Inventor的7种工作环境

环境图标及名称	环境名称	说　明
Sheet Metal. ipt	钣金零件设计环境	创建钣金零件
Standard. ipt	零件设计环境	创建普通零件
Standard. iam	部件工作环境	创建部件
Weldment. iam	焊接部件环境	通过焊接设计创建部件
Standard. dwg	dwg工程图环境	用于创建Autodesk Inventor工程图(. dwg)
Standard. idw	idw工程图环境	用于创建Autodesk Inventor工程图(. idw)
Standard. ipn	部件分解工作环境	创建部件表达视图即部件分解

单击“新建文件”对话框中左侧的“zh－CN”按钮，如图2-17所示。可以看出有3种工作模式可以选择，其中“English”表示可以选择的7工作环境的单位是in(英寸)。“Metric”表示可以选择的7工作环境的单位是mm(毫米)。单击“新建文件”对话框中左侧的“English”按钮，窗口如图2-18所示。

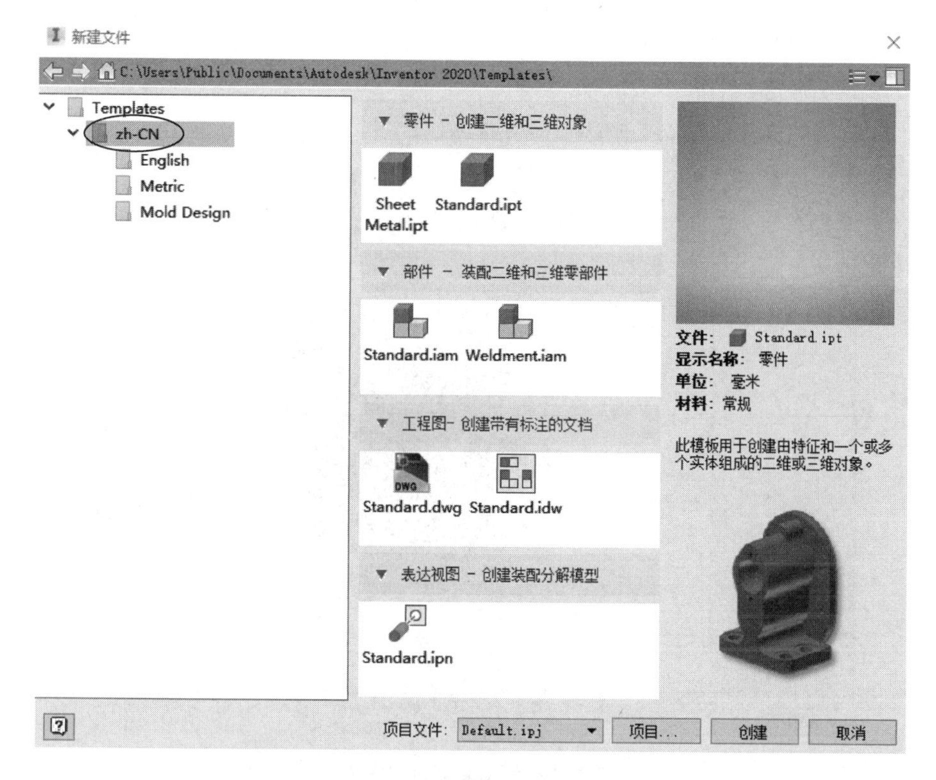

图 2-17　单击左侧的“zh - CN”按钮

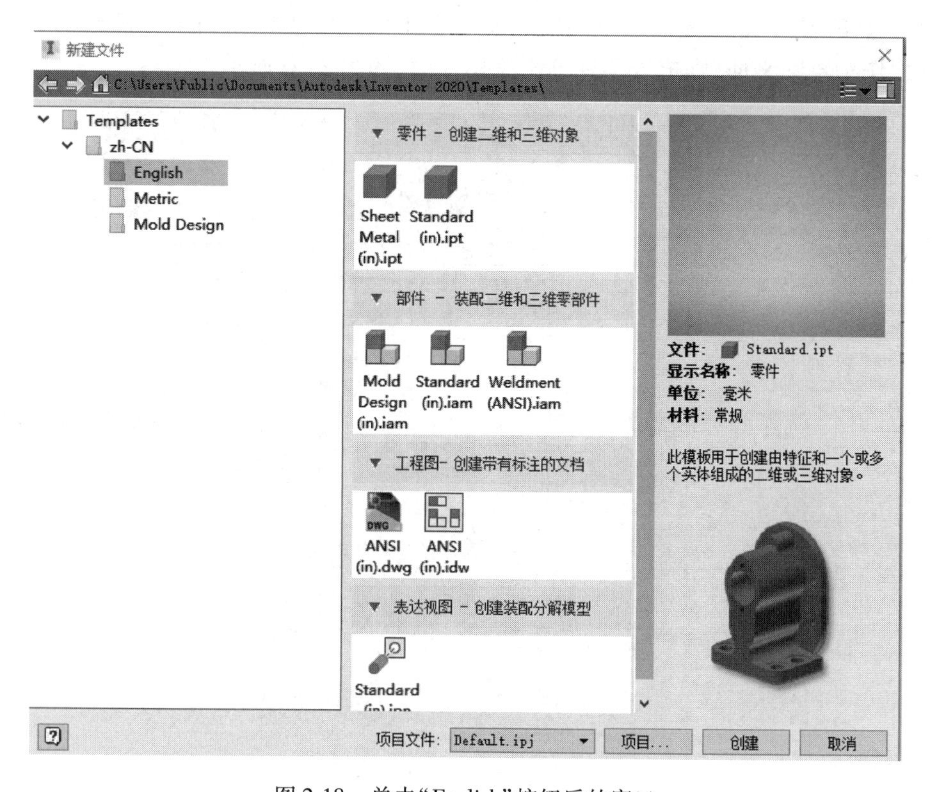

图 2-18　单击“English”按钮后的窗口

1. 零件设计环境

单击图 2-16 中的“Standard. ipt”命令，系统进入零件设计环境，如图 2-19 所示。

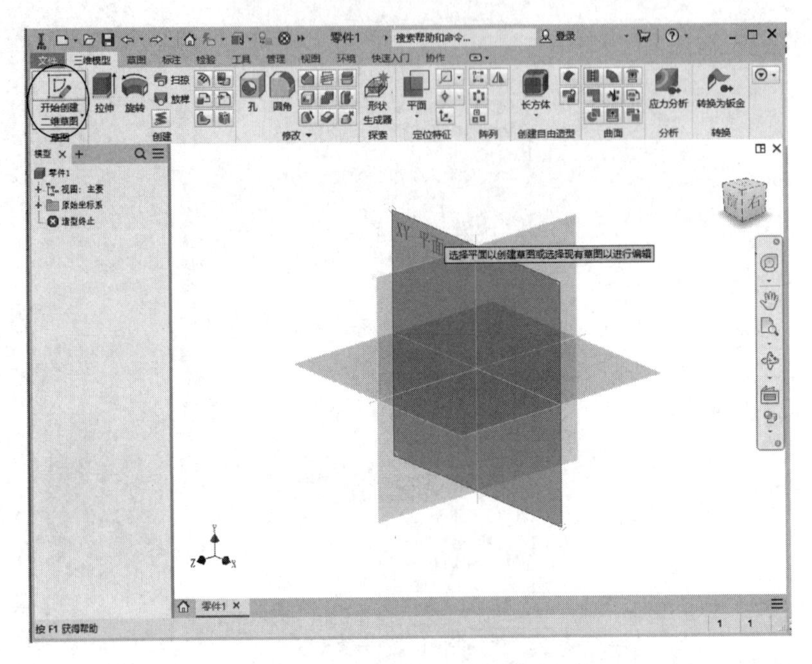

图 2-19　零件设计工作环境

单击左上角的“开始创建二维草图”按钮，在弹出的三个坐标平面中可任选一个，如单击“XY 平面”作为草图平面，则进入零件草图工作环境，如图 2-20 所示。

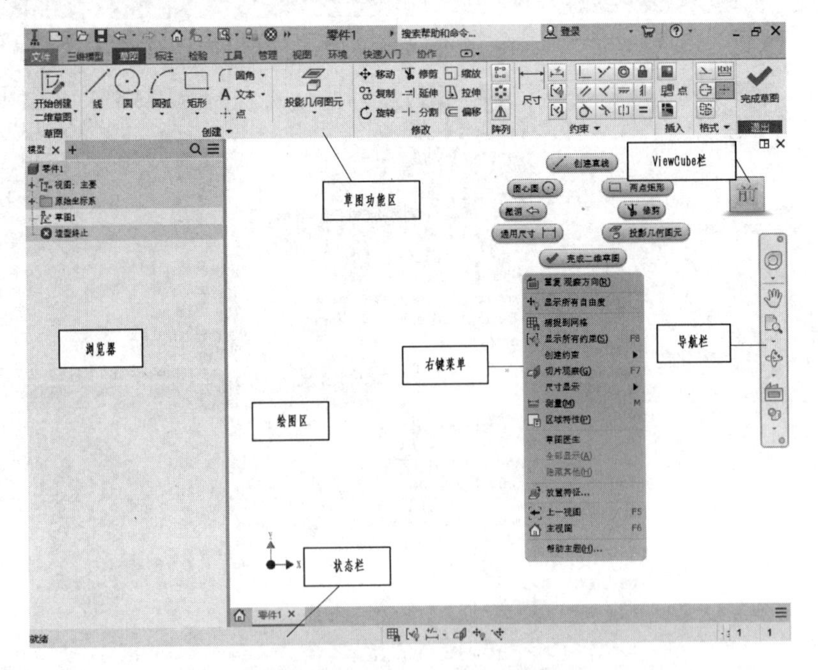

图 2-20　零件草图工作环境

单击图 2-16 中的“Sheet Metal. ipt”命令，系统进入钣金零件设计环境，如图 2-21 所示。

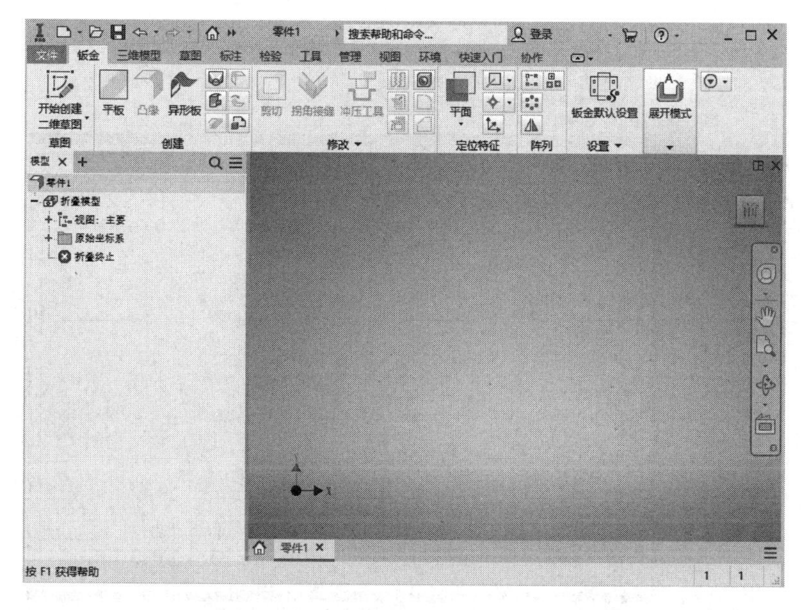

图 2-21　钣金零件设计工作环境

2. 部件装配设计工作环境

单击图 2-16 中的“Standard. iam”命令，系统进入部件装配设计工作环境，如图 2-22 所示。

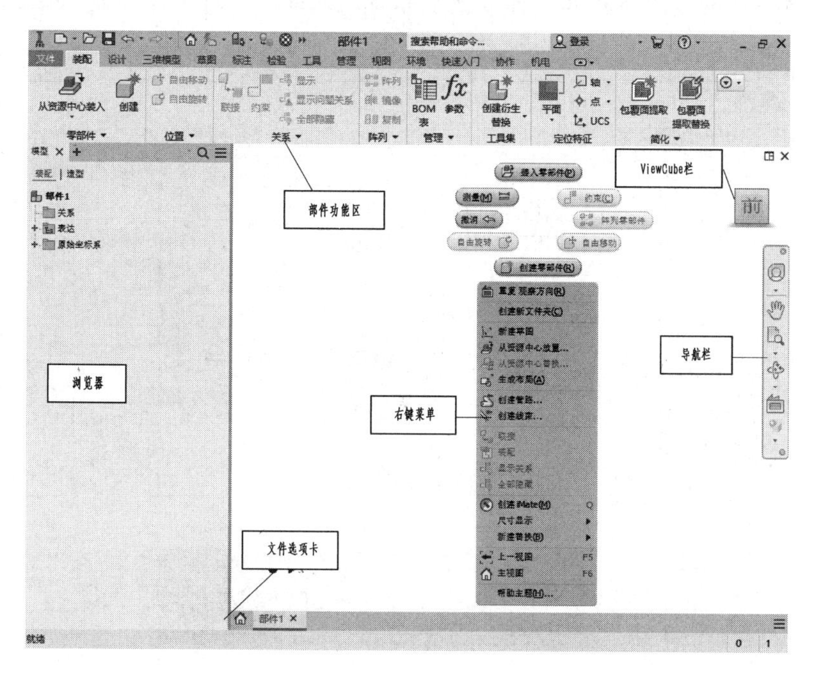

图 2-22　部件装配设计工作环境

3. 工程图工作环境

单击图 2-16 中的“Standard. idw”命令，系统进入工程图工作环境，如图 2-23 所示。

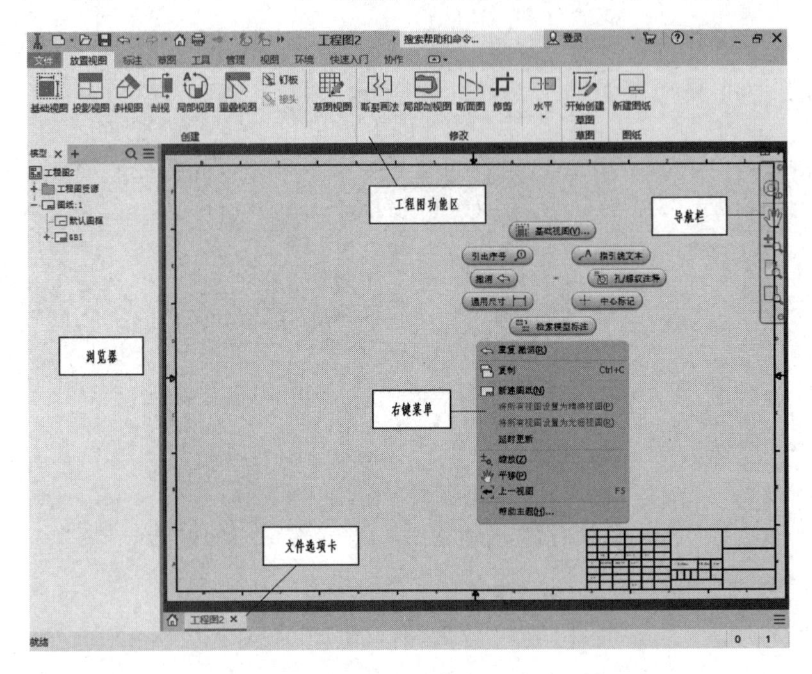

图 2-23　工程图工作环境

4. 部件分解工作环境

单击图 2-16 中的“Standard. ipn”命令，系统进入部件分解工作环境，如图 2-24 所示。

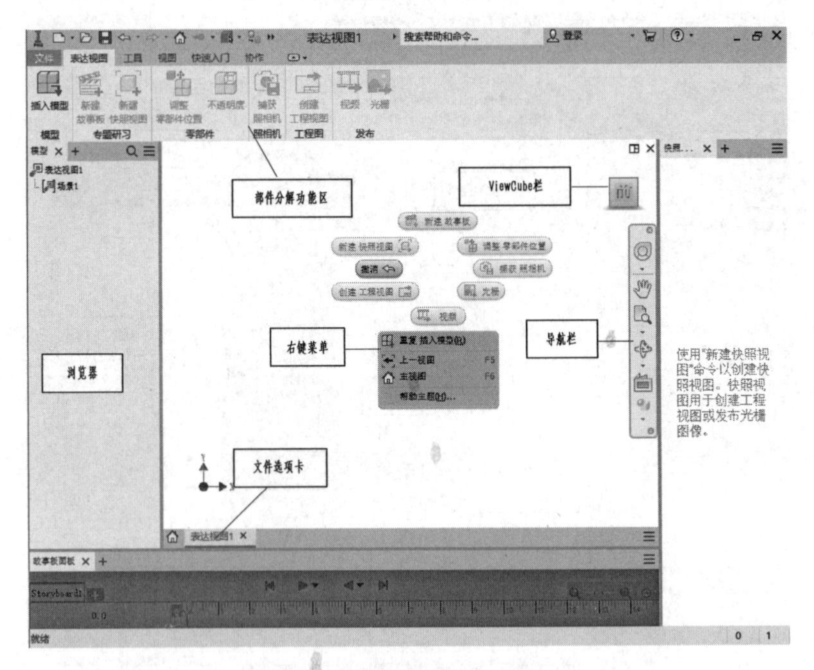

图 2-24　部件分解工作环境

2.3.3　快捷键

Inventor 2020 有多种快捷键，使用快捷键可加快绘图和建模速度，常用的快捷键见表 2-2。

表 2-2　Inventor 2020 的常用快捷键

键	作　用
F1	显示关于激活命令或对话框的帮助信息
F2	平移图形窗口
F3	在图形窗口中缩放
F4	在图形窗口中旋转对象
F5	回到上一个视图
F6	返回等轴测视图
B	在工程图中添加引出序号
C	添加装配约束
D	在草图或工程图中添加尺寸
E	拉伸截面轮廓
H	添加孔特征
L	创建直线或圆弧
P	在当前部件中放置零部件
R	创建旋转特征
S	在面或平面上创建二维草图
T	在当前表达视图中调整零件位置
Esc	退出命令
Del	删除所选对象
Backspace	在激活的直线工具中，删除上一条草图线段
Alt + 托动光标	在部件环境中，应用配合约束；在草图环境中，移动样条曲线的控制点
Shift + 右击	激活“选择”主菜单
Shift + “旋转”工具	在图形窗口中自动旋转模型，单击即可退出
Ctrl + Enter	返回上一个编辑状态
Ctrl + Y	激活恢复，即取消最近一次撤销操作
Ctrl + Z	激活撤销，即取消最近一次操作
Space	激活“三维旋转”工具

2.4　简单零件的三维设计过程实例

2.4.1　零件的三维设计流程

零件的三维设计过程可以分为**草图设计**阶段、**三维实体设计**阶段和**二维工程图设计**阶段，如图 2-25 所示。

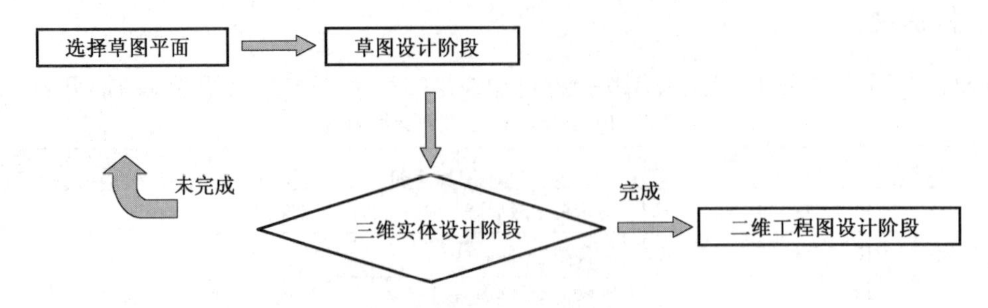

图 2-25　零件的三维设计流程

例如:创建底座零件三维模型的一般过程,先创建一个反映零件主要形状的主特征(基础特征),然后在这个特征基础上添加其他的辅助特征(细节特征),完成三维模型的创建后,可生成二维工程图,具体步骤如图 2-26 所示。

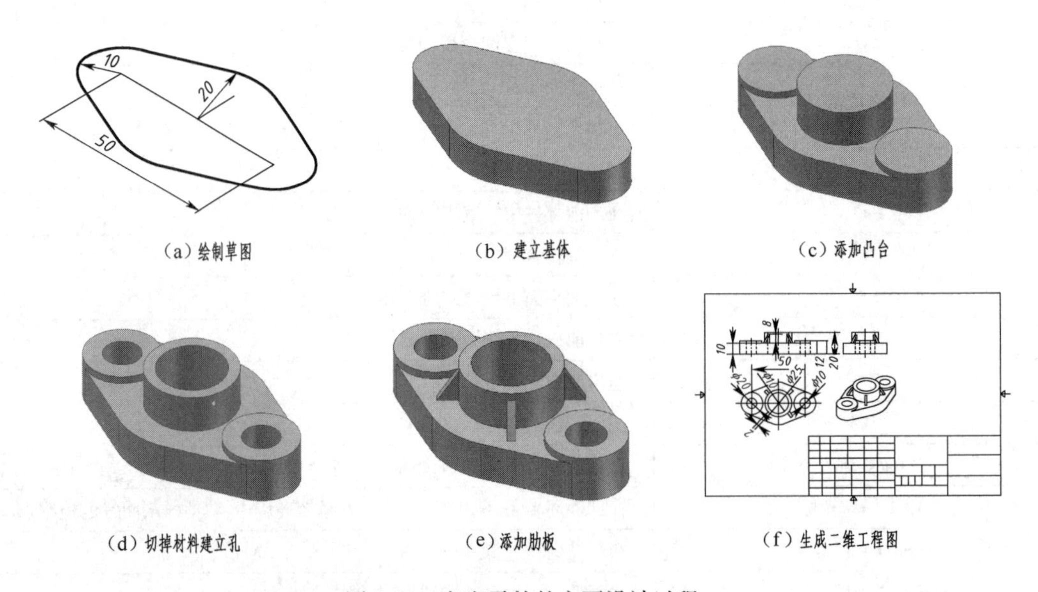

(a) 绘制草图　(b) 建立基体　(c) 添加凸台
(d) 切掉材料建立孔　(e) 添加肋板　(f) 生成二维工程图

图 2-26　底座零件的主要设计过程

2.4.2　生成零件模型的环境

(1)进入**零件设计环境**。如图 2-27 所示,在出现“新建文件”对话框中,双击“Standard. ipt”图标,系统进入零件设计环境。

(2)将绘图区的网格暂时关闭。单击“工具”标签栏中的“应用程序选项”(图 2-28),在“应用程序选项”对话框“草图”选项卡内的“显示”选项组中,将“网格线”“辅网格线”和“轴”三个复选框中的对钩去掉(图 2-29),单击“应用”按钮,可不显示绘图区的网格线。

2.4.3　主特征的草图设计阶段

草图设计阶段的操作过程主要包含,选择草图绘制命令绘制草图;添加草图约束,包含几何约束和尺寸约束,如图 2-30 所示,具体步骤如下:

图 2-27 “新建文件”对话框—工作环境

图 2-28 选择“应用程序选项”

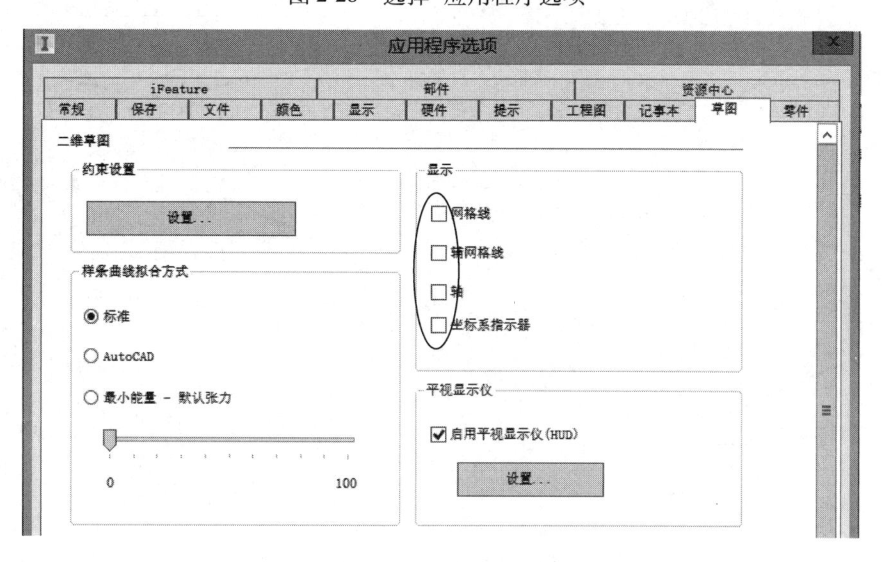

图 2-29 设置“显示”形式

①单击“草图”标签栏中的“绘图”命令区中“圆”和“直线”按钮，绘制图形如图2-30(a)～图2-30(d)所示。

②单击“约束”命令区中“相切”、“重合”和“相等”按钮，单击“直线”按钮和“镜像”按钮，绘制图形如图2-30(e)～图2-30(f)所示。

③单击“修改”命令区中“修剪”按钮，删除多余线段，绘制图形如图2-30(g)所示。

④单击“约束”命令区中“尺寸”按钮，为草图添加尺寸约束($R20$、$R10$和50)，如图2-30(h)所示。

⑤单击“格式”命令区中“构造”按钮，将辅助线设为构造线，如图2-30(i)所示。

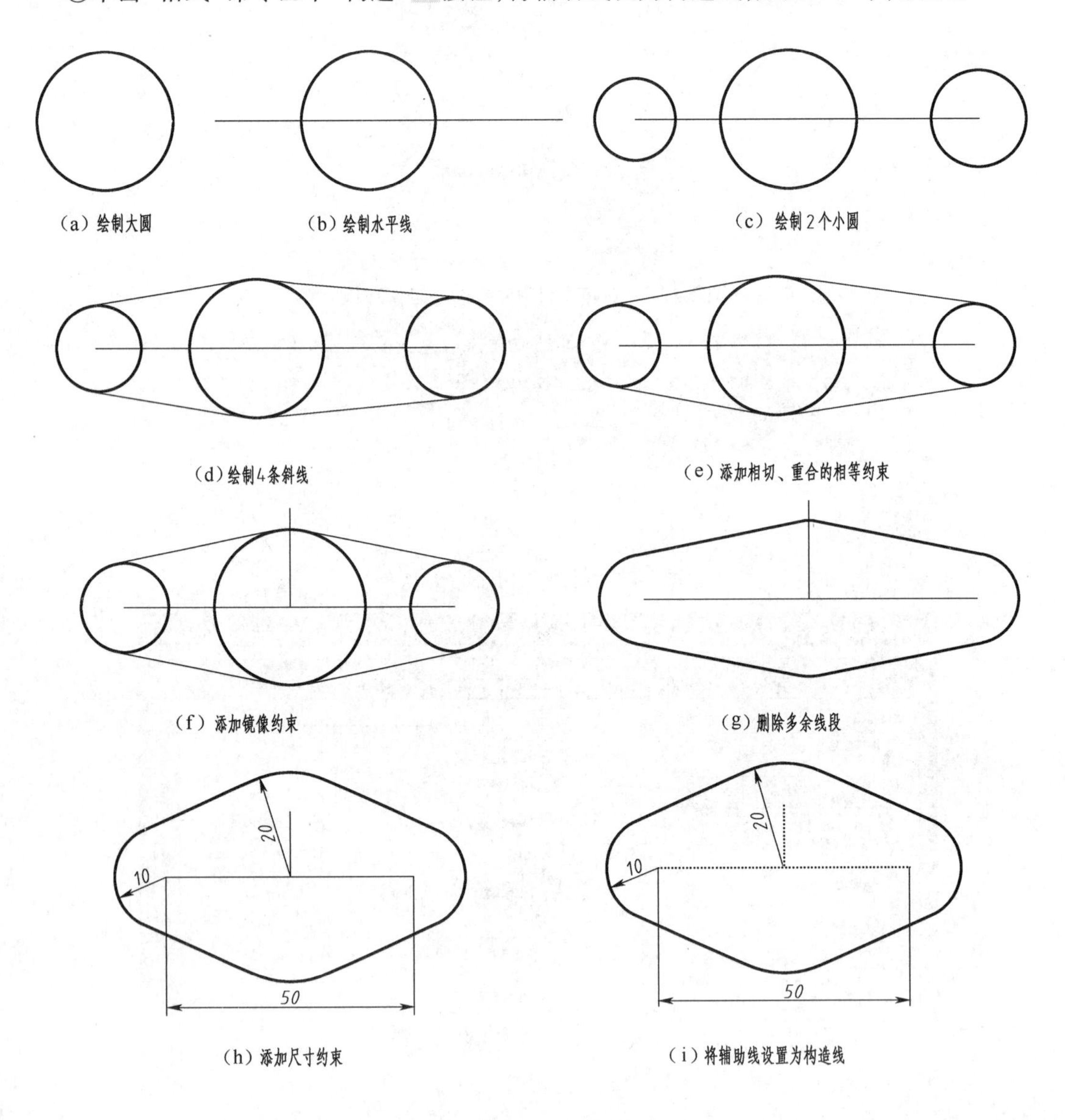

图2-30　底座的草图设计阶段

2.4.4　三维实体设计阶段

底座的三维实体设计阶段主要使用**拉伸**、**加强筋**、**环形阵列**等命令完成三维建模。如图 2-31 所示，具体步骤如下：

①完成主特征的草图，如图 2-31(a)所示，右击，选择“完成草图”命令。单击“模型”标签栏中的“创建”中的“拉伸”按钮，拉伸距离 10，拉伸结果如图 2-31(b)所示。

②右击，选择“新建草图”命令，选择底板上表面为草图平面，绘制草图，如图 2-31(c)所示。单击“拉伸”按钮，拉伸距离 10，圆柱拉伸结果如图 2-31(d)所示。

③右击，选择“新建草图”命令，选择底板上表面为草图平面，绘制草图，如图 2-31(e)所示。单击“拉伸”按钮，拉伸距离 2，两个圆柱凸台拉伸结果如图 2-31(f)所示。

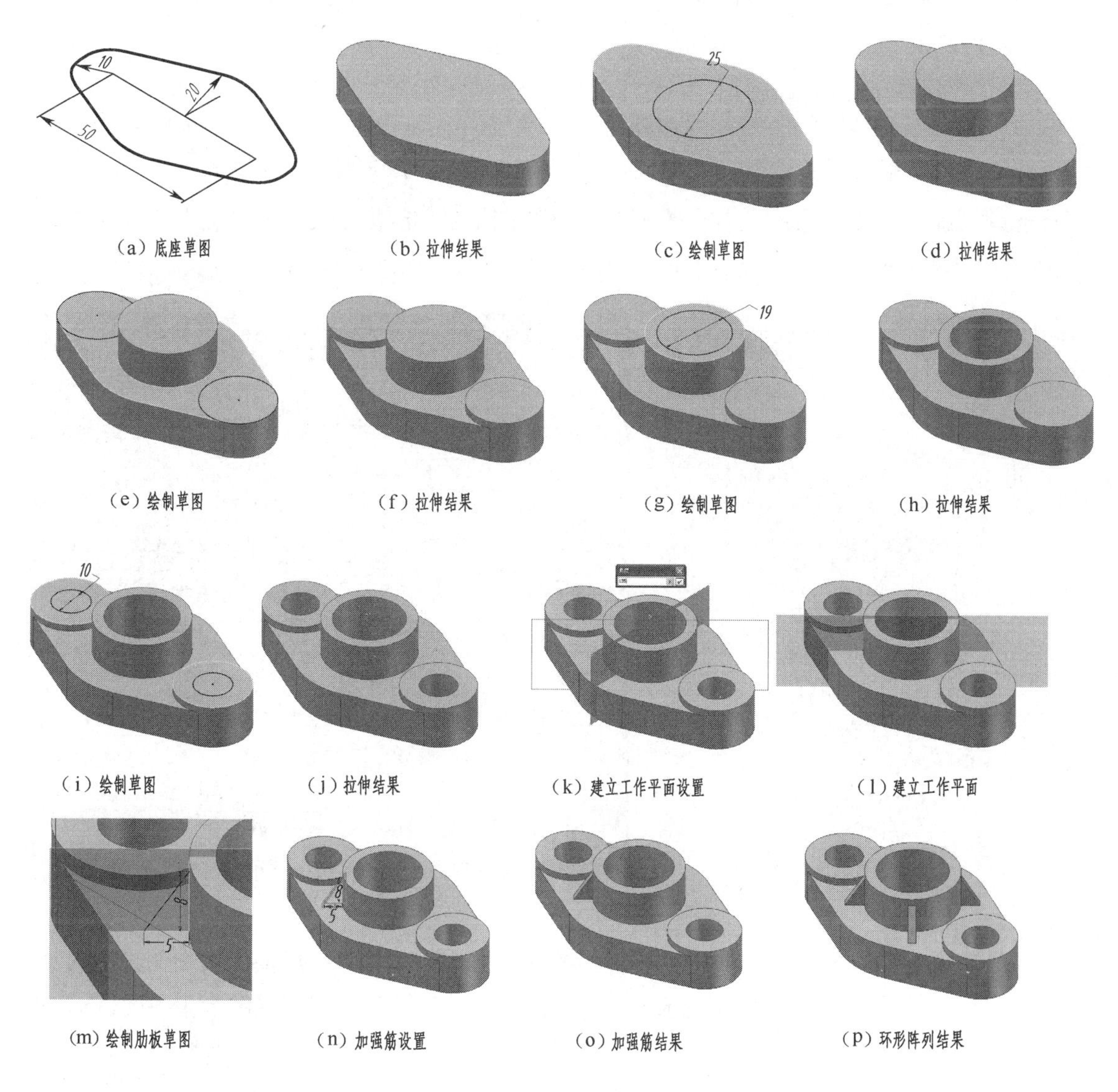

(a) 底座草图　(b) 拉伸结果　(c) 绘制草图　(d) 拉伸结果

(e) 绘制草图　(f) 拉伸结果　(g) 绘制草图　(h) 拉伸结果

(i) 绘制草图　(j) 拉伸结果　(k) 建立工作平面设置　(l) 建立工作平面

(m) 绘制肋板草图　(n) 加强筋设置　(o) 加强筋结果　(p) 环形阵列结果

图 2-31　底座的三维实体设计阶段

④右击,选择“新建草图”命令,选择圆柱上表面为草图平面,绘制草图,如图2-31(g)所示。单击“拉伸”按钮,拉伸范围为“贯通”,圆柱孔拉伸结果如图2-31(h)所示。

⑤右击,选择“新建草图”命令,选择凸台上表面为草图平面,绘制草图,如图2-31(i)所示。单击“拉伸”按钮,拉伸范围为“贯通”,圆柱孔拉伸结果如图2-31(j)所示。

⑥单击“模型”标签栏中的“定位特征”中的“平面”按钮,先单击原始坐标系的 *Z* 轴,然后单击 *YZ* 平面,在弹出的“角度”对话框中输入“135”,工作平面设置和结果如图2-31(k)~图2-31(l)所示。

⑦右击,选择“新建草图”命令,选择工作平面1为草图平面,绘制草图,如图2-31(m)所示。单击“加强筋”按钮,厚度为2,肋板设置和结果如图2-31(n)~图2-31(o)所示。

⑧单击“模型”标签栏中的“阵列”中的“环形阵列”按钮,阵列个数为4,阵列结果,如图2-31(p)所示。

2.4.5 二维工程图设计阶段

(1)进入二维工程图环境,设置图框。打开左上角“应用程序”命令,选择“新建”命令,选择“工程图”命令。右击“模型”工具栏“图纸:1”选项,右键菜单中选择“编辑图纸”选项。在“编辑图纸”对话框选择“A4”,单击“确定”按钮,如图2-32所示。

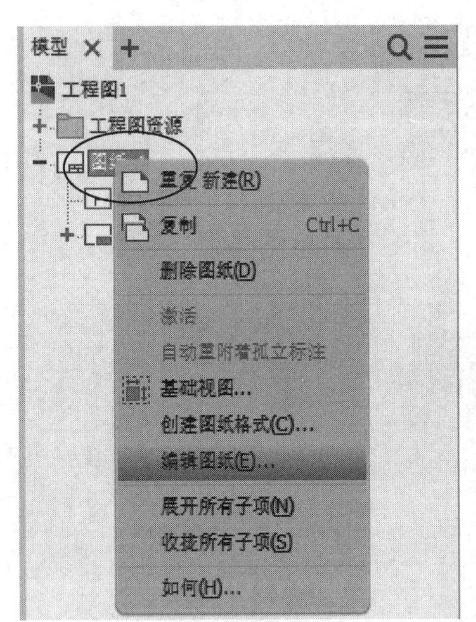

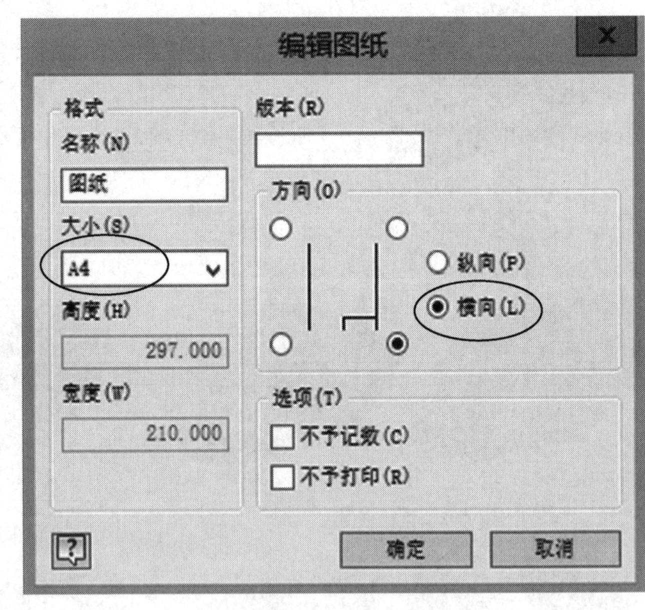

图2-32　选择A4图框

(2)生成基础视图。单击“放置视图”标签栏中“创建”命令栏的“基础视图”按钮,出现“工程视图”对话框,如图2-33所示。此时在图形区内显示的底座的视图是俯视图,不是想要的主视图。这时可以单击右上角的“ViewCube栏”按钮,可以得到想要的视图。

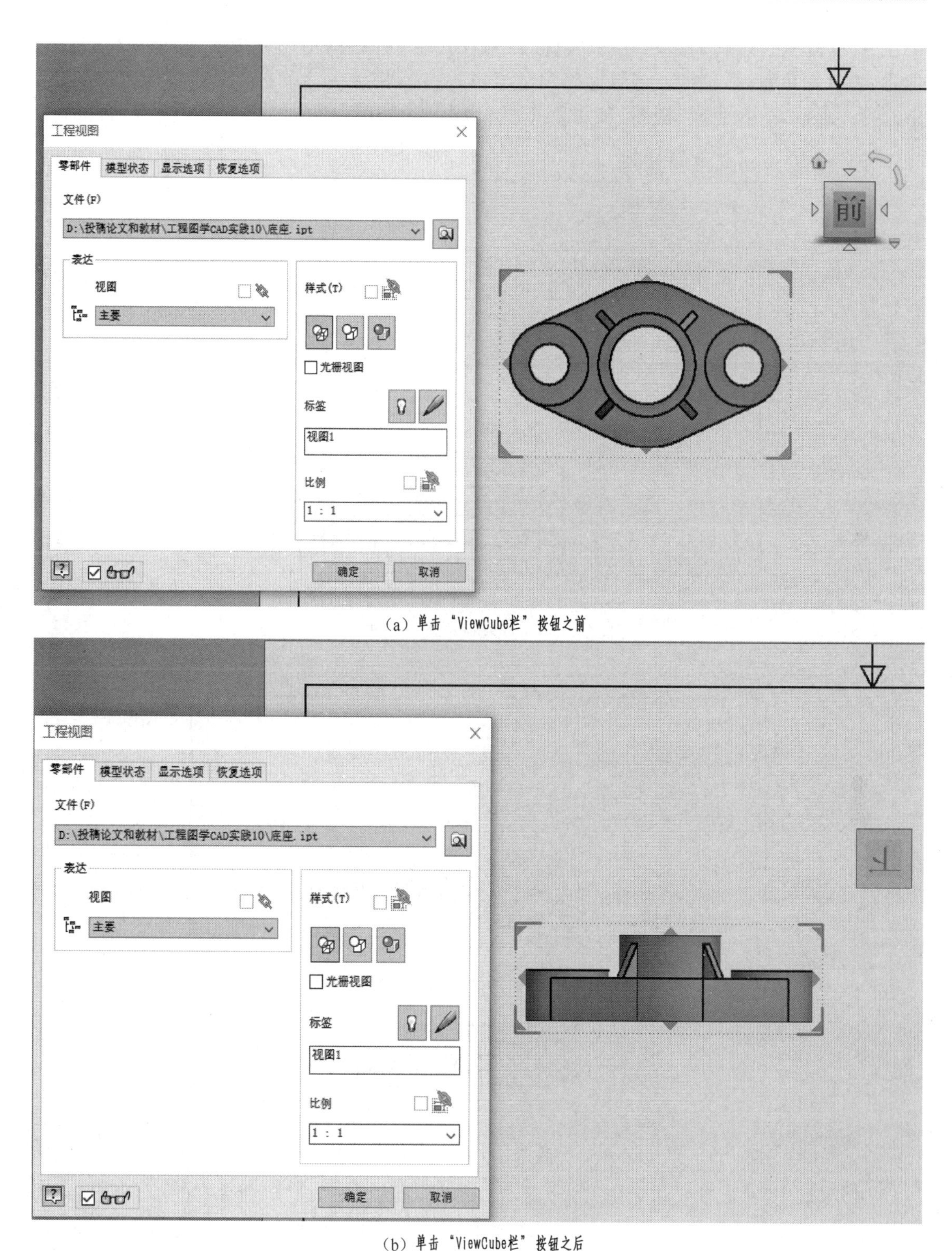

(a) 单击“ViewCube栏”按钮之前

(b) 单击“ViewCube栏”按钮之后

图 2-33　“工程视图”对话框

(3)生成投影视图。单击“投影视图”按钮，生成主视图，如图 2-34 所示。单击已生成的主视图（作为投影基础），向下移动鼠标到适当位置（俯视图位置）并单击，将鼠标移到适当位置（左视图位置）后单击。将鼠标移到适当位置（轴测图位置）单击。然后右击，在“菜单”中选择“创建”命令，生成“视图”如图 2-35 所示。

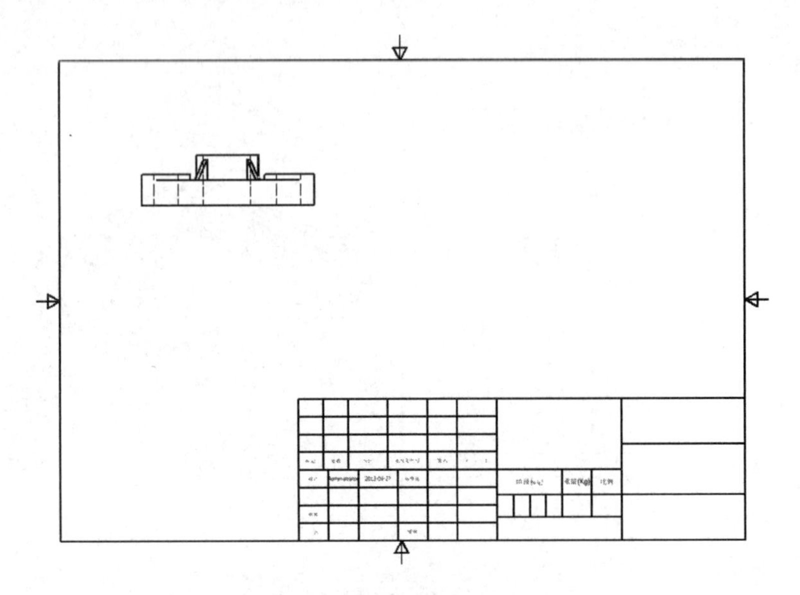

图 2-34　生成基础视图—主视图

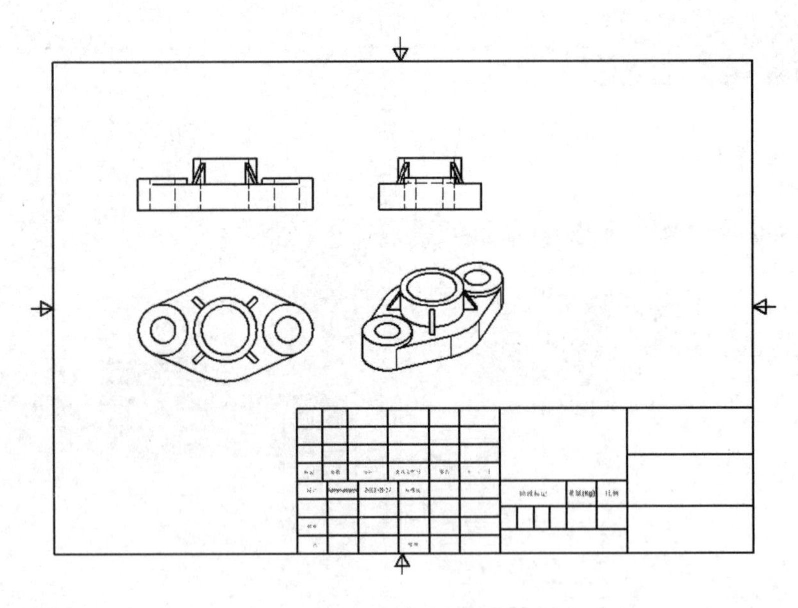

图 2-35　视图生成

（4）添加中心线、轴线和标注尺寸。单击“标注”标签栏中“符号”命令栏的“对分中心线”按钮和“中心标记”按钮，为工程图添加中心线和轴线。单击“标注”标签栏中“尺寸”命令栏的“尺寸”按钮，为工程图标注尺寸，如图 2-36 所示。

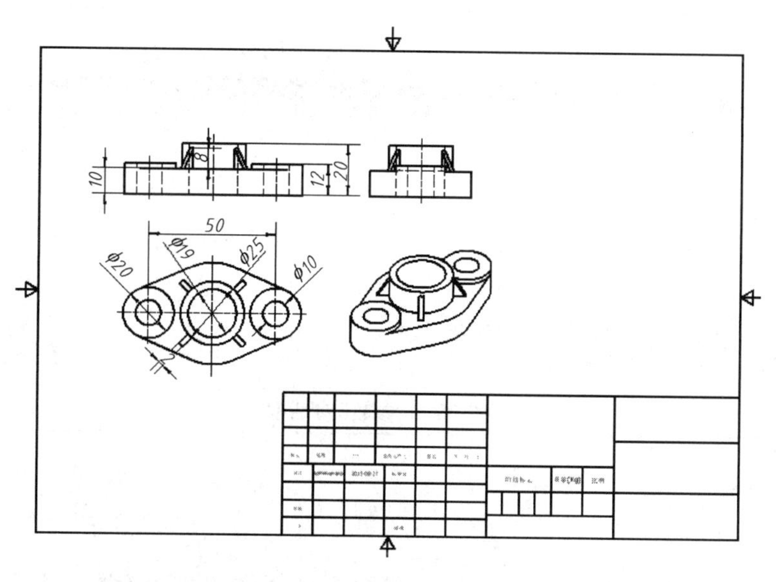

图 2-36　标注尺寸

2.5　简单零件参数化设计实例

下面以“多孔陶瓷管”为例，建立多孔陶瓷管零件的参数化模型，如图 2-37 所示。

零件各部分尺寸的参数名称：$\phi_1 = \phi30$，$\phi_2 = \phi44$，$L = 25$；各参数间的关系式：$\phi_2 = 1.467 \times \phi_1$，$L = 0.833 \times \phi_1$。建立零件的模型，要求当改变 ϕ_1 值时，能自动修改其他尺寸，并驱动三维模型的更改。

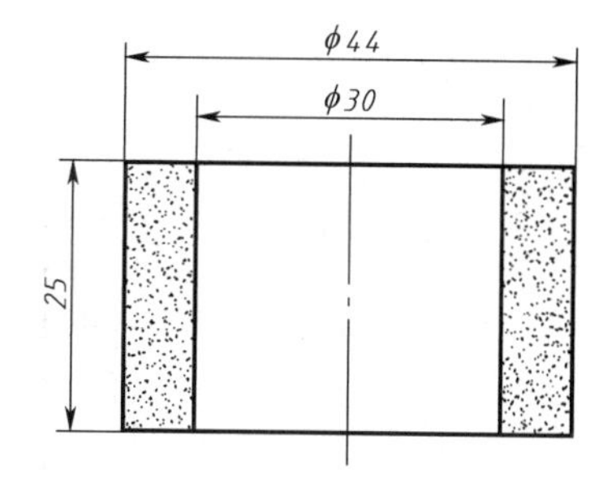

图 2-37　多孔陶瓷管零件图

（1）模型分析。多孔陶瓷管的形状较为简单，通过旋转或拉伸方式，可以进行三维建模。

（2）参数分析。两个参数 ϕ_2 和 L 都与 ϕ_1 关联，可利用草图尺寸和特征尺寸的参数和变量表达方式分别输入各自的尺寸。

（3）制作参数表。

①单击“管理”标签栏上的“f_x参数”按钮 f_x 参数，出现“参数”对话框，如图 2-38 所示。

②单击“参数”对话框中的“添加”按钮，按题目给定的各个参数名称和参数关系依次输入表格中。每输入一行后，单击“添加”按钮，如图 2-39 所示。

③表格中的 ϕ_1、ϕ_2 和 L 已经成为“用户参数”，待后面建立零件模型时使用。

（4）建立零件模型。

①单击“模型”标签栏，进入模型环境，单击工具栏“创建二维草图”按钮，在 XY 坐标面开始绘制一个草图。绘制多孔陶瓷管草图如图 2-40（a）所示。

②标注轴孔直径尺寸，在“编辑尺寸”框内输入参数名“ϕ_1”，如图 2-40（b）所示。选择右键菜单中“尺寸显示”中的“表达式”命令显示尺寸。

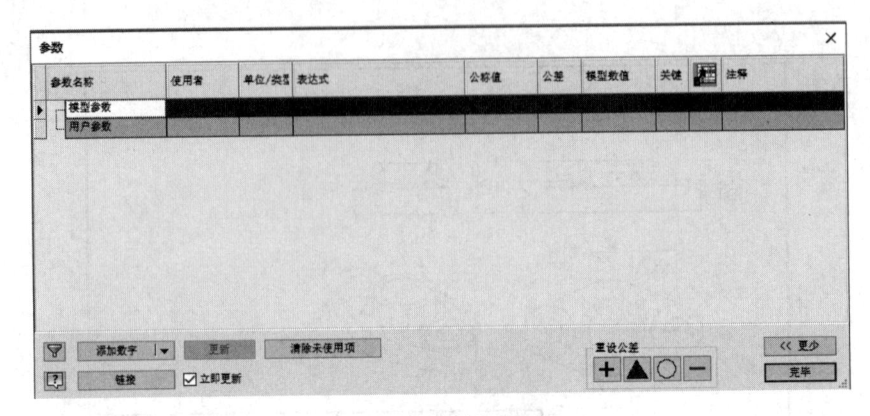

图 2-38 “参数”对话框

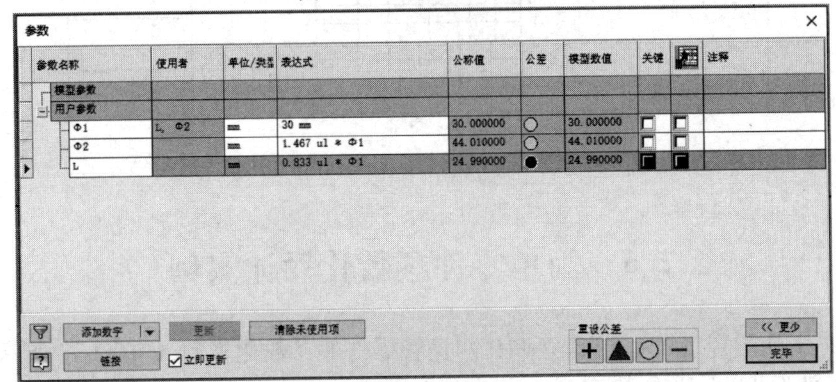

图 2-39 在“参数”对话框输入参数

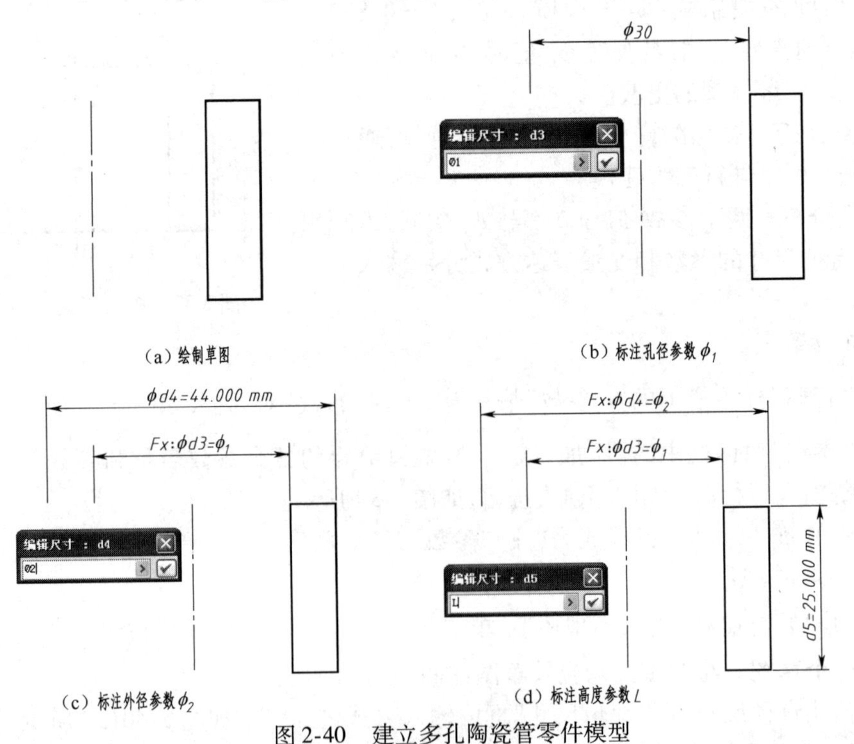

（a）绘制草图

（b）标注孔径参数 ϕ_1

（c）标注外径参数 ϕ_2

（d）标注高度参数 L

图 2-40 建立多孔陶瓷管零件模型

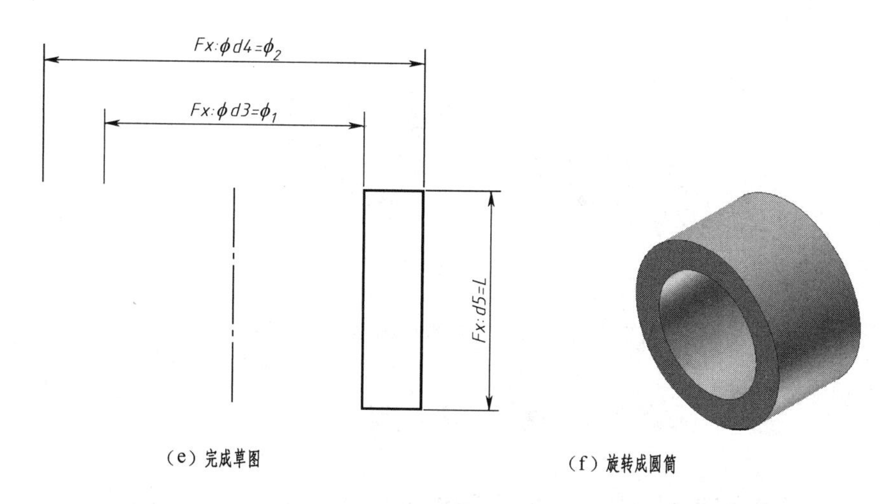

（e）完成草图　　（f）旋转成圆筒

图 2-40　建立多孔陶瓷管零件模型（续）

③标注圆筒外径尺寸，在“编辑尺寸”框内输入参数名 ϕ_2，如图 2-40(c)所示。

④标注圆筒高度尺寸，在“编辑尺寸”框内输入参数名 L，如图 2-40(d)所示，完成的草图如图 2-40(e)所示。

⑤使用“旋转”按钮，生成圆筒的模型，如图 2-40(f)所示。

(5)改变多孔陶瓷管零件的轴孔直径，驱动模型的变更。

①单击“管理”标签栏上的“f_x参数”按钮，出现“参数”对话框，如图 2-41 所示。

参数

参数名称	使用者	单位/类型	表达式	公称值	公差	模型数值	关键		注释
模型参数									
d3	草图1	mm	Φ1	30.000000		30.000000			
d4	草图1	mm	Φ2	44.010000		44.010000			
d5	草图1	mm	L	24.990000		24.990000			
用户参数									
Φ1	d3, L, Φ2	mm	30 mm	30.000000		30.000000			
Φ2	d4	mm	1.467 ul * Φ1	44.010000		44.010000			
L	d2	mm	0.833 ul * Φ1	24.990000		24.990000			

添加数字　更新　清除未使用项　链接　立即更新　重设公差　<< 更少　完毕

图 2-41　改变零件的孔径参数

②改变“用户参数”中的 ϕ_1 值为 50。单击“完成”按钮。观察到零件的各部分尺寸都相应变大，如图 2-42 所示。

通过此例，可体会到零件参数化的作用，这对于进行零件的系列化设计是十分方便的。

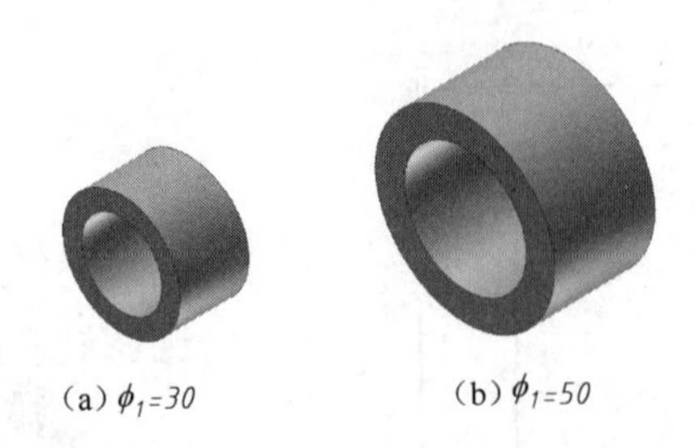

(a) $\phi_1=30$　　(b) $\phi_1=50$

图 2-42　修改孔径参数后的多孔陶瓷管

练　习　题

1. 从特征设计的角度分析图 2-43 中的形体，并指出它们的建模过程是什么。

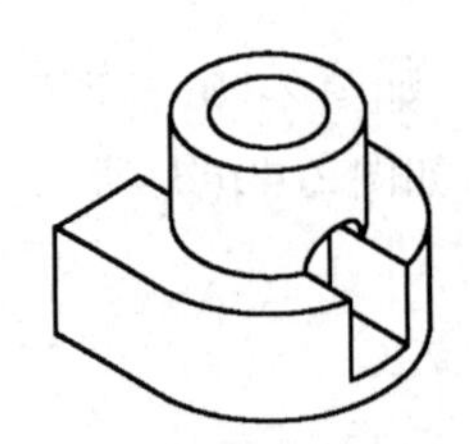
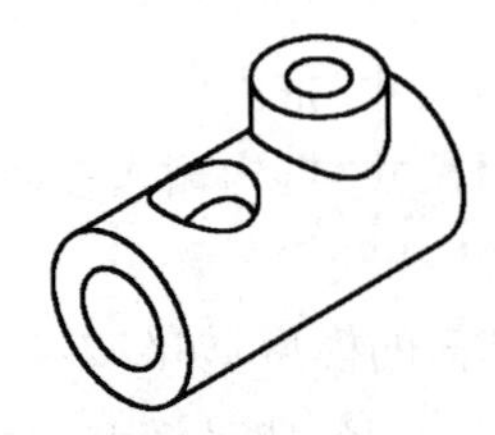
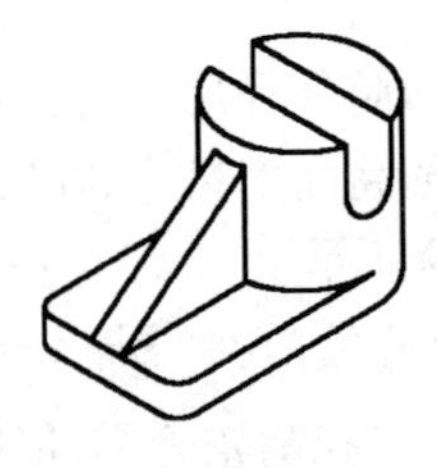

图 2-43　分析形体的特征

2. 从特征设计的角度分析图 2-44 中的零件，并指出它们的建模过程是什么。

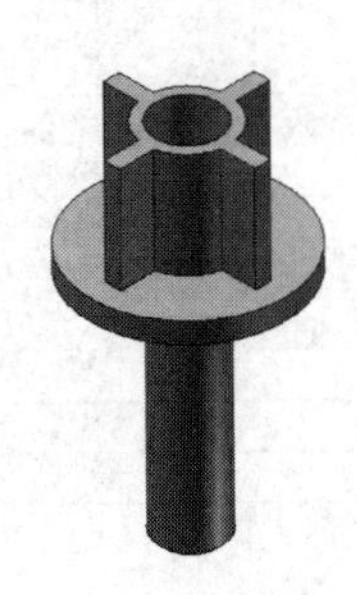

图 2-44　分析形体的特征

3. 根据“阀杆”零件的二维图构建三维模型(图 2-45)，参数化图中所示的一组参数：$\phi_1 = \phi 10$，$SR = SR5$，$\phi_2 = \phi 28$，$\phi_3 = \phi 24$，$L_1 = 83$，$L_2 = 26$，$L_3 = 10$，$L_4 = 3$，$L_5 = 8$，建立 ϕ_1 与其他参数的关系式：$SR = 0.5\phi_1$，$\phi_2 = 2.8\phi_1$，$\phi_3 = 2.4\phi_1$，$L_1 = 8.3\phi_1$，$L_2 = 2.6\phi_1$，$L_3 = \phi_1$，$L_4 = 0.3\phi_1$，$L_5 = 0.8\phi_1$。建立 ϕ_1 与其他参数的关系式，通过改变 ϕ_1，能自动修改其他尺寸，并驱动三维模型的更改。

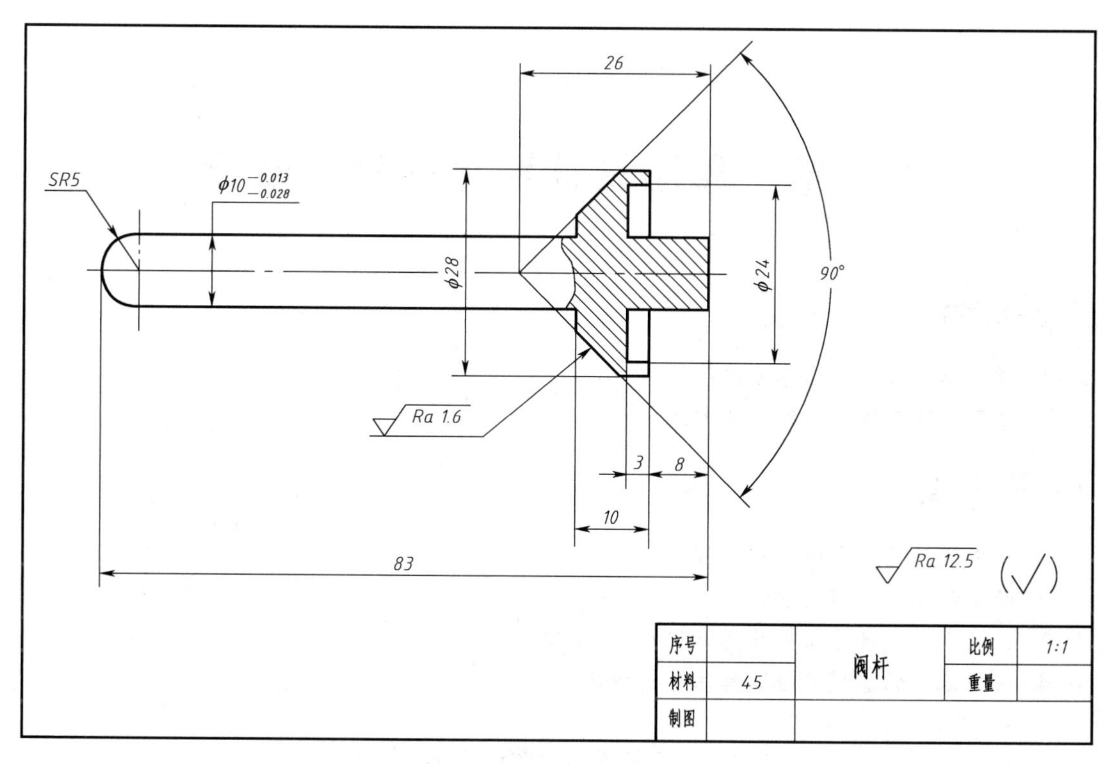
26
SR5
$\phi10^{-0.013}_{-0.028}$
φ28
φ24
90°
Ra 1.6
3
8
10
83
Ra 12.5
(√)
序号
比例
1:1
阀杆
材料
45
重量
制图

图 2-45　阀杆

第 3 章　草图设计和零件特征设计

学习目标

1. 学习草图设计的具体方法。
2. 学习创建三维模型的具体方法。

学习内容

1. 草图设计的基本概念和流程。
2. 绘制和编辑草图的方法。
3. 三维零件设计方法—草图特征、放置特征和定位特征。
4. 三维零件的建模流程和具体分析方法。

3.1　三维零件的草图设计

3.1.1　草图设计流程

通常情况下,利用 CAD 软件进行产品造型时,其设计过程如图 3-1 所示。可以看出,利用 CAD 软件进行产品设计,草图的建立是非常重要的前提和基础。

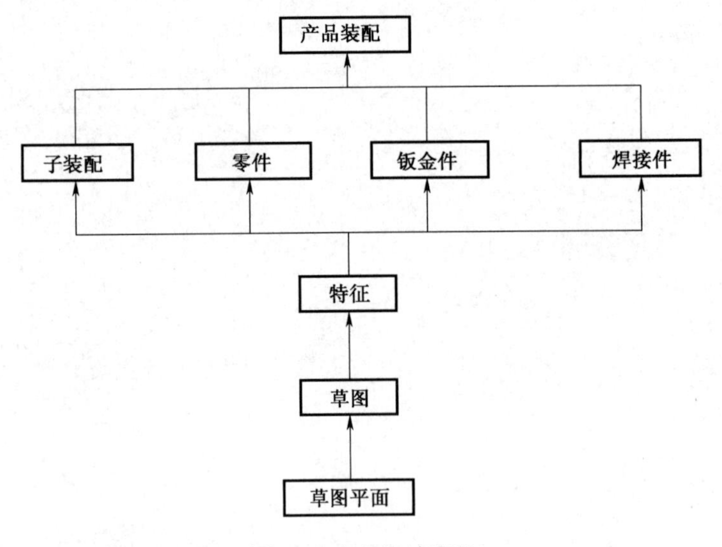

图 3-1　产品设计流程

进行草图设计的一般设计流程如图 3-2 所示。详细过程如下：

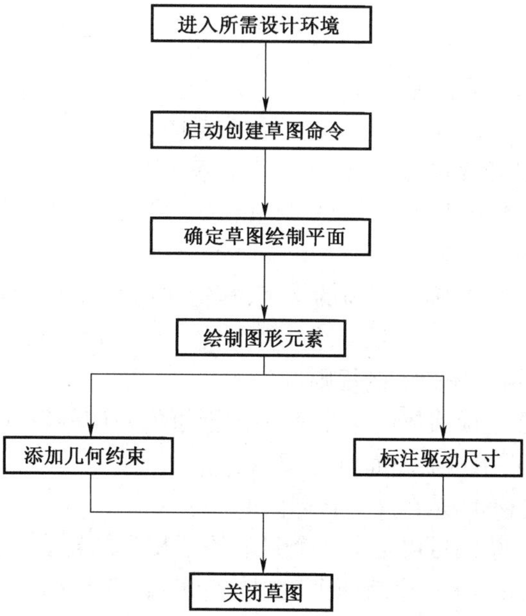

进入所需设计环境
启动创建草图命令
确定草图绘制平面
绘制图形元素
添加几何约束　标注驱动尺寸
关闭草图

图 3-2　草图设计流程

(1)启动应用程序 Autodesk Inventor Professional 2020。

(2)创建新文件。在“新建文件”对话框中选择“Standard. ipt”模板来创建新的零件文档，进入零件设计环境。

(3)启动创建草图特征命令。首次进入零件设计模式时，系统会自动进入到零件设计模式下的零件二维草图工作模式。再次创建草图时，单击创建草图按钮即可。

(4)选择绘制草图特征的参考面。首次进入零件设计模式时，系统默认草图平面为 *XY* 平面。

(5)绘制几何元素。在“绘图”标签栏中单击各个相应的按钮可以进行直线、圆等草图的绘制。

(6)添加几何约束。在“约束”标签栏中单击各个相应的按钮可以对各个几何元素进行平行、垂直等约束操作。

(7)标注驱动尺寸约束。在“约束”标签栏中单击“尺寸”按钮为元素标注必要的位置和形状尺寸。

(8)退出草图设计环境。

3.1.2　草图平面

草图要在指定的平面上绘制，草图平面可以在下列指定的平面上的建立：

(1)原始坐标系的平面：*YZ* 平面、*XZ* 平面和 *XY* 平面。

(2)工作平面：使用“工作平面”命令所设置的平面。

(3)实体平面：三维实体上的一个表面。

3.1.3 草图的生成及规则

1. 草图的生成

草图的生成主要采用以下几种方式：

(1)绘制草图:在 Inventor 的环境下直接绘制出草图。

(2)共享草图:通过已经存在的草图生成“共享草图”。

(3)投影草图:采用“投影几何图元命令”把已经生成的实体特征的几何要素向草图平面进行投射而得到的投影构成草图。

(4)文字草图:通过“文本”命令书写的文字,其轮廓也可以作为草图。

2. 草图的绘制规则

绘制草图时,尽量采用下述的绘制规则:

(1)封闭性与否:通常生成实体的草图是一个连续的、封闭的轮廓[图 3-3(a)];草图可以是一个不封闭的轮廓,但用于构成曲面[图 3-3(b)]。

(2)非自交叉性:草图不能是自交叉状态[图 3-3(c)]。

(3)轮廓相交性与否:草图可以是由多个封闭的不相交的轮廓构成[图 3-3(d)];草图轮廓也可以相交,但只能使用其中一个或两个轮廓的合集[图 3-3(e)]。

(4)近似性绘制:绘制的草图应和实际形状大小比例大致相符,如果绘制的草图接近于最终的大小和形状,则在添加草图约束时草图不容易扭曲变形。

(5)约束先后性:添加约束时应尽量采用“**先定形状,后定大小**”的方法,即在标注尺寸前应先固定轮廓的几何形状,即“**先几何,后尺寸**”。

(6)细节实体性:保持草图简单。如尽量不要在草图上绘制倒角或圆角,可以在生成实体后,再添加倒角、圆角和拔模斜度等设计细节。

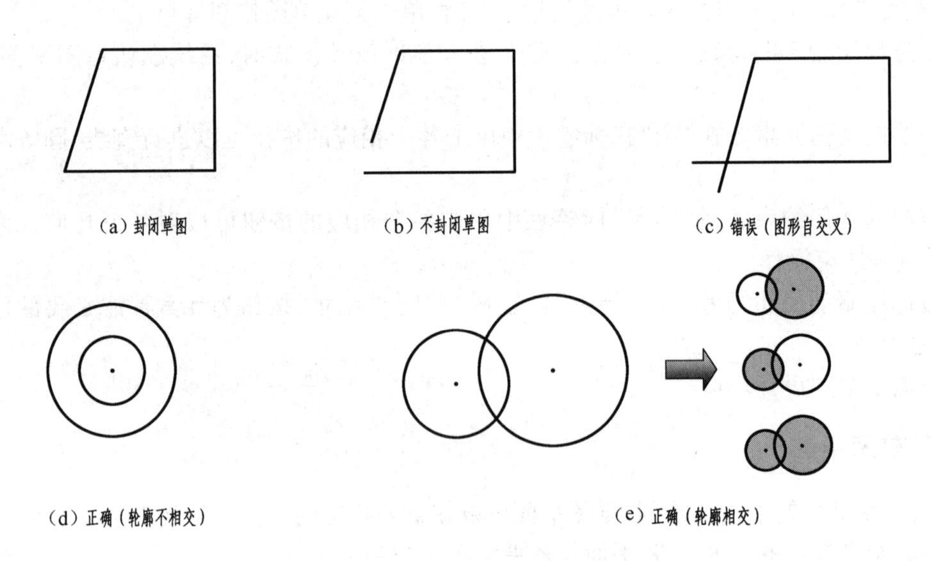

图 3-3　草图的正误例

草图是三维零件造型的基础,是一个特征的“截面轮廓”,该特征能够与其他特征组合成一个零件。Inventor 的草图工具条命令主要包含**绘图**、**约束**、**阵列**和**修改**等几个模块。

3.1.4 绘制草图命令

绘制草图的命令在“草图功能区”的“绘制”命令栏中，草图绘制命令包括**直线**、**圆**、**圆弧**、**矩形**、**样条曲线**、**椭圆**、**点**、**倒角**、**圆角**、**正多边形**和**文字**，如图3-4所示。

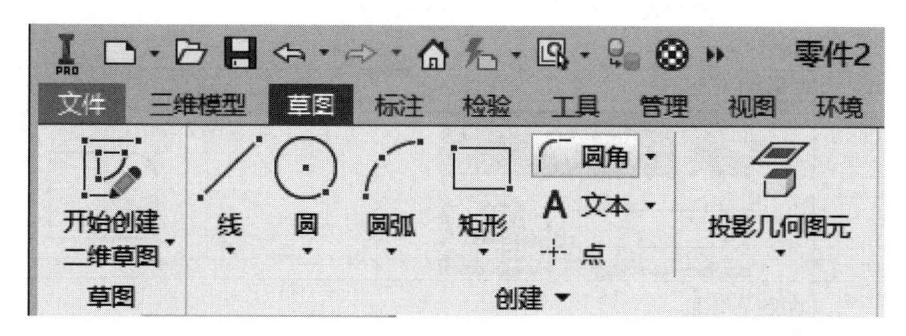

图3-4 草图绘制命令

Inventor 2020常用草图绘图功能见表3-1。

表3-1 常用草图绘图功能

工具栏图标	功能与说明	图 例
	功能：画直线和与直线相切的圆弧。 绘制直线时，当单击直线端点并按住鼠标左键，沿所需的方向（圆周方向）滑动时，可画出与直线相切的圆弧，如右图所示	
	功能：绘制圆。 绘制圆的方法有两种：给定圆心和半径，或与三个图元相切，如右图所示	
	功能：绘制圆弧。 方法有三种： （1）给定圆弧上三个点，如右图（a）所示 （2）与一个图元相切的圆弧，如右图（b）所示 （3）给定圆心点和圆弧两端点，如右图（c）所示	（a） （b） （c）
	功能：绘制矩形。 方法有两种： （1）给定两对角点，如右图（a）所示； （2）给定三个点，如图右（b）所示	（a） （b）
	功能：样条曲线是通过一系列给定点的光滑曲线。 控制点的位置或改变控制点的处曲线的切线方向，都可以改变曲线，如右图所示	

续上表

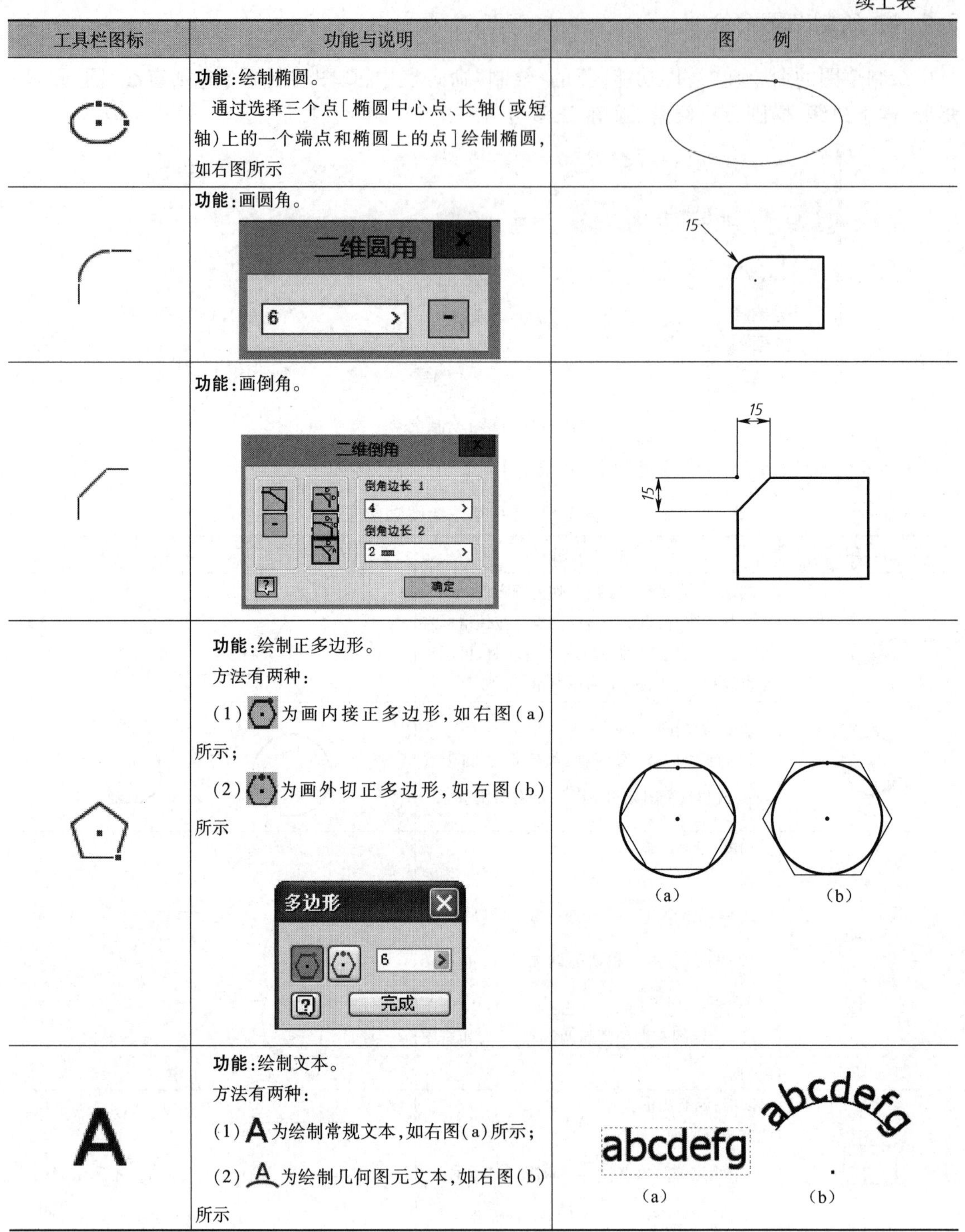

工具栏图标	功能与说明	图　例
	功能:绘制椭圆。 通过选择三个点[椭圆中心点、长轴(或短轴)上的一个端点和椭圆上的点]绘制椭圆,如右图所示	
	功能:画圆角。 二维圆角 6	15
	功能:画倒角。 二维倒角 倒角边长 1 4 倒角边长 2 2 确定	15 15
	功能:绘制正多边形。 方法有两种: (1) 为画内接正多边形,如右图(a)所示; (2) 为画外切正多边形,如右图(b)所示 多边形 6 完成	(a)　(b)
A	**功能**:绘制文本。 方法有两种: (1) A 为绘制常规文本,如右图(a)所示; (2) A 为绘制几何图元文本,如右图(b)所示	abcdefg　abcdefg (a)　(b)

3.1.5　修改编辑草图

二维草图往往要经过编辑、修改才能达到使用要求。修改编辑草图的命令工具栏,如图3-5所示。

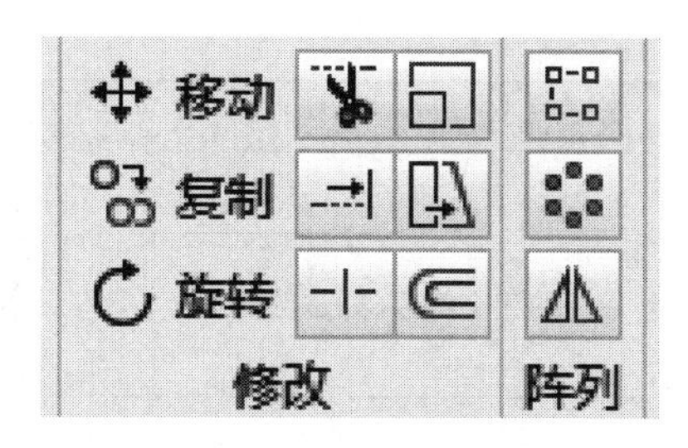

图 3-5　编辑(修改、阵列)命令工具栏

Inventor 2020 常用草图编辑功能,见表 3-2。

表 3-2　常用的编辑功能

工具栏图标	功能与说明	图　例
	功能:矩形阵列。 将已有的草图沿着直线的一个方向或两条直线的两个方向复制成规则排列的图形,如右图所示	40　40 阵列前　阵列后
	功能:环形阵列。 将已有的草图绕一点旋转复制成规则排列的图形,如右图所示	阵列前　阵列后
	功能:镜像。 由一侧草图作与镜像线对称的图形,如右图所示	镜像前　镜像后
	功能:移动。 将草图几何图元从起始点 P1 移动到终止点 P2。如果在“移动”对话框中选择“复制”,则可实现复制功能,如右图所示	P1　P2 移动前　移动后
	功能:复制。 将已知图形复制到指定点,原图形保留	1　1　2 复制前　复制后
	功能:旋转。 将所选草图图形绕指定的中心点进行旋转,如右图所示	旋转前　旋转45°后
	功能:修剪。 选中的线段修剪到与最近线段的相交处,如右图所示	修剪前　修剪后

续上表

工具栏图标	功能与说明	图　例
	功能:延伸。 延伸直线到最近的相交线段,如右图所示	延伸前　延伸后
	功能:分割。 将直线或曲线分割为两段或更多段	分割前　分割后
	功能:缩放。 按给定比例系数放大或缩小选定图形	缩放前　缩放后
	功能:偏移。 选中偏移对象在适当位置点击,如右图所示	

3.1.6 草图约束

草图约束是限制草图的自由度,使草图具有确定的几何形状、大小和位置,使其在驱动草图时,不能发生变形。草图约束的命令工具栏如图 3-6 所示。

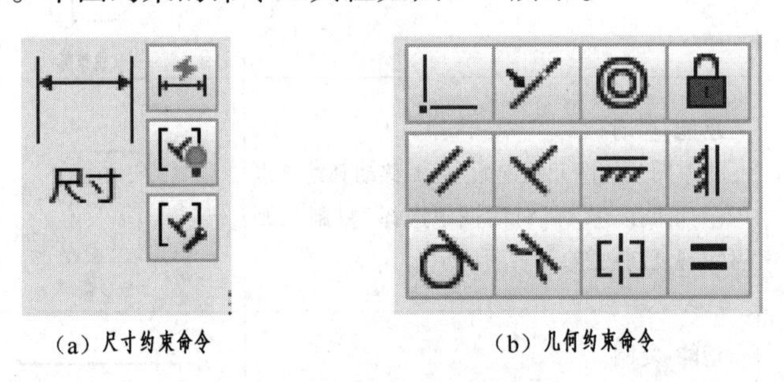

(a) 尺寸约束命令　　(b) 几何约束命令

图 3-6　尺寸约束和几何约束命令

几何约束用来规整草图的几何形状。尺寸约束用来定义草图的大小和图元之间的相对位置。通常是先添加几何约束后添加尺寸约束。

1. 几何约束

Inventor 2020 的几何约束功能见表 3-3。

表 3-3　几何约束

工具栏图标	功能与说明	约 束 前	约 束 后
	功能:重合。 使两个图元上的指定点重合		

续上表

工具栏图标	功能与说明	约束前	约束后
	功能:共线。 使两直线共位于同一条线上		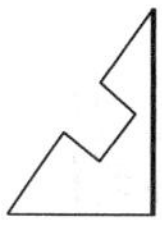
	功能:同心。 使两个圆(圆弧)同心	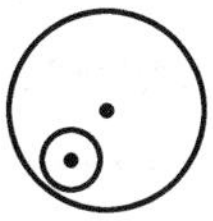	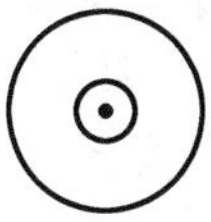
	**功能**:固定。 使图元相对草图坐标系固定	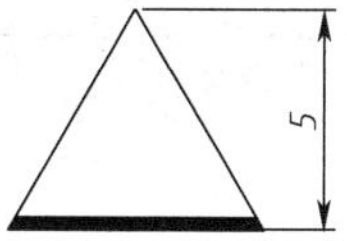 5	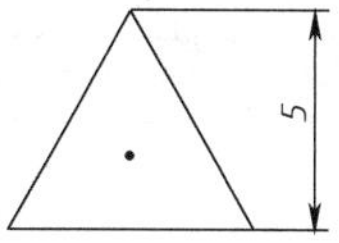 5
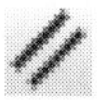	**功能**:平行。 使两直线相互平行	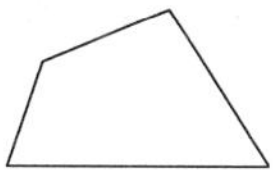	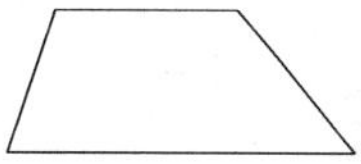
	功能:垂直。 使两直线相互垂直	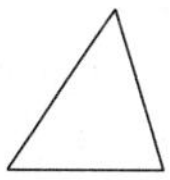	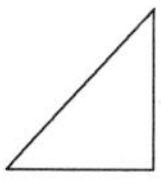
	**功能**:水平。 使一直线或两个点(线端点或圆心点)平行于坐标系的 X 轴	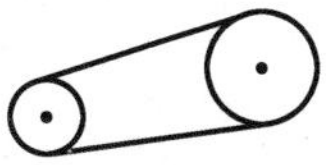	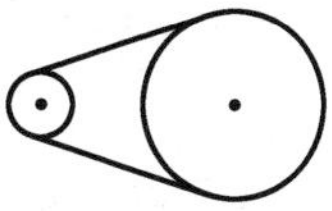
	功能:竖直。 使直线或两点平行于坐标系的 Y 轴	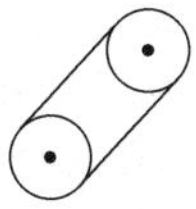	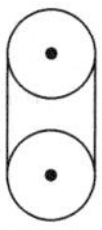
	**功能**:相切。 使直线和圆(圆弧)或两圆(圆弧)相切	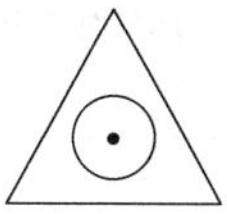	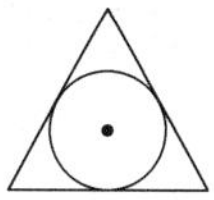
	功能:对称。 使两图元相对于所选直线成对称布置	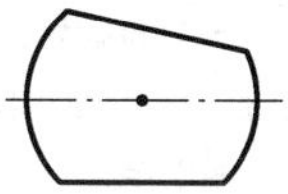	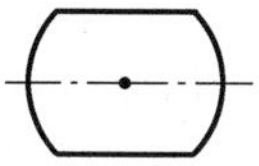
	**功能**:相等。 使两圆(圆弧)或两直线具有相同半径或长度	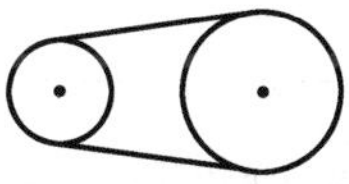	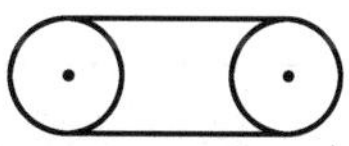
	功能:平滑。 使已有的样条曲线或其他曲线(如圆弧和样条曲线)连接处平滑光顺	 样条曲线 圆弧	

2. 尺寸约束

尺寸约束的目的是确定草图的**大小**及**位置**。尺寸会驱动图形发生变化。尺寸约束的方法有两种：

(1)通用尺寸。根据需要,由用户为草图一个一个地标注尺寸。

(2)自动标注尺寸。系统根据草图的情况自动添加全约束的尺寸,但常常标注的不尽合理,还需要个别修改。

尺寸约束是指通过尺寸标注来**精确控制**各类图元的**大小**和**位置**。尺寸通常分为三类:**线性尺寸**、**圆类尺寸**和**角度尺寸**,见表3-4。

表3-4　尺寸约束

类型	说　明	图　例
线性尺寸	标注线性尺寸时,可以直接选择对象进行标注,如点击一条直线,也可以通过选择两个点表示距离的方式进行标注	
	对于与原始坐标轴不平行的直线,可根据需要选择“对齐”、“水平”、“竖直”三种方式进行标注,不同的标注方式可在选中直线后,点击鼠标右键,在右键快捷菜单中选择,如右图所示	
圆类尺寸	利用“通用尺寸”进行尺寸标注时,系统自动默认对圆的直径尺寸和圆弧的半径尺寸进行标注,如右图(a)所示。若需改变标注,如不注圆的直径而注半径尺寸时,则可以在选择圆后,先点击鼠标右键,在右键快捷菜单中选择“半径”选项后,再进行标注即可,如右图(b)所示	(a)　(b)
	如果用普通线作为“旋转”命令的旋转轴,利用它标注出带“ϕ”的直径,则应先选择旋转轴,再选择直线,在右键菜单中选择“线性直径”选项,如右图所示	
角度尺寸	对于角度尺寸,可通过选择组成该角的两条边、拖动光标来标注,如右图(a)所示,也可通过依次指定某角的第一条边上的一点、顶点、另一条边上的一点来标注,如右图(b)所示	(a)　(b)

3.1.7 草图样式工具

创建草图时需要使用不同的线型,如轮廓线(实线)、辅助线、中心线等,这些线型具有不同的几何含义。如图 3-7 所示,在 Inventor 标准工具条上,分别提供了"构造线"、"中心线"等开关按钮,也称草图样式工具。

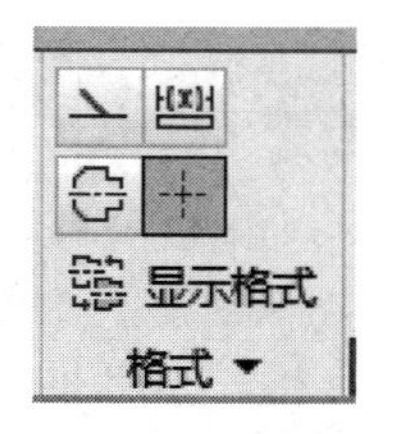

图 3-7 格式工具栏

构造线:即作图"辅助线",显示为"细点线"样式。构造线可用来为轮廓线进行辅助定形和定位,但不参与造型。

中心线:显示为"点画线"样式。中心线用于表示回转轴线,并可基于中心线标注回转体轮廓的直径。

创建草图过程中,普通轮廓线、构造线、中心线之间进行线型转换的方法有两种:

(1)在画线前,单击(按下)"构造线"或"中心线"开关按钮,随后所画的图线即为对应的线型。再次单击(弹起)按钮,此后所画图线回到普通轮廓线的状态。

(2)若需改变现有线型,可通过选中某条图线后单击相应的线型开关按钮,实现线型的转换。

3.2 零件特征设计

3.2.1 零件设计流程

参数化造型是基于特征的造型。在计算机参数化造型过程中,零件是由**特征**组成的。**特征**是一种与功能相关的简单**几何单元**,是零件造型的**基本元素**。Inventor 的零件特征设计工具条命令主要包含**创建**、**修改**、**定位特征**、**阵列**、**曲面**等几个模块。通常情况下,进行零件设计时其主要流程如图 3-8 所示。

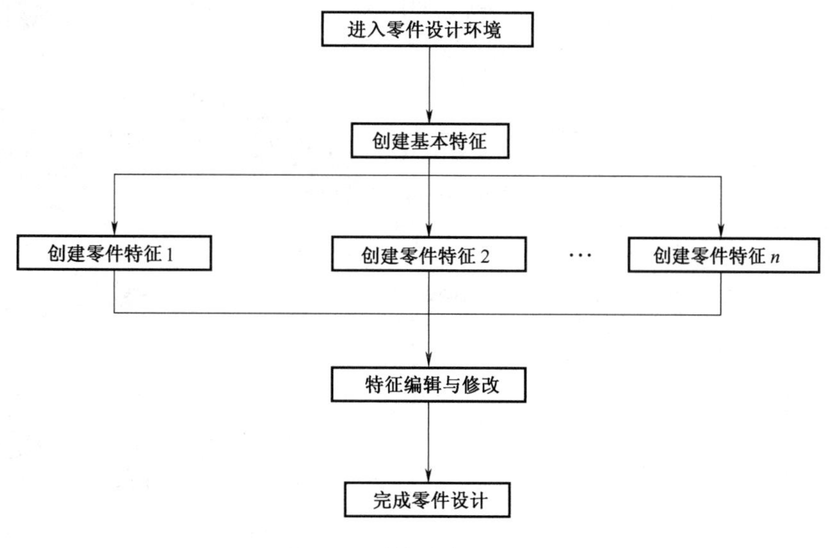

图 3-8 零件设计流程图

根据零件形状和造型需要，特征可分为三类：**草图特征**、**放置特征**和**定位特征**，见表3-5。

表3-5　特征分类

特征名称	含　义	举　例
草图特征	基于草图的特征，这类特征都必须在草图基础上生成。建模中所创建的第一个草图特征又称为基础特征，它是零件的最基本特征，其后所有特征都是在基础特征上产生的	拉伸、旋转、扫掠、放样、扫掠、加强筋、凸雕等
放置特征	基于特征的特征，这类特征大都是在已有的特征实体基础上进行添加的，一般不需要从草图生成	倒角、圆角、抽壳、拔模斜度、分割、环形阵列、矩形阵列、螺纹和镜像等
定位特征	在造型中起到辅助定位作用的特征，它属于非实体的构造元素	工作面、工作轴、工作点

3.2.2　草图特征

草图特征是主要的特征类型。要创建基础特征，首先要定义草图平面，在其上绘制几何草图，再按照指定的基础特征生成方式由草图轮廓创建实体。草图特征命令工具栏如图3-9所示。

图3-9　草图特征命令工具栏

表3-6列出了Inventor 2020中常用的**草图特征**。

表3-6　草图特征的类型

特征名称	构成特点	举　例
拉伸	将二维草图沿直线方向拉伸成实体	
旋转	由二维草图绕轴线旋转成实体	
放样	在两个或多个封闭截面之间生成过渡曲面实体	
扫掠	将二维封闭草图沿给定的路径扫描成实体	
加强筋	将二维草图按给定的厚度向实体方向延伸	

续上表

特征名称	构成特点	举例
螺旋扫掠	将二维封闭草图沿一条螺旋路径扫描成实体	
凸雕	在零部件表面将指定的图案生成凸起或凹进特征	

3.2.3 放置特征

放置特征是针对已建立好的特征实行进一步编辑和加工，如**打孔**、**螺纹**、**倒角**、**圆角**、**阵列**、**镜像**等。放置特征命令工具栏如图 3-10 所示。表 3-7 列出了 Inventor 2020 中常用的**放置特征**。

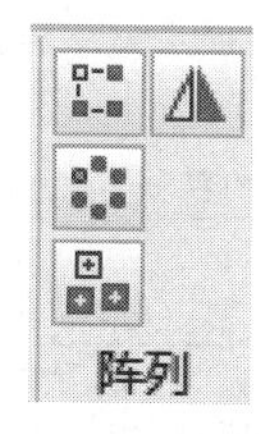

图 3-10 放置特征命令工具栏

表 3-7 放置特征的类型

特征名称	构成特点	举例
打孔	以“孔中心点”草图为中心生成各类圆孔	
倒角	在实体的转角处生成倒角	
圆角	在实体的转角处生成圆角	
抽壳	从实体内部去除材料，生成带有给定厚度的空心或开口壳体	

续上表

特征名称	构成特点	举　例
拔模斜度	将实体的一个或多个面处理成具有一定角度的面	
螺纹	在圆柱或圆锥面上生成螺纹效果图像	
分割	将实体按给定的边界分割,去掉其中一侧实体或将实体的一个面割成两个面	
矩形阵列	将实体上的特征按给方向复制成多个	
环形阵列	将实体上的特征绕一根轴线复制成多个	
镜像	将实体上的特征以一个平面为对称面对称复制一个	

3.2.4　定位特征

定位特征一般用于辅助定位和定义新特征。定位特征包括**工作平面**、**工作轴**和**工作点**。放置特征命令工具栏,如图3-11所示。

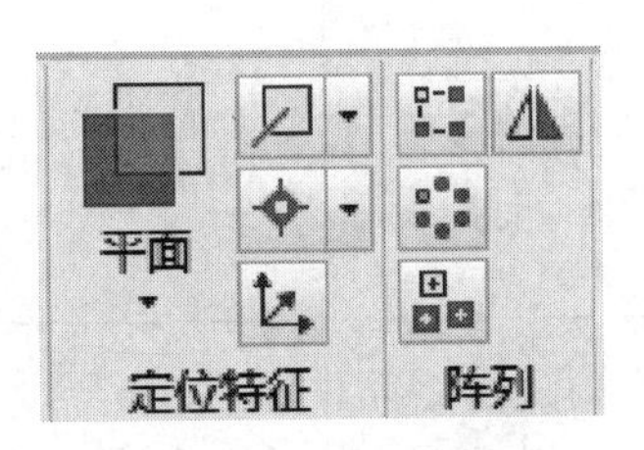

图3-11　定位特征命令工具栏

1. 工作平面

单击"零件特征"面板中的"工作面"按钮,即可以建立各种工作面。工作平面的主要作用为:①作为草图平面;②作为特征的终止面;③作为将一个零件分割成两个零件的分割面;④作为装配的参考面;⑤作为剖切平面。常用工作平面的创建条件及其应用见表3-8。

表3-8　工作平面的类型和应用

工作平面图标按钮	建立工作平面	应　用
两条共面边		草图

续上表

工作平面图标按钮	建立工作平面	应 用
平面绕边旋转的角度	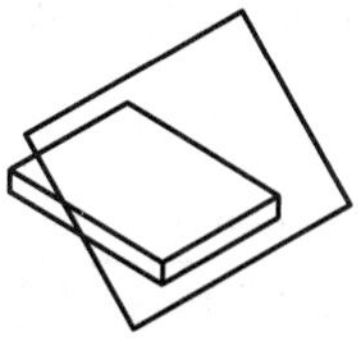	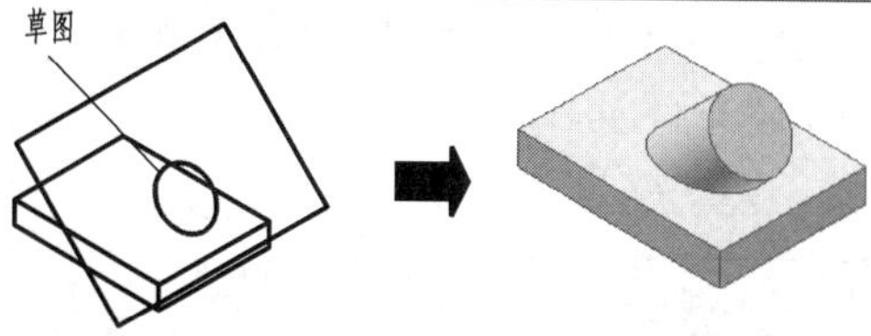 草图
与曲面相切且平行于平面	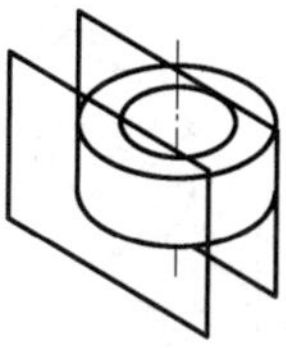	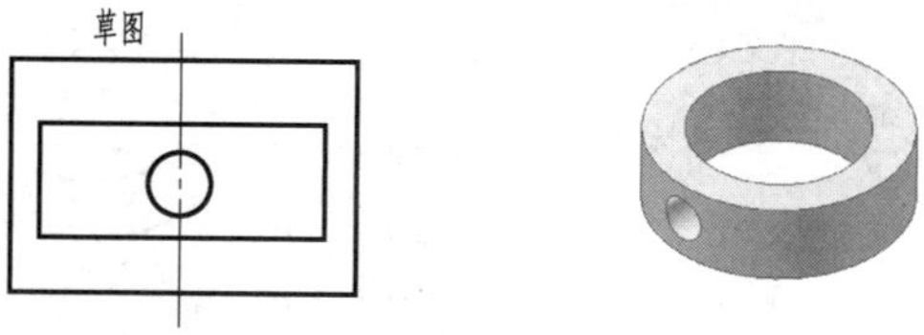 草图
从平面偏移	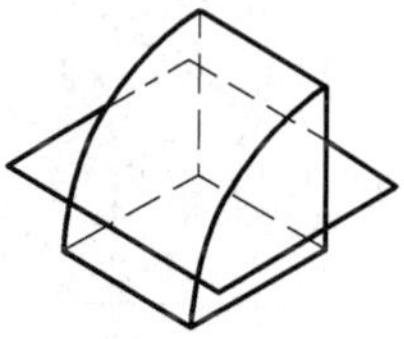	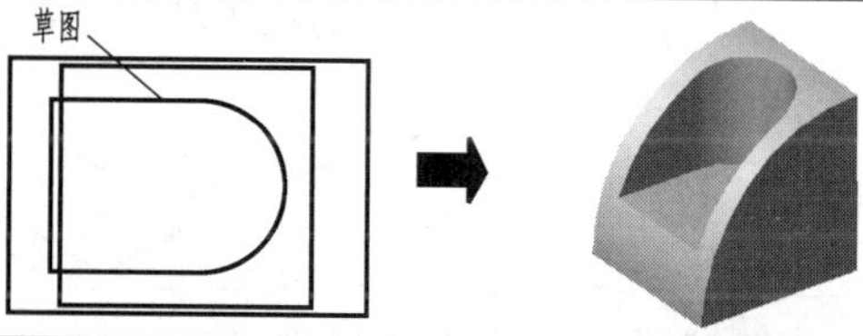 草图
两个平面之间的中间面	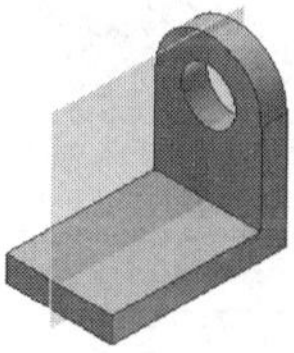	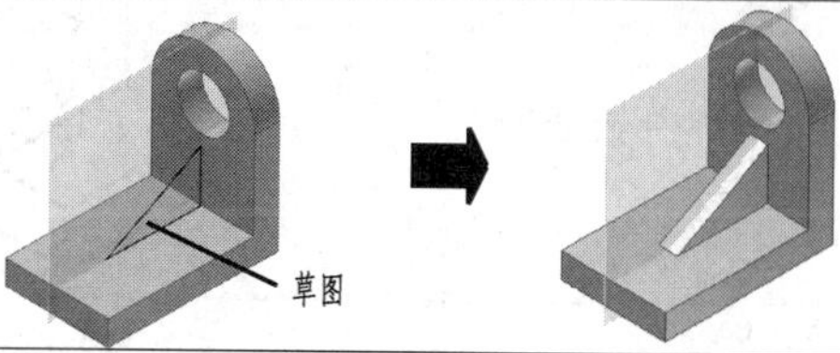 草图
三点	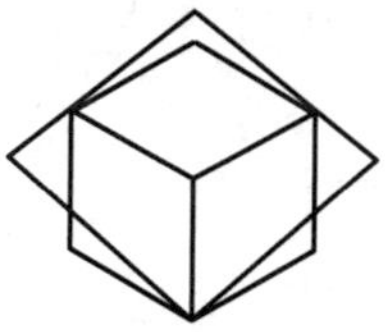	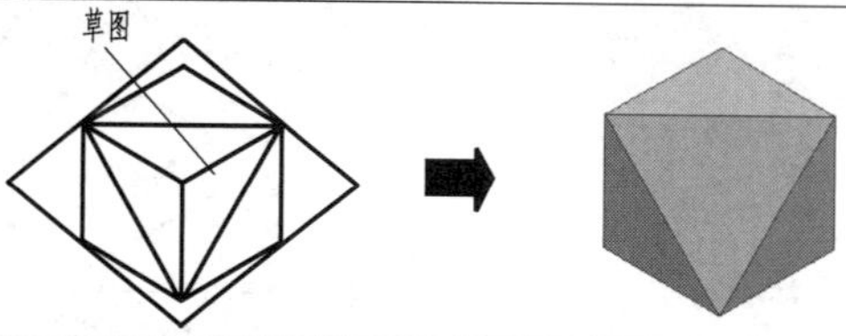 草图
平行于平面且通过点	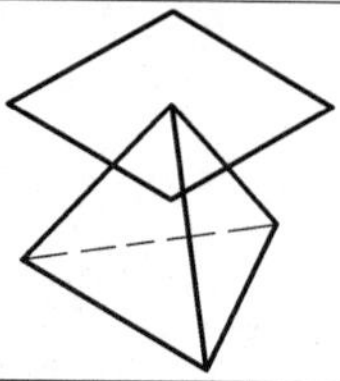	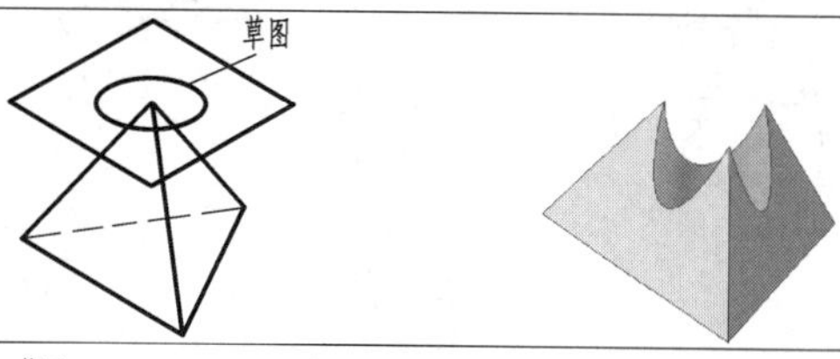 草图
与轴垂直且通过点	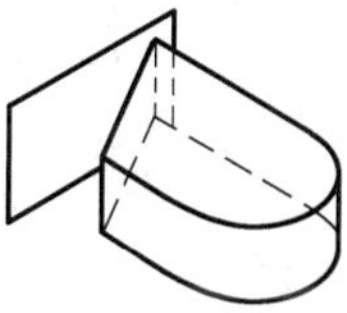	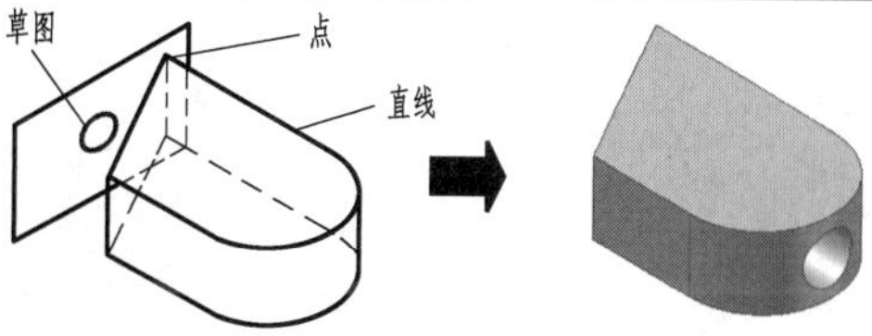 草图 点 直线
在指定点处与曲线垂直	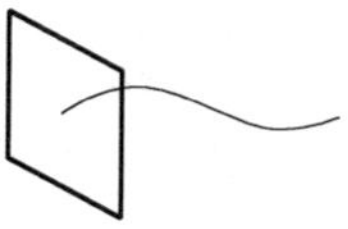	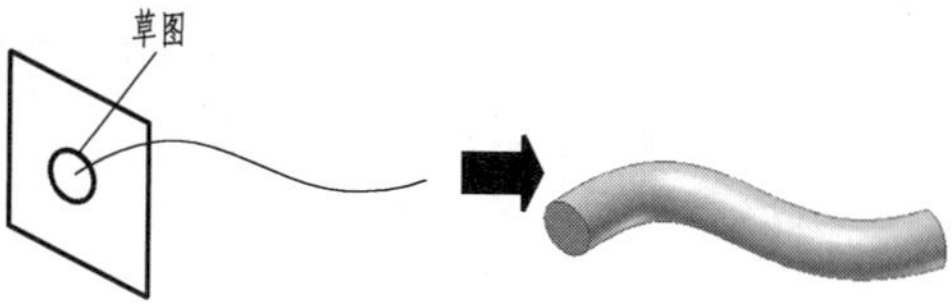 草图

2. 工作轴

单击“零件特征”面板中的“工作轴”按钮，即可建立各种工作轴。工作轴的主要作用:①作为回转体添加轴线;②作为旋转特征的旋转轴;③环形阵列时,作为轴线。常用工作轴的创建条件及其应用见表3-9。

表3-9　工作轴的类型和应用

工作轴图标按钮	原　模　型	应　　用
 过回转体的旋转轴	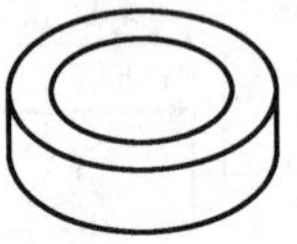	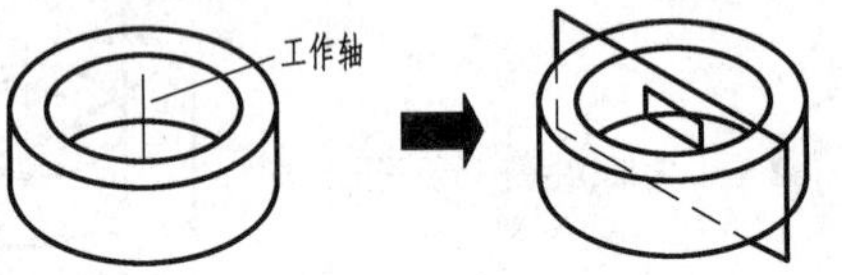 工作轴
 过两点的工作轴	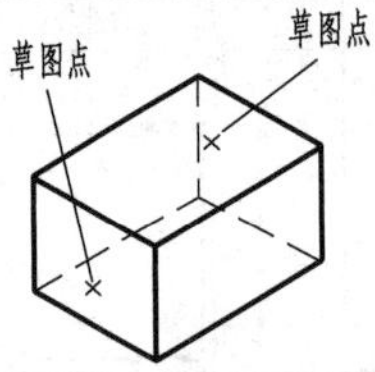 草图点　草图点	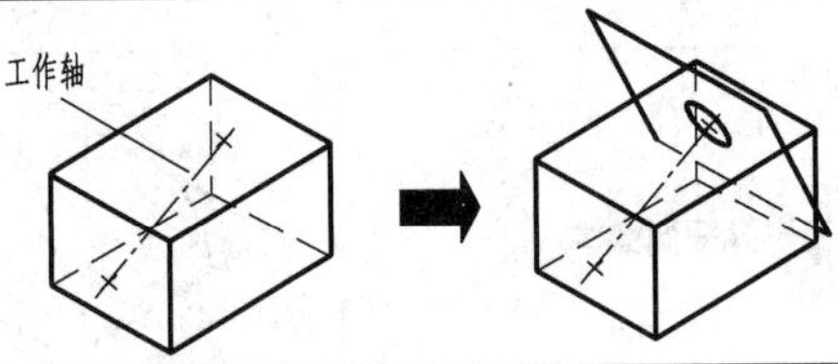 工作轴
 过两平面交线	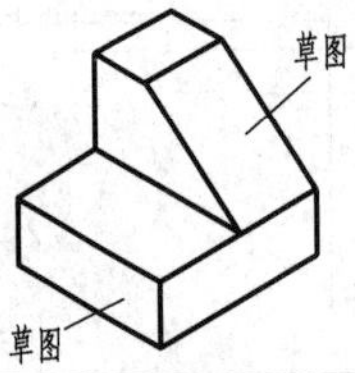 草图　草图	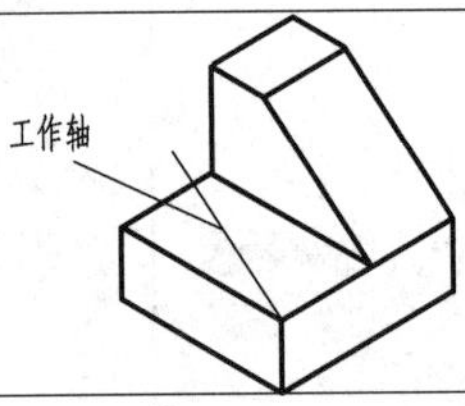 工作轴
 过一直线	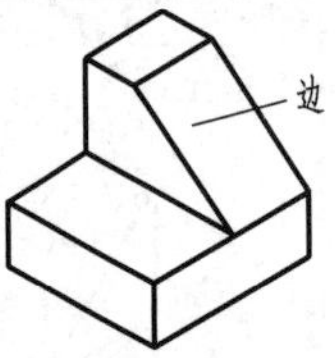 边	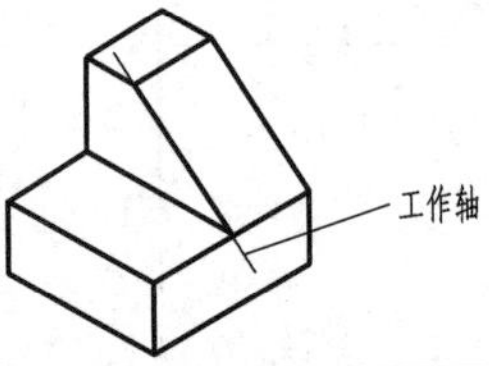 工作轴
 过一点且垂直于某平面	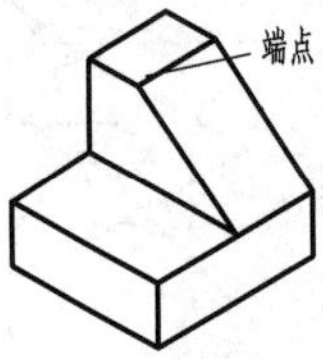 端点	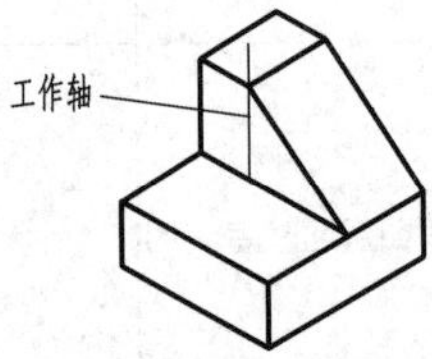 工作轴
 过草图直线	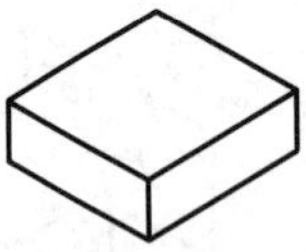	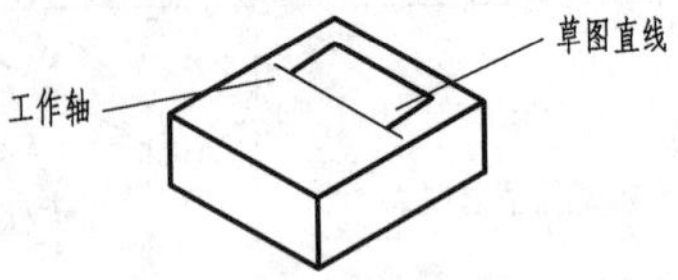 草图直线　工作轴
 垂直草图直线的端点	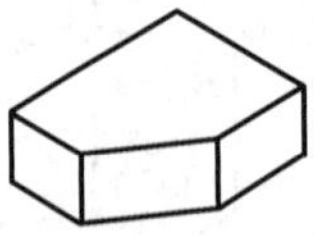	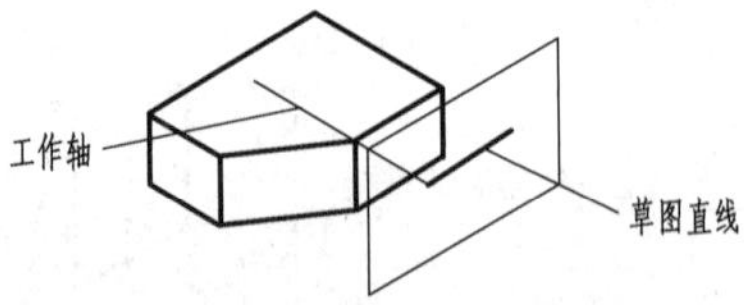 工作轴　草图直线

3. 工作点

单击“工作点”按钮，即可以建立各种工作点。工作点的主要作用：在指定的工作点位置上绘制草图；作为环形阵列的阵列中心；建立工作轴和工作平面；确定边或轴和平面（或工作面）的交点；作为尺寸约束的基准；作为零部件装配时约束基准；用来定义三维路径。常用工作点的创建条件及其应用见表 3-10。

表 3-10 工作点的类型和应用

工作点条件	原 模 型	工作点应用
 三个平面交点	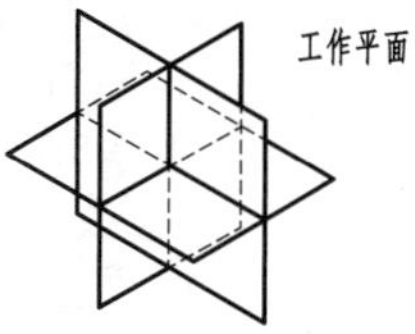 工作平面	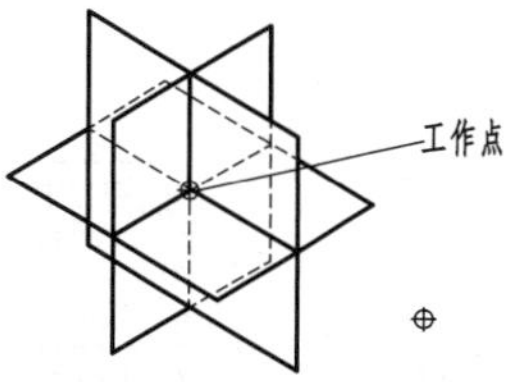 工作点
 两条直线交点	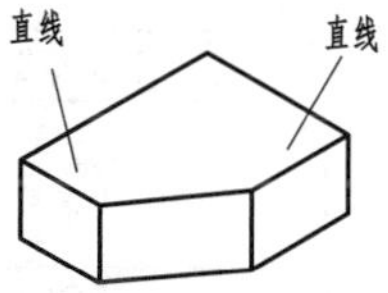 直线 直线	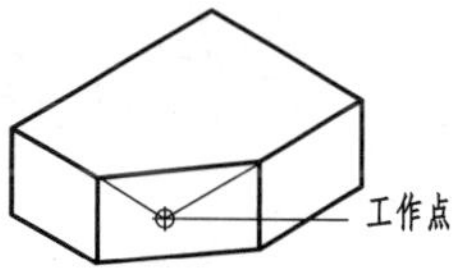 工作点
 实体的顶点处	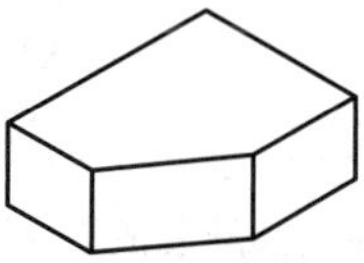	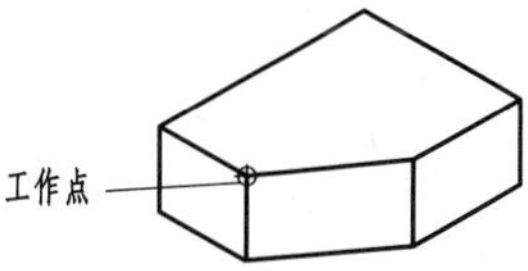 工作点
 直线的中心处	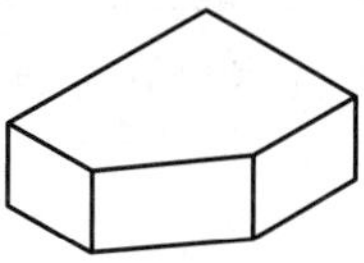	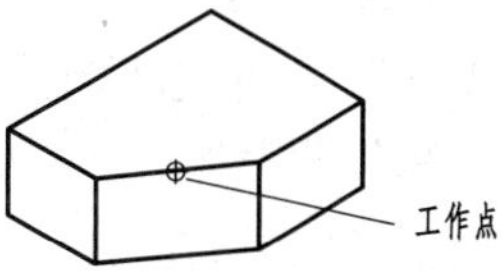 工作点
 面和直线的交点	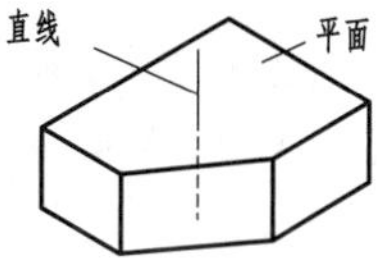 直线 平面	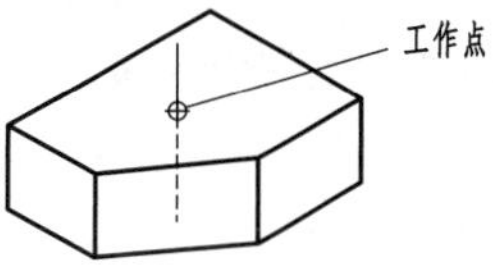 工作点
 边回路的中心点	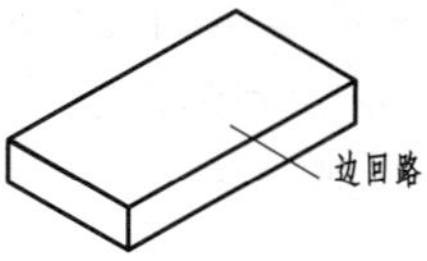 边回路	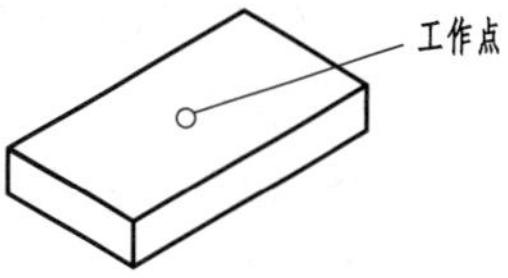 工作点

3.3 零件建模分析

3.3.1 零件建模总流程

建模是CAD(计算机辅助设计)的重要基础。在Inventor中,零件建模主要包括**绘制草图**和**添加特征**。如图3-12所示,使用Inventor构建模型的基本思路是:

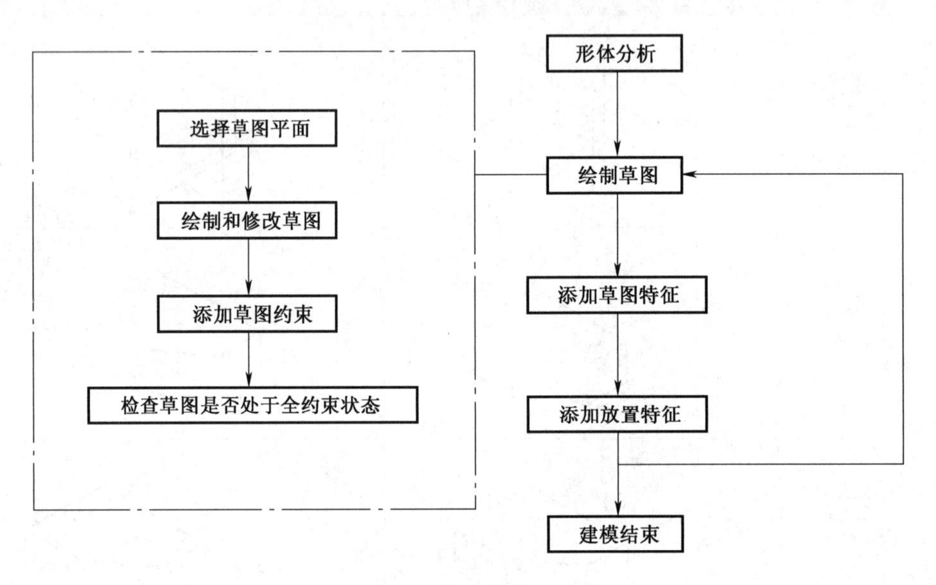

图3-12 零件建模的总流程

(1)形体分析:将零件的整体形状分解为若干简单单元体或工艺结构。

(2)绘制草图,根据基本单元体的造型,画出二维截面轮廓草图;绘制草图的基本步骤:

①选择草图平面,选用坐标原点(尽量让坐标原点和零件原点重合);

②绘制和修改草图;

③添加草图约束:添加几何约束和添加尺寸约束;

④检查草图是否处于全约束状态。

(3)添加草图特征:通过拉伸、旋转等方式形成简单单元体。

(4)添加放置特征:通过打孔、倒角等方式创建工艺结构。

(5)重复步骤(2)、(3)和(4),逐一完成各个基本单元体和工艺结构的造型,最终实现零件整体形状的建模。

3.3.2 零件模型设计分析

零件造型是指用**三维设计软件**构造**零件实体模型**的完整设计过程。在造型过程中,除了考虑构建三维实体模型外,还需要考虑**加工方法**和**制造工艺**等问题。通常将零件造型过程分为三步:**几何形体分析**、**零件模型分析**和**实施造型**。

1. 几何形体分析

从几何角度来看零件都可以被分解成一些简单的几何单元体,如棱柱、棱锥、圆柱、圆锥、球体等。因此,形体分析的主要目的就是为了将复杂零件进行分解,以达到**化繁为简**、**化难为易**的目的。

2. 零件模型分析

零件的几何模型是通过一定的规则(添加特征)来创建的。因此,模型分析的目的就是要对零件进行结构分析,通过分析零件的结构,来确定建立零件模型的特征方式和工作流程。模型分析一般包括下列内容:

(1)分析每个形体具有哪些特征?如具有**拉伸特征**还是**旋转特征**等;

(2)分析每个特征所属的类型,如属于**草图特征**还是**放置特征**等;

(3)分析创建每一个特征所需要的方法,如通过**草图创建**还是在**实体上创建**等;

(4)分析创建特征的顺序,是否符合**制造工艺**等。如对零件的孔类结构,应用"孔特征"比"拉伸"成孔就更符合制造工艺,也为零件的后续加工的数据流创造了条件。

3. 实施造型

建立零件的模型的过程实质是一个设计过程,通过上述分析后可以获得具体的造型实施步骤,因此在创建零件时,要做到**目标明确**,**有步骤**、**有计划**地进行。

造型中有时创建一个特征会有好几种方法,一定要在比较后选择一种既简单又贴近工艺要求的方案去实施,否则所建模型有可能很难修改完善,也有可能存在大量错误的数据信息,使得后续的数据信息应用工作无法展开。

例如,应用"孔特征"比"拉伸"成孔就更符合制造工艺,也为零件的后续加工的数据流创造了条件。再如零件上的倒角和圆角等结构,尽管通过添加草图特征也能实现,但若使用零件特征创建则更符合制造工艺流程。

通过**思考**、**分析**、**比较**和多实践才能达到"事半功倍"的效果。下面举例说明零件造型的方法和步骤。

3.3.3 零件的三维设计综合举例

【例3-1】 下面以图3-13所示的"乒乓球拍"为例,简要说明其建模过程。

1. 模型分析

乒乓球拍是一个板形物体,其零件图如图3-14所示。球拍主体部分可以分为三部分,即**拍体**、**排箍**和**拍柄**。这三部分的主体通过拉伸的方式进行造型;这三部分四周的部分有一定的斜度,可以通过拔模斜度的方式进行造型。

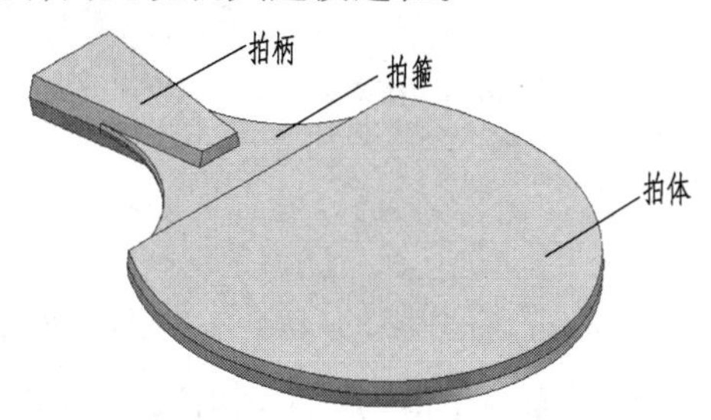

图3-13 乒乓球拍模型

2. 操作步骤

①进入零件工作模式,单击"椭圆"按钮和"通用尺寸"按钮,椭圆的长轴和短轴长分别为44和40,绘制草图如图3-15(a)所示。

②单击"直线"按钮和"通用尺寸"按钮,绘制草图并标注尺寸,直线到椭圆中心的距离为13。单击"修剪"按钮,删除劣弧,如图3-15(b)所示,完成草图。

③单击"拉伸"按钮,系统自动捕捉圆环作为拉伸截面轮廓,拉伸距离为1.3,拉伸后的结果,如图3-15(c)所示。

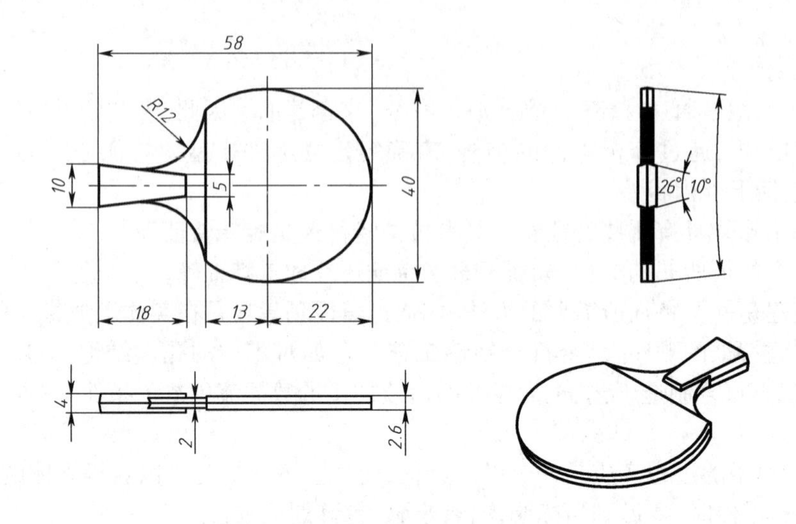

图 3-14　乒乓球拍零件图

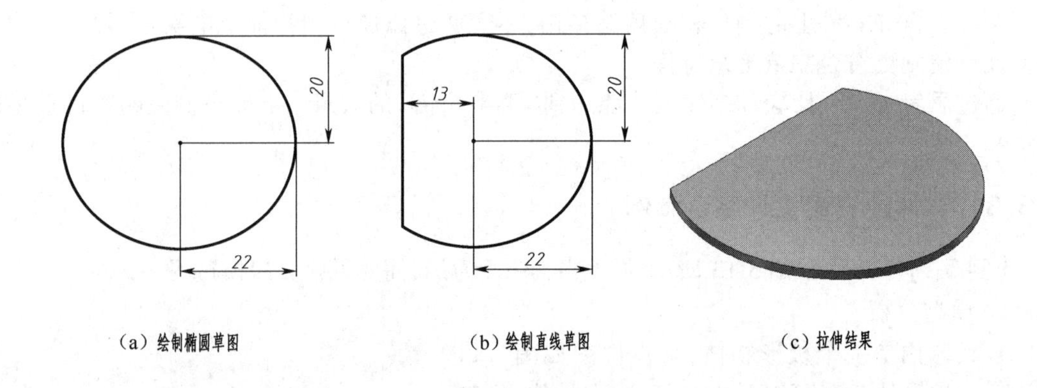

（a）绘制椭圆草图　　（b）绘制直线草图　　（c）拉伸结果

图 3-15　乒乓球拍模型的造型过程 1

④右击，在弹出的右键菜单中选择"新建草图"命令，然后单击原始坐标系的 *XY* 平面为草图平面。单击"投影几何图元"按钮，将原始坐标系中的 *X* 轴投射到草图上，单击"直线"按钮，画出一个四边形，然后单击"对称"约束命令，对称约束梯形两个腰使其成为等腰梯形。单击"通用尺寸"按钮，标注梯形底边尺寸 10 和 5，高为 18，底边距圆心距离为 36，如图 3-16(a)所示。

⑤单击"拉伸"按钮，捕捉等腰梯形作为拉伸截面轮廓，拉伸距离为 2，拉伸后的结果如图 3-16(b)所示。

⑥右击，在弹出的右键菜单中选择"新建草图"命令，然后单击原始坐标系的 *XY* 平面为草图平面。单击"投影几何图元"按钮，将等腰梯形的两腰和椭圆的左侧直线进行投影。

单击“圆”按钮绘制直径为 $\phi 24$ 的圆，然后单击“相切约束”按钮，使圆与上述投影直线相切，如图 3-16(c)所示。

⑦单击“修剪”按钮，删除不需要的圆弧，单击“投影几何图元”按钮，将原始坐标系中的 X 轴投射到草图上，单击“镜像”按钮，将圆弧进行镜像，如图 3-16(d)所示。

⑧右击，弹出的菜单中选择“切片观察”命令，如图 3-16(e)所示，可以看出此时草图轮廓并不封闭。单击“直线”按钮，连接各条线的端点，使其成为封闭轮廓，如图 3-16(f)所示，完成草图。

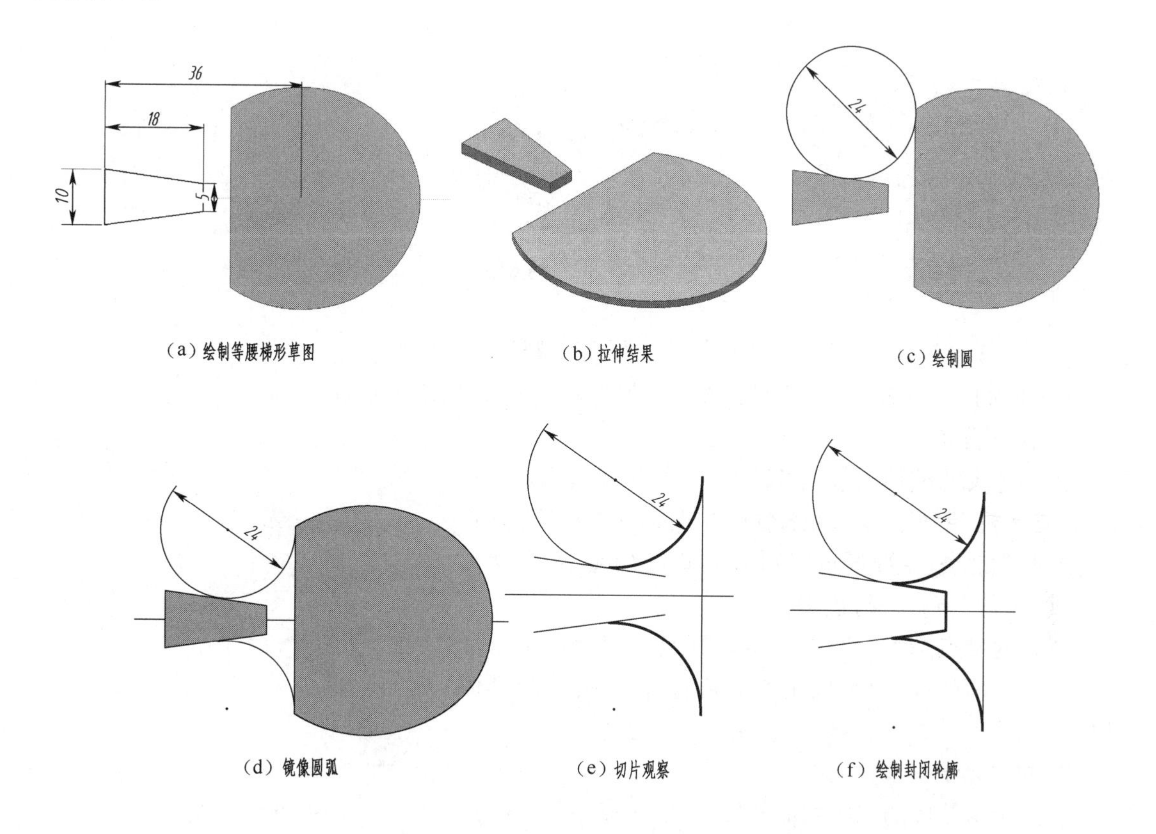

(a) 绘制等腰梯形草图　(b) 拉伸结果　(c) 绘制圆

(d) 镜像圆弧　(e) 切片观察　(f) 绘制封闭轮廓

图 3-16　乒乓球拍模型的造型过程 2

⑨单击“拉伸”按钮，捕捉封闭轮廓作为拉伸截面轮廓，拉伸距离为 0.5，拉伸后的结果如图 3-17(a)所示。

⑩单击“拔模斜度”按钮，单击椭圆板的上表面作为拔模方向，单击椭圆板的外表环面作为拔模面，拔模斜度为 5°，如图 3-17(b)所示，拔模后的结果如图 3-17(c)所示。

⑪单击“拔模斜度”按钮，单击手柄上表面作为拔模方向，单击手柄的外表环面作为拔模面，拔模斜度为 13°，如图 3-17(d)所示，拔模后的结果如图 3-17(e)所示。

⑫单击“镜像”按钮，选择所有以上所作的特征作为镜像特征，球拍的底面作为镜像面，镜像后的结果如图 3-17(f)所示。

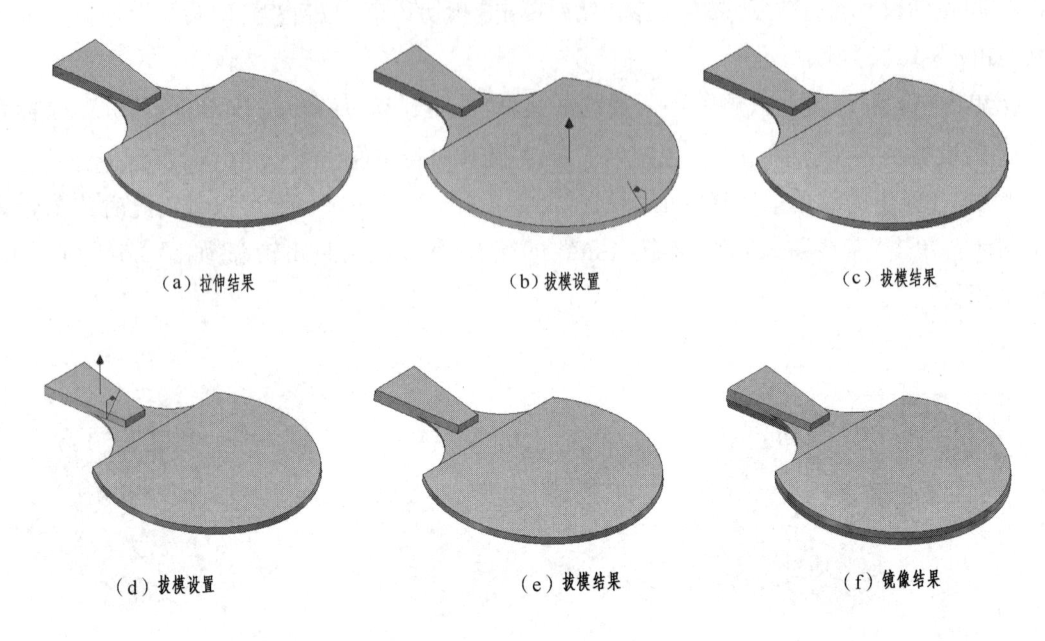

图 3-17　乒乓球拍模型的造型过程 3

【例 3-2】 下面以图 3-18 所示的“水龙头”为例，简要说明其建模过程。

1. 模型分析

将水龙头的整体形状分解为三个基本单元体，即**水管腔**、**支承柱**、**手柄**。其中，水管腔主要通过“放样”方式进行造型，支承柱主要通过“拉伸”方式进行造型，手柄主要通过“拉伸”方式进行造型。

造型的难点是水管腔的造型。可通过使用定位特征中的“工作平面”命令来确定水管腔的不同截面的具体位置。

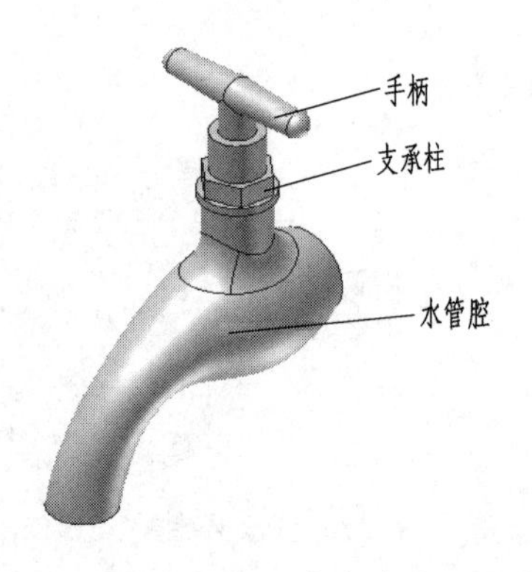

图 3-18　水龙头

2. 操作步骤

①绘制水管腔的二维截面轮廓草图 1（直径为 $\phi20$），如图 3-19(a)所示。

②平行于 *XY* 平面，且相距 20 生成工作平面 1，如图 3-19(b)和图 3-19(c)所示。

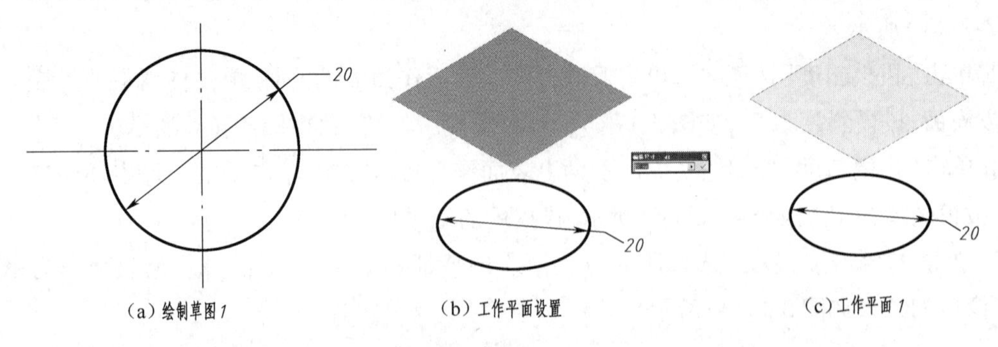

图 3-19　水龙头的造型过程 1

③平行于工作平面 1，且相距 20 生成工作平面 2，如图 3-20(a)和图 3-20(b)所示。

④平行于 XZ 平面，且相距 35 生成工作平面 3，如图 3-20(c)和图 3-20(d)所示。

⑤生成工作轴 1，其为工作平面 2 和工作平面 3 的交线，如图 3-20(e)所示。

⑥过工作轴 1 且与工作平面 2 成 60°，生成工作平面 4，如图 3-20(f)所示。

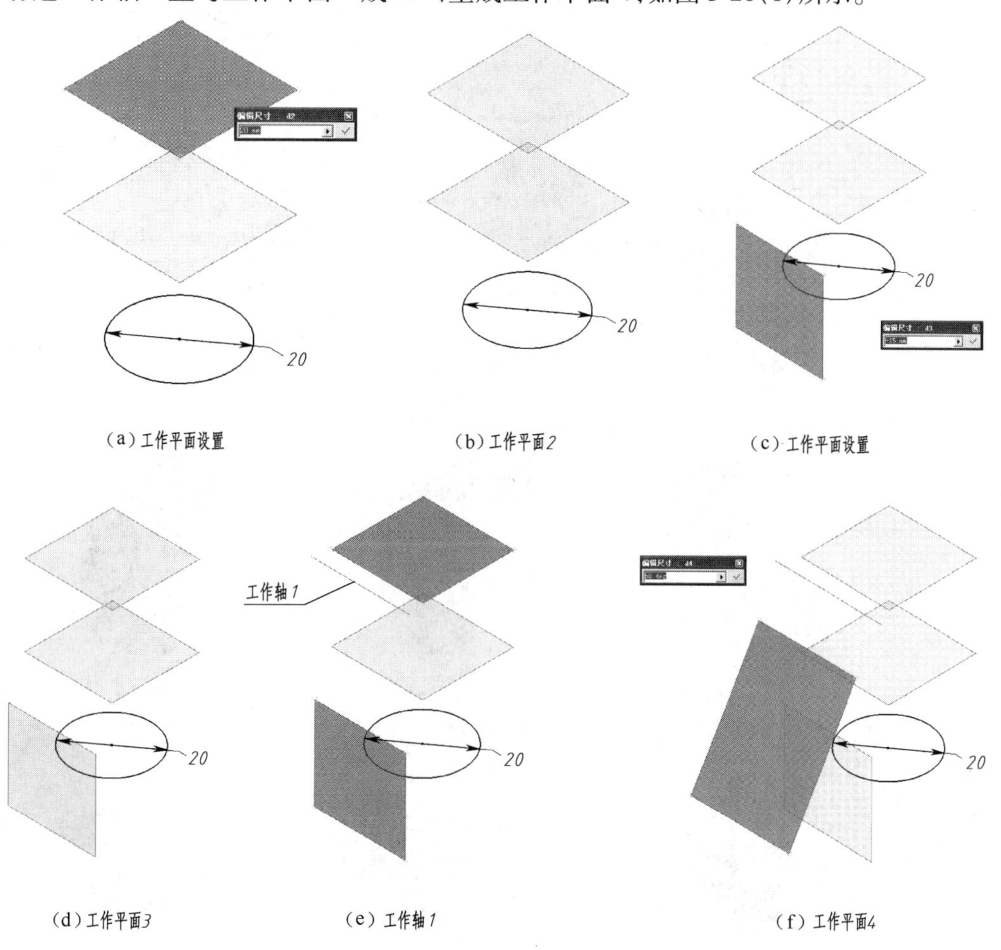

(a) 工作平面设置 (b) 工作平面2 (c) 工作平面设置

(d) 工作平面3 (e) 工作轴1 (f) 工作平面4

图 3-20 水龙头的造型过程 2

⑦与工作平面 3 平行相距 15，生成工作平面 5，如图 3-21(a)所示。

⑧在工作平面 1 和工作平面 2 上分别绘制草图 2(直径为 $\phi30$)和草图 3(直径为 $\phi20$)，如图 3-21(b)所示。

⑨在工作平面 4 上绘制草图 4(直径为 $\phi15$，圆心与工作轴 1 的投影相距为 15)，如图 3-21(c)所示。

⑩在工作平面 5 上绘制草图 5(直径为 $\phi15$，圆心与草图 1 的投影相距为 65)，如图 3-21(d)所示。

⑪添加“放样”特征，形成水管腔部分外形模型，如图 3-21(e)和图 3-21(f)所示。

⑫平行于 XZ 平面，且相距 30 生成工作平面 6，如图 3-21(g)所示。

⑬在工作平面 6 上绘制草图 6(直径为 $\phi15$，圆心与草图 1 的投影相距为 20)，如图 3-21(h)所示。

⑭添加“拉伸”特征，形成水管腔部分外形模型，如图3-21(i)所示。

⑮添加“圆角”特征，圆角半径为R10，形成水管腔全部外形模型，如图3-21(j)所示。

⑯添加“抽壳”特征，抽壳厚度为1，形成水管腔完整模型，如图3-21(k)和图3-21(l)所示。

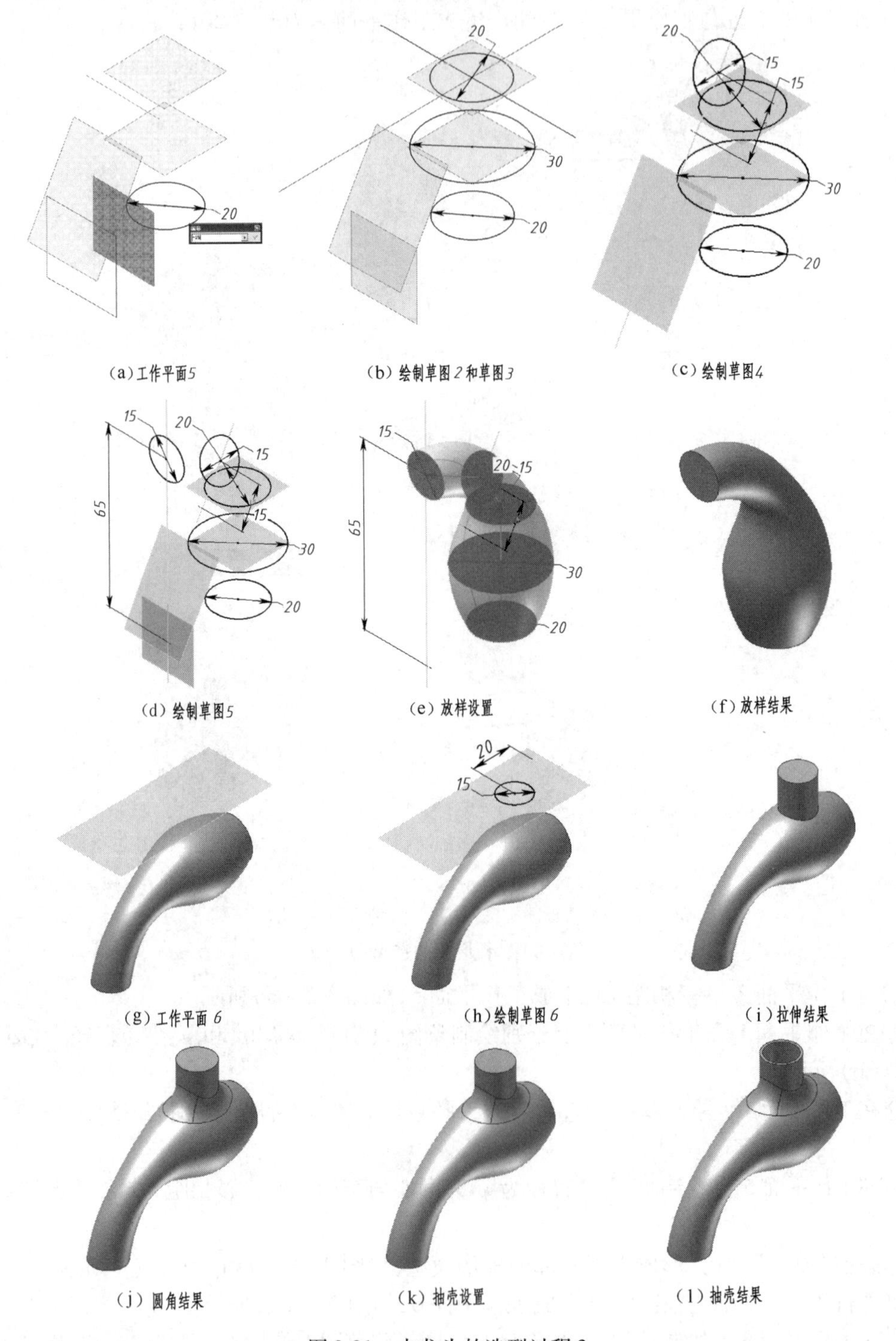

(a)工作平面5　(b)绘制草图2和草图3　(c)绘制草图4

(d)绘制草图5　(e)放样设置　(f)放样结果

(g)工作平面6　(h)绘制草图6　(i)拉伸结果

(j)圆角结果　(k)抽壳设置　(l)抽壳结果

图3-21　水龙头的造型过程3

⑰绘制草图 7[图 3-22(a)],添加拉伸特征,形成支承柱外形模型下圆柱部分(直径 ϕ17,拉伸距离 2)如图 3-22(b);同样操作形成支承柱外形模型的正六棱柱部分(正六边形对边距离为 14,拉伸距离 5)如图 3-22(c);同样操作形成支承柱外形模型的中圆柱部分(直径 ϕ12,拉伸距离 10)如图 3-22(d);同样操作形成支承柱外形模型的上圆柱部分(直径 ϕ8,拉伸距离 10)如图 3-22(e)所示。

⑱在 *YZ* 平面上绘制草图 11(直径 ϕ8),如图 3-22(f)所示。添加"拉伸"特征,距离为 40,拉伸角度为 3,形成扳手部分外形模型,如图 3-22(g)所示。

⑲添加"圆角"特征,圆角半径为 *R*3,形成扳手全部外形模型,如图 3-22(h)和图 3-22(i)所示。

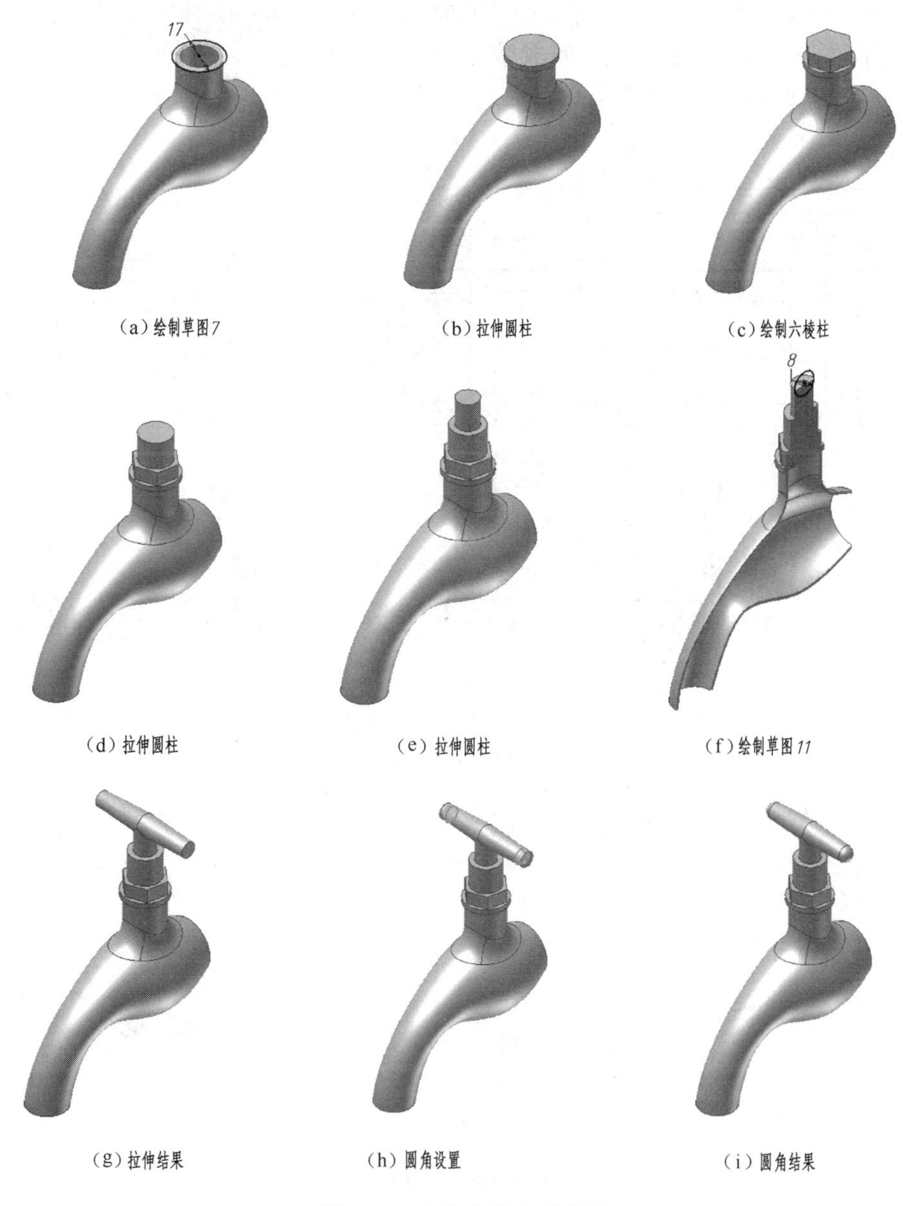

(a)绘制草图7　(b)拉伸圆柱　(c)绘制六棱柱

(d)拉伸圆柱　(e)拉伸圆柱　(f)绘制草图11

(g)拉伸结果　(h)圆角设置　(i)圆角结果

图 3-22　水龙头的造型过程 4

【例 3-3】　下面以图 3-23 所示的"砂轮头支架"为例,简要说明其建模过程。

1. 模型分析

将砂轮头支架的整体形状分解为三个基本单元体(图 3-24),即**水平圆柱筒**、**竖直曲面筒**和**底座**。其中,水平圆柱筒主要通过“**旋转**”方式进行造型,竖直曲面筒主要通过“**拉伸**”和“**抽壳**”方式进行造型,底座主要通过“拉伸”方式进行造型。

造型的难点是竖直曲面筒的造型。可通过使用“**拉伸**”方式中求交集方式来对基础特征进行造型。然后对基础特征通过“**抽壳**”方式进行造型。同时,砂轮头支架建模的先后顺序决定了造型成败的关键。首先需要对竖直曲面筒进行建模,其次对底座和水平圆柱筒进行建模。

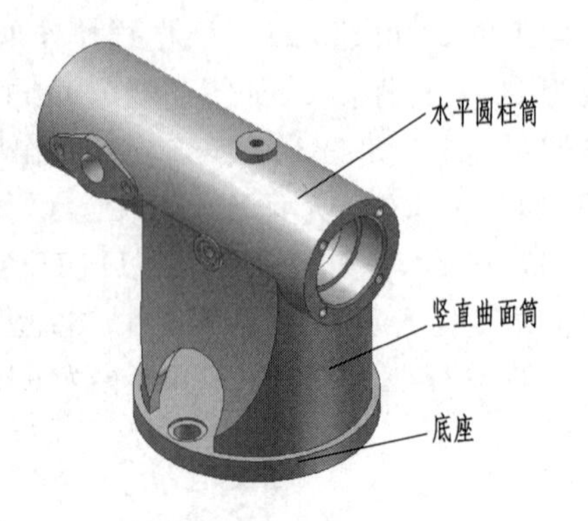

图 3-23　砂轮头支架

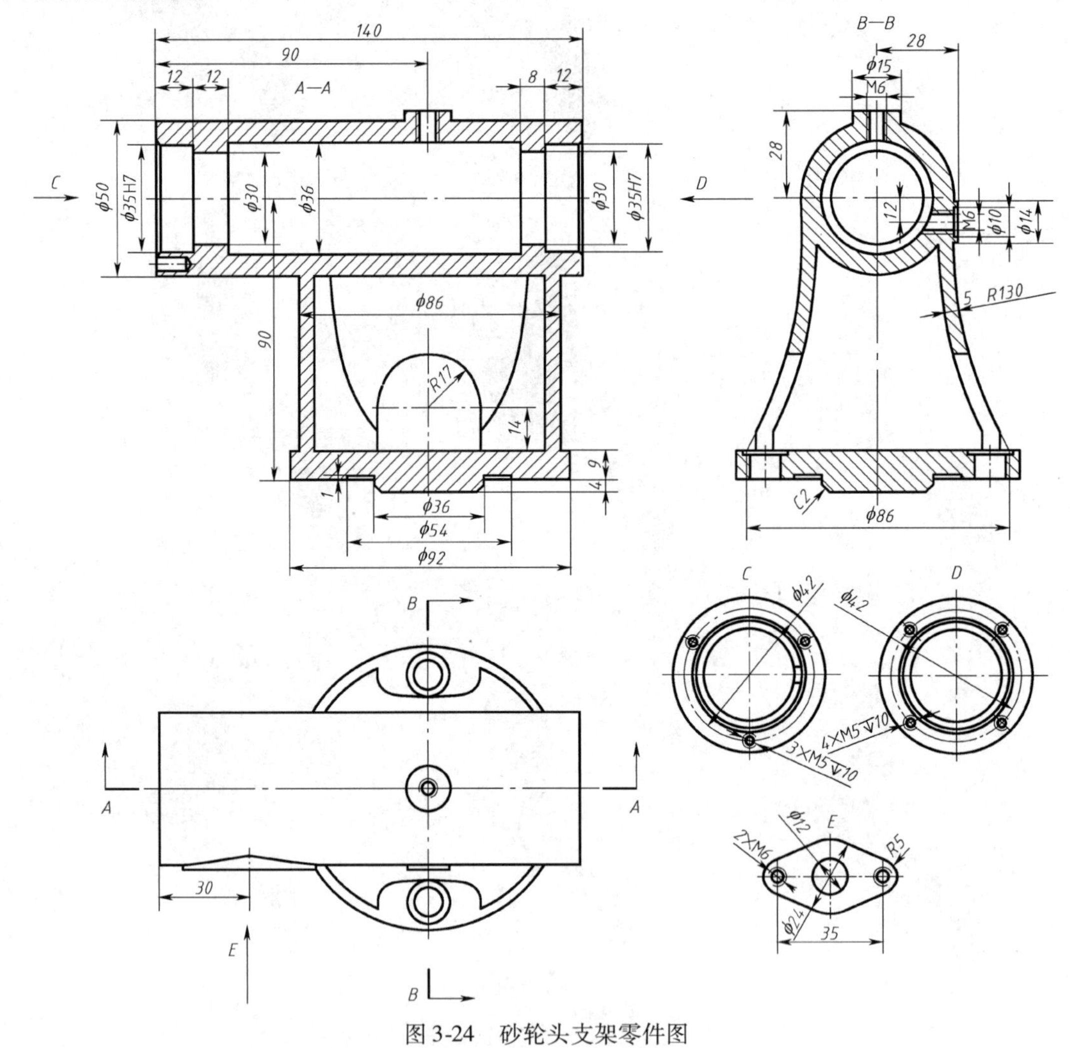

图 3-24　砂轮头支架零件图

2. 操作步骤

①绘制竖直曲面筒的二维截面轮廓草图 1(直径 φ86),如图 3-25(a)所示。添加“拉伸”

特征，距离为81，形成圆柱体特征，如图3-25(b)所示。

②取 *XZ* 平面为草图平面，绘制竖直曲面筒的二维截面轮廓草图2(直径 $\phi50$，长度86，半径 *R*130)，如图3-25(c)所示。添加“拉伸”特征，拉伸方式为求交集，范围为贯通，形成竖直曲面筒外形特征，如图3-25(d)所示，结果如图3-25(e)所示。

③添加“抽壳”特征，开口面为上下底面，厚度为5，形成竖直曲面筒内部空腔特征，如图3-25(f)所示，结果如图3-25(g)所示。

④取 *YZ* 平面为草图平面，绘制竖直曲面筒的二维截面轮廓草图3(直径 $\phi34$，圆心到底边距离为14)，如图3-25(h)所示。添加“拉伸”特征，拉伸方式为切削，范围为贯通，形成竖直曲面筒外形特征，如图3-26(a)所示，结果如图3-26(b)所示。

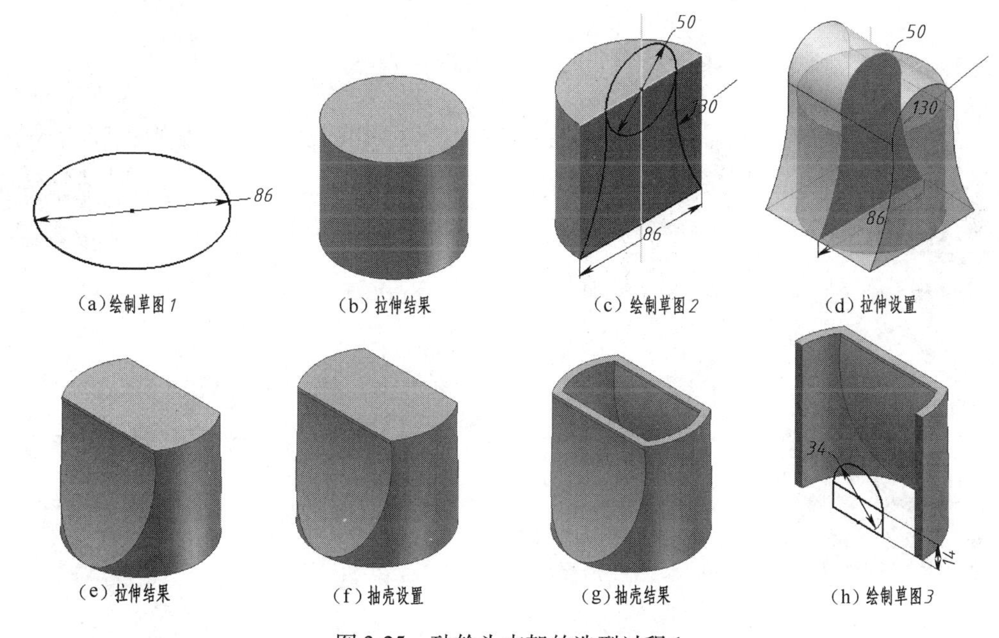

图3-25 砂轮头支架的造型过程1

⑤取 *YZ* 平面为草图平面，绘制底座的二维截面轮廓草图4，如图3-26(c)所示。添加“旋转”特征，形成底座外形特征，如图3-26(d)所示，结果如图3-26(e)所示。

⑥平行于 *XZ* 平面，且相距90生成工作平面1，如图3-26(f)和图3-26(g)所示。

⑦取工作平面1为草图平面，绘制水平圆柱筒的二维截面轮廓草图5(直径 $\phi50$)，如图3-26(h)所示。添加“拉伸”特征，拉伸距离为140，形成水平圆柱筒外形特征，结果如图3-26(i)所示。

⑧取 *YZ* 平面为草图平面，绘制水平圆柱筒的二维截面轮廓草图6，如图3-26(j)所示。添加“旋转”特征，旋转方式为切削，形成水平圆柱筒内部空腔特征，如图3-26(k)所示，结果如图3-26(l)所示。

⑨平行于底座的上表面，且相距109生成工作平面2，如图3-26(m)所示。

⑩取工作平面2为草图平面，绘制二维截面轮廓草图7(直径 $\phi15$)，如图3-26(n)所示。添加“拉伸”特征，拉伸方式为到平面，结果如图3-26(o)所示。

⑪取小圆柱的上表面为草图平面绘制草图，结束草图。添加“打孔”特征，孔的直径为 $\phi6$，深度为12，结果如图3-26(p)所示。

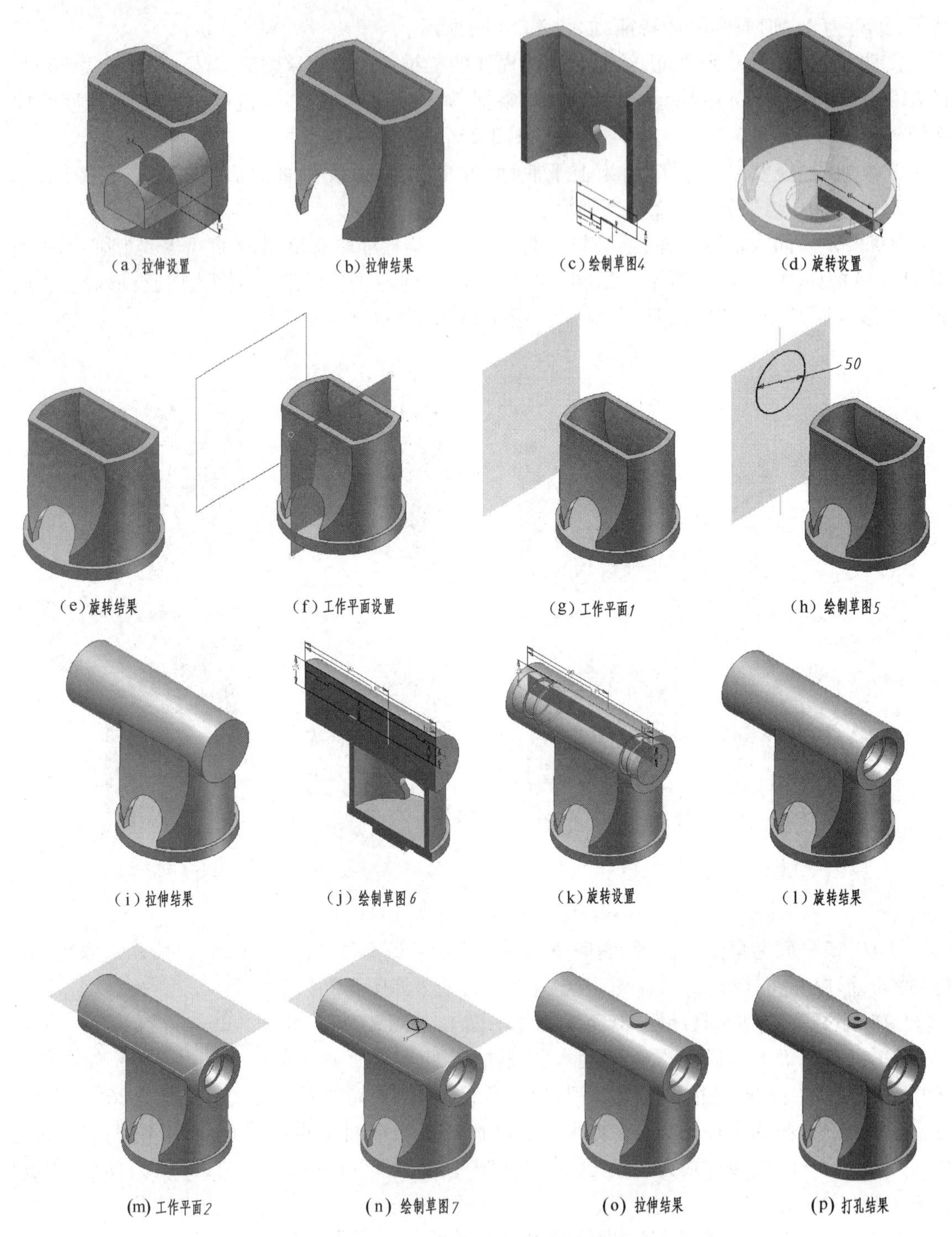

(a) 拉伸设置　(b) 拉伸结果　(c) 绘制草图4　(d) 旋转设置

(e) 旋转结果　(f) 工作平面设置　(g) 工作平面1　(h) 绘制草图5

(i) 拉伸结果　(j) 绘制草图6　(k) 旋转设置　(l) 旋转结果

(m) 工作平面2　(n) 绘制草图7　(o) 拉伸结果　(p) 打孔结果

图3-26　砂轮头支架的造型过程2

⑫平行于 *YZ* 平面，且相距28生成工作平面3，如图3-27(a)和图3-27(b)所示。

⑬取工作平面2为草图平面，绘制二维截面轮廓草图9，如图3-27(c)所示。添加“拉伸”特征，拉伸方式为到平面，如图3-27(d)所示，结果如图3-27(e)所示。

⑭取法兰盘的上表面为草图平面，绘制草图10(直径 $\phi12$)，如图3-27(f)所示。添加“拉

伸”特征，拉伸方式为切削，深度为 15，结果如图 3-27(g)所示。

⑮平行于法兰盘的上表面，且相距 2 生成工作平面 4。

⑯取工作平面 4 为草图平面，绘制二维截面轮廓草图。添加“拉伸”特征，拉伸方式到平面。

⑰取小圆柱的上表面为草图平面，绘制草图。添加“打孔”特征。

⑱取法兰盘的上表面为草图平面，绘制草图。添加“打孔”特征。

⑲取底座的上表面为草图平面，绘制草图。添加“打孔”特征。

⑳取水平圆柱筒的两侧为草图平面，绘制草图。添加“打孔”和“阵列”特征。

㉑添加“倒角”特征，如图 3-27(h)所示。

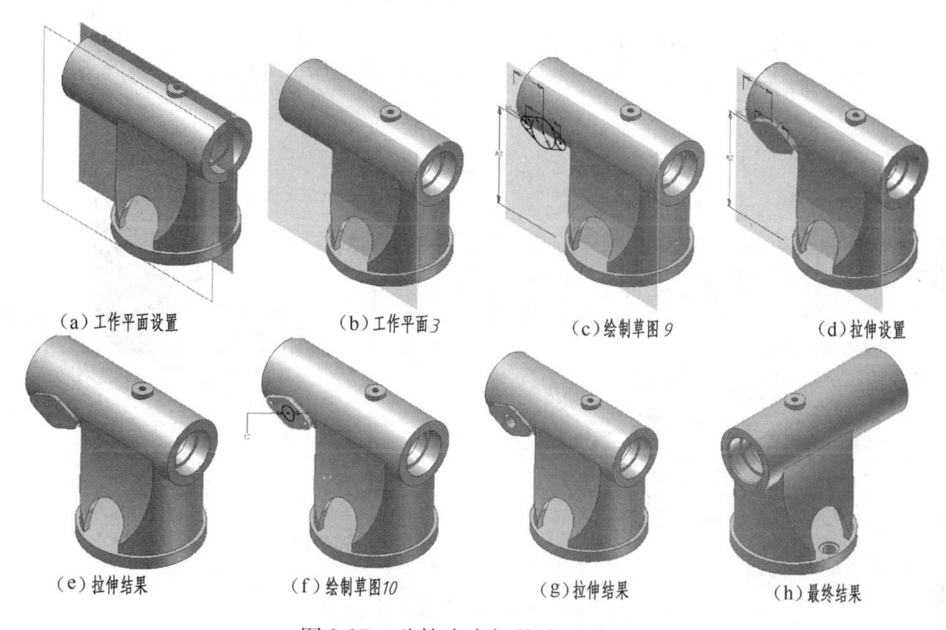

图 3-27　砂轮头支架的造型过程 3

练　习　题

1. 绘制图 3-28 中的草图。

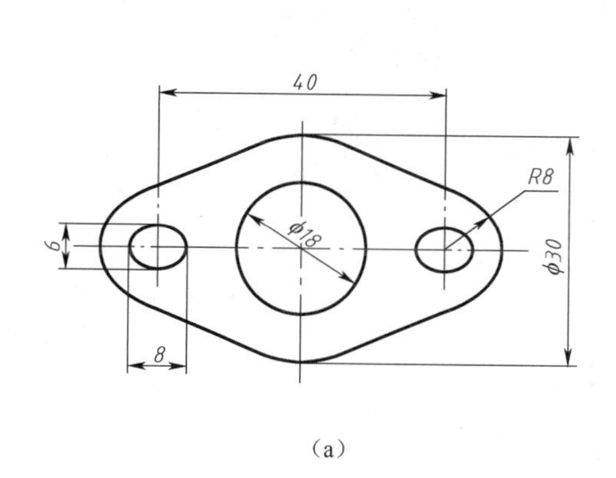

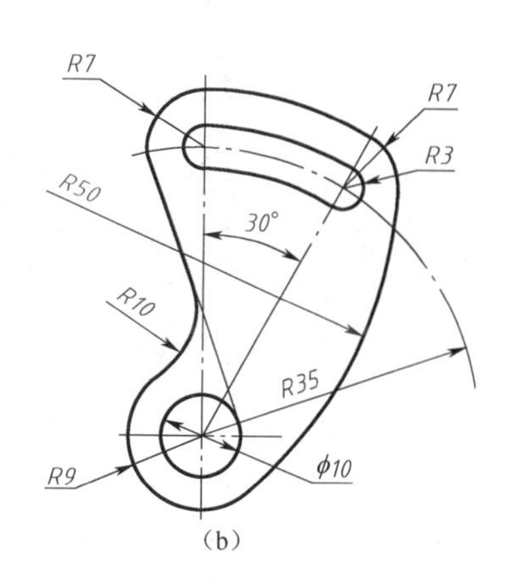

图 3-28　绘制草图

2. 建立给定形体的三维模型，如图 3-29 所示。

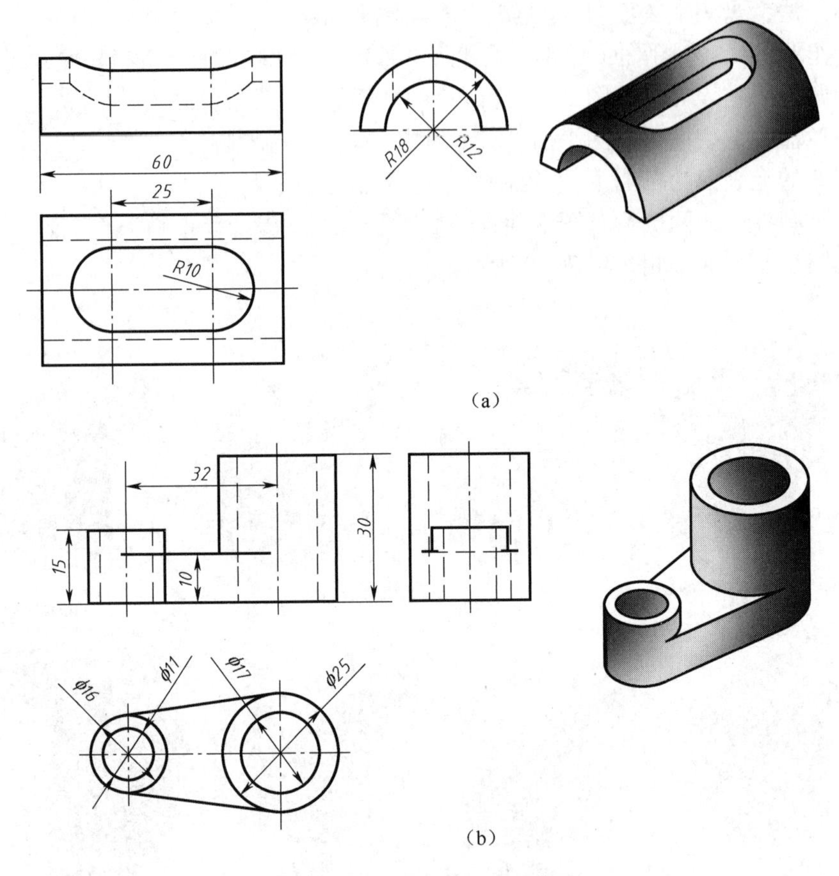

图 3-29　建立形体的三维模型

3. 按照图 3-30 中的尺寸要求，制作天圆地方曲面模型。

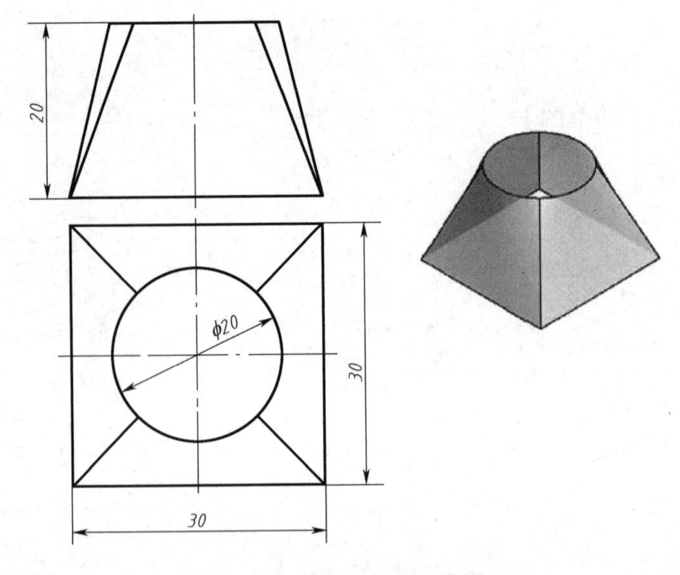

图 3-30　天圆地方曲面模型

4. 建立给定针形阀杆的三维模型,如图 3-31 所示。

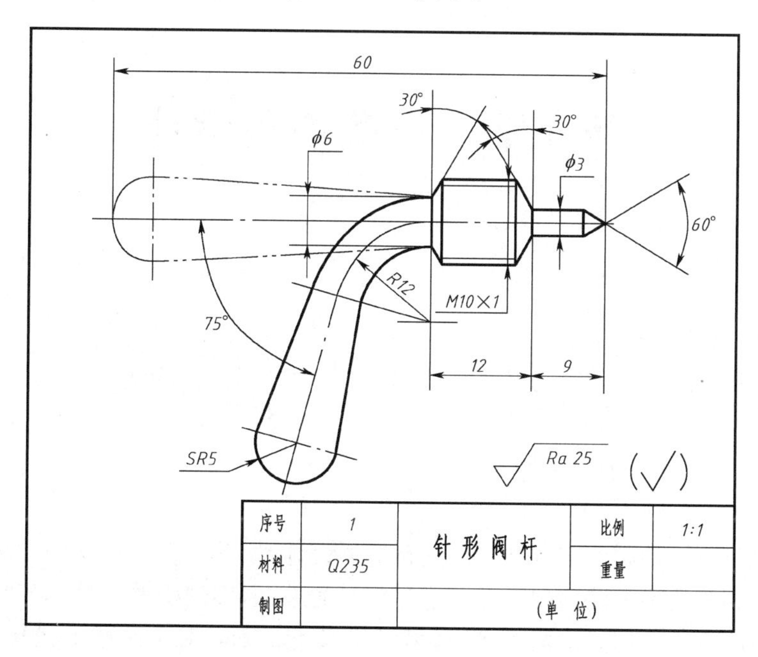

图 3-31　针形阀杆模型

5. 建立给定支架的三维模型,如图 3-32 所示。

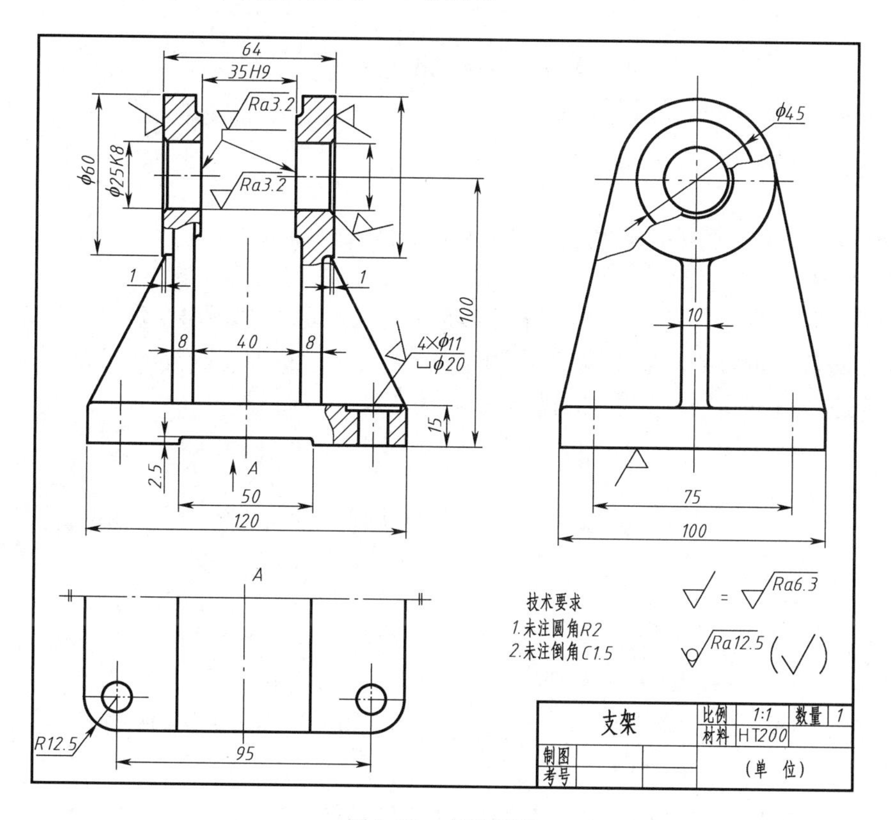

图 3-32　支架模型

第 4 章　产品造型设计

学习目标

学习产品的造型设计方法。

学习内容

1. 学习各种产品不同的设计思路。
2. 学习产品特别是不规则产品的建模方法。

对一些形状简单、规则的零件和产品进行造型设计时,其造型的思路和方法较为简单,可以通过拉伸、旋转等造型方法实现。对于形状相对简单,但不规则的零件和产品,其造型的方法流程非常重要,否则所用方法既繁琐,造型结果又不精确。对于一些形状复杂又不规则的零件进行造型时,其造型方法往往不易想到。本章通过大量的具体实例,帮助使用者打开造型设计思路,提高造型设计速度和精度。

4.1　拉 伸 特 征

4.1.1　叉子

【例 4-1】　建立如图 4-1 所示的叉子模型。

1. 模型分析

为了便于取食并进行美观设计,叉子外形是一个曲面造型,如图 4-1 所示。造型方式开始看起来较为复杂。如图 4-2 所示,从叉子的两个方向的投影视图可以看出,若从两个方向对叉子进行拉伸造型,并选取求“交集”的操作方式,问题就迎刃而解。

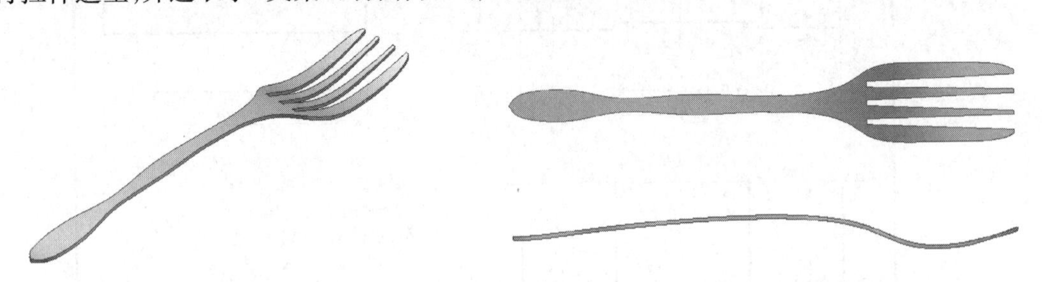

图 4-1　叉子模型　　　　图 4-2　叉子模型不同方向的投影视图

2. 操作步骤

①进入零件工作模式,单击“直线”按钮、“样条曲线”按钮绘制草图,单击“共线”

按钮 、“平行”按钮 标注几何约束，单击“通用尺寸”按钮 标注尺寸，如图 4-3(a)所示，结束草图。

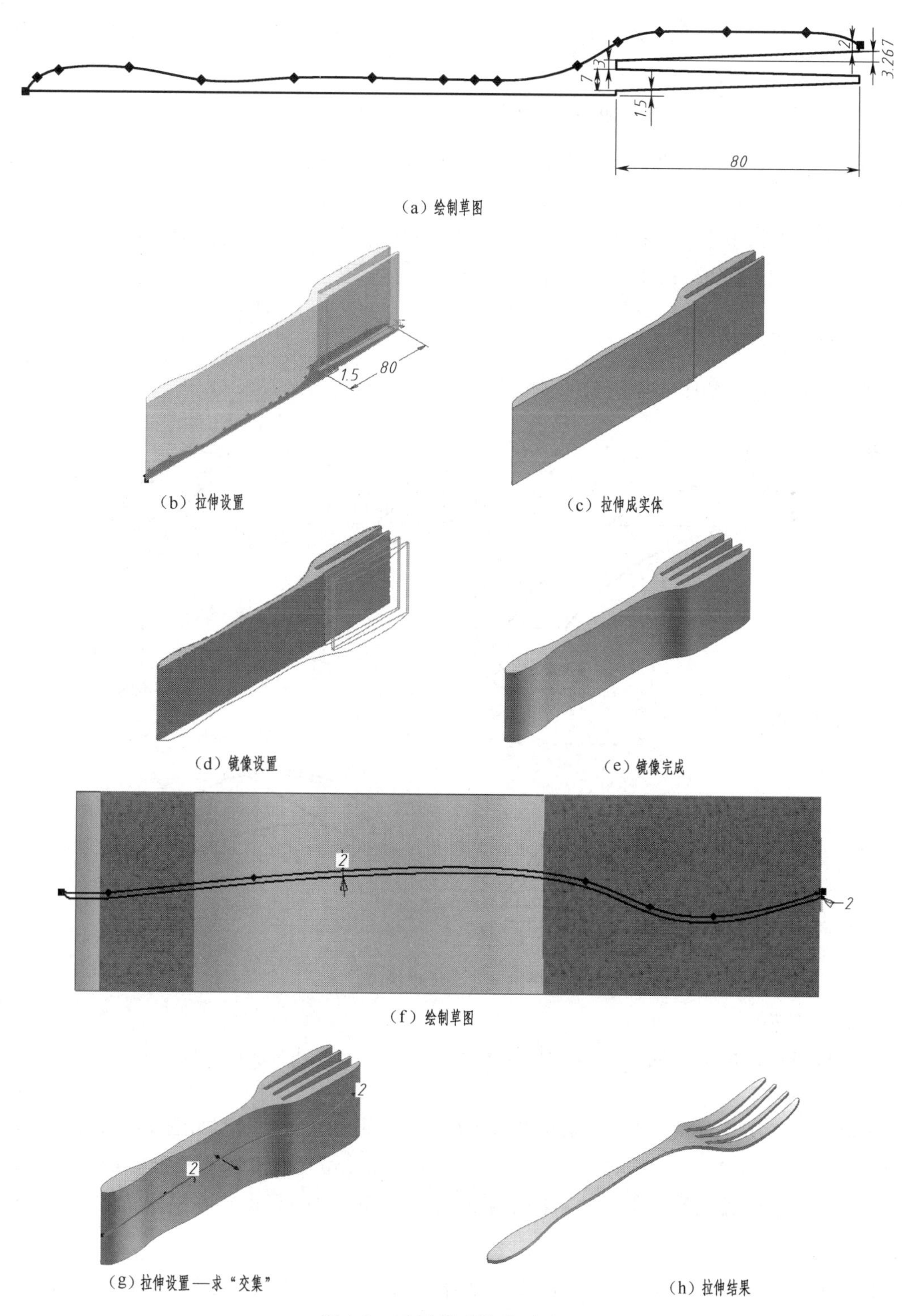

图 4-3 叉子模型的造型过程

②单击“拉伸”按钮，设置拉深距离为70，如图4-3(b)所示，得到的拉伸实体如图4-3(c)所示。

③单击“镜像”按钮，选择镜像特征和镜像平面，如图4-3(d)所示，得到的镜像实体如图4-3(e)所示。

④单击“创建二维草图”按钮，单击原始坐标系的*YZ*平面为草图平面，为了便于绘制草图，在绘图区域内右击，在弹出的右键菜单中选择“切片观察”，画出草图，如图4-3(f)所示，结束草图。

⑤单击“拉伸”按钮，拉伸范围为“贯通”，操作方式为“交集”，拉伸方向为“对称”，如图4-3(g)所示，得到的拉伸实体如图4-3(h)所示。

4.1.2 连接板

【例4-2】 建立如图4-4所示的连接板模型。

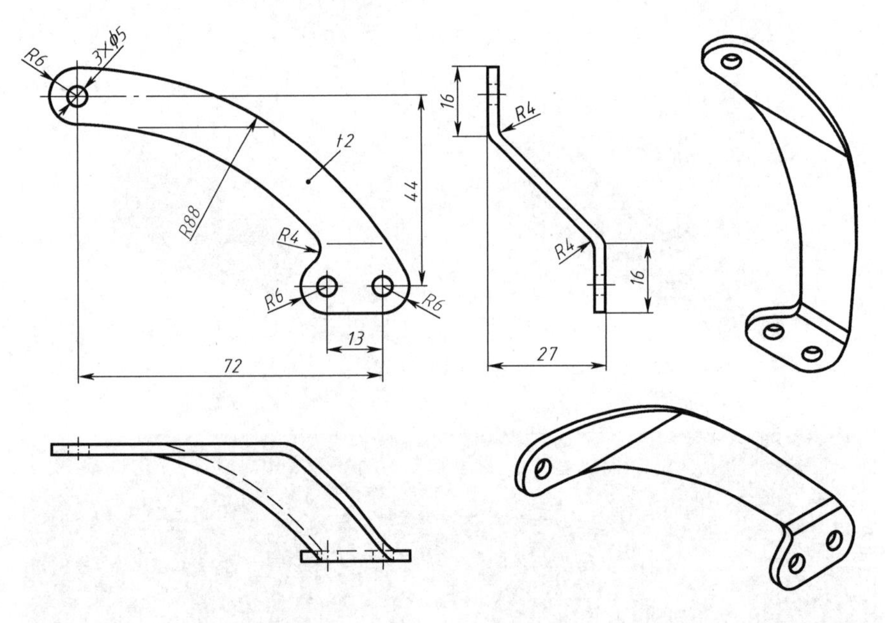

图4-4 连接板模型

1. 模型分析

连接板可以从两个方向对其进行拉伸造型。

2. 操作步骤

①进入零件工作模式，单击绘制草图，标注几何约束和尺寸约束，如图4-5(a)所示，结束草图。

②单击“拉伸”按钮，设置拉深距离为30，如图4-5(b)所示，得到的拉伸实体如图4-5(c)所示。

③单击“创建二维草图”按钮，单击原始坐标系的*YZ*平面为草图平面，为了便于绘制草图，在绘图区域内右击，在弹出的右键菜单中选择“切片观察”，画出草图，如图4-5(d)所

示,结束草图。

④单击“拉伸”按钮,拉伸范围为“贯通”,操作方式为“交集”,拉伸方向为“对称”,如图 4-5(e)所示,得到的拉伸实体如图 4-5(f)所示。

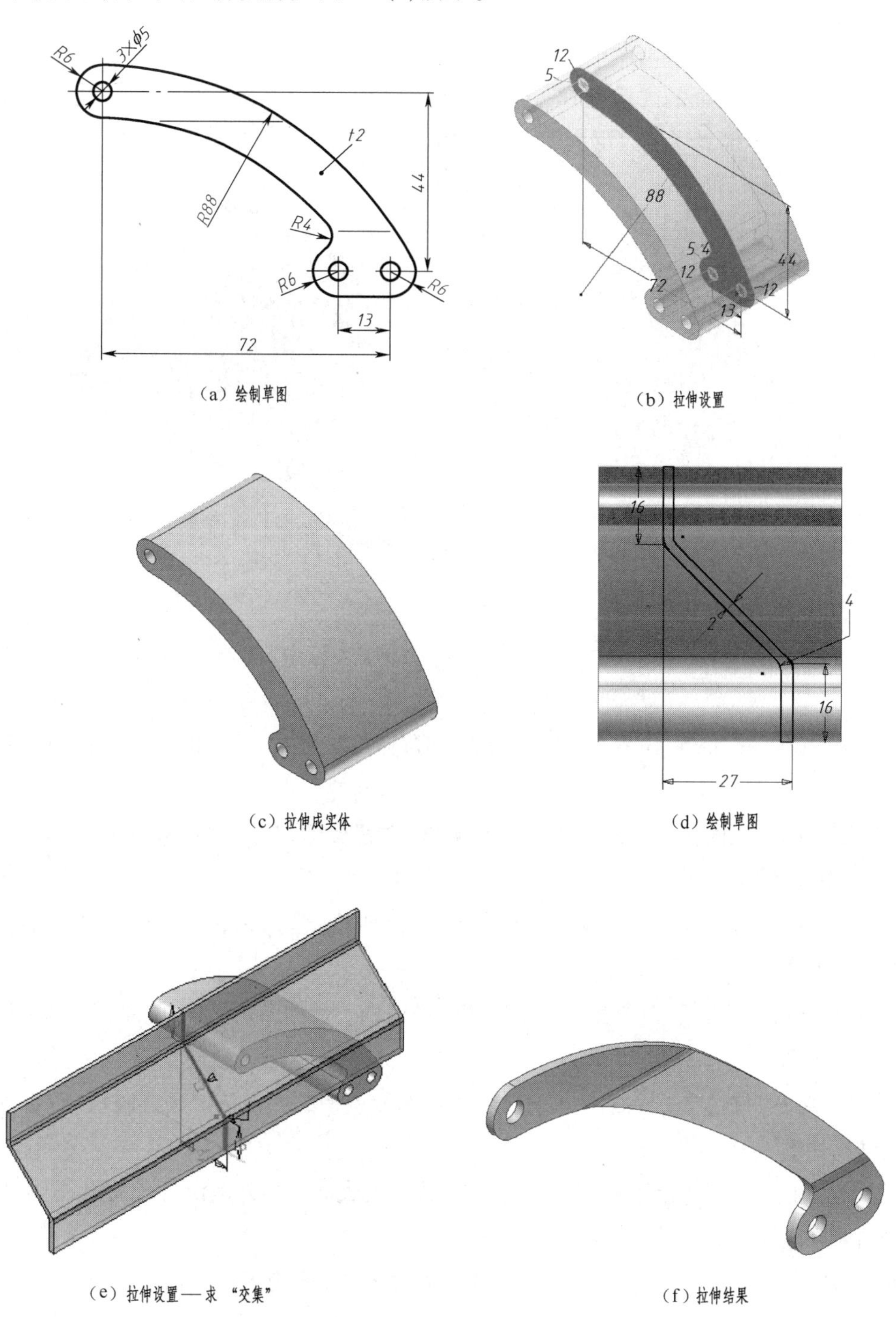

(a) 绘制草图

(b) 拉伸设置

(c) 拉伸成实体

(d) 绘制草图

(e) 拉伸设置——求“交集”

(f) 拉伸结果

图 4-5 连接板模型的造型过程

4.1.3 烟灰缸

【例 4-3】 建立如图 4-6 所示的烟灰缸模型。

1. 模型分析

(1)烟灰缸可以看作是由一个四棱台经过挖切的方式生成的。

(2)四棱台及其上面的内槽可以通过**拉伸**方式生成;四个半圆孔可以通过**拉伸**和**阵列**的方式生成;底面的内槽可以通过**抽壳**的方式生成;表面锐边的部分可以通过**圆角**实现。

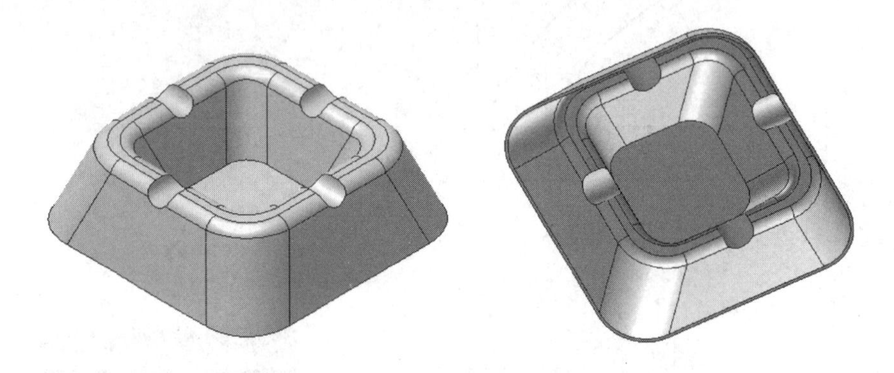

图 4-6 烟灰缸模型

2. 操作步骤

①进入零件工作模式,单击“正多边形”按钮绘制边长为 100 的正方形草图,如图 4-7(a)所示。

②单击“拉伸”按钮,设置拉深距离为 30 和拉伸角度为 20°,得到的拉伸实体如图 4-7(b)所示。

③取实体的上表面作为草图平面,单击“偏移”按钮绘制正方形,两个正方形边之间的距离为 10,如图 4-7(c)所示。

④单击“拉伸”按钮,设置拉深距离为 25 和拉伸角度为 20°,操作方式为“差集”,得到的拉伸实体如图 4-7(d)所示。

⑤单击“圆角”按钮,设置圆角半径为 $R20$,选取四棱台的四条侧棱进行圆角[图 4-7(e)],得到的结果如图 4-7(f)所示。

⑥单击“圆角”按钮,设置圆角半径为 $R10$,选取内槽的四条侧棱进行圆角[图 4-7(g)],得到的结果如图 4-7(h)所示。

⑦单击“圆角”按钮,设置圆角半径为 $R5$,选取上表面的内外侧沿进行圆角[图 4-7(i)],得到的结果如图 4-7(j)所示。

⑧单击“工作平面”按钮,设置原始坐标系的 XZ 平面为工作平面,选取此工作平面为草图平面,单击“投影几何图元”按钮,将四棱台的上表面投影到草图平面,取投射得到的直线中点为圆心画直径为 $\phi10$ 的圆,如图 4-7(k)所示。

⑨单击“拉伸”按钮，设置操作方式为“差集”，范围为“贯通”，拉伸方向为“负方向”，如图 4-7(l) 所示。得到的拉伸实体如图 4-8(a) 所示。

⑩单击工作平面，然后点右击，在弹出的右键菜单中选择“可见性”前面的图标，如图 4-8(b) 所示。工作平面被隐藏，如图 4-7(c) 所示。

⑪单击“环形阵列”按钮，单击选择半圆孔特征，选择原始坐标系的 Z 轴为旋转轴，放置中输入引用数目为 4，得到阵列后的结果如图 4-8(d) 所示。

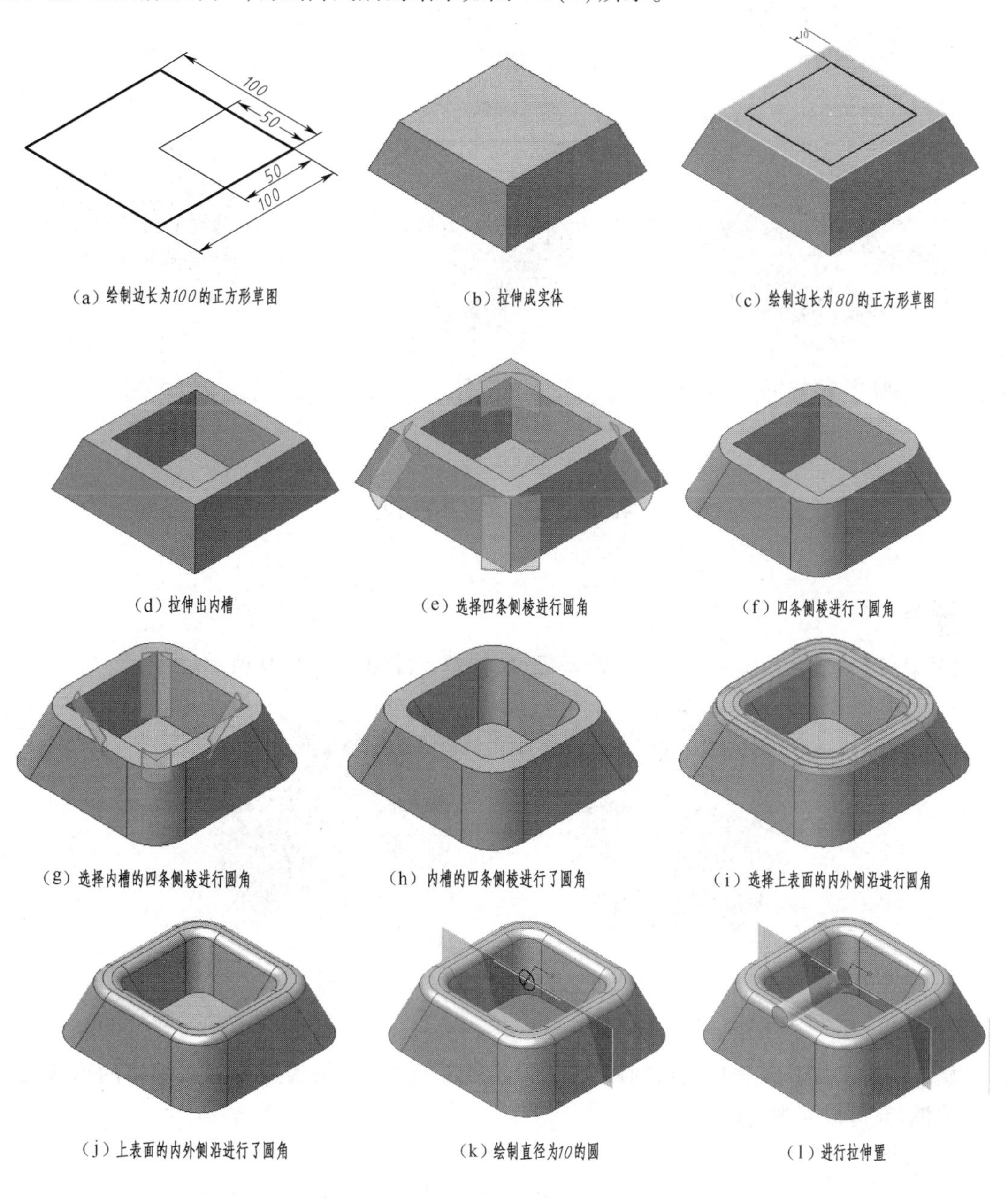

(a) 绘制边长为100的正方形草图　(b) 拉伸成实体　(c) 绘制边长为80的正方形草图

(d) 拉伸出内槽　(e) 选择四条侧棱进行圆角　(f) 四条侧棱进行了圆角

(g) 选择内槽的四条侧棱进行圆角　(h) 内槽的四条侧棱进行了圆角　(i) 选择上表面的内外侧沿进行圆角

(j) 上表面的内外侧沿进行了圆角　(k) 绘制直径为10的圆　(l) 进行拉伸置

图 4-7　烟灰缸的造型过程

⑫单击“抽壳”按钮，选择四棱台的底面为开口面，如图4-8(e)所示。厚度为1，得到的抽壳后的结果如图4-8(f)所示。

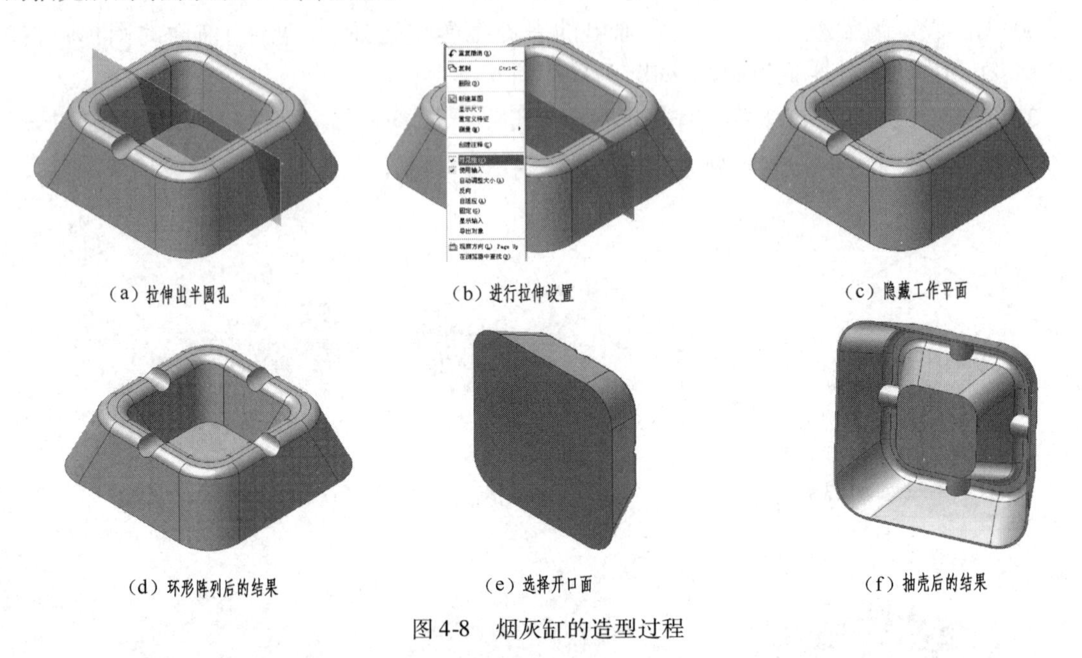

（a）拉伸出半圆孔　（b）进行拉伸设置　（c）隐藏工作平面

（d）环形阵列后的结果　（e）选择开口面　（f）抽壳后的结果

图4-8　烟灰缸的造型过程

4.2　旋转特征

螺塞

【例4-4】　建立如图4-9所示的螺塞模型，螺塞零件图如图4-10所示。

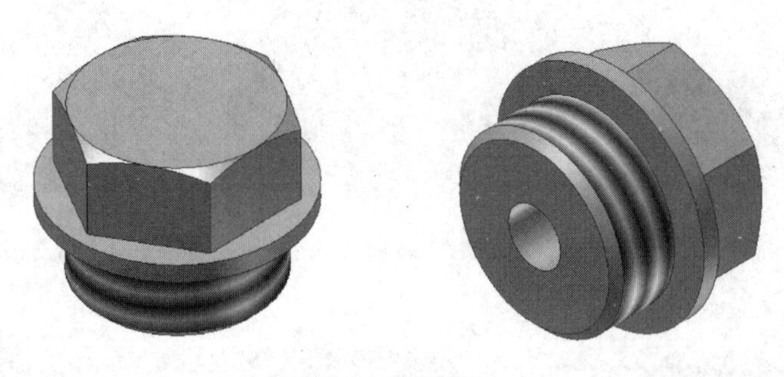

图4-9　螺塞模型

1. 模型分析

螺塞的难点部分在于其六角圆柱头的曲面。只要按照六角头螺栓头或螺母的形成过程进行建模，就可以对螺塞进行建模。

2. 操作步骤

①进入零件工作模式，绘制草图，添加尺寸约束60°，如图4-11(a)所示。

②单击“旋转”按钮，选择截面轮廓和旋转轴选项，如图4-11(b)所示。旋转后的结果

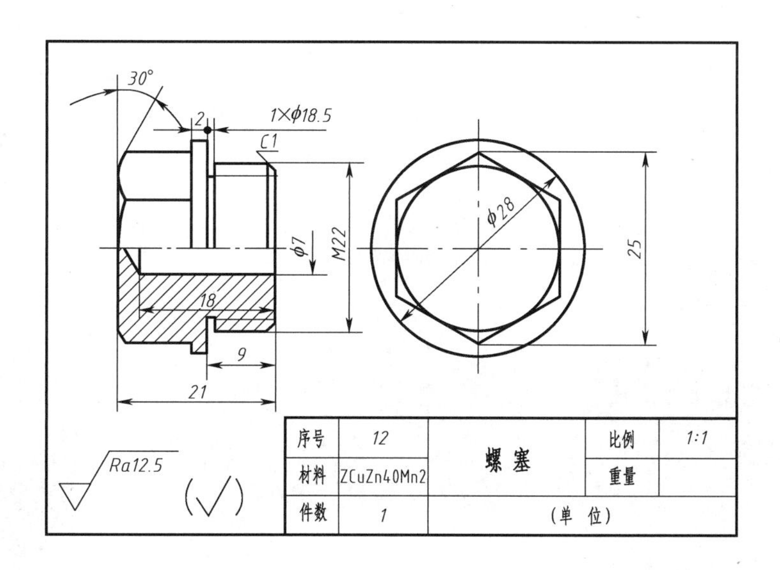

图 4-10　螺塞零件图

如图 4-11(c)所示。

③选择圆锥的底面为草图平面,绘制正六边形,添加尺寸约束 25,如图 4-11(d)所示。

④单击“拉伸”按钮,设置拉伸范围为“贯通”,操作方式为“交集”,如图 4-11(e)所示。得到的拉伸实体如图 4-11(f)所示。

⑤单击“工作平面”按钮,单击原始坐标系的 *XZ* 平面,然后选择双曲线的中点,则生成工作平面 1,如图 4-11(g)和图 4-11(h)所示。

⑥单击“分割”按钮,选择“修剪实体”命令,分割工具选择工作平面 1,如图 4-11(i)所示。结果如图 4-11(j)所示。

⑦选择六棱柱的任一侧面为草图平面,添加尺寸约束作为参考尺寸,如图 4-11(k)所示,此尺寸所对应的变量为 *d*5。

⑧单击“工作平面”按钮,单击工作平面 1,然后拖动工作平面 1,输入偏移量为 $-(d5-9)$,负号表示负方向,生成工作平面 2,如图 4-11(l)和图 4-11(m)所示。

⑨单击“分割”按钮,选择“修剪实体”命令,分割工具选择工作平面 2,如图 4-11(n)所示。结果如图 4-11(o)所示。

⑩选择六棱柱的底面为草图平面,绘制草图,添加尺寸约束 28,如图 4-12(a)所示。单击“拉伸”按钮,设置拉伸距离为 2,得到的拉伸结果如图 4-12(b)所示。

⑪选择圆柱的底面为草图平面,绘制草图,添加尺寸约束 18.5,如图 4-12(c)所示。单击“拉伸”按钮,设置拉伸距离为 1,得到的拉伸结果如图 4-12(d)所示。

⑫选择圆柱的底面为草图平面,绘制草图,添加尺寸约束 22,如图 4-12(e)所示。单击“拉伸”按钮,设置拉伸距离为 8,得到的拉伸结果如图 4-12(f)所示。

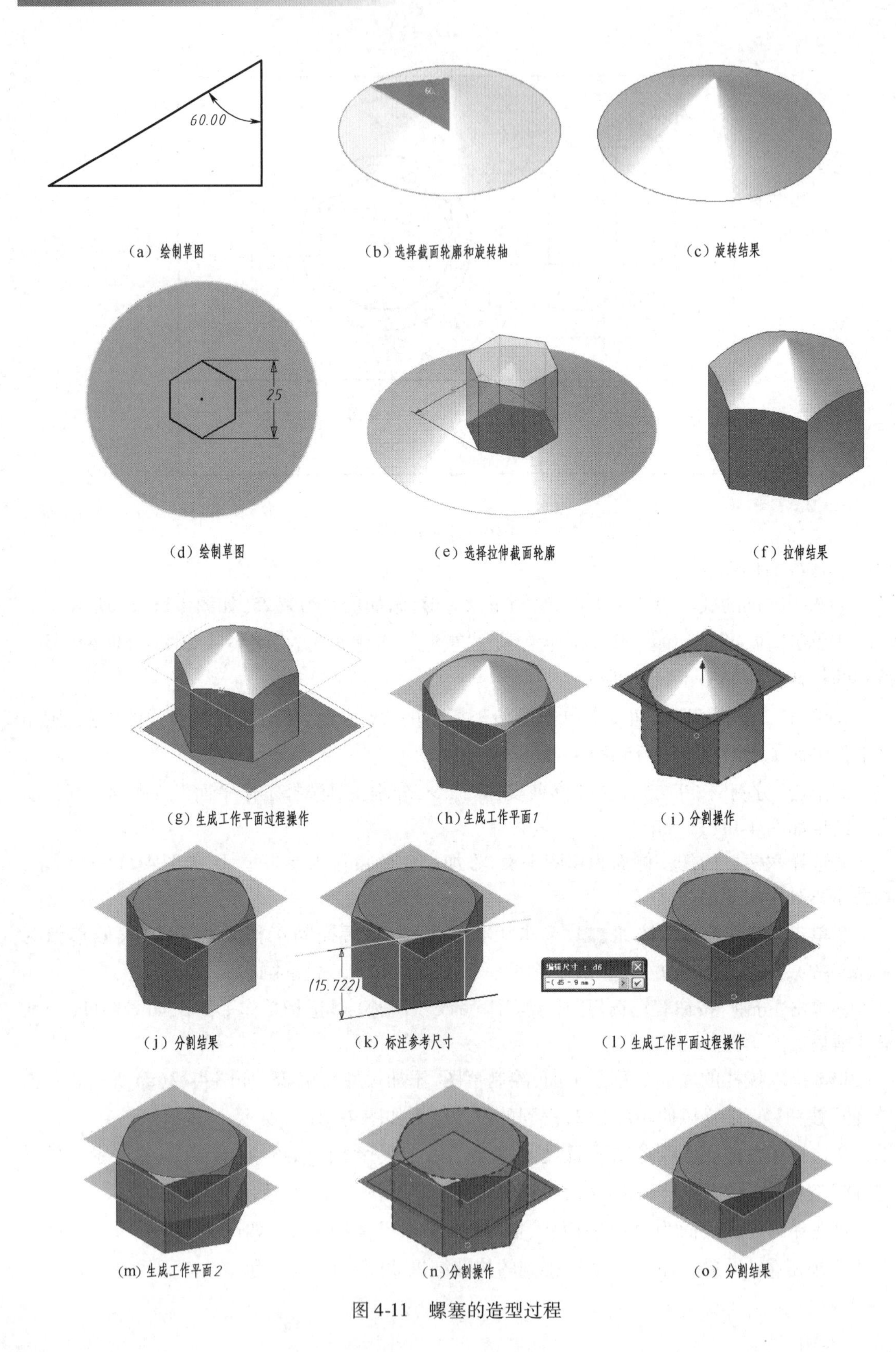

（a）绘制草图　（b）选择截面轮廓和旋转轴　（c）旋转结果

（d）绘制草图　（e）选择拉伸截面轮廓　（f）拉伸结果

（g）生成工作平面过程操作　（h）生成工作平面1　（i）分割操作

（j）分割结果　（k）标注参考尺寸　（l）生成工作平面过程操作

（m）生成工作平面2　（n）分割操作　（o）分割结果

图 4-11　螺塞的造型过程

⑬单击“螺纹”按钮，选择圆柱的表面，得到的结果如图 4-12(g)所示。

⑭单击“倒角”按钮，选择倒角边，距离为 1，得到的结果如图 4-12(h)所示。

⑮选择圆柱的底面为草图平面，无需画草图而直接完成草图，如图 4-12(i)所示。单击“打孔”按钮，选择“简单孔”选项，直径为 $\phi 7$，孔深为 17.5，如图 4-12(j)和图 4-12(k)所示。

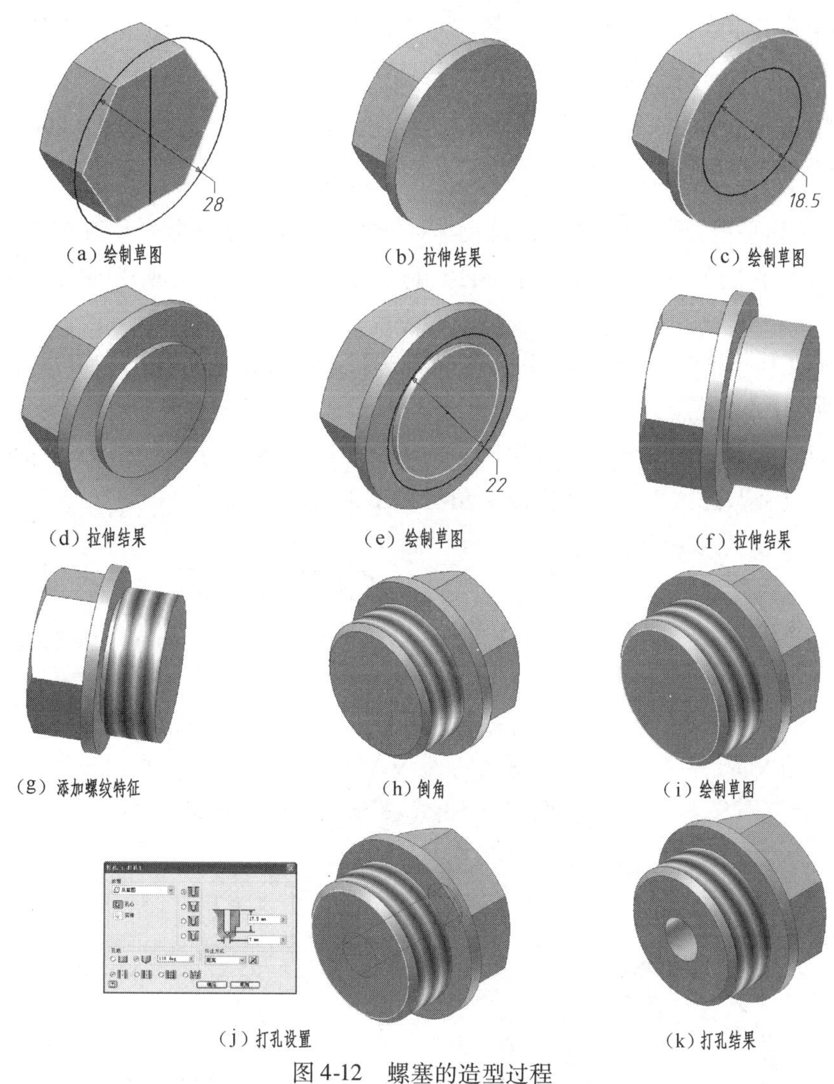

(a) 绘制草图 (b) 拉伸结果 (c) 绘制草图

(d) 拉伸结果 (e) 绘制草图 (f) 拉伸结果

(g) 添加螺纹特征 (h) 倒角 (i) 绘制草图

(j) 打孔设置 (k) 打孔结果

图 4-12 螺塞的造型过程

4.3 放样特征

4.3.1 五角星

【例 4-5】 建立如图 4-13 所示的五角星模型。

1. 模型分析

五角星既不是棱柱，也不是回转体，不可能通过拉伸、旋转等方式生成；此时可以选择放样的方式实现。同时五角星底面的草图绘制很关键，可以通过绘制正五边形然后连线的方式获得。

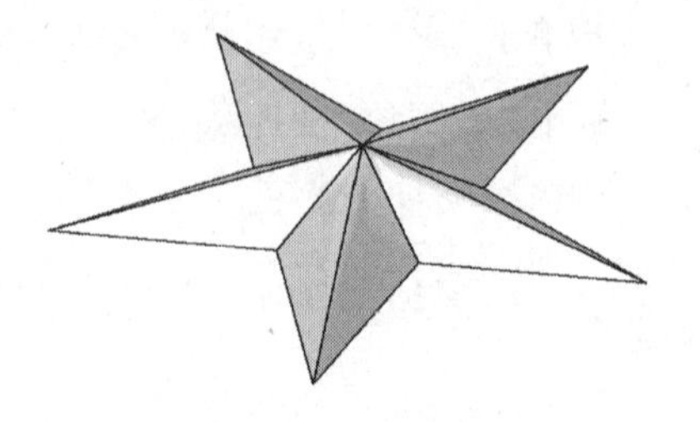

图4-13　五角星模型

2. 操作步骤

①进入零件工作模式，单击“圆”按钮，绘制直径为 $\phi 48$ 的圆［图4-14（a）］；单击“正多边形”按钮，在圆内绘制内接正五边形［图4-14（b）］；单击“直线”按钮，连接直线［图4-14（c）］；单击“修剪”按钮，删除直线和圆弧［图4-14（d）］，草图1完成。

②单击“工作平面”按钮，单击原始坐标系的 *XY* 平面，拖动此平面在弹出的对话框中输入5，生成草图平面如图4-14（e）和图4-14（f）所示。系统自动生成草图点，如图4-14（g）所示。

③生成的工作平面为草图平面，系统在草图平面上自动将五角星的中心点进行投射，如图4-14（h）所示，结束草图2。

④单击“放样”按钮，依次选择草图1上的五角星草图和草图2上的点，得到五角星模型如图4-14（i）所示，隐藏工作平面生成五角星如图4-14（j）所示。

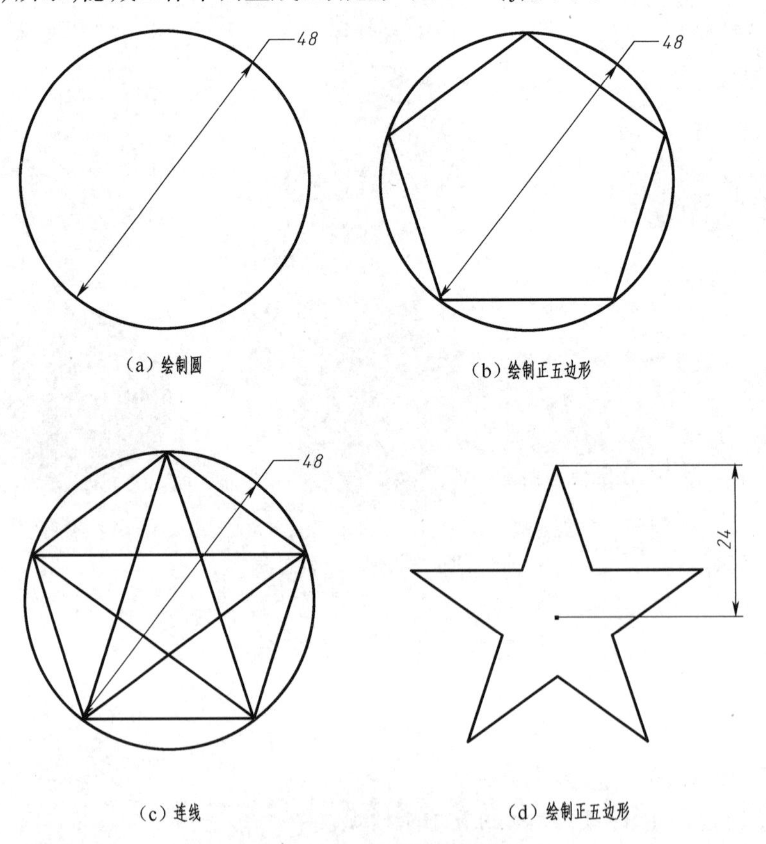

（a）绘制圆　（b）绘制正五边形

（c）连线　（d）绘制正五边形

图4-14　五角星的造型过程

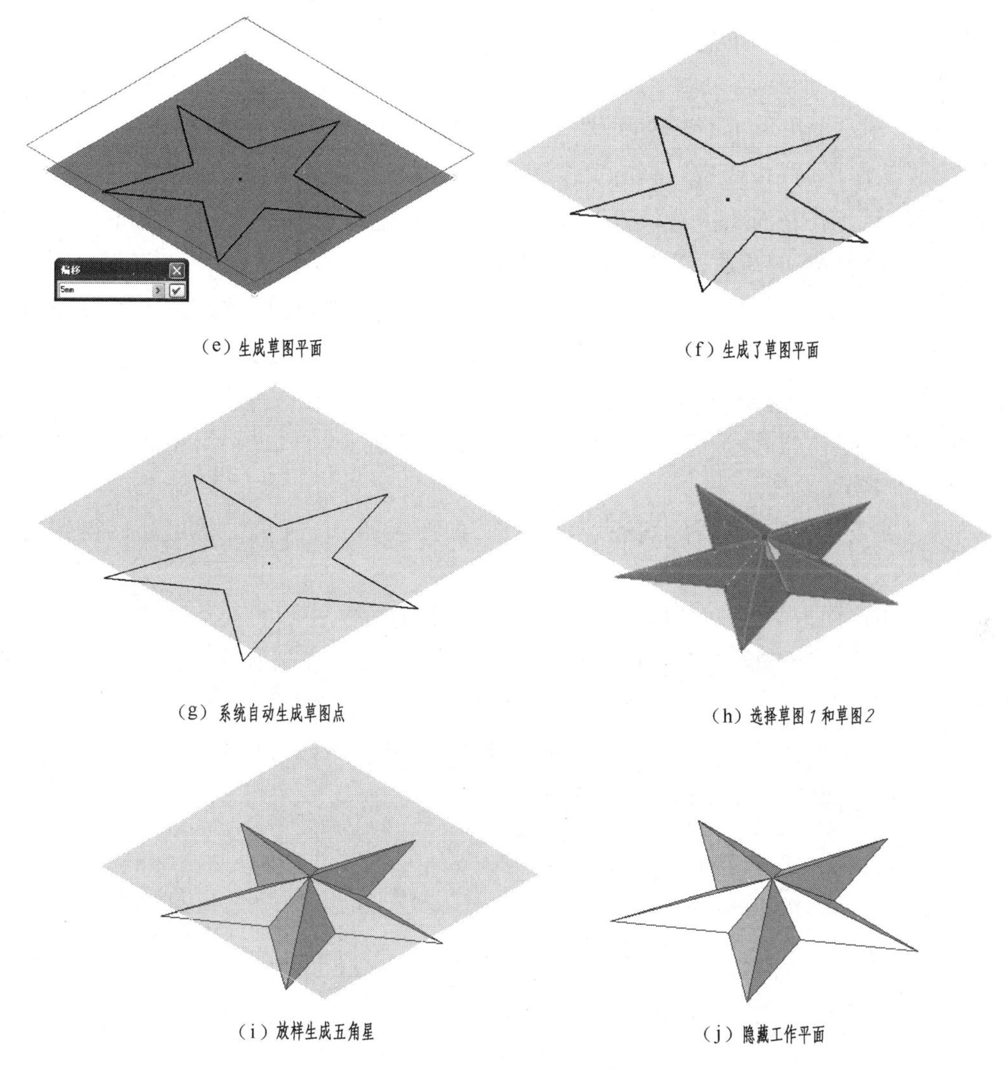

(e) 生成草图平面　(f) 生成了草图平面

(g) 系统自动生成草图点　(h) 选择草图1和草图2

(i) 放样生成五角星　(j) 隐藏工作平面

图4-14　五角星的造型过程(续)

4.3.2　花瓶

【例4-6】 建立如图4-15所示的花瓶模型。

1. 模型分析

花瓶既不是棱柱也不是回转体,但其不规则中透露着规则。花瓶的横截面由圆形→正方形→正六边形→圆形逐渐过渡,此时可以通过放样的方式实现;花瓶底座部分可以通过拉伸生成;花瓶内槽部分可以通过抽壳实现。

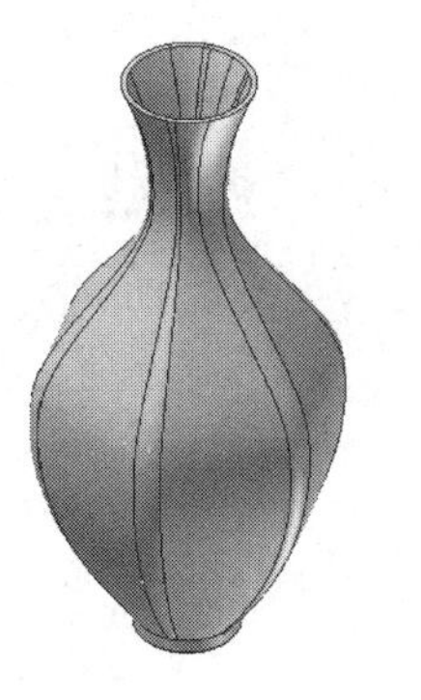

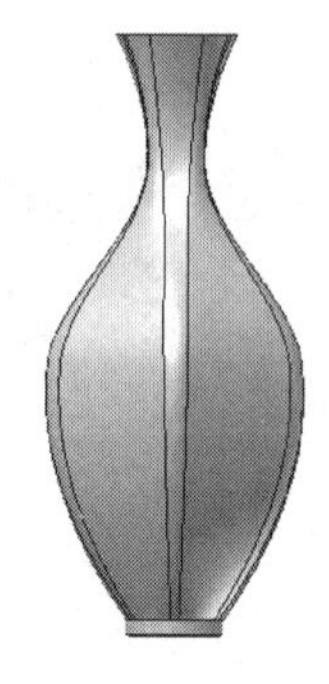

图4-15　花瓶模型

2. 操作步骤

①进入零件工作模式,单击"圆"按钮,绘制草图1,即直径为ϕ20的圆,如图4-16(a)所示。

②单击“工作平面”按钮，单击原始坐标系的 *XY* 平面，拖动此平面在弹出的对话框中输入 50，生成工作平面 1，将工作平面 1 作为草图平面，绘制草图 2，正六边形外接圆的半径为 *R*30，正六边形的六个角采用了半径为 *R*5 的圆角，如图 4-16(b)所示。

③单击“工作平面”按钮，单击工作平面 1，拖动此平面在弹出的对话框中输入 40，生成工作平面 2，将工作平面 2 作为草图平面，绘制草图 3，正四边形的边长为 12，正四边形的四个角采用了半径为 *R*3 的圆角，如图 4-16(c)所示。

④单击“工作平面”按钮，单击工作平面 2，拖动此平面在弹出的对话框中输入 25，生成工作平面 3，将工作平面 3 作为草图平面，绘制草图 4，即直径为 ϕ25 的圆[图 4-16(d)]。3 个工作平面和 4 个草图的相对位置如图 4-16(e)所示。

⑤单击“放样”按钮，依次选择草图 1 ~ 草图 4，如图 4-16(f)所示，生成实体并隐藏工作平面后如图 4-16(g)所示。

⑥单击“抽壳”按钮，选择上表面为开口面，如图 4-16(h)所示。厚度为 1，得到的抽壳后的结果如图 4-16(i)所示。

⑦以花瓶的底面为草图平面画草图圆环，大圆的直径为 ϕ20，小圆的直径为 ϕ16，如图 4-16(j)所示。单击“拉伸”按钮，选取圆环为截面轮廓，拉伸距离为 3，如图 4-16(k)所示，拉伸后的结果如图 4-16(l)所示。

⑧单击“圆角”按钮，选择两侧需要圆角的边，圆角半径为 *R*0.5，如图 4-16(m)所示。倒圆角后得到的结果如图 4-16(n)所示。

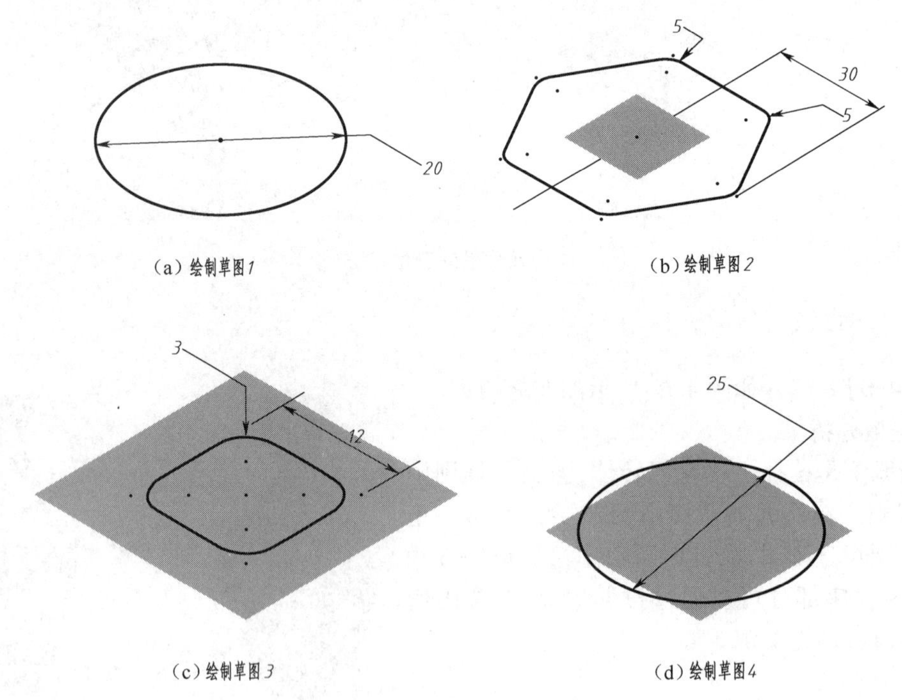

图 4-16　花瓶的造型过程

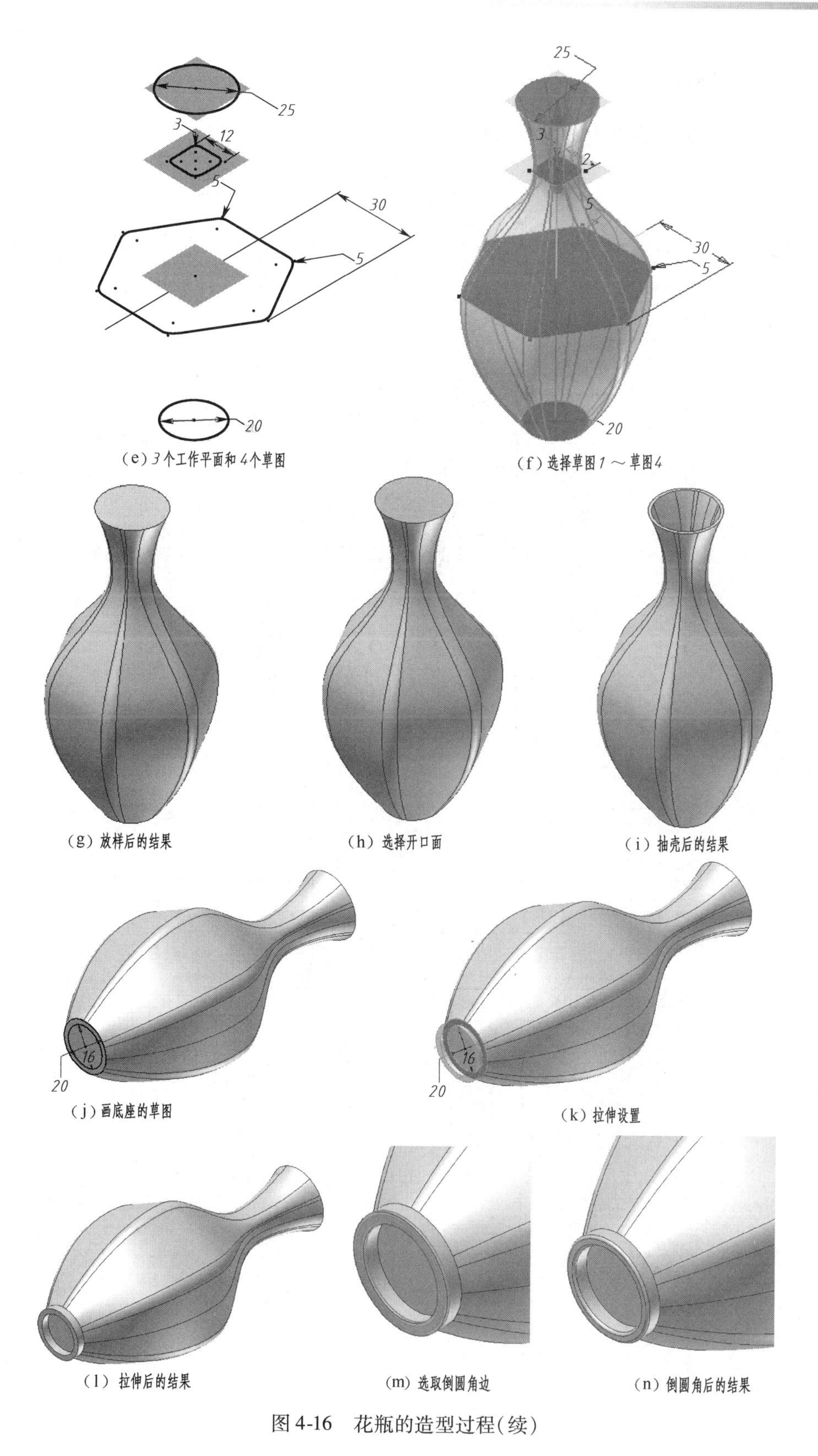

(e) 3 个工作平面和 4 个草图

(f) 选择草图 1 ～ 草图 4

(g) 放样后的结果

(h) 选择开口面

(i) 抽壳后的结果

(j) 画底座的草图

(k) 拉伸设置

(l) 拉伸后的结果

(m) 选取倒圆角边

(n) 倒圆角后的结果

图 4-16 花瓶的造型过程(续)

4.3.3 洗发水瓶

【例 4-7】 建立如图 4-17 所示的洗发水瓶模型。

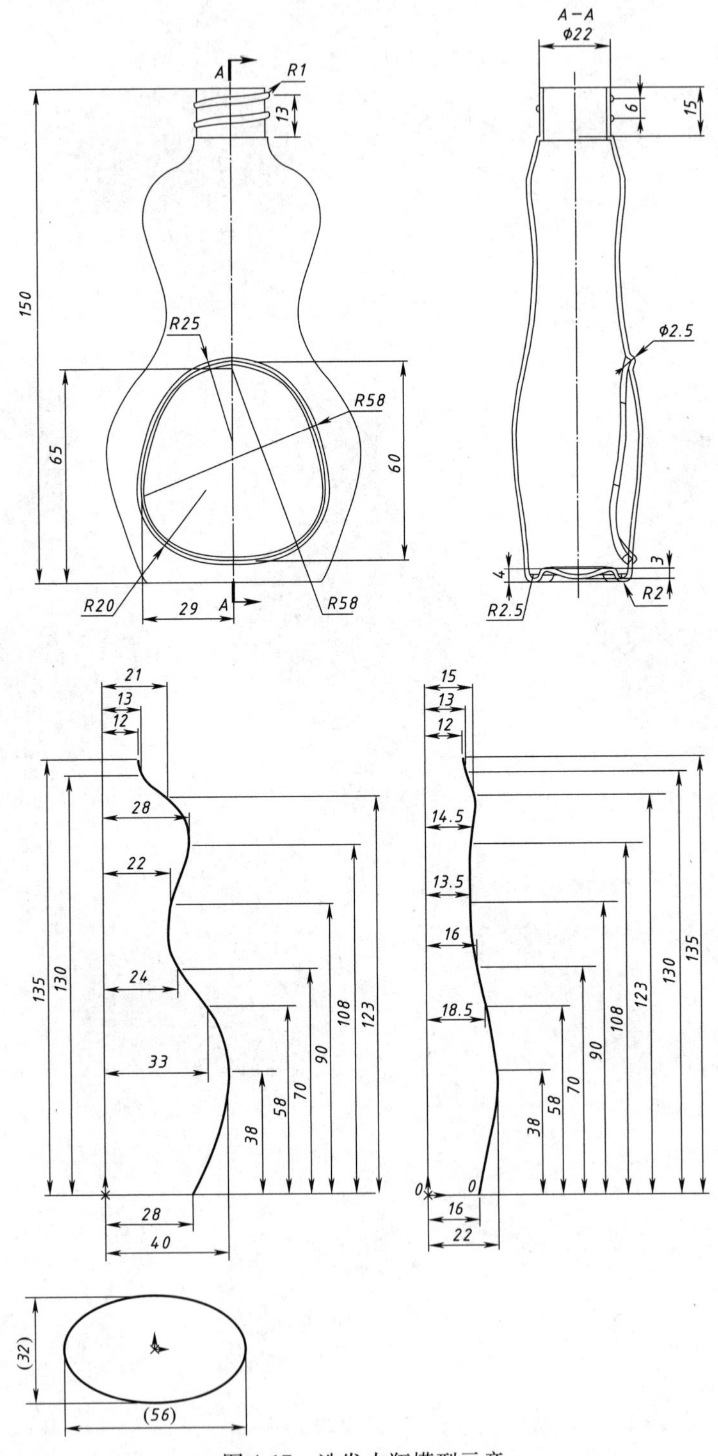

图 4-17 洗发水瓶模型示意

1. 模型分析

洗发水瓶表面是不规则的曲面，但是整体符合放样的特点，所以选择采用放样命令进行造型。

2. 操作步骤

①进入零件工作模式，选择二维草图命令，绘制草图如图 4-18(a)所示。

②在垂直于上一张草图的平面上绘制如图 4-18(b)所示的草图。

③在两份草图底面的位置建立平面、投影曲线与平面的交点，绘制椭圆，如图 4-18(c)所示。

④选择“放样”命令，设置如图 4-18(d)所示。

⑤通过拉伸、放样、圆角等命令对洗发水瓶底部进行编辑，得到如图 4-18(e)所示形体。

⑥在头部拉伸出圆柱体，并通过“螺旋扫掠”命令绘制出螺纹，如图 4-18(f)所示。

⑦在洗发水瓶正面绘制如图 4-18(g)所示形状，并拉伸曲面与洗发水瓶表面相交。

⑧选用“绘制三维草图”命令，运用相交曲面得到此轮廓与表面相交得到的曲线，并在竖直截面上建立草图，投影曲线交点，并以此为圆心绘制圆，通过“扫掠命令”得到结果如图 4-18(h)所示。

⑨最后在瓶口抽壳，设置厚度 1 mm，如图 4-18(i)所示。

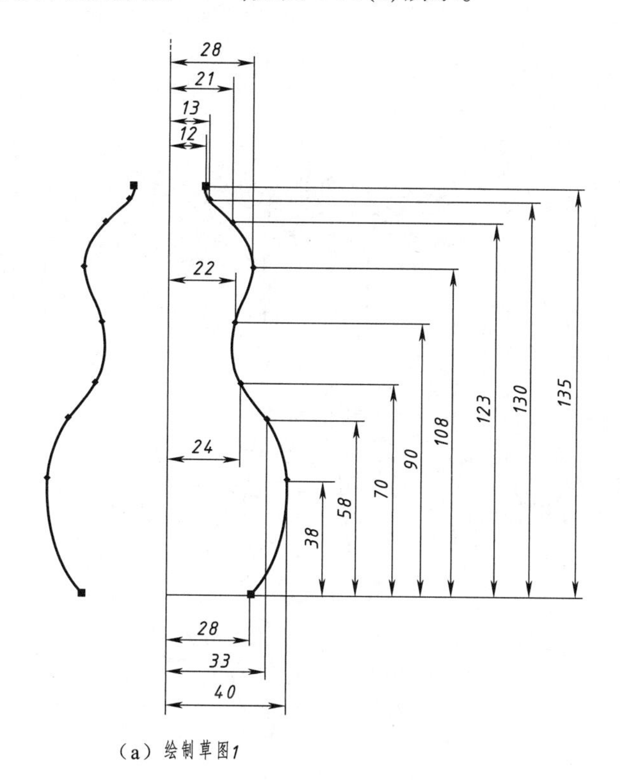

(a) 绘制草图1

图 4-18 洗发水瓶的造型过程

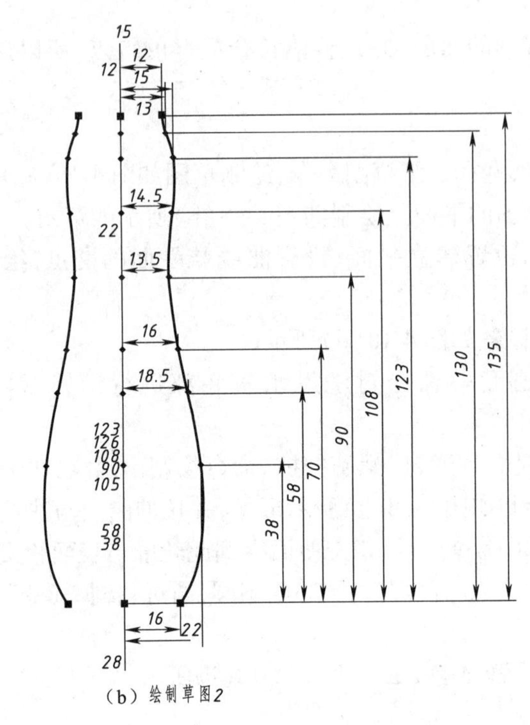

（b）绘制草图2

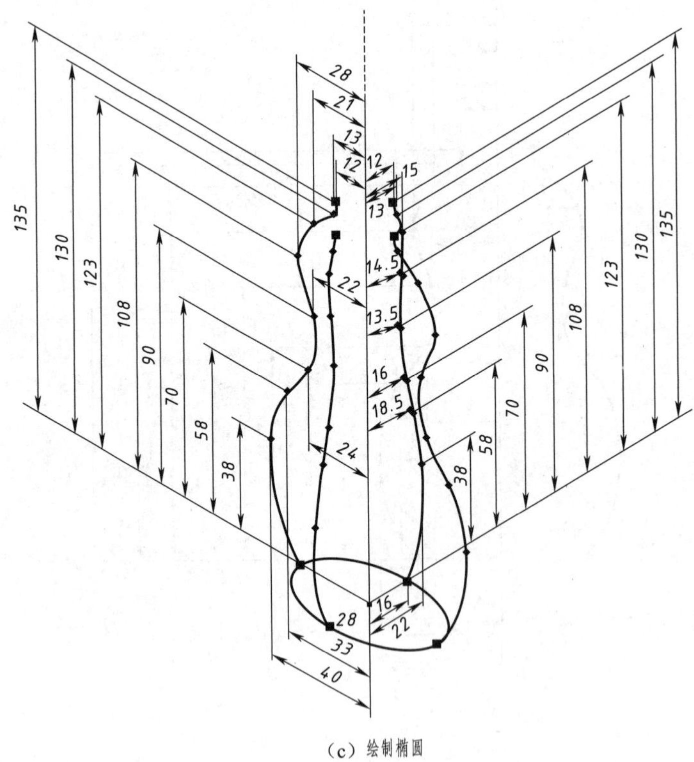

（c）绘制椭圆

图4-18　洗发水瓶的造型过程(续)

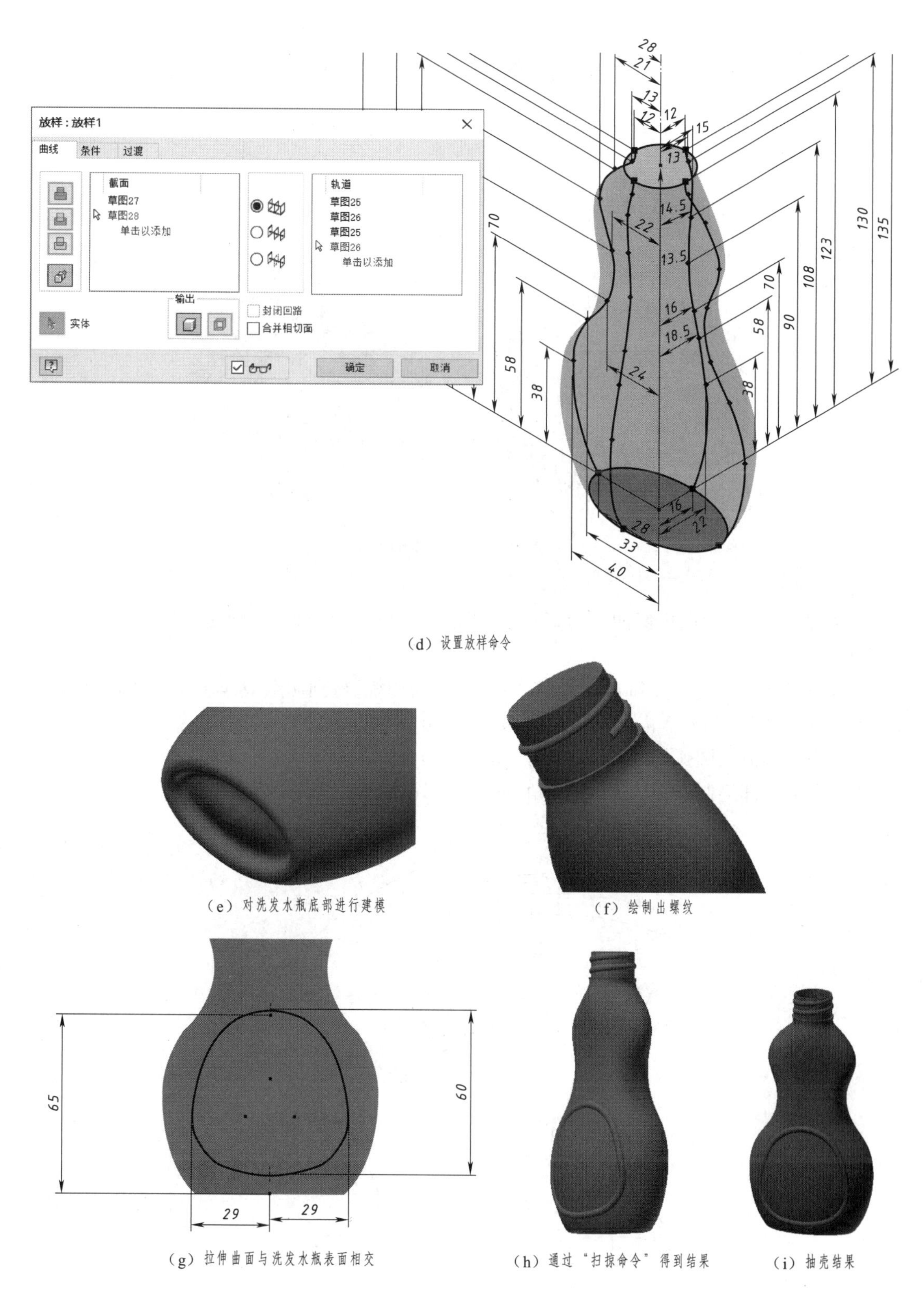

（d）设置放样命令

（e）对洗发水瓶底部进行建模

（f）绘制出螺纹

（g）拉伸曲面与洗发水瓶表面相交

（h）通过“扫掠命令”得到结果

（i）抽壳结果

图 4-18　洗发水瓶的造型过程(续)

4.4 f_x 参数和阵列特征

4.4.1 齿轮

【例 4-8】 建立如图 4-19 所示的齿轮模型。已知齿轮参数：齿数 $z=20$，模数 $m=3$。

图 4-19 齿轮模型

1. 模型分析

通常情况下，齿轮的齿廓曲线为渐开线，要准确作出较为困难，齿廓曲线的生成可采用近似画法：

(1)由半齿角度线可得到 C 点；过 C 点作基圆的切线，得到切点 O，如图 4-20(a)所示；

(2)以 O 点为圆心，作齿廓圆弧曲线，如图 4-20(a)所示；

(3)作对称齿廓圆弧，如图 4-20(b)所示；

(4)在齿根部绘制半径为 $R1$ 的圆角，如图 4-20(c)所示。

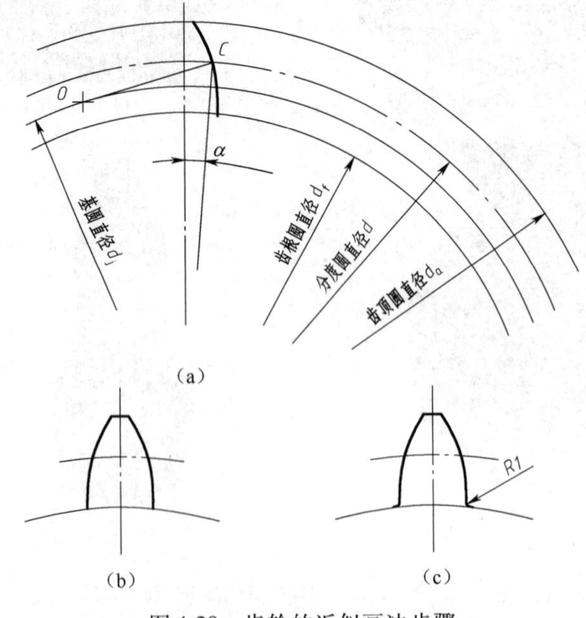

图 4-20 齿轮的近似画法步骤

2. 操作步骤

①进入零件工作模式，在功能区上，单击“管理”选项卡，然后单击“参数” f_x 命令，弹出“参数”对话框。然后单击“参数”对话框中的“添加”按钮，按各个参数名称和参数关系依次输入表格中，每输入一行后，单击“添加”按钮，结果如图 4-21 所示。表格中的 R、a、Z、M、b、dff、da、d、db 已经成为“用户参数”，待后面建立零件模型时使用。

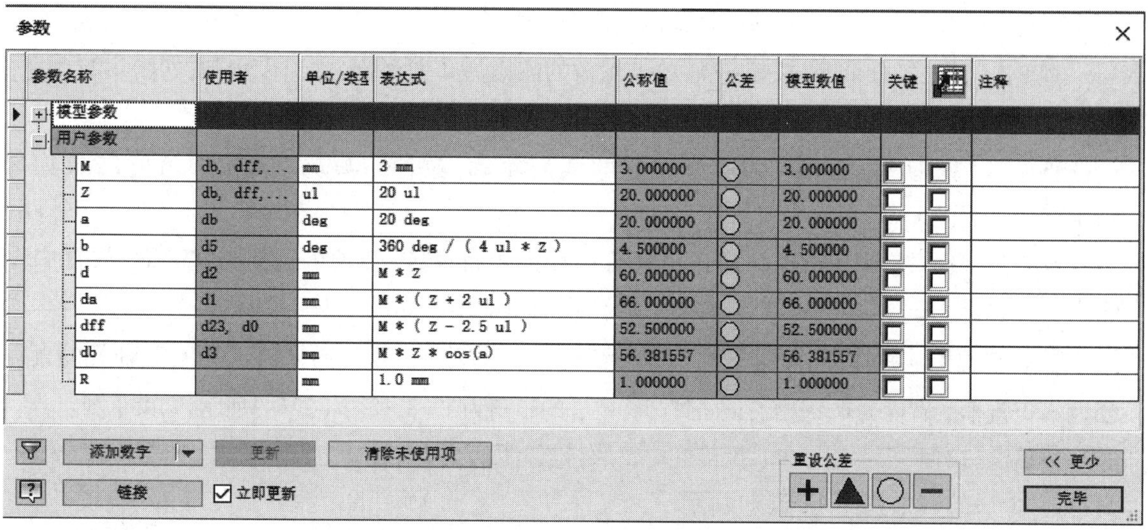

参数

参数名称	使用者	单位/类型	表达式	公称值	公差	模型数值	关键		注释
模型参数									
用户参数									
M	db, dff, ...	mm	3 mm	3.000000	○	3.000000	□	□	
Z	db, dff, ...	ul	20 ul	20.000000	○	20.000000	□	□	
a	db	deg	20 deg	20.000000	○	20.000000	□	□	
b	d5	deg	360 deg / (4 ul * Z)	4.500000	○	4.500000	□	□	
d	d2	mm	M * Z	60.000000	○	60.000000	□	□	
da	d1	mm	M * (Z + 2 ul)	66.000000	○	66.000000	□	□	
dff	d23, d0	mm	M * (Z - 2.5 ul)	52.500000	○	52.500000	□	□	
db	d3	mm	M * Z * cos(a)	56.381557	○	56.381557	□	□	
R		mm	1.0 mm	1.000000	○	1.000000	□	□	

添加数字　更新　清除未使用项　链接　立即更新　重设公差　<< 更少　完毕

图 4-21　在“参数”对话框中输入参数

②在功能区上，单击“模型”选项卡，然后单击“创建二维草图”按钮，单击“浏览器”中的草图 1，接下来开始绘制草图。

③单击“圆”按钮，画四个圆[图 4-22(a)]；单击“通用尺寸”按钮，依次标注分度圆直径 d、基圆直径 db、齿顶圆直径 da、齿根圆直径 dff，如图 4-22(b)和图 4-22(c)所示。

④单击“投影几何图元”按钮，将原始坐标系中的 Y 轴投射到草图 1 上，单击“直线”，从圆心到分度圆上绘制半齿角度线，单击“通用尺寸”按钮，标注半齿角 b，如图 4-22(d)和图 4-22(e)所示。

⑤单击“直线”按钮，过半齿角度线的端点绘制基圆的切线，如图 4-22(f)所示。

⑥单击“圆”按钮，以切点为圆心，以切线为半径绘制圆，如图 4-22(g)所示。

⑦单击“修剪”按钮，删除多余的圆弧，如图 4-22(h)所示。为了便于进行圆角操作，单击“修剪”按钮，将齿根圆打断，如图 4-22(i)所示。

⑧单击“圆角”按钮，选择齿廓圆弧和齿根圆，圆角半径为 $R1$，圆角添加后的结果如图 4-22(j)所示。

⑨单击“镜像”按钮，对齿廓圆弧和圆角弧进行镜像操作，如图 4-22(k)所示。

⑩单击“延伸”按钮，将打断的齿根圆补全，如图 4-22(l)所示。

⑪单击“修剪”按钮，删除齿廓圆弧和圆角弧两侧的分度圆、基圆、齿顶圆、齿根圆，此时仅剩下一个轮齿的草图如图 4-22(m)所示，完成草图。

⑫单击“拉伸”按钮，选取轮齿的截面轮廓，拉伸距离为 20，如图 4-22(n)所示，拉伸后的结果如图 4-22(o)所示。

⑬单击“倒角”按钮，选择轮齿两侧需要倒角的边，倒角方式为等距离，距离为 1，如图 4-22(p)所示。倒角添加后的结果如图 4-22(q)所示。

⑭单击“创建二维草图”按钮，单击轮齿的侧面为草图平面，画出齿根圆，如图 4-22(r)所示，结束草图。

⑮单击“拉伸”按钮，选取齿根圆的截面轮廓，拉伸距离为 20，拉伸后的结果如图 4-22(s)所示。

⑯单击“环形阵列”按钮，单击选择轮齿和倒角特征，旋转轴可选择圆柱表面，放置中输入引用数目为 20，如图 4-22(t) 所示。得到阵列后的结果如图 4-22(u)所示。

⑰单击“创建二维草图”按钮，单击轮齿的侧面为草图平面，画出轮轴孔和键槽，轴孔的直径为 ϕ20，键槽的宽度为 6，键槽的顶面到圆孔中心的距离为 12.8，如图 4-22(v)所示，结束草图。

⑱单击“拉伸”按钮，选取拉伸截面轮廓，拉伸距离为 20，拉伸方式为差集，如图 4-22(w)所示，拉伸后的结果如图 4-22(x)所示。

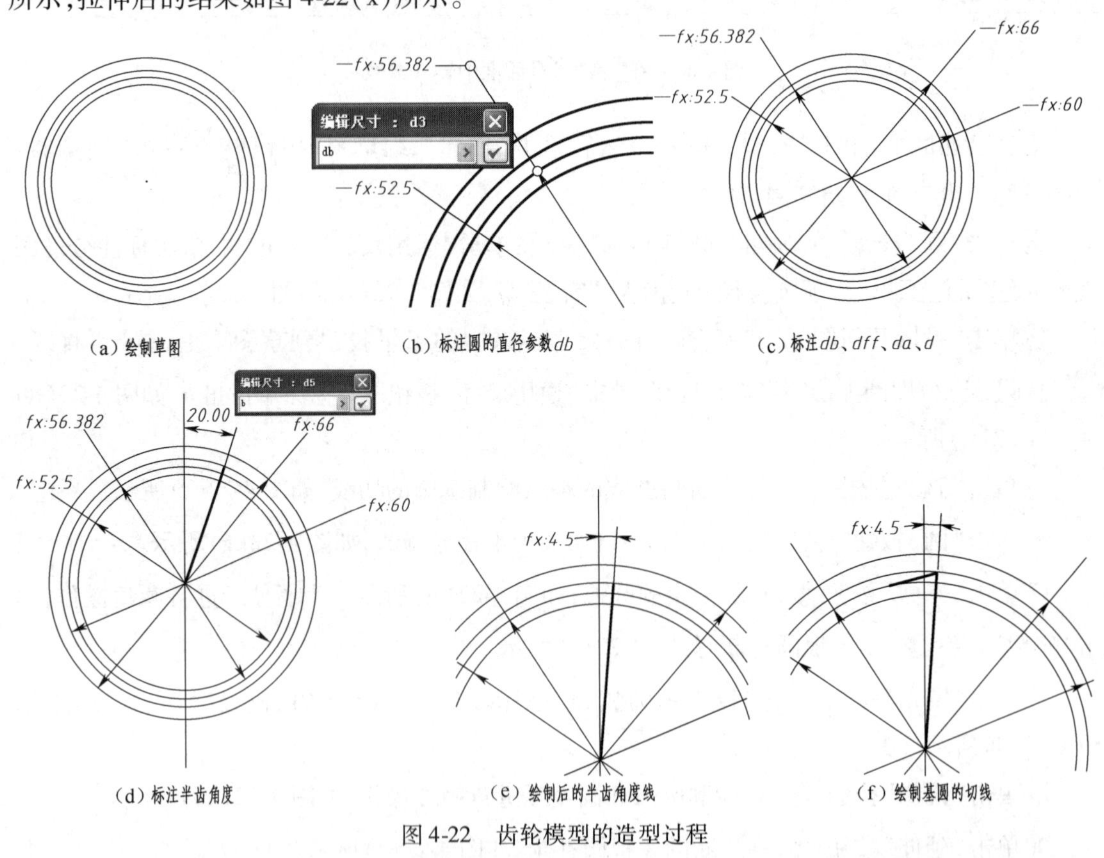

图 4-22　齿轮模型的造型过程

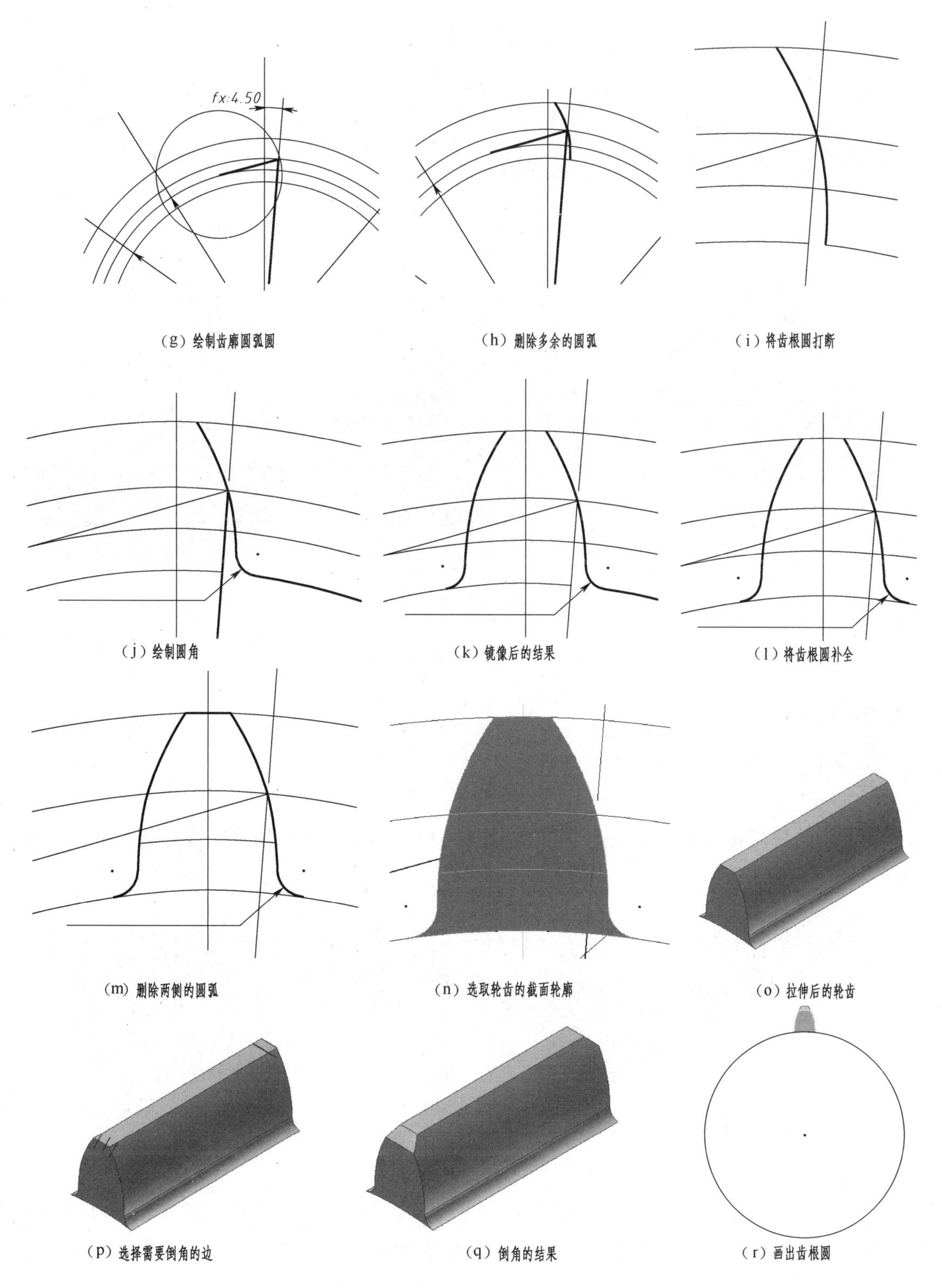

（g）绘制齿廓圆弧圆　（h）删除多余的圆弧　（i）将齿根圆打断

（j）绘制圆角　（k）镜像后的结果　（l）将齿根圆补全

（m）删除两侧的圆弧　（n）选取轮齿的截面轮廓　（o）拉伸后的轮齿

（p）选择需要倒角的边　（q）倒角的结果　（r）画出齿根圆

图 4-22　齿轮模型的造型过程(续)

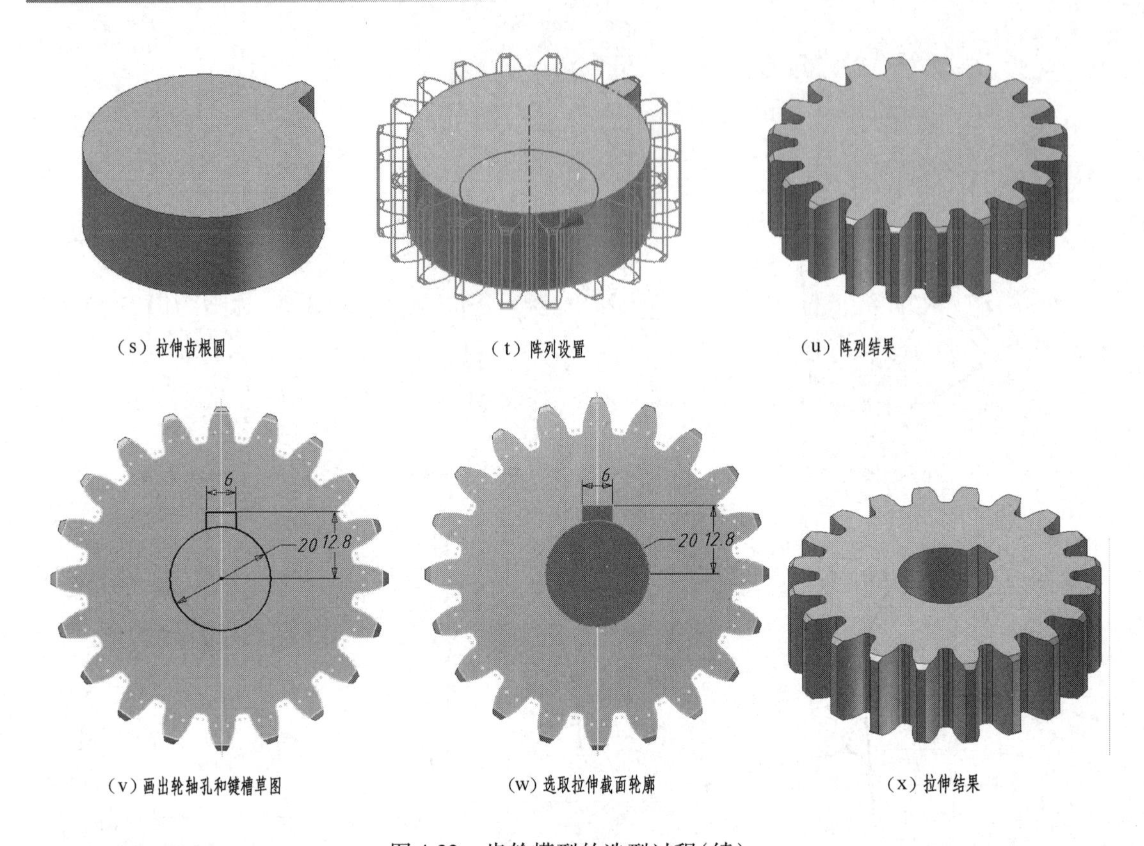

（s）拉伸齿根圆　（t）阵列设置　（u）阵列结果

（v）画出轮轴孔和键槽草图　（w）选取拉伸截面轮廓　（x）拉伸结果

图 4-22　齿轮模型的造型过程(续)

4.4.2　梳子

【例 4-9】　建立如图 4-23 所示的梳子模型。

1. 模型分析

梳子齿的特点是大小和间距是一样的,因此可以采用矩形阵列的方式进行造型。

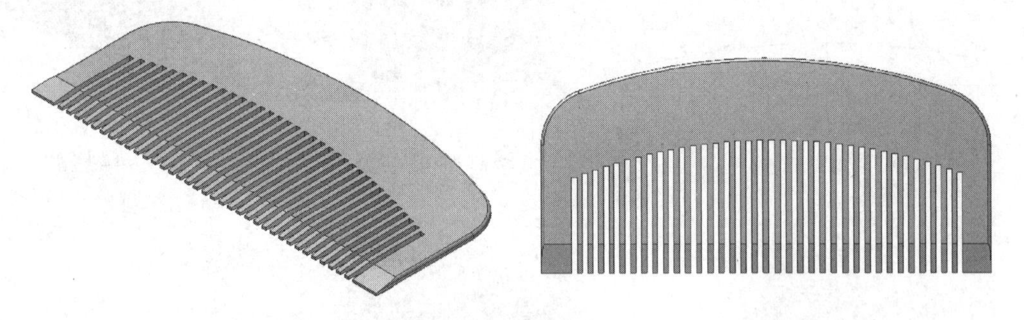

图 4-23　梳子模型

2. 操作步骤

①进入零件工作模式,单击“直线”按钮、“圆”按钮和“通用尺寸”按钮,绘制草图如图 4-24(a)所示,圆的直径为 ϕ400,两条竖直直线之间的距离为 160,圆心到坐标原点之间的距离为 125。

②单击“修剪”按钮，删除大圆弧，如图 4-24(b)所示，完成草图。

③单击“圆角”按钮，选择圆弧和竖直线，圆角半径为 $R20$，圆角添加后的结果如图 4-24(c)所示，完成草图。

④单击“拉伸”按钮，系统自动捕捉到拉伸截面轮廓，拉伸距离为 3，如图 4-24(d)所示，拉伸后的结果如图 4-24(e)所示。

⑤单击“倒角”按钮，选择需要倒角的边，倒角方式为两个距离，距离 1 为 1，距离 2 为 10，如图 4-24(f)所示。倒角添加后的结果如图 4-24(g)所示。

⑥单击“倒角”按钮，选择另侧需要倒角的边，倒角方式为两个距离，距离 1 为 1，距离 2 为 10，如图 4-24(h)所示。倒角添加后的结果如图 4-24(i)所示。

⑦单击“圆角”按钮，选择两侧的圆角边，圆角半径为 $R1$，如图 4-24(j)所示。圆角添加后的结果如图 4-24(k)所示。

⑧单击“创建二维草图”按钮，单击梳子的上表面为草图平面，画出长方形草图，长方形的宽度为 2，如图 4-24(l)所示，结束草图。

⑨单击“拉伸”按钮，选择长方形的拉伸截面轮廓，拉伸方式为差集，拉伸距离为 4，拉伸后的结果如图 4-24(m)所示。

⑩单击“矩形阵列”按钮，选择长方形，方向 1 选择直径为 $\phi400$ 的圆弧，列数为 36，列间距为 4，如图 4-24(n)所示，阵列后的结果如图 4-24(o)所示。

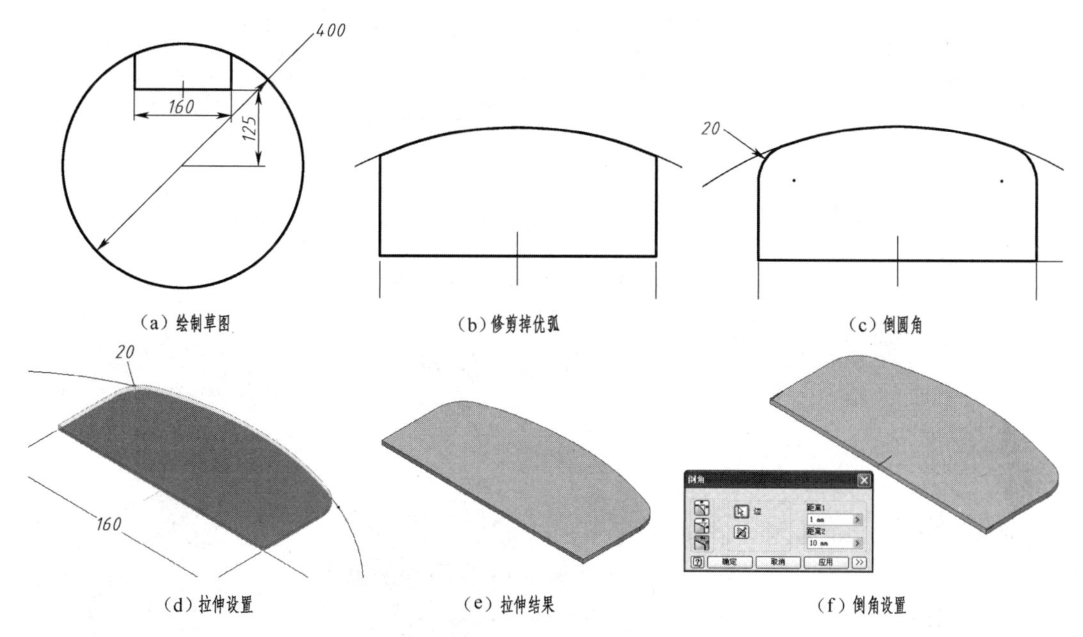

(a) 绘制草图 (b) 修剪掉优弧 (c) 倒圆角

(d) 拉伸设置 (e) 拉伸结果 (f) 倒角设置

图 4-24 梳子模型的造型过程

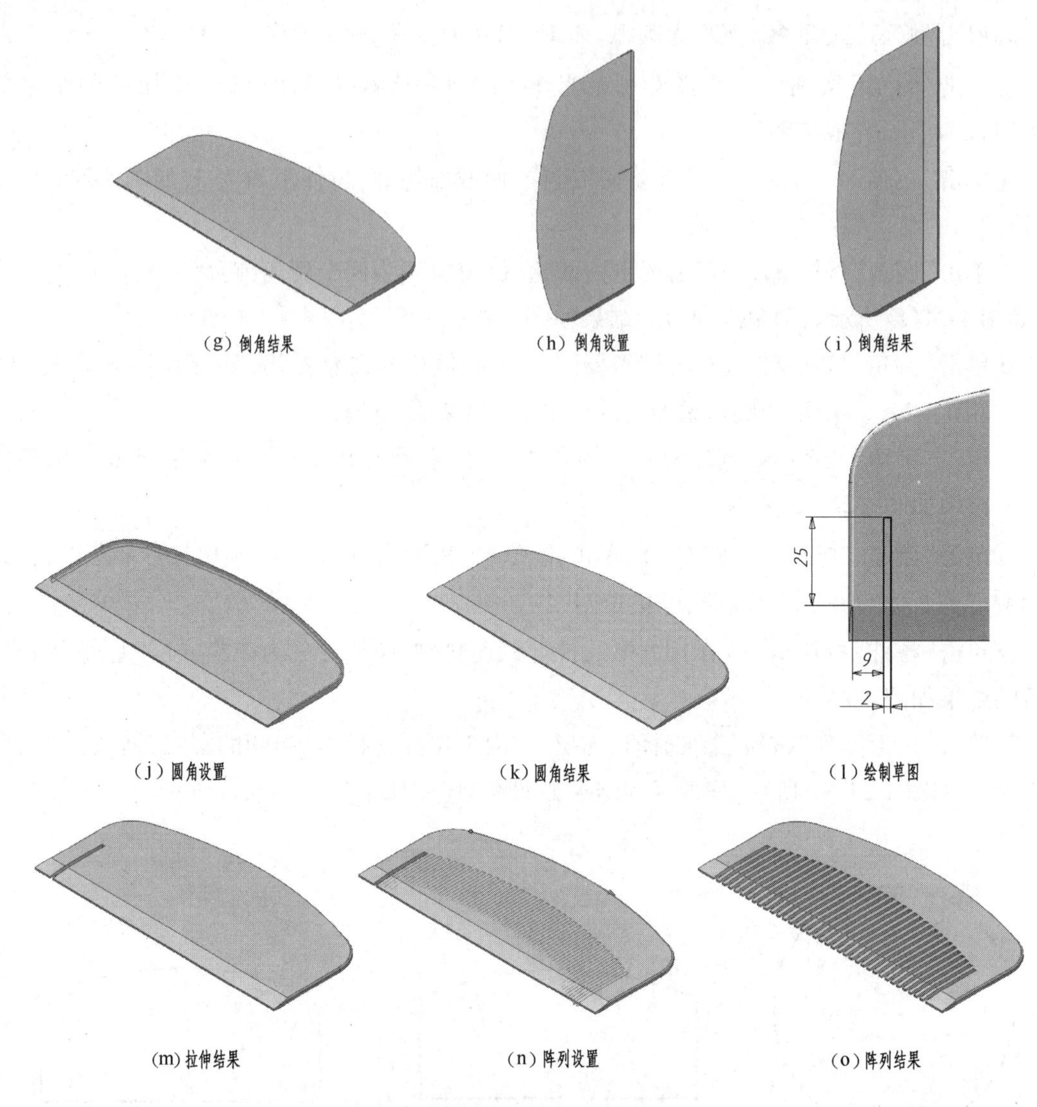

图 4-24　梳子模型的造型过程(续)

4.5　凸 雕 特 征

4.5.1　旋钮

【例 4-10】　建立如图 4-25 所示的旋钮模型。

1. 模型分析

旋钮上的按键由于位于球面的表面,且其厚度处处相等,因此使用拉伸等方法无法实现,此时可以采用凸雕方式解决。

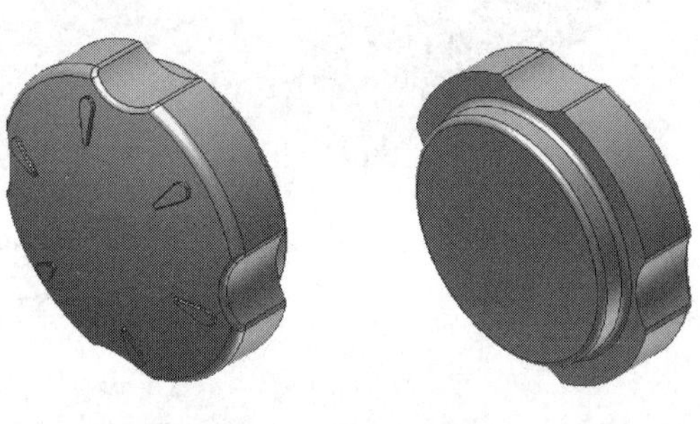

图 4-25　旋钮模型

2. 操作步骤

①进入零件工作模式，单击“直线”按钮、“圆弧”按钮和“通用尺寸”按钮，绘制草图如图 4-26(a)和图 4-26(b)所示，完成草图。

②单击“旋转”按钮，选择截面轮廓和旋转轴，如图 4-26(c)所示。旋转后得到的结果如图 4-26(d)所示。

③单击“圆角”按钮，选择上面的侧沿边，圆角半径为 $R2$，如图 4-26(e)所示。圆角添加后的结果如图 4-26(f)所示。

④单击“工作平面”按钮，单击按钮的底面，拖动此平面在弹出的对话框中输入“-15”，生成工作平面 1，如图 4-26(g)所示。将工作平面 1 作为草图平面，绘制草图，圆的直径为 $\phi20$，圆心之间的距离 32，如图 4-26(h)所示，完成草图。

⑤单击“拉伸”按钮，选取直径为 $\phi20$ 的圆的截面轮廓，拉伸方式为差集，拉伸范围为贯通，拉伸后的结果并隐藏工作平面 1 如图 4-26(i)所示。

⑥单击“圆角”按钮，选择半圆孔的侧沿边，圆角半径为 $R1$，如图 4-26(j)所示。圆角添加后的结果如图 4-26(k)所示。

⑦单击“环形阵列”按钮，单击拉伸孔和圆角特征，旋转轴可选择圆柱表面，放置中输入引用数目为 4，如图 4-26(l)所示。得到阵列后的结果如图 4-26(m)所示。

⑧单击“创建二维草图”按钮，单击旋钮的底面为草图平面，画出草图，圆的直径为 $\phi40$，如图 4-26(n)所示，结束草图。

⑨单击“拉伸”按钮，选取直径为 $\phi40$ 的圆的截面轮廓，拉伸距离为 5，如图 4-26(o)所示，拉伸后的结果如图 4-26(p)所示。

⑩单击“圆角”按钮，选择圆角边，圆角半径为 $R1$，如图 4-26(q)所示。圆角添加后的结果如图 4-26(r)所示。

⑪将工作平面 1 作为草图平面，绘制草图 4，即小圆直径为 $\phi1$、大圆直径为 $\phi3$，两侧的直线与小圆和大圆分别相切，三个圆心的距离分别为 15、5，连心线与水平方向成 45°如图 4-26(s)所示，结束草图。

⑫单击“凸雕”按钮，系统自动捕捉封闭的截面轮廓，深度为 0.5，如图 4-26(t)所示，凸雕结果如图 4-26(u)所示。

⑬单击“圆角”按钮，选择圆角边，圆角半径为 $R0.2$，如图 4-26(v)所示。圆角添加后的结果如图 4-26(w)所示。

⑭单击“环形阵列”按钮，单击凸雕和圆角特征，旋转轴可选择圆柱表面，放置中输入引用数目为 6，如图 4-26(x)所示。得到阵列后的结果如图 4-26(y)所示。

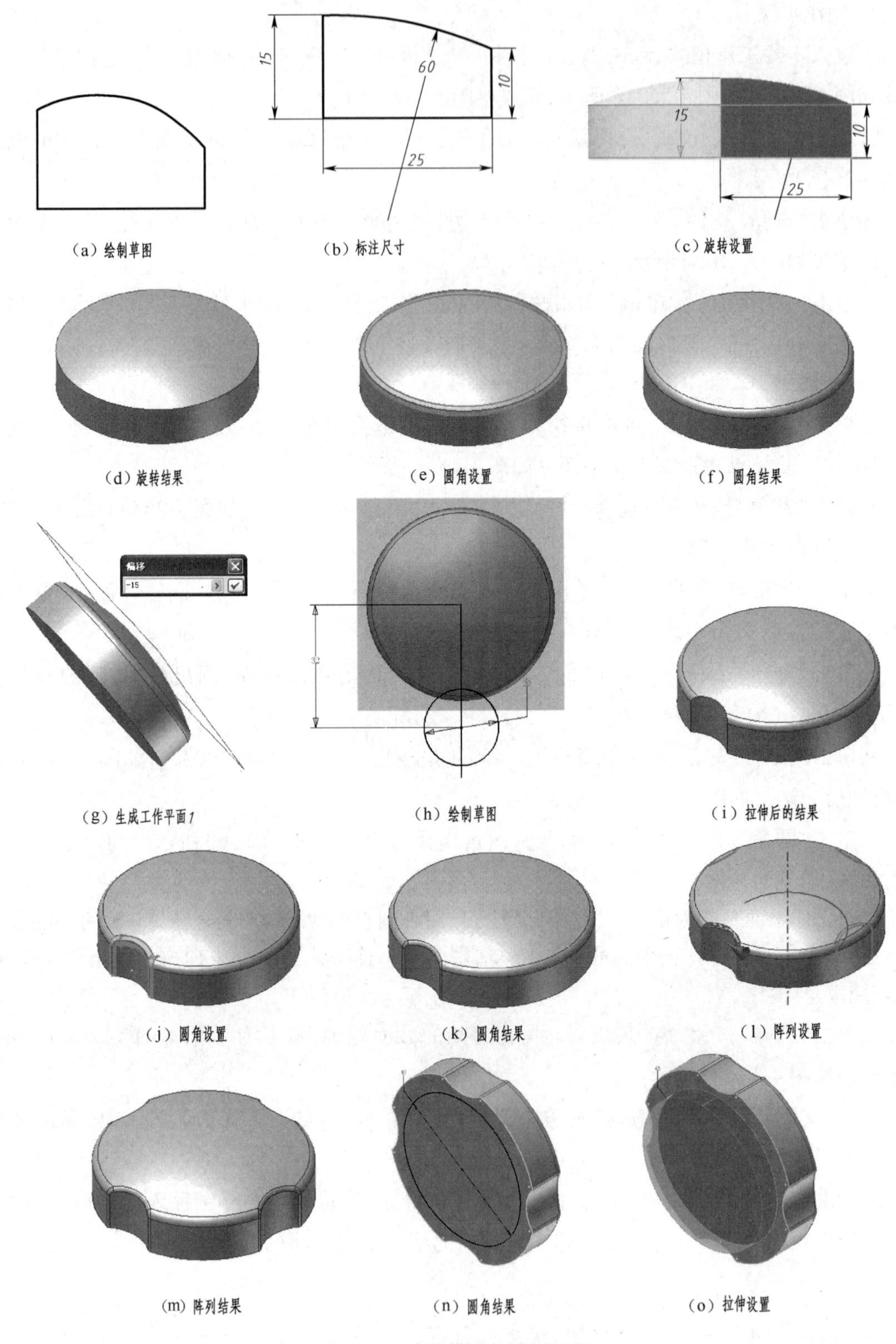

（a）绘制草图　（b）标注尺寸　（c）旋转设置

（d）旋转结果　（e）圆角设置　（f）圆角结果

（g）生成工作平面1　（h）绘制草图　（i）拉伸后的结果

（j）圆角设置　（k）圆角结果　（l）阵列设置

（m）阵列结果　（n）圆角结果　（o）拉伸设置

图 4-26　旋钮模型的造型过程

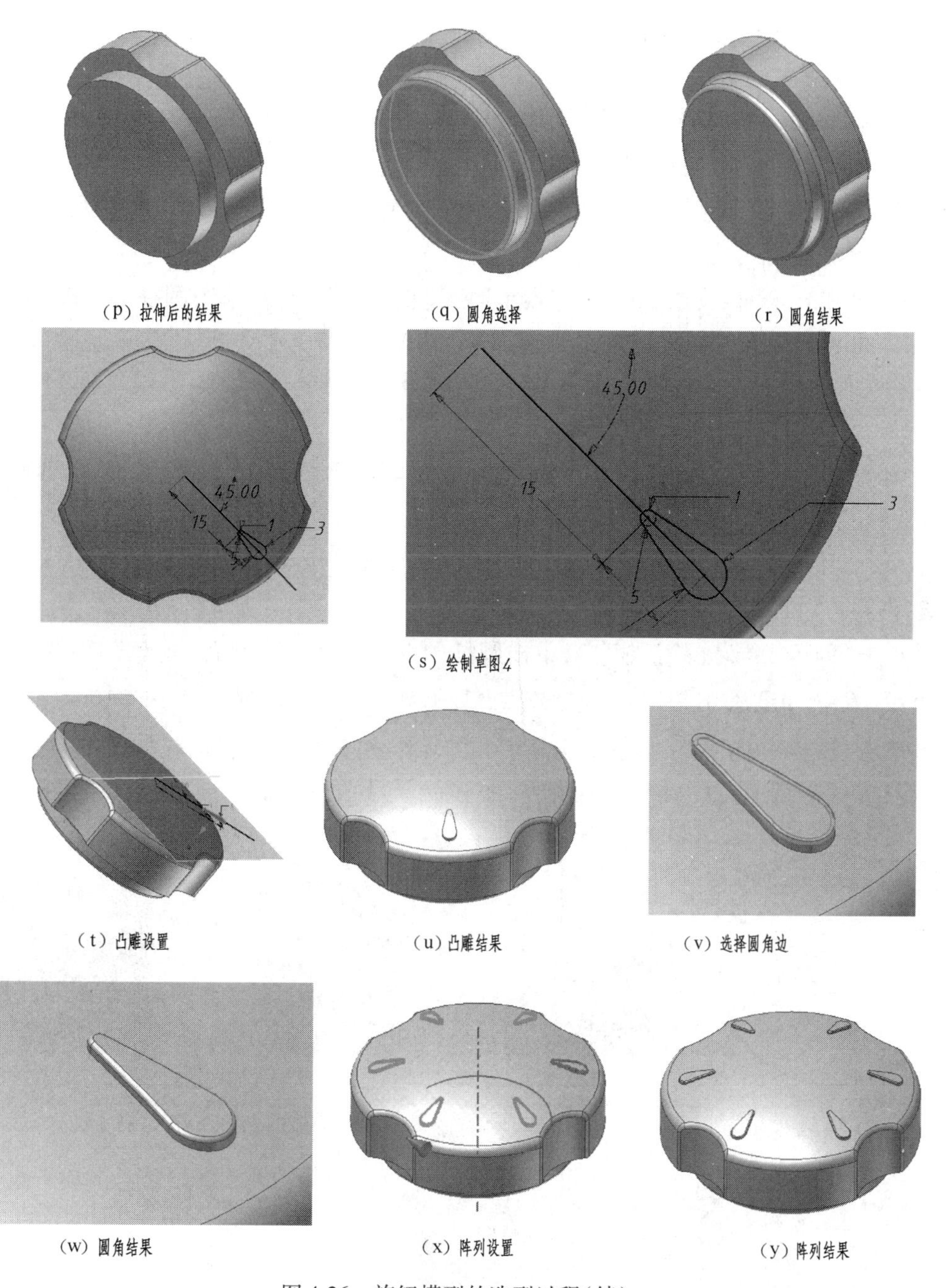

(p) 拉伸后的结果　(q) 圆角选择　(r) 圆角结果

(s) 绘制草图4

(t) 凸雕设置　(u) 凸雕结果　(v) 选择圆角边

(w) 圆角结果　(x) 阵列设置　(y) 阵列结果

图 4-26　旋钮模型的造型过程(续)

4.5.2　电风扇叶片

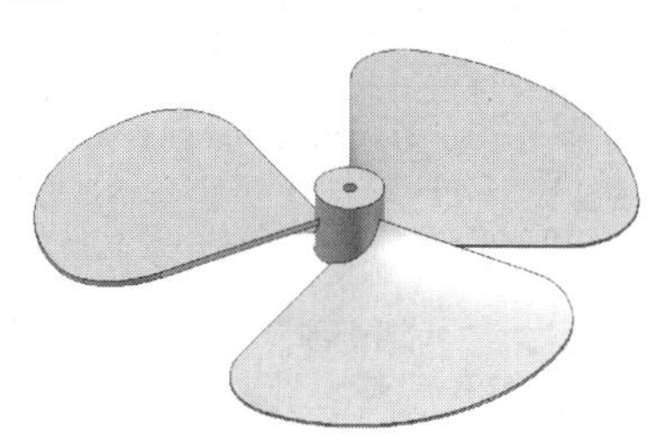

图 4-27　电风扇叶片模型

【例 4-11】　建立如图 4-27 所示的电风扇叶片模型。

1. 模型分析

电风扇叶片造型的难点在于叶片的曲面形状,可以首先通过凸雕的方式生成螺旋曲面,然后通过拉伸求“交集”的方式生成电风扇的叶片形状。

2. 操作步骤

①进入零件工作模式,单击“圆”按钮和“通用尺寸”按钮,两个圆的直径为 $\phi 10$ 和 $\phi 50$,绘制草图如图 4-28(a)所示。

②单击“拉伸”按钮,捕捉圆环作为拉伸截面轮廓,拉伸距离为 50,拉伸后的结果如图 4-28(b)所示。

③单击“工作平面”按钮,单击原始坐标系的 *XZ* 平面,再单击圆柱的外表面,生成工作平面 1,如图 4-28(c)和图 4-28(d)所示,完成草图。

④将工作平面 1 作为草图平面,绘制草图,标注尺寸 50 和 2 如图 4-28(e)所示,结束草图。

⑤单击“凸雕”按钮,捕捉截面轮廓,深度为 250,选择“折叠到面”选项,再选择圆柱表面,如图 4-28(f)所示,凸雕结果如图 4-28(g)所示。

⑥单击“环形阵列”按钮,单击凸雕特征,旋转轴可选择圆柱表面,放置中输入引用数目为 3,得到阵列后的结果如图 4-28(h)所示。

⑦单击“创建二维草图”按钮,单击圆柱的上表面为草图平面,画出草图,标注半径尺寸 *R*160 和 *R*50,角度尺寸 30°,对齐线性尺寸 130,如图 4-28(i)所示,结束草图。

⑧单击“拉伸”按钮,捕捉 3 个扇形和圆环作为拉伸截面轮廓,拉伸范围为贯通,拉伸方式为交集,如图 4-28(k)所示,拉伸后的结果如图 4-28(l)所示。

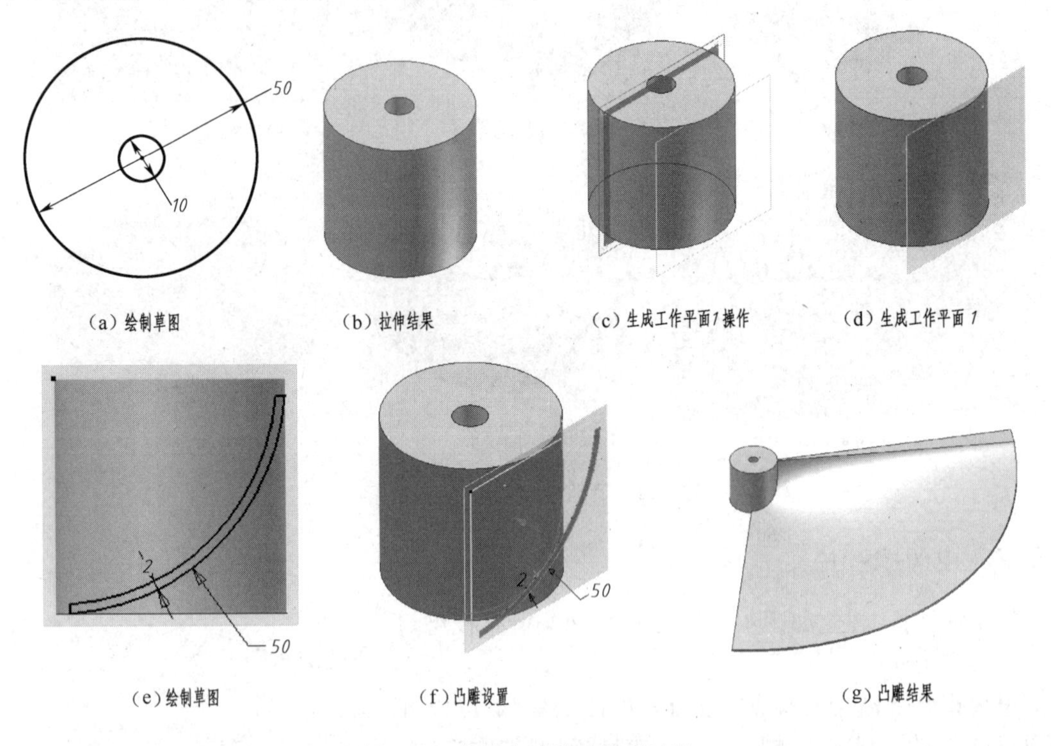

(a) 绘制草图　(b) 拉伸结果　(c) 生成工作平面 1 操作　(d) 生成工作平面 1

(e) 绘制草图　(f) 凸雕设置　(g) 凸雕结果

图 4-28　电风扇叶片的造型过程

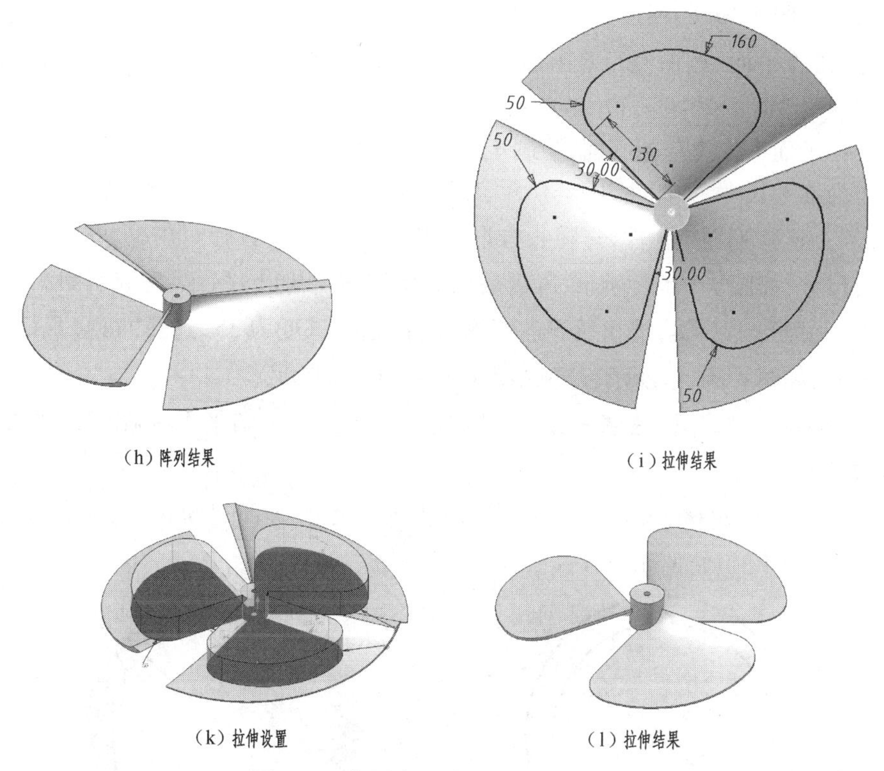

（h）阵列结果　　（i）拉伸结果

（k）拉伸设置　　（l）拉伸结果

图 4-28　电风扇叶片的造型过程(续)

4.5.3　旋转楼梯

【例 4-12】　建立如图 4-29 所示的旋转楼梯模型。

1. 模型分析

旋转楼梯绕圆柱表面而形成的,其楼梯的每个台阶是一样的,此时采用凸雕命令进行造型。

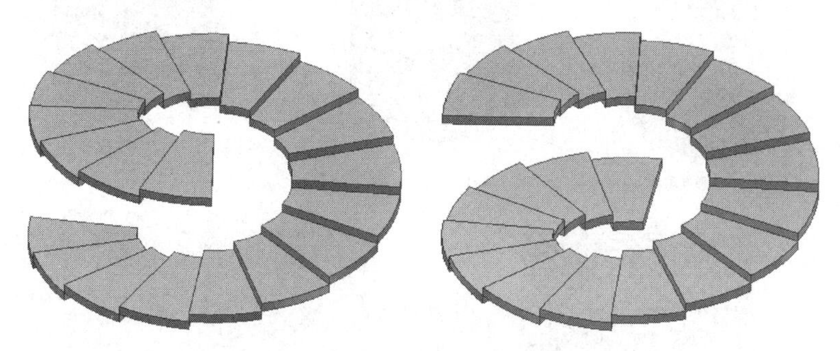

图 4-29　旋转楼梯模型

2. 操作步骤

①进入零件工作模式,单击“圆”按钮和“通用尺寸”按钮,两个圆的直径为 $\phi 40$ 和 $\phi 50$,绘制草图如图 4-30(a)所示。

②单击“拉伸”按钮,捕捉圆环作为拉伸截面轮廓,拉伸距离为 60,如图 4-30(b)所示,

拉伸后的结果如图4-30(c)所示。

③单击“工作平面”按钮，单击原始坐标系的 *XZ* 平面，再单击圆柱的外表面，生成工作平面1，如图4-30(d)和图4-30(e)所示。

④将工作平面1作为草图平面，绘制矩形并连接对角线，矩形的长、宽分别为10、3，并标注对角线作为参考尺寸，如图4-30(f)所示，结束草图。

⑤单击“矩形阵列”按钮，选择长方形几何图元，方向1选择对角线，列数为20，列间距选择对角线尺寸，如图4-30(g)所示，阵列后的结果如图4-30(h)所示，完成草图。

⑥单击“凸雕”按钮，捕捉所有的矩形截面轮廓，深度为35，选择“折叠到面”选项，再选择圆柱表面，如图4-30(i)所示，凸雕结果如图4-30(j)所示。

⑦单击“创建二维草图”按钮，单击圆柱的上表面为草图平面，画出圆，如图4-30(k)所示，结束草图。

⑧单击“拉伸”按钮，捕捉圆环作为拉伸截面轮廓，拉伸距离为60，拉伸方式为差集，拉伸后的结果，如图4-30(l)所示。

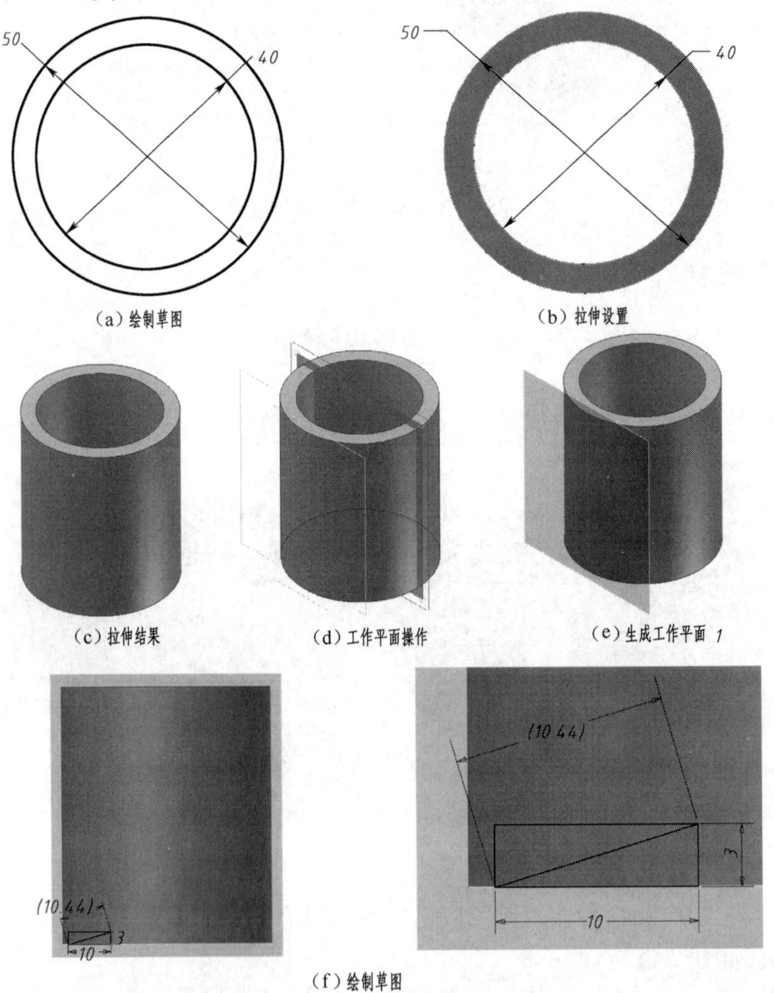

图4-30　旋转楼梯模型的造型过程

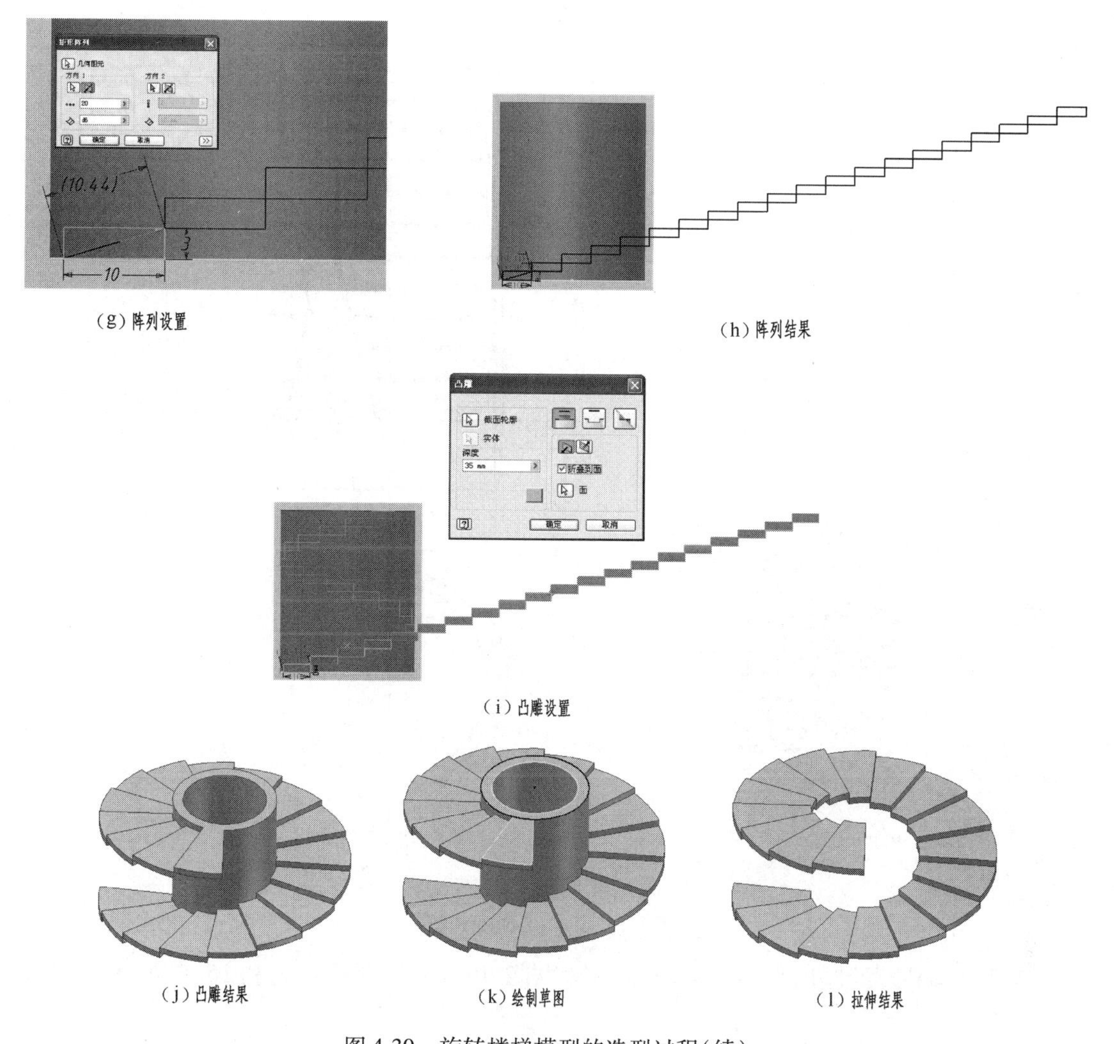

(g) 阵列设置　(h) 阵列结果

(i) 凸雕设置

(j) 凸雕结果　(k) 绘制草图　(l) 拉伸结果

图 4-30　旋转楼梯模型的造型过程(续)

4.6　螺旋扫掠特征

4.6.1　垃圾桶

【例 4-13】　建立如图 4-31 所示的垃圾桶模型。

1. 模型分析

垃圾桶建模的难点在于其四周的 3 块固定板,它可以通过大螺距的螺旋扫掠来生成。

2. 操作步骤

①进入零件工作模式,绘制草图 2 并标注尺寸 56 和 64,如图 4-32(a)所示,完成草图。

②单击“拉伸”按钮 ,选择圆环作为拉伸截面轮廓,拉伸距离为 12,拉伸后如图 4-32(b)所示。

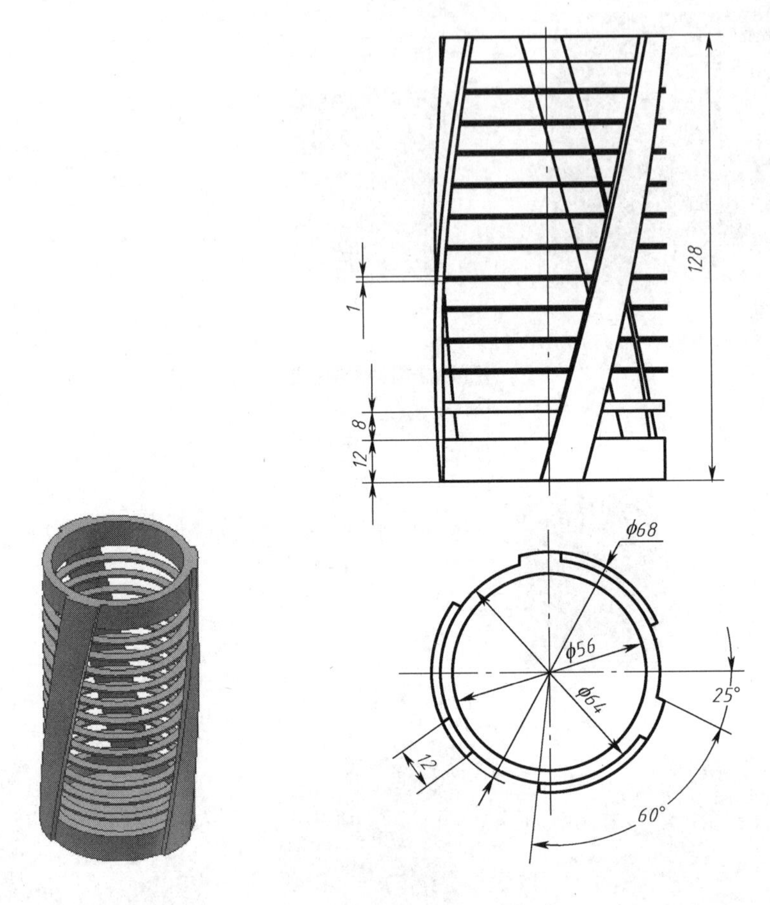

图 4-31　垃圾桶模型及相关尺寸

③选择圆柱环的底面为草图平面，绘制草图 2 并添加尺寸 64、68 和 15.5，如图 4-32(c)所示。

④单击“工作轴”按钮，单击圆柱的表面，生成工作轴 1 如图 4-32(d)所示。

⑤单击“螺旋扫掠”按钮，选择草图 2 中的部分圆环作为截面轮廓，选择工作轴 1 为扫掠轴，在“螺纹规格”页面上，类型选择“螺距和高度”选项，螺距为 1 000，高度为 128，如图 4-32(e)和图 4-32(f)所示。

⑥单击“工作平面”按钮，生成工作平面 1，其平行于圆环上表面且距离为 8 如图 4-32(g)所示，选择工作平面 1 为草图平面。

⑦单击“投影几何图元”按钮，将圆环投射到草图平面上，如图 4-32(h)所示，完成草图。单击“拉伸”按钮，选择圆环作为拉伸截面轮廓，拉伸距离为 1，隐藏工作平面 1 及拉伸后的结果如图 4-32(i)所示。

⑧单击“矩形阵列”按钮，阵列特征选择步骤⑦的拉伸实体，方向选择工作轴 1，阵列个数为 12，距离为 8，如图 4-32(j)所示，阵列结果如图 4-32(k)所示。

⑨选择螺旋面的上表面为草图平面，单击“投影几何图元”按钮，将圆环投射到草图平

面上，如图 4-32 (l) 所示，完成草图。单击“拉伸”按钮，选择圆环作为拉伸截面轮廓，拉伸距离为 12，拉伸后的结果如图 4-32(m) 所示。

⑩单击“环形阵列”按钮，阵列特征选择螺旋扫掠特征，方向选择工作轴 1，阵列个数为 3，如图 4-32 (n) 所示，阵列结果如图 4-32(o) 所示。

⑪选择垃圾桶的下表面为草图平面，如图 4-32 (p) 所示，完成草图。单击“拉伸”按钮，选择小圆作为拉伸截面轮廓，拉伸距离为 3，如图 4-32 (q)所示。拉伸后的结果如图 4-32 (r) 所示。

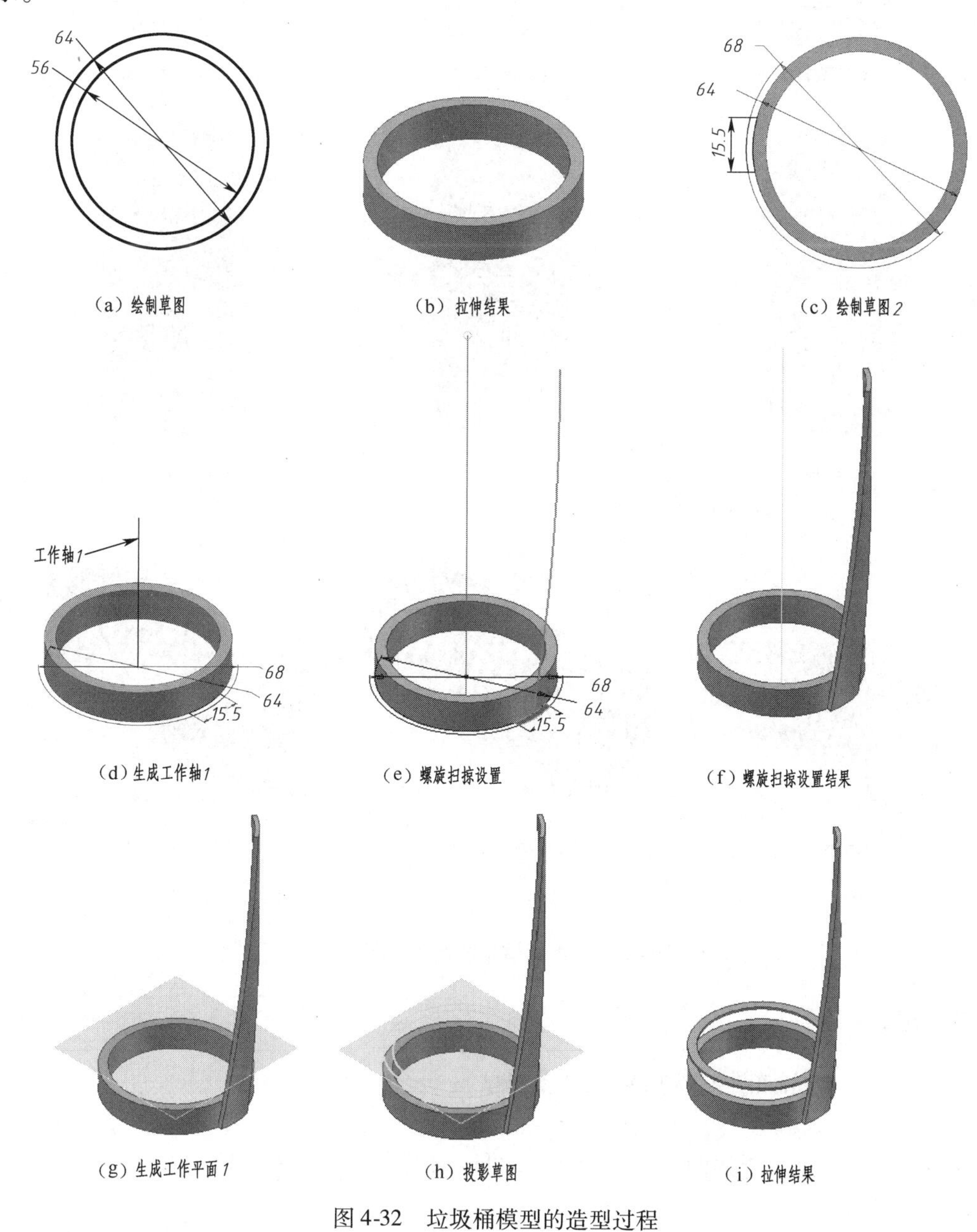

(a) 绘制草图 (b) 拉伸结果 (c) 绘制草图2

(d) 生成工作轴1 (e) 螺旋扫掠设置 (f) 螺旋扫掠设置结果

(g) 生成工作平面1 (h) 投影草图 (i) 拉伸结果

图 4-32 垃圾桶模型的造型过程

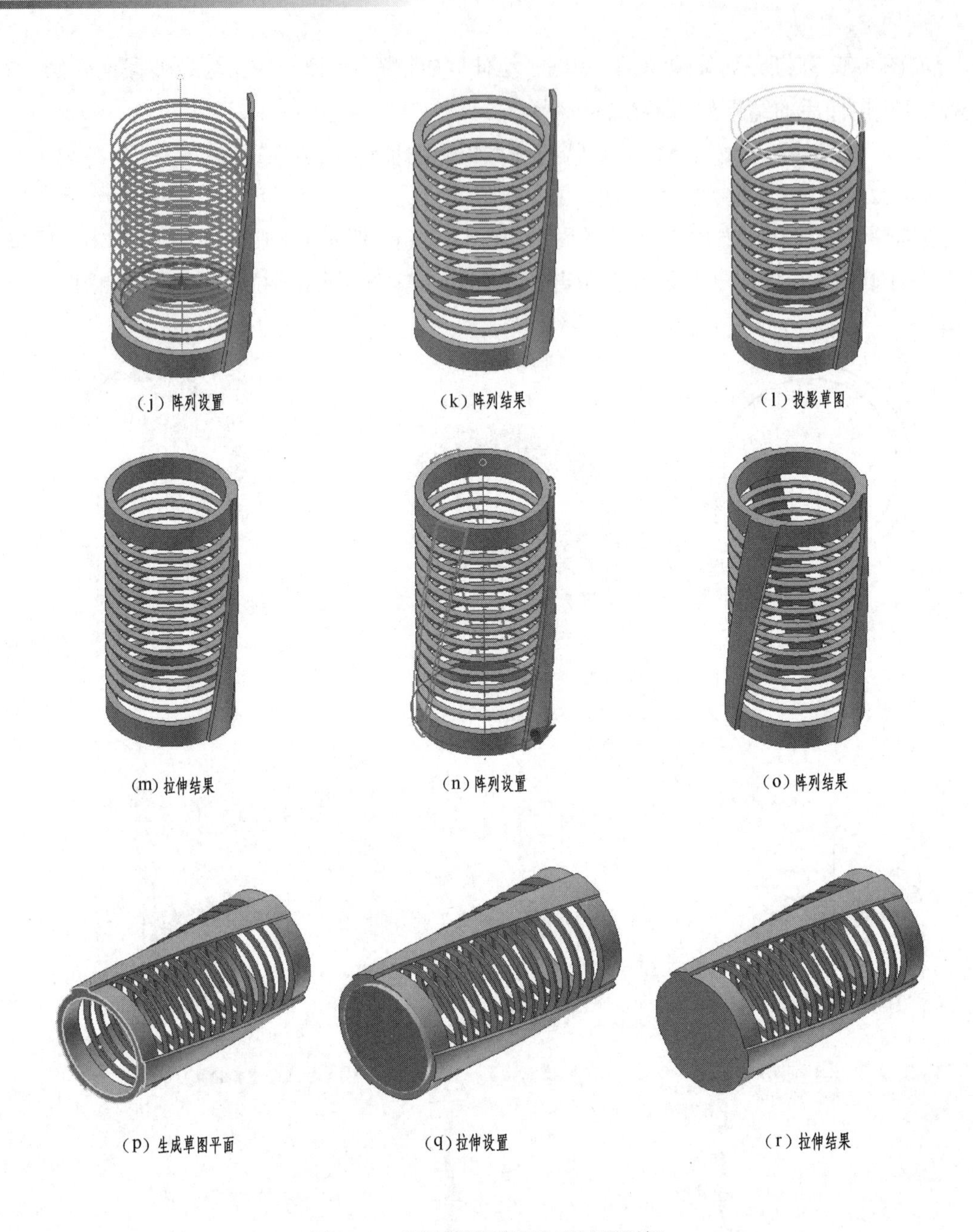

图 4-32　垃圾桶模型的造型过程(续)

4.6.2　纸篓

【例 4-14】　建立如图 4-33 所示的纸篓模型。

1. 模型分析

纸篓建模的难点在于其四周的固定条,它可以通过大螺距的螺旋扫掠来生成。

2. 操作步骤

①进入零件工作模式,绘制草图并标注尺寸,如图 4-34(a)所示,完成草图。

②单击“旋转”按钮，系统自动捕捉到截面轮廓，选择旋转轴，如图4-34(b)所示。旋转后得到的结果如图4-34(c)所示。

③右击，在弹出的右键菜单中单击“新建草图”按钮，然后单击上表面为草图平面。绘制草图2并标注尺寸，如图4-34(d)和图4-34(e)所示，完成草图。

④单击“螺旋扫掠”按钮，选择草图中的部分圆环作为截面轮廓，选择Y轴为扫掠轴，在“螺纹规格”页面上，选择“圈数和高度”选项，圈数为0.5，高度为300，如图4-34(f)和图4-34(g)所示。选择浏览器中的草图2，右击，在右键菜单中选择“共享草图”选项。

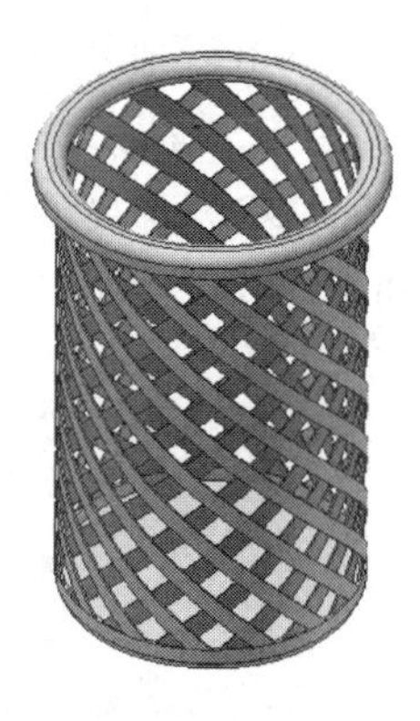

图4-33 纸篓模型

⑤单击“螺旋扫掠”按钮，选择草图中的另一部分圆环作为截面轮廓，选择Y轴为扫掠轴，在“螺纹规格”页面上，选择“圈数和高度”选项，圈数为0.5，高度为300，如图4-34(h)～图4-34(j)所示。

⑥右击，在弹出的右键菜单中单击“新建草图”按钮，然后单击原始坐标系的XY平面为草图平面。绘制草图2并标注尺寸，如图4-34(k)和图4-34(l)所示，完成草图。

⑦单击“旋转”按钮，捕捉到截面轮廓，选择旋转轴，如图4-34(m)所示。旋转后得到的结果如图4-34(n)所示。

⑧单击“环形阵列”按钮，阵列特征选择螺旋扫掠1特征，方向选择Y轴，阵列个数为15，如图4-34(o)所示，阵列结果如图4-34(p)所示。

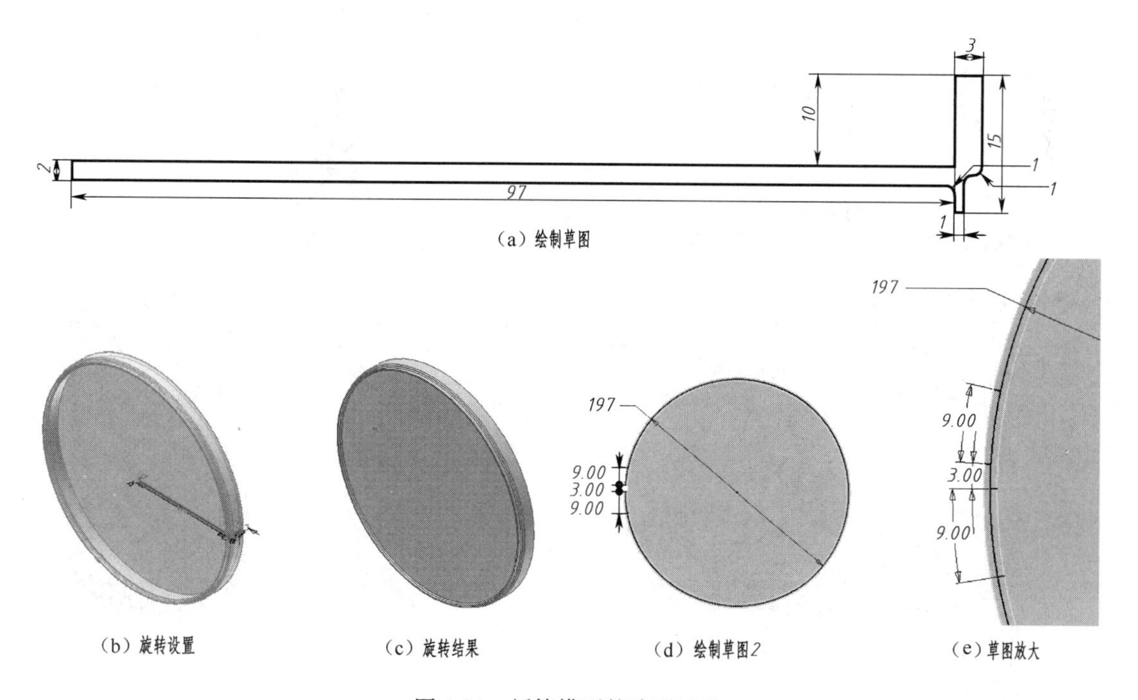

图4-34 纸篓模型的造型过程

⑨单击“环形阵列”按钮，阵列特征选择螺旋扫掠2特征，方向选择Y轴，阵列个数为15，如图4-34（q）所示，阵列结果如图4-34(r)所示。

⑩选择要渲染的各个曲面，右击，在弹出的右键菜单中选择“特性”选项，可选择不同的材质和颜色进行渲染如图4-34(s)所示。

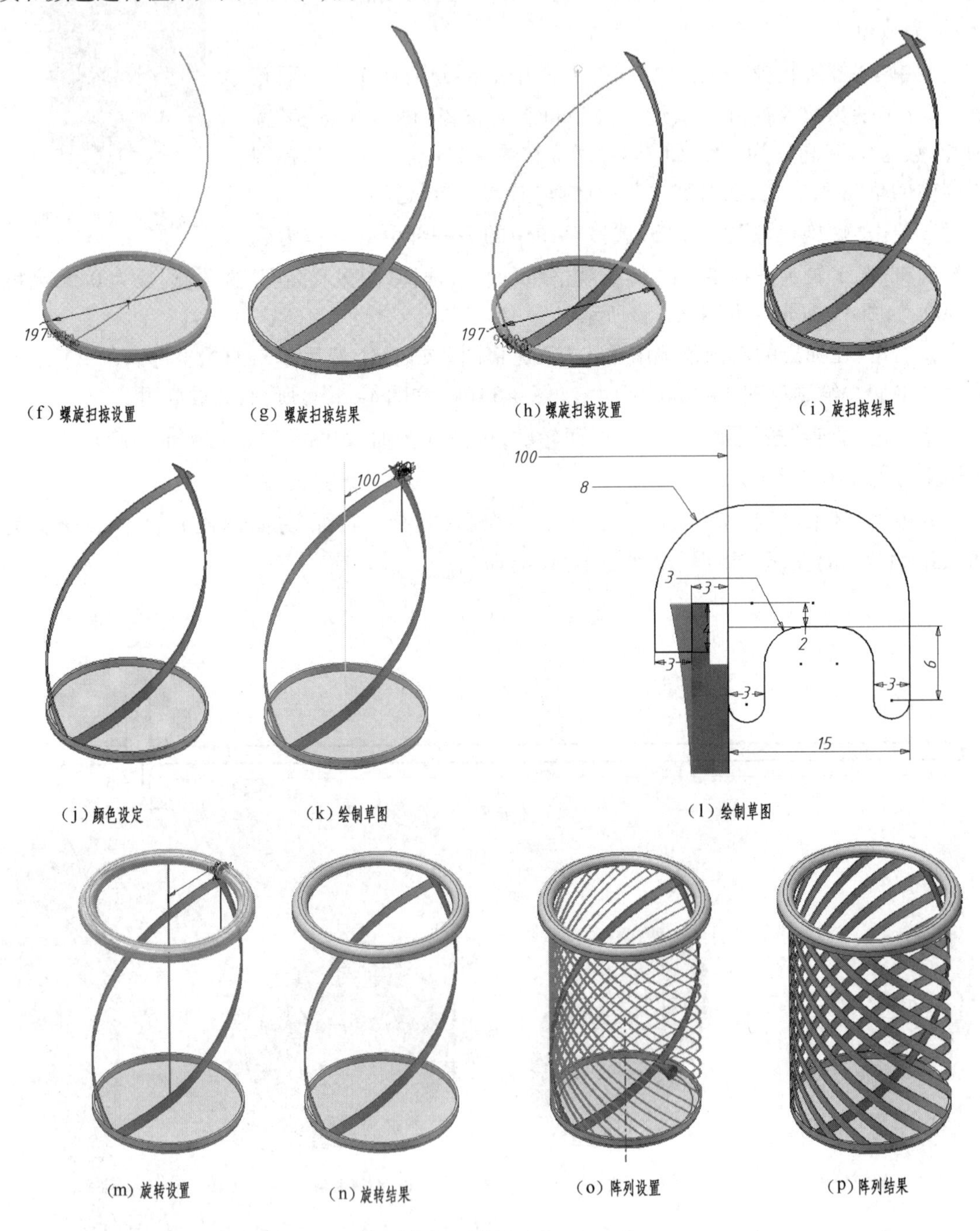

(f)螺旋扫掠设置 (g)螺旋扫掠结果 (h)螺旋扫掠设置 (i)旋扫掠结果

(j)颜色设定 (k)绘制草图 (l)绘制草图

(m)旋转设置 (n)旋转结果 (o)阵列设置 (p)阵列结果

图4-34 纸篓模型的造型过程(续)

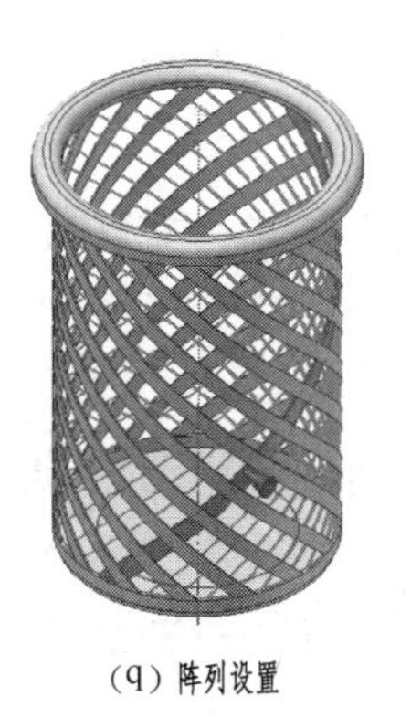
(q) 阵列设置

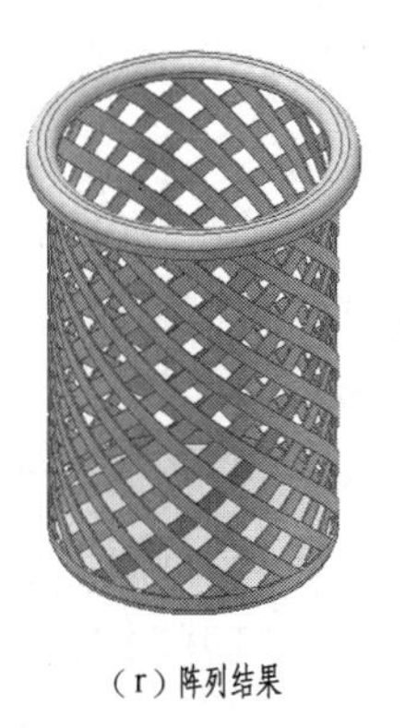
(r) 阵列结果

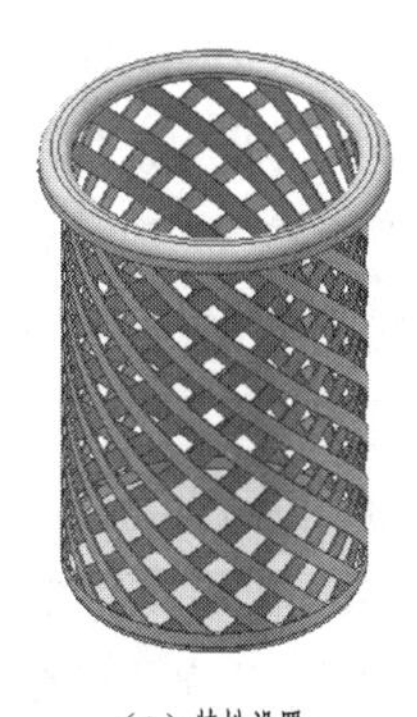
(s) 特性设置

图 4-34　纸篓模型的造型过程(续)

4.7　三 维 草 图

4.7.1　非圆柱螺旋弹簧

【例 4-15】 建立如图 4-35 所示的非圆柱螺旋弹簧模型。

1. 模型分析

非圆柱螺旋弹通过传统的螺旋扫掠方式不能进行造型,此时可以通过扫掠方式进行造型。其中扫掠路径是其造型难点,可通过衍生、三维草图等方式生成。

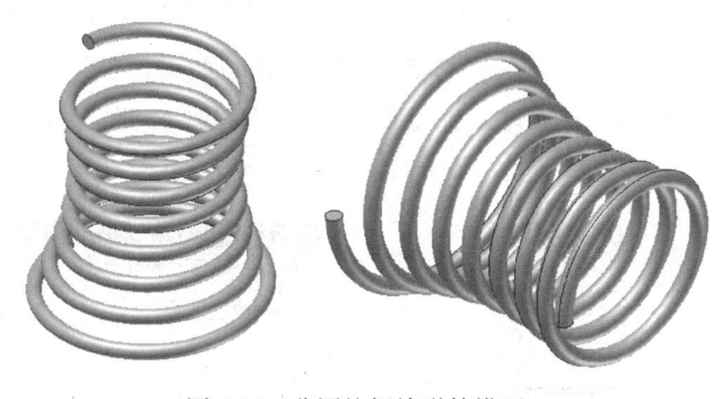

图 4-35　非圆柱螺旋弹簧模型

2. 操作步骤

①进入零件工作模式,单击“投影几何图元”按钮,将原始坐标系中的 *Y* 轴投射到草图平面上,单击 “矩形”按钮和“通用尺寸”按钮,矩形的长和宽分别为 5 和 0. 1,矩形的左端距离 *Y* 轴投影距离为 8,绘制草图如图 4-36(a)所示,完成草图。

②单击“螺旋扫掠”按钮,系统自动捕捉到矩形截面轮廓,扫掠轴选择 *Y* 轴投影,选择“螺旋规格”页面,螺距为 2,圈数为 8,如图 4-36(b)所示,扫掠结果如图 4-36(c)所示。

③右击,在弹出的右键菜单中单击“新建草图”按钮,然后单击原始坐标系的 *YZ* 平面为草图平面。单击“投影几何图元”按钮,将原始坐标系中的 *Y* 轴和 *Z* 轴投射到草图平面

上。单击“圆”按钮绘制圆，圆的直径为 $\phi40$，圆心到 X 轴和 Y 轴投影的距离分别为 15 和 25，如图 4-36(d)所示，完成草图。

④单击“旋转”按钮，系统自动捕捉到截面轮廓，选择 Y 轴的投影为旋转轴，旋转方式为“差集”，如图 4-36(e)所示。旋转后得到的结果如图 4-36(f)所示。单击“保存”按钮，保存为“片弹簧.ipt”，然后单击绘图区的关闭按钮。

⑤新建一个零件，进入零件工作模式，在绘图区右击，选择“完成草图”选项，退出草图模式，在功能区上，单击“管理”选项卡，在“插入”面板上单击“衍生”按钮，弹出“打开”对话框，选择上面刚建立的“片弹簧.ipt”，点击“打开”按钮，弹出“衍生零件”对话框，选择衍生样式为“实体作为工作曲面”图标，如图 4-36(g)所示，衍生结果如图 4-36(h)所示。

⑥右击，在弹出的右键菜单中选择“新建三维草图”选项，系统进入到三维草图模式，选择“包含几何图元”图标，然后选择弹簧的外螺旋曲线，如图 4-36(i)和图 4-36(j)所示。

⑦选择浏览器中的“实体 1:片弹簧.ipt”，右击，在弹出的右键菜单中选择“可见性”，选项隐藏片弹簧的工作曲面，如图 4-36(k)所示，右击，选择完成三维草图，结果如图 4-36(l)所示。

⑧单击“工作平面”按钮，单击螺旋线的端点，然后单击螺旋线，生成工作平面 1，如图 4-36(m)所示，完成草图。

⑨右击，在弹出的右键菜单中选择“新建草图”命令，然后单击工作平面 1 为草图平面。单击“投影几何图元”按钮，将螺旋线的端点投射到草图平面上。单击“圆”按钮绘制圆，圆心在端点的投影点，圆的直径为 $\phi1$，如图 4-36(n)所示，完成草图。

⑩单击“扫掠”按钮，系统自动捕捉圆截面作为扫掠截面，单击螺旋线作为路径，如图 4-36(o)所示，扫掠结果如图 4-36(p)所示。

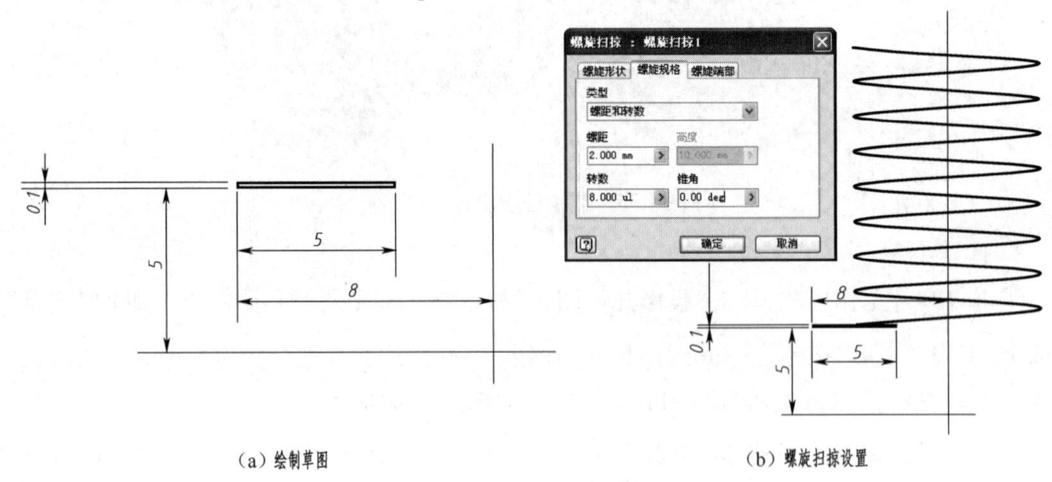

(a) 绘制草图　　(b) 螺旋扫掠设置

图 4-36　非圆柱螺旋弹簧模型的造型过程

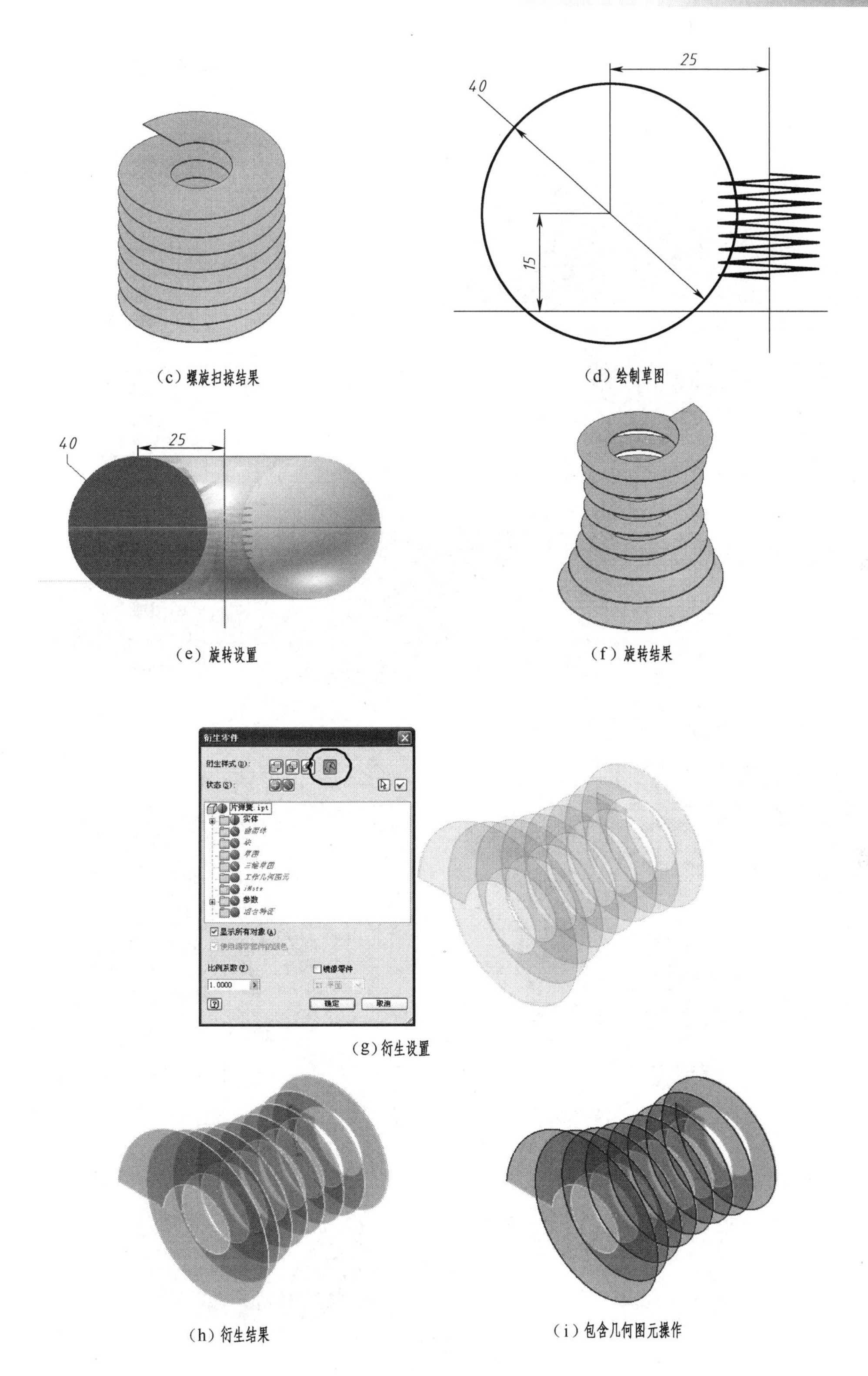

（c）螺旋扫掠结果

（d）绘制草图

（e）旋转设置

（f）旋转结果

（g）衍生设置

（h）衍生结果

（i）包含几何图元操作

图 4-36 非圆柱螺旋弹簧模型的造型过程(续)

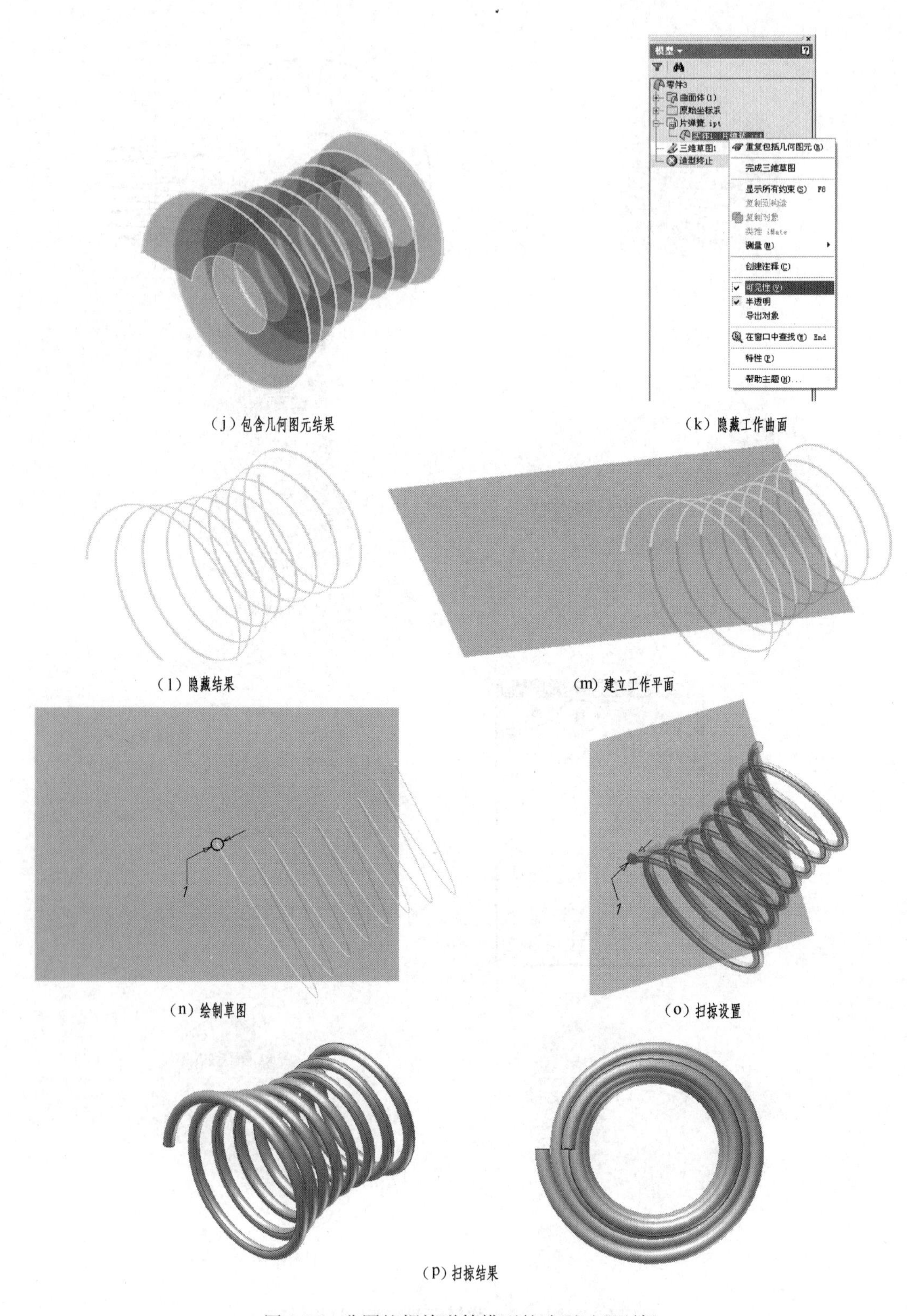

（j）包含几何图元结果

（k）隐藏工作曲面

（l）隐藏结果

(m) 建立工作平面

（n）绘制草图

（o）扫掠设置

（p）扫掠结果

图 4-36　非圆柱螺旋弹簧模型的造型过程（续）

4.7.2　三维弯管

【例 4-16】　建立如图 4-37 所示的三维弯管模型。

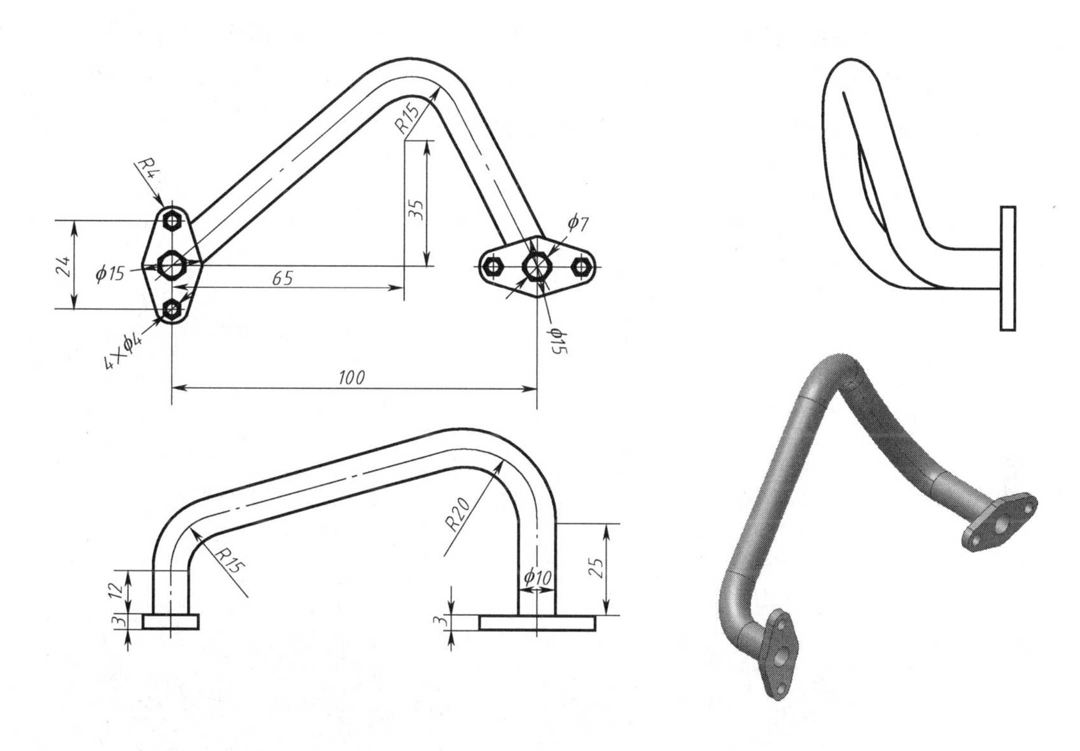

图 4-37　三维弯管模型

1. 模型分析

三维弯管通过传统的螺旋扫掠方式不能进行造型,此时可以通过扫掠方式进行造型。其扫掠路径是其难点部分,可以通过两个方向的曲面相交得到三维草图。

2. 操作步骤

①进入零件工作模式,绘制草图并标注尺寸如图 4-38(a)所示,完成草图。

②单击“拉伸”按钮,拉伸截面轮廓选择上述草图,输出方式选择“曲面”,拉伸距离为 100,拉伸后的结果如图 4-38(b)所示。

③单击“工作平面”按钮,平行于原始坐标系的 *XZ* 平面并生成工作平面 1,偏移量为 100,如图 4-38 (c)。以工作平面 1 为草图平面绘制草图如图 4-38(d)所示。

④单击“拉伸”按钮,拉伸截面轮廓选择上述草图,输出方式选择“曲面”,拉伸距离为 200,拉伸后的结果如图 4-38(e)所示。

⑤右击,在弹出的右键菜单中选择“新建三维草图”命令,系统进入三维草图模式,单击“相交曲线”按钮,依次选择拉伸曲面 1 和拉伸曲面 2,如图 4-38(f)所示。隐藏工作平面和拉伸曲面后如图 4-38(g)所示。

⑥单击“工作平面”按钮,单击曲线和曲线的端点生成工作平面 2,如图 4-38(h)所示。

以此工作平面 2 为草图平面绘制草图,如图 4-38(i)所示。

⑦单击“扫掠”按钮,选择圆环截面作为扫掠截面,单击曲线作为路径,隐藏工作曲面和所有可见草图,扫掠结果如图 4-38(k)所示。

⑧分别选择弯管两端的平面为草图平面绘制草图,如图 4-38(l)和图 4-38(o)所示。分别单击“拉伸”按钮,拉伸截面轮廓选择上述草图,拉伸距离为 3,如图 4-38(m)和图 4-38(p)所示。拉伸后的结果如图 4-38(n)和图 4-38(q)所示。

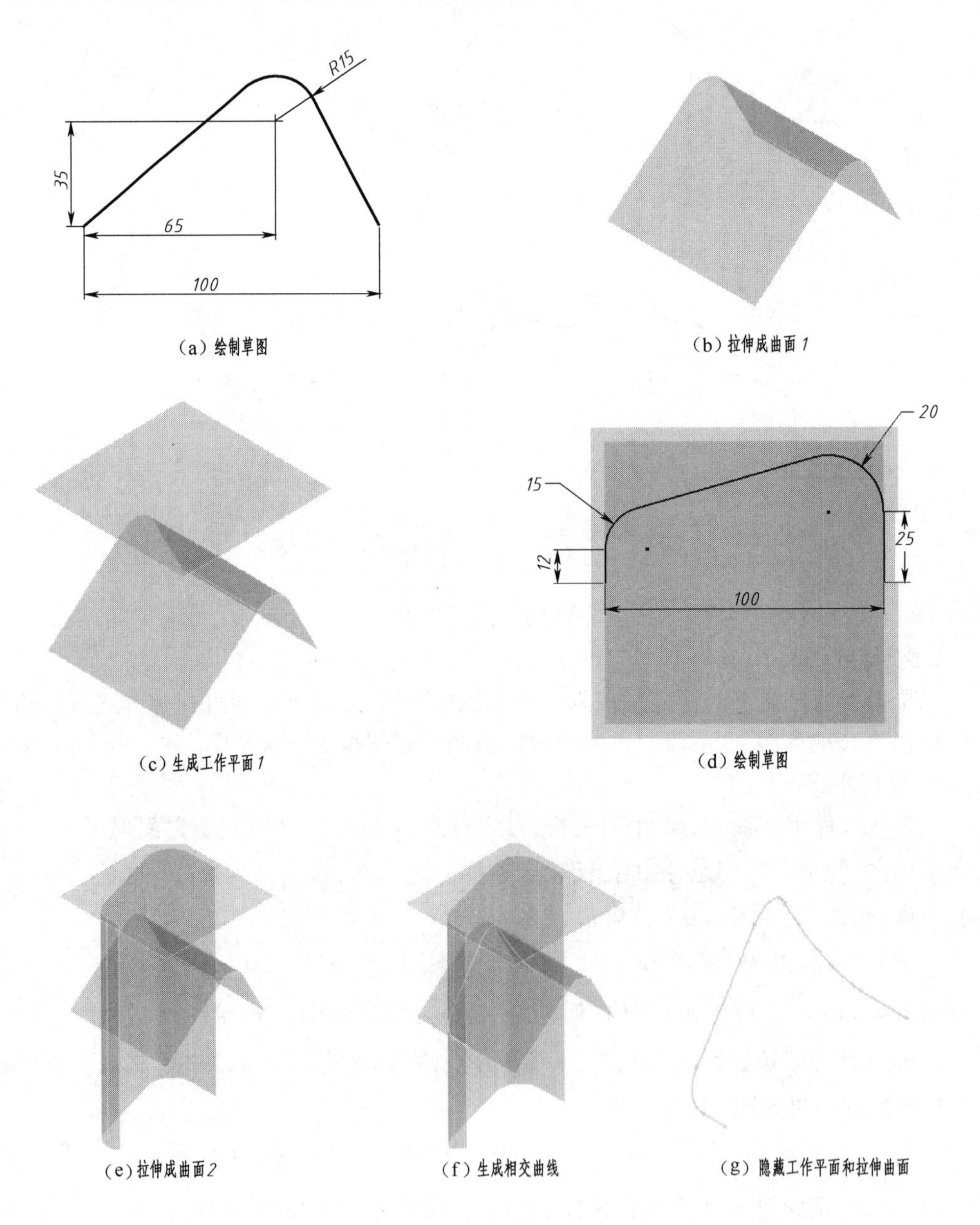

(a) 绘制草图 (b) 拉伸成曲面 1 (c) 生成工作平面 1 (d) 绘制草图 (e) 拉伸成曲面 2 (f) 生成相交曲线 (g) 隐藏工作平面和拉伸曲面

图 4-38 三维弯管模型的造型过程

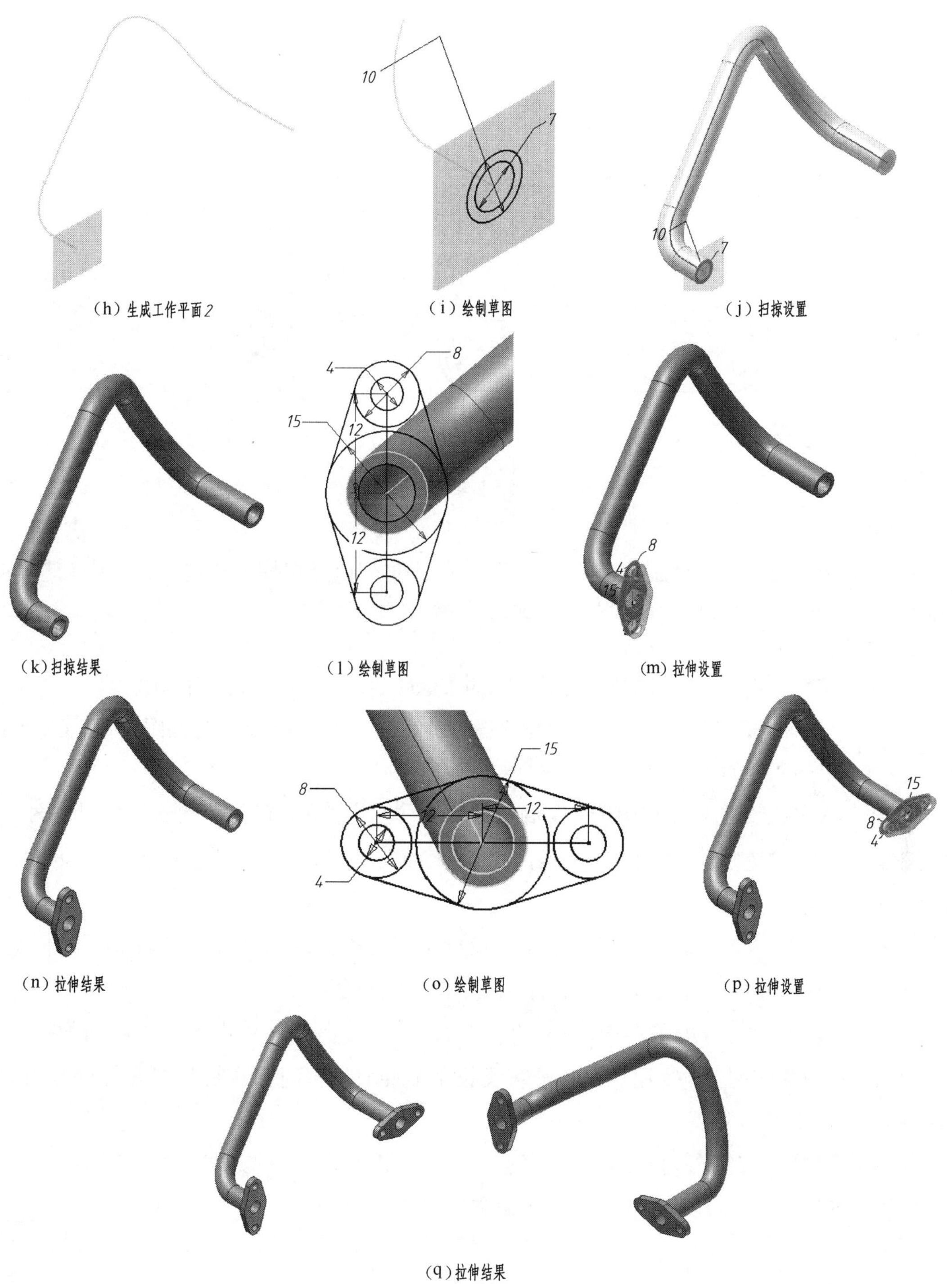

（h）生成工作平面 2　（i）绘制草图　（j）扫掠设置

（k）扫掠结果　（l）绘制草图　（m）拉伸设置

（n）拉伸结果　（o）绘制草图　（p）拉伸设置

（q）拉伸结果

图 4-38　三维弯管模型的造型过程（续）

4.7.3　三维支架管

【例 4-17】　建立如图 4-39 所示的三维支架管模型。

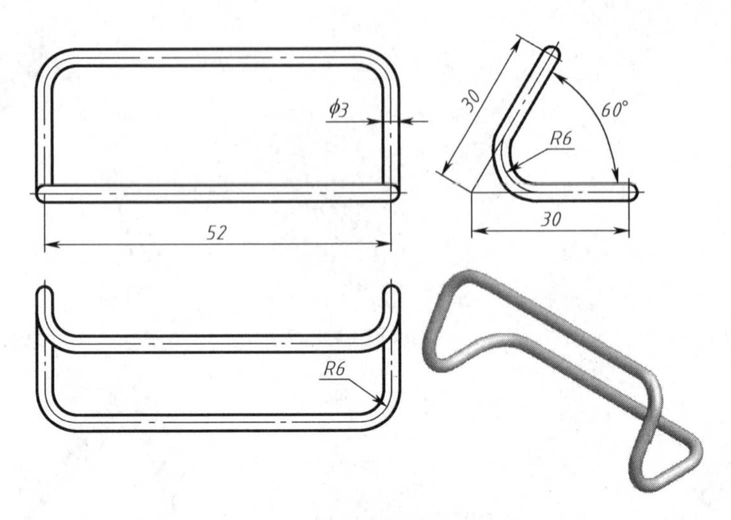

图 4-39　三维支架管零件示意图

1. 模型分析

三维支架通过传统的螺旋扫掠方式不能造型，此时可通过扫掠方式进行。其中扫掠路径是其难点，可通过两个方向的曲面相交得到三维草图。

2. 操作步骤

①进入零件工作模式，绘制草图并标注尺寸如图 4-40(a)所示，完成草图。

②单击“拉伸”按钮，拉伸截面轮廓选择上述草图，拉伸距离为 52，如图 4-40(b)所示，拉伸后的结果如图 4-40(c)所示。

③右击，在弹出的右键菜单中选择“新建草图”命令，然后单击一个侧面为草图平面。单击“投影几何图元”按钮，将轮廓线投射到草图平面上，绘制草图并标注尺寸，如图 4-40(d)所示，完成草图。

④单击“拉伸”按钮，拉伸截面轮廓选择封闭草图轮廓，拉伸方式为“切割”，拉伸范围为“贯通”，如图 4-40(e)所示，拉伸后的结果如图 4-40(f)所示。

⑤右击，在弹出的右键菜单中选择“新建草图”命令，然后单击另一个侧面为草图平面。单击“投影几何图元”按钮，将轮廓线投射到草图平面上，绘制草图并标注尺寸，如图 4-40(g)所示，完成草图。

⑥单击“拉伸”按钮，拉伸截面轮廓选择封闭草图轮廓，拉伸方式为“切割”，拉伸范围为“贯通”，如图 4-40(h)所示，拉伸后的结果如图 4-40(i)所示。

⑦新建一个零件，进入零件工作模式，在绘图区右击，选择“完成草图”选项，退出草图模式，在功能区上，单击“管理”选项卡，在“插入”面板上单击“衍生”按钮，弹出“打开”对话框，选择上面刚建立的“三维支架 . ipt”，单击“打开”按钮，弹出“衍生零件”对话框，选择衍生样式为“实体作为工作曲面”图标，如图 4-40(j)所示，衍生结果如图 4-40(k)所示。

⑧右击，在弹出的右键菜单中选择“新建三维草图”选项，系统进入到三维草图模式，选择“包含几何图元”按钮，然后选择直线和圆弧曲线，如图 4-40(l) 所示。

⑨选择浏览器中的“实体 1：三维支架 . ipt”，右击，在弹出的右键菜单中选择“可见性”选项，隐藏三维支架的工作曲面，右击，选择完成三维草图，结果如图 4-40(m) 所示。

⑩单击“工作平面”按钮，单击直线的端点，然后单击直线，生成工作平面 1，如图 4-40(n) 所示。

⑪右击，在弹出的右键菜单中选择“新建草图”命令，然后单击工作平面 1 为草图平面。单击“圆”按钮绘制圆，圆的直径为 $\phi3$，如图 4-40(o) 所示，完成草图。

⑫单击“扫掠”按钮，系统自动捕捉圆截面作为扫掠截面，单击曲线作为路径，如图 4-40(p) 所示，扫掠结果如图 4-40(q) 所示。

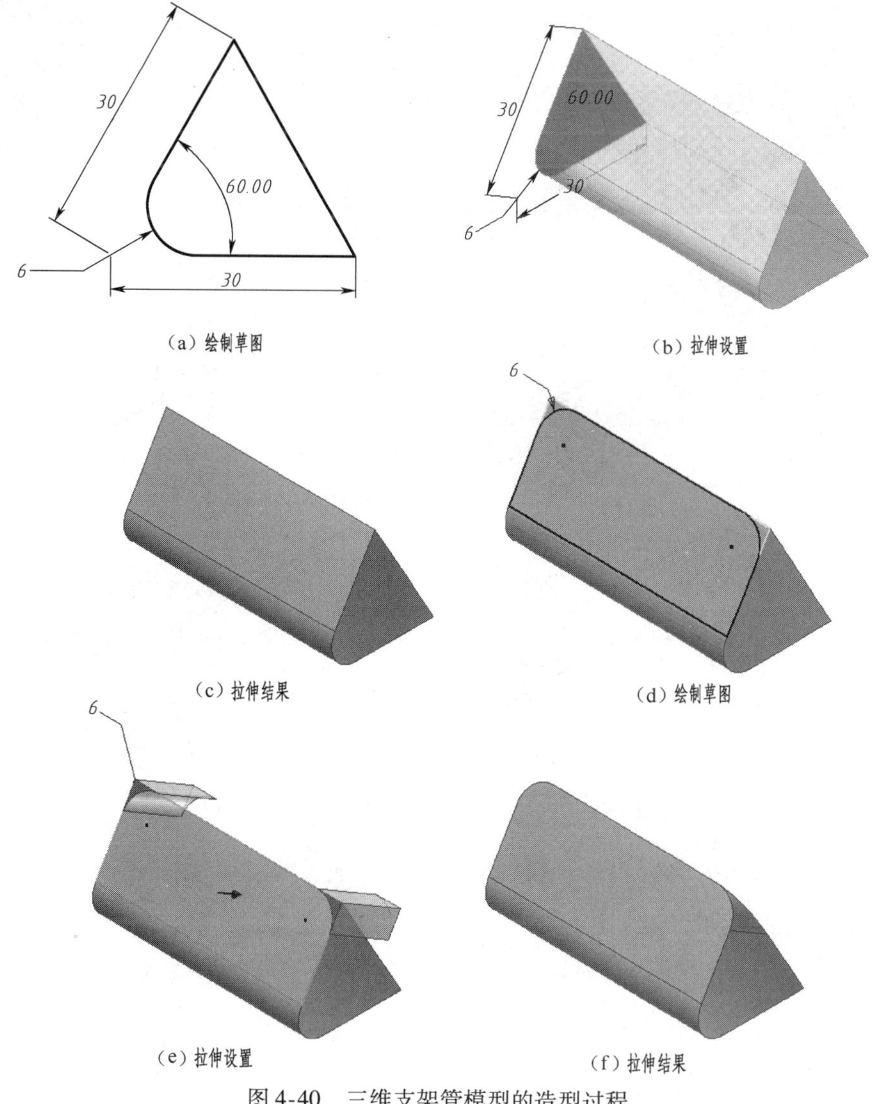

(a) 绘制草图　(b) 拉伸设置　(c) 拉伸结果　(d) 绘制草图　(e) 拉伸设置　(f) 拉伸结果

图 4-40　三维支架管模型的造型过程

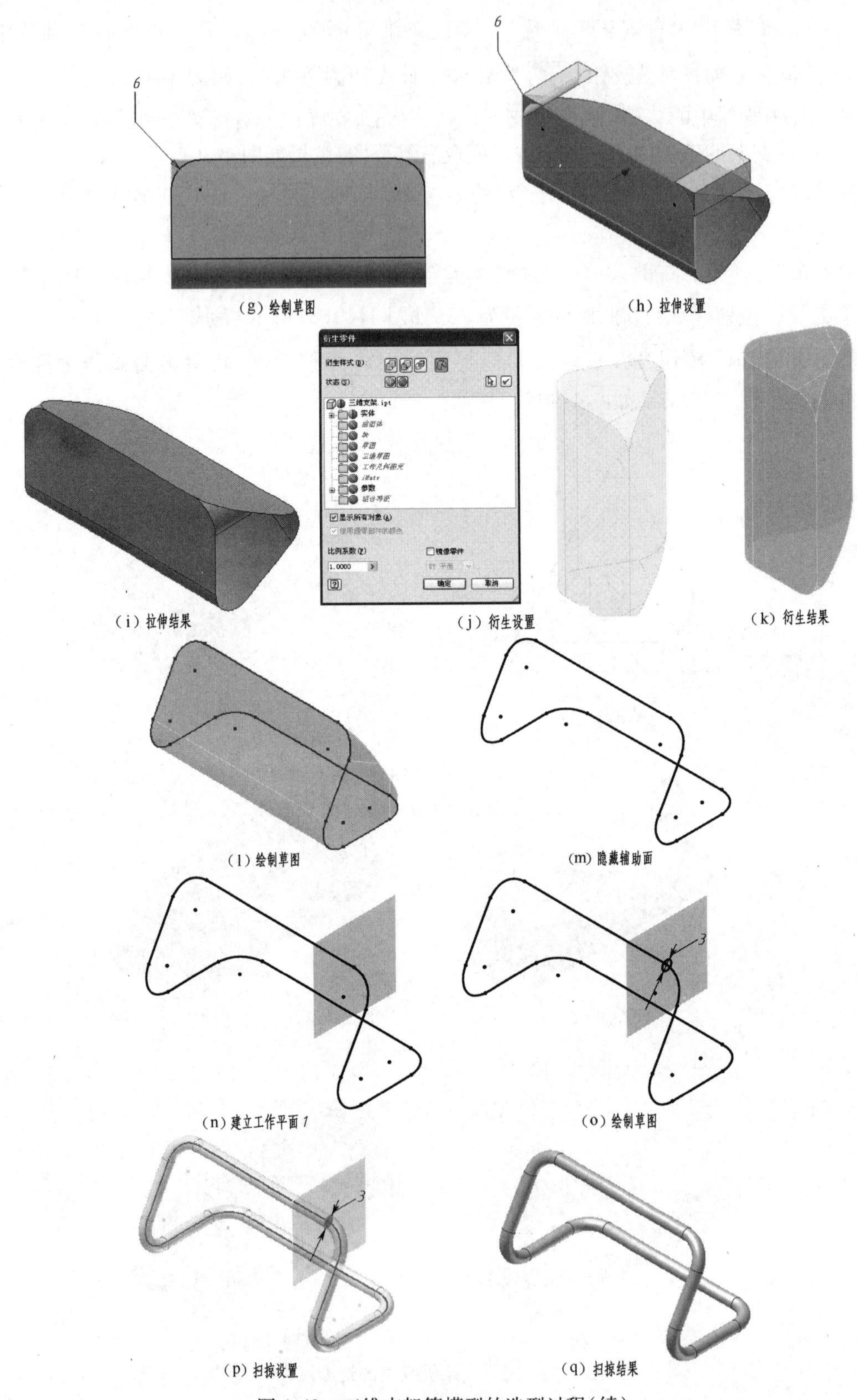

图 4-40　三维支架管模型的造型过程(续)

4.7.4 回形针

【例4-18】 建立如图4-41所示的回形针模型。

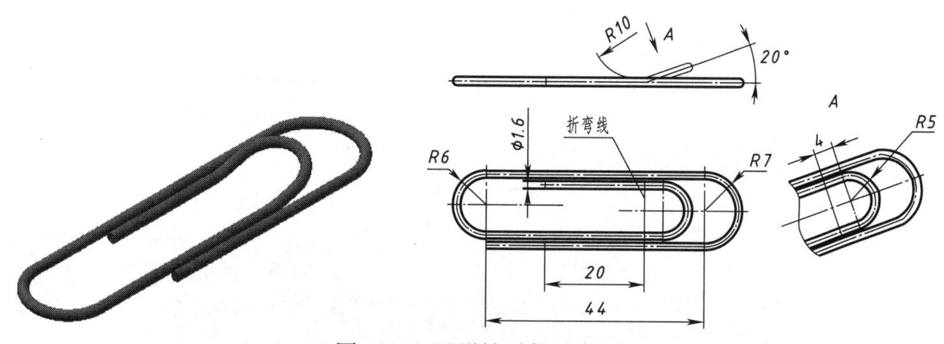

图4-41 回形针零件示意图

1. 模型分析

回形针整体的粗细是一致的,其整体的粗细大小是一致的,难点在于如何建出弯曲的形状,遂选择采用扫掠命令进行造型。

2. 操作步骤

①进入零件工作模式,选择二维草图命令,绘制草图如图4-42(a)所示。

选中长度为10的线段,右击并,选择“构造”,将其转变为构造线,如图4-42(b)所示。

②选择平面命令中的“平面绕边旋转的角度”命令,在原始平面的基础上基于长度为10的线段旋转20°,得到工作平面1,如图4-42(c)所示。

③以工作平面1为草图平面,画出剩余图形,如图4-42(d)所示。

④选择“三维草图”命令,选择包括几何图元,选中所有草图。

⑤选择“折弯”命令,设置折弯半径为10,选中两个折弯位置,如图4-42(e)所示。

⑥退出三维草图,设置所有的二维草图和辅助平面可见性为不可见,如图4-42(f)所示。

⑦选择平面命令下的在指定点处与曲线垂直,在曲线的一端建立工作平面2,如图4-40(g)所示。

⑧在平面上绘制二维草图,选择投影几何图元命令,投影曲线端点作为中心点,并以此为圆心绘制ϕ1.6的圆,如图4-40(h)所示。

⑨选择“扫掠”命令,选择截面为圆,选择曲线为路径,进行扫掠;设置多余平面可见性为不可见,完成建模如图4-40(i)所示。

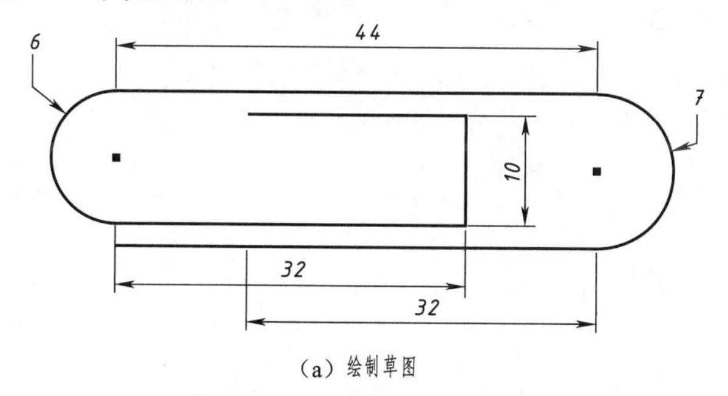

(a) 绘制草图

图4-42 回形针的造型过程

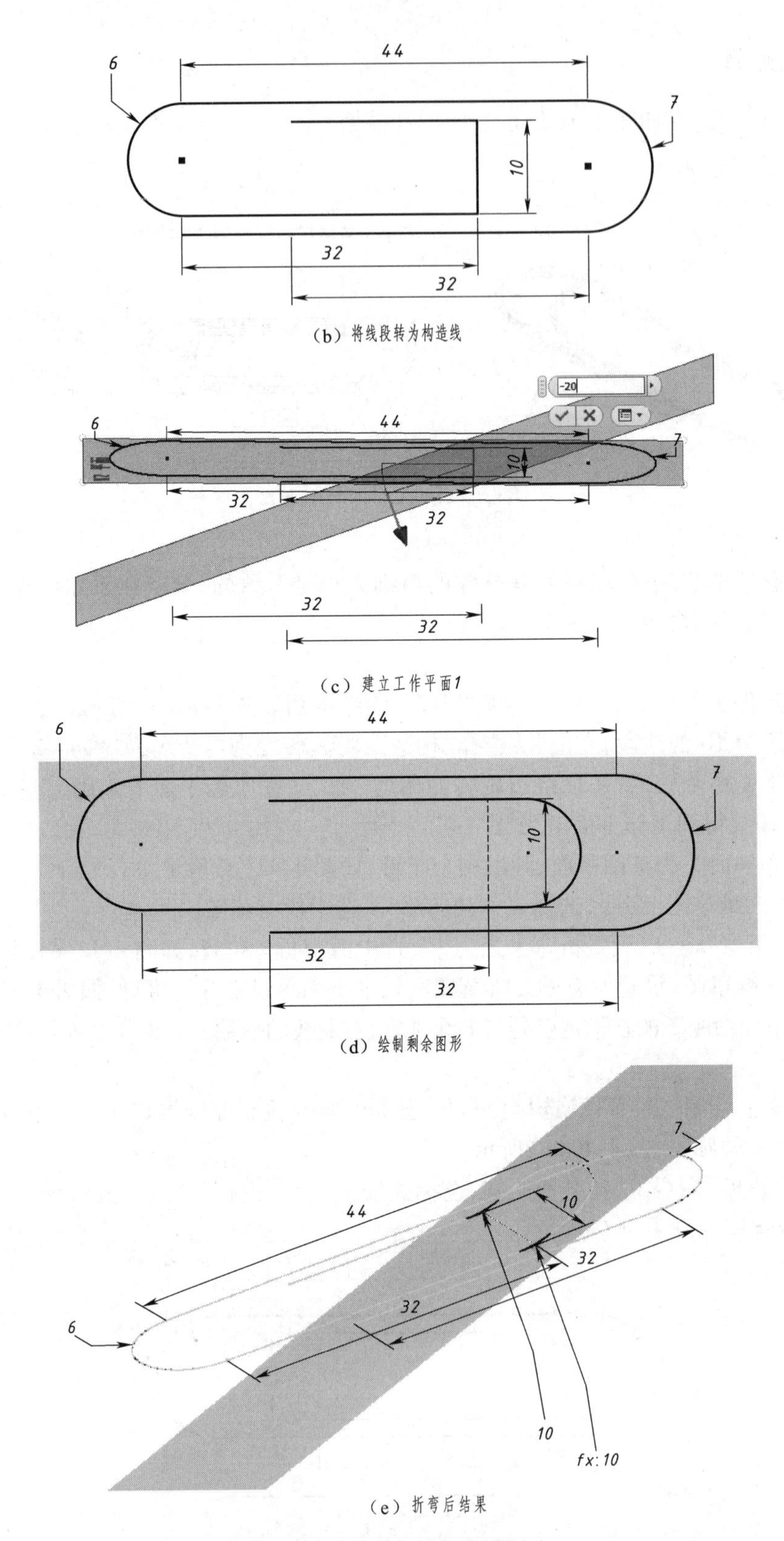

图4-42　回形针的造型过程(续)

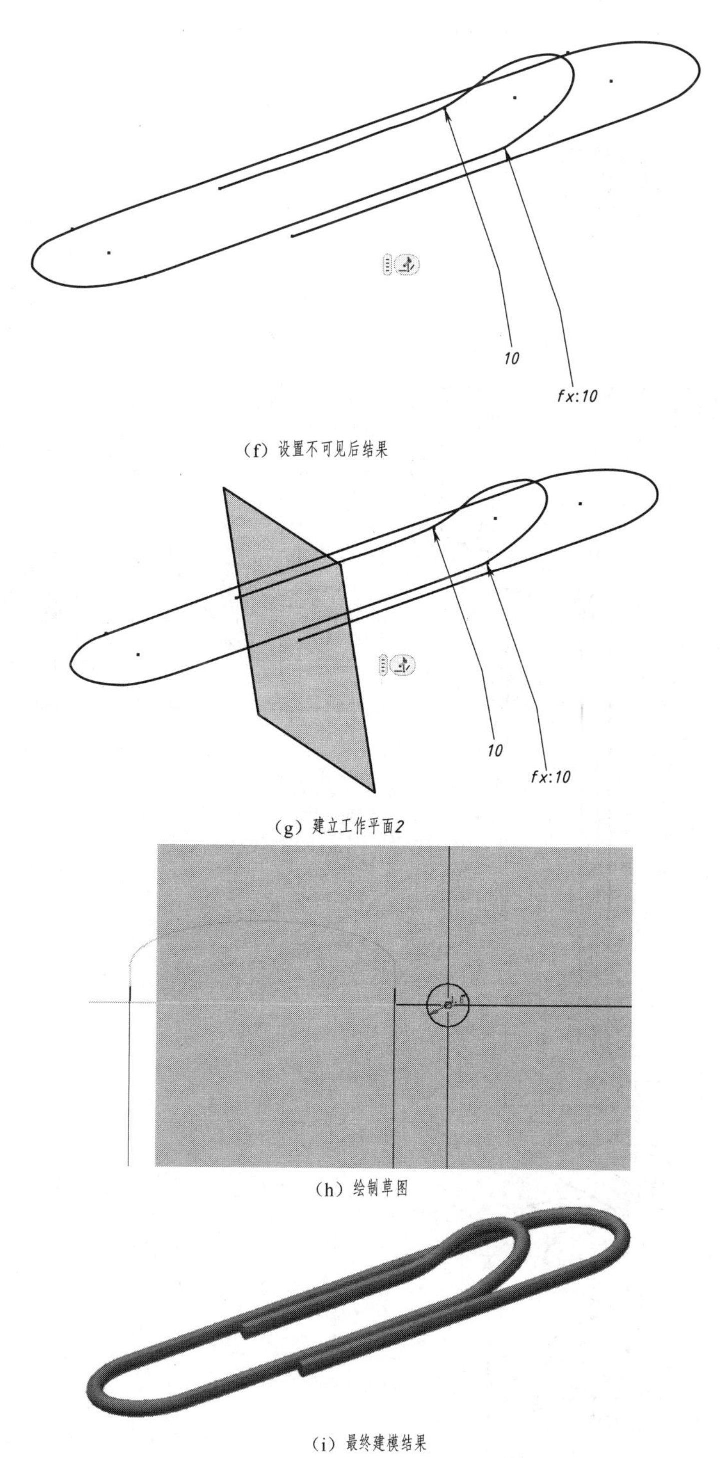

图 4-42 回形针的造型过程(续)

4.7.5 螺旋开瓶器

【例 4-19】 建立如图 4-43 所示的螺旋开瓶器模型。

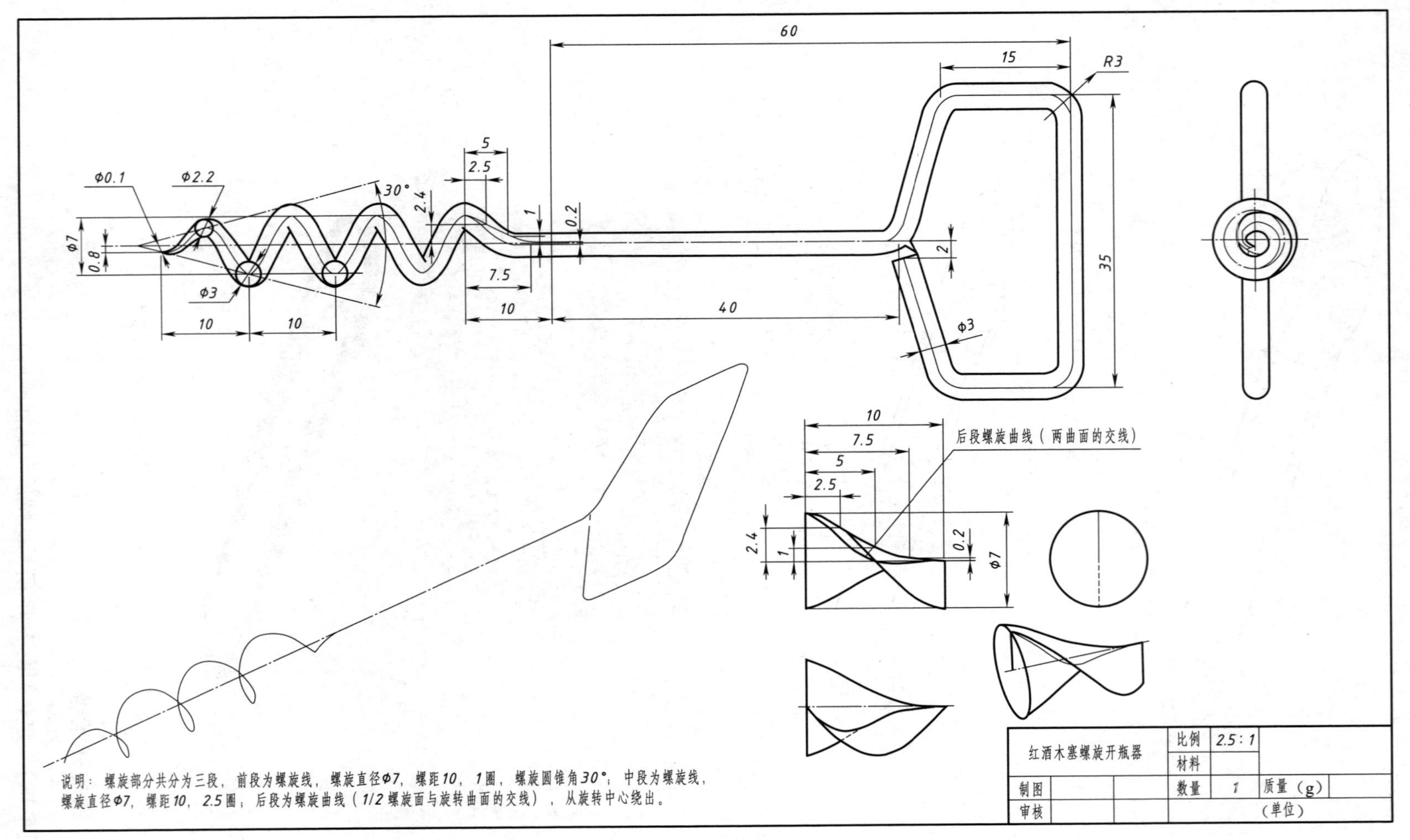

图 4-43　螺旋开瓶器零件图

1. 模型分析

本模型整体可分为两部分:后半部分把手是粗细均匀的扫掠形体;前半部分是粗细不均匀的放样+扫掠形体。

2. 操作步骤

①进入零件工作模式,选择"二维草图"命令,绘制草图如图4-44(a)所示。

②完成上一张草图,再建立新的草图,绘制草图如图4-44(b)所示。

③选择"旋转"命令,选中前半部分草图,在特征编辑界面选择曲面,结果如图4-44(c)所示。

④在如图4-44(d)所示位置绘制草图3,为一条直线,拉伸此直线形成平面。

⑤选择"分割"命令,将前面旋转得到的曲面分割成为两部分,如图4-44(e)所示。

⑥用同样的方法,在如图4-44(f)所示位置绘制第二个平面。

⑦在新绘制的平面上绘制一个$\phi3$的圆,并从圆心向右方水平引出一条直线,如图4-44(g)所示。

⑧选择"工作"轴命令,选定回转中心作为轴,选择"螺旋扫掠"命令,扫掠上一步中所绘制的直线,如图4-44(h)所示。

⑨选择绘制"三维草图"命令,选择相交曲线命令,选择③、⑧中绘制的两个曲面,如图4-44(i)所示。

⑩再激活两次"三维草图"命令,同样选择相交曲线命令,分别获得如图4-44(j)和图4-44(k)所示曲线。

⑪激活"扫掠"命令,选择⑦中绘制圆为截面,⑨中得到第一条曲线为路径进行扫掠,如图4-44(l)所示。

⑫在⑤中得到平面上投影曲线与平面的交点,并以交点为圆心绘制一个$\phi2.2$的圆。激活"放样"命令,选择模式为中心线,以上一步骤得到的截面和$\phi2.2$的圆作为放样的两个平面,以⑩中得到的第二条曲线作为放样的中心线进行放样,如图4-44(m)所示。

⑬类比步骤⑫,在最前面的位置创建一个平面,投影曲线交点并绘制$\phi0.1$的圆,选定最后一条曲线为中心线进行放样,如图4-42(n)所示。

⑭最后,对把手进行扫掠,得到结果如图4-44(o)所示。

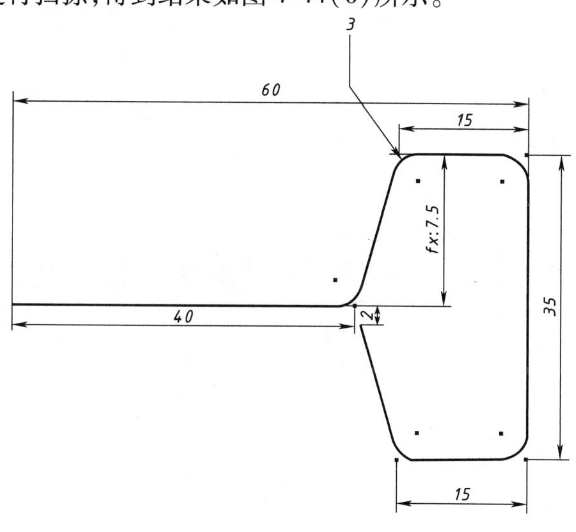

(a) 绘制草图1

图4-44 螺旋开瓶器的造型过程

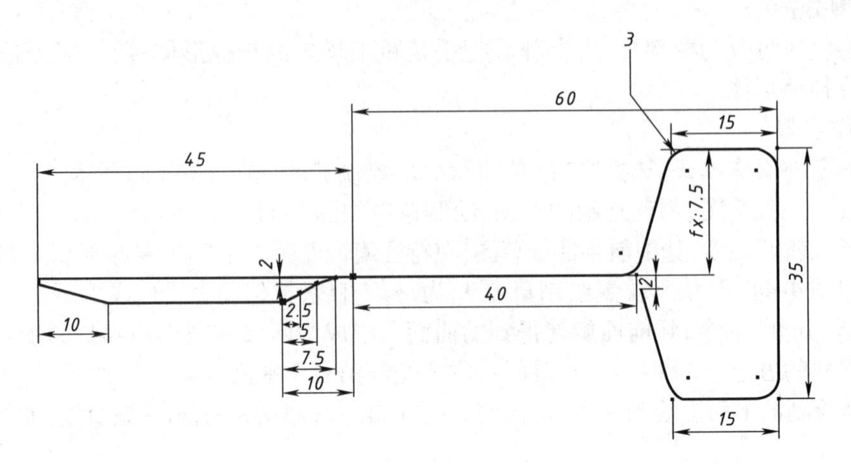

（b）绘制草图2

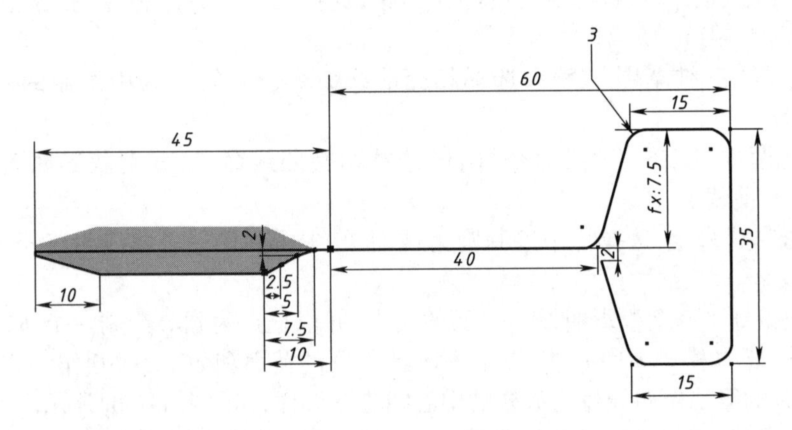

（c）旋转建立曲面

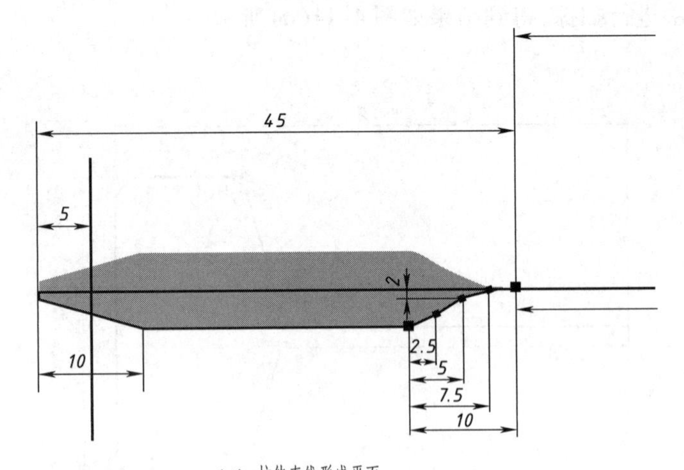

（d）拉伸直线形成平面

图4-44　螺旋开瓶器的造型过程(续)

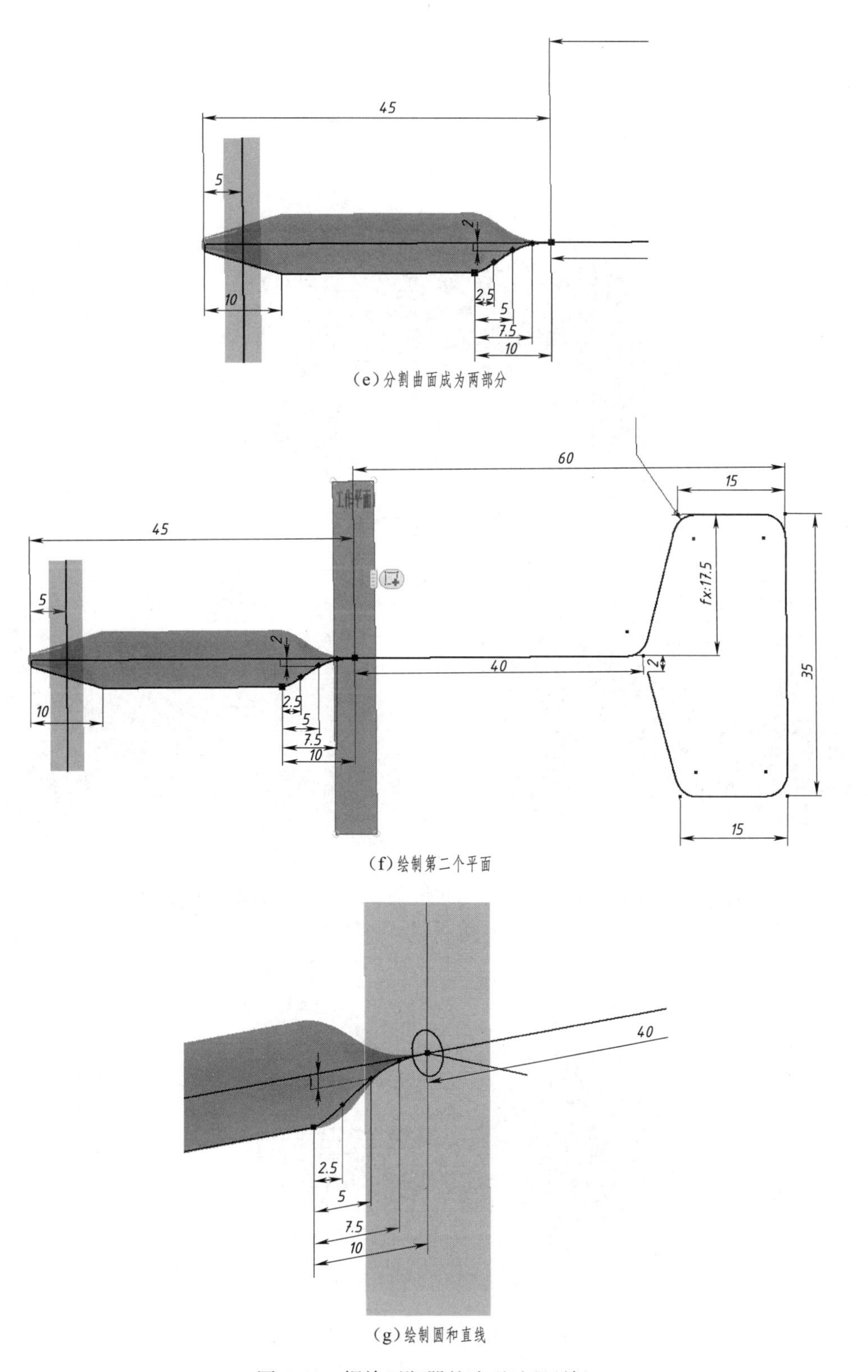

(e)分割曲面成为两部分

(f)绘制第二个平面

(g)绘制圆和直线

图4-44 螺旋开瓶器的造型过程(续)

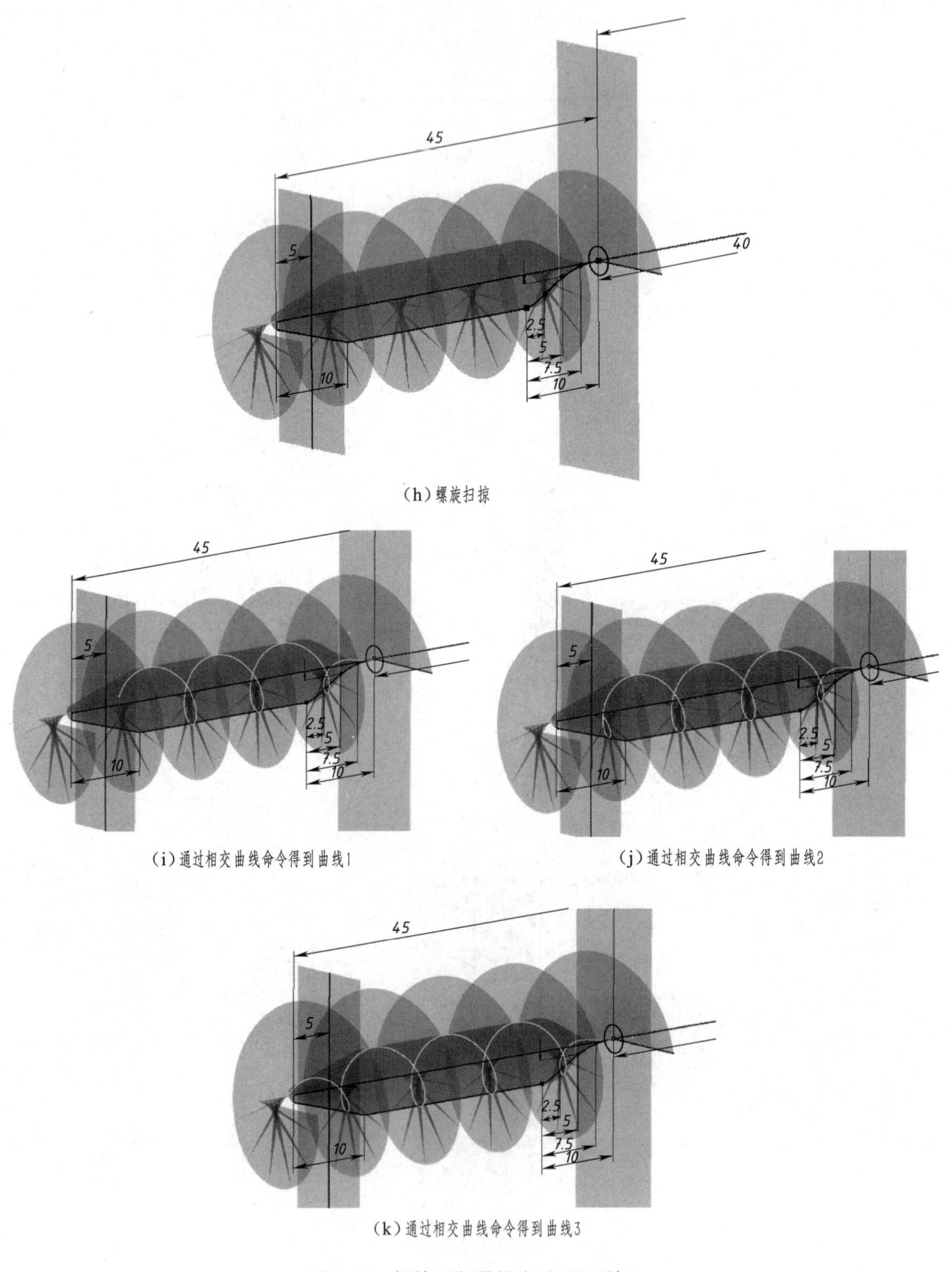

(h) 螺旋扫掠

(i) 通过相交曲线命令得到曲线1

(j) 通过相交曲线命令得到曲线2

(k) 通过相交曲线命令得到曲线3

图 4-44　螺旋开瓶器的造型过程(续)

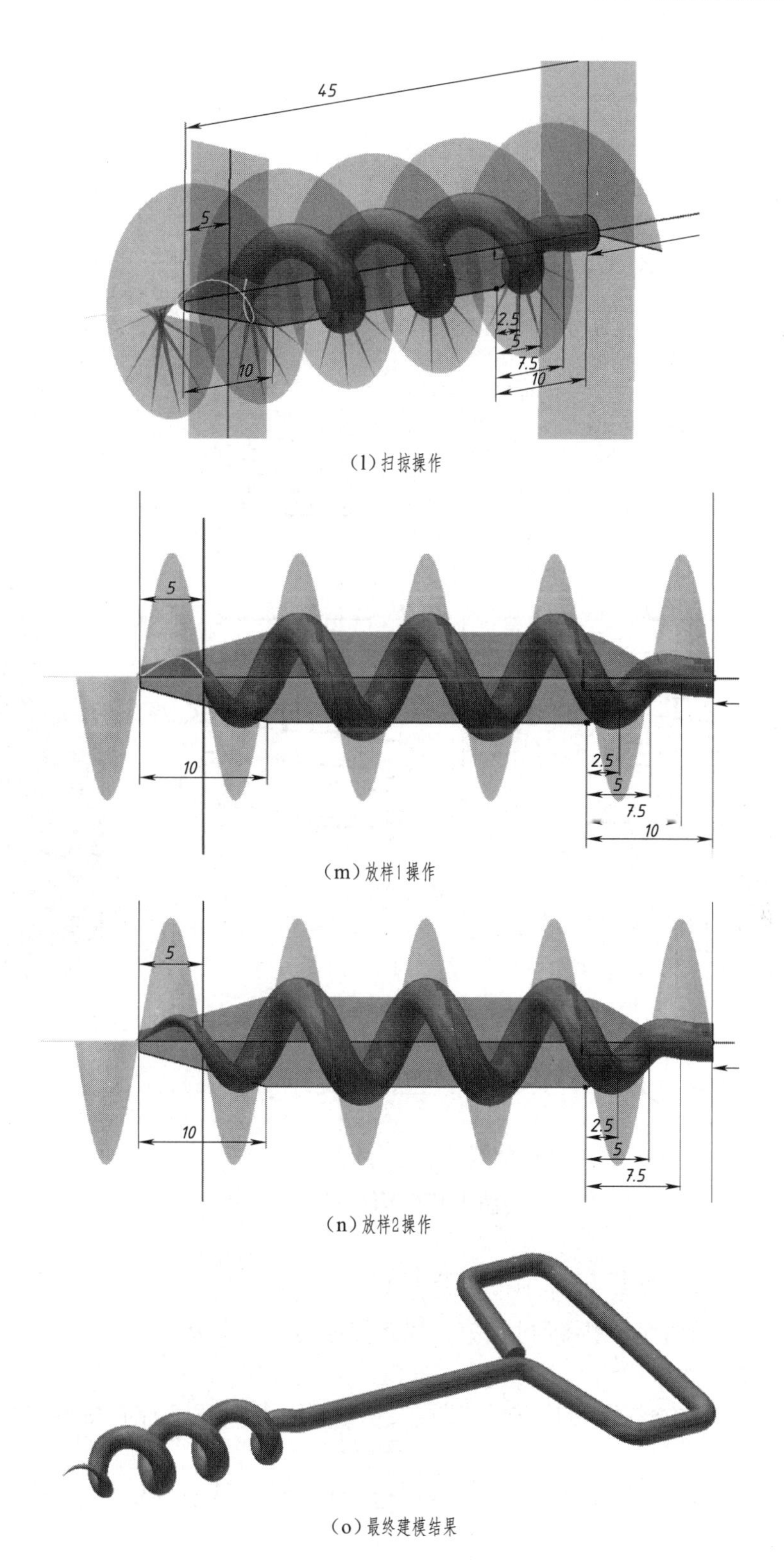

(l) 扫掠操作

(m) 放样1操作

(n) 放样2操作

(o) 最终建模结果

图 4-44 螺旋开瓶器的造型过程(续)

4.8 衍　　生

4.8.1 节能灯

【例4-19】 建立如图4-45所示的节能灯模型。

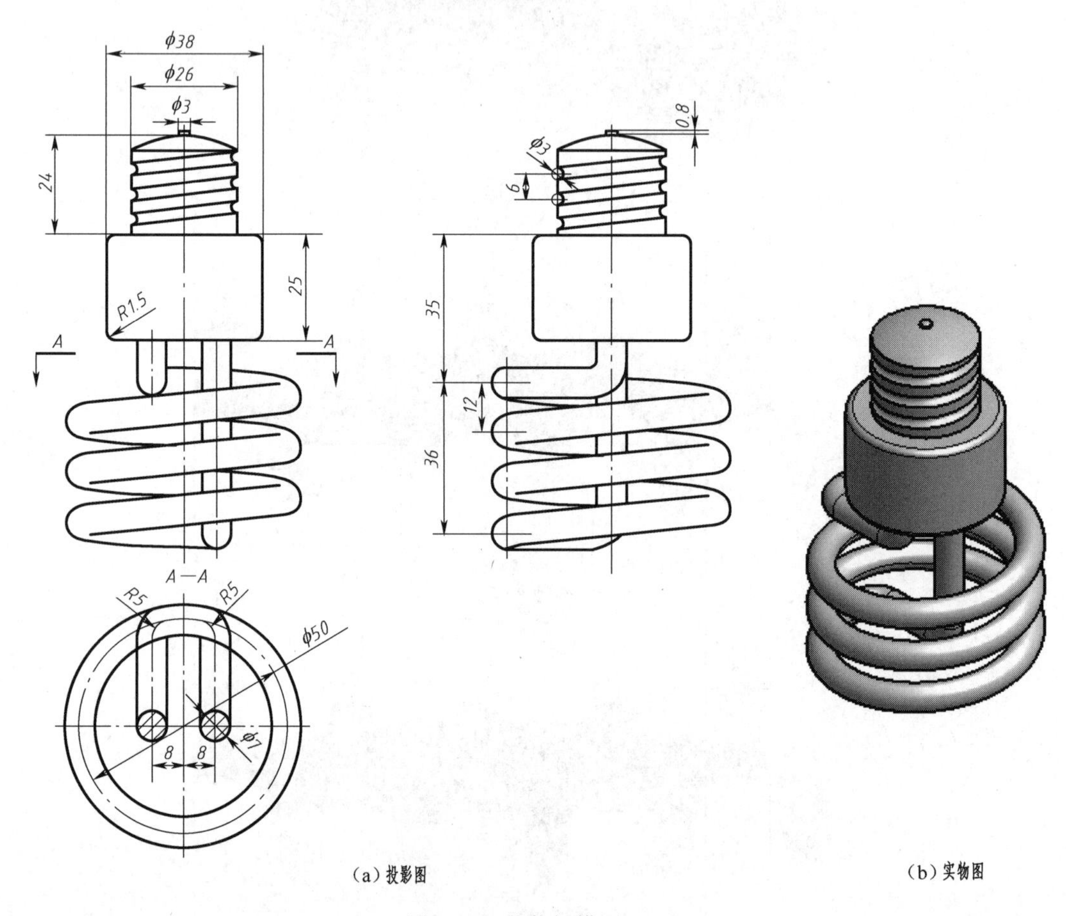

(a)投影图　　(b)实物图

图4-45　节能灯模型

1. 模型分析

节能灯的建模较为复杂,其主要的难点在于怎样生成曲线形的灯管。本书采用衍生的方式得到部分三维草图曲线,然后通过扫掠和螺旋扫掠的方式生成灯管。

2. 操作步骤

①进入零件工作模式,绘制长方形草图,长和宽分别为71和25,如图4-46(a)所示,完成草图。

②单击"拉伸"按钮,拉伸截面轮廓选择上述草图,拉伸距离为8,拉伸后的结果如图4-46(b)所示。

③单击"圆角"按钮,圆角半径为R5,选择需要圆角的边,如图4-46(c)所示,得到的圆

角实体如图 4-46(d)所示。

④选择形体的低面为草图平面绘制长方形草图,长为 35,如图 4-46(e)所示,

⑤单击“拉伸”按钮,拉伸截面轮廓选择长方形草图,拉伸距离为 8,拉伸后的结果如图 4-46(f)所示。

⑥单击“圆角”按钮,圆角半径为 $R5$,选择需要圆角的边,如图 4-46(g)所示,得到的圆角实体如图 4-46(h)所示。

⑦在功能区上,单击“视图”选项卡,选择“着色显示”图标中的“线框显示”图标命令,如图 4-46(i)所示。单击“保存”按钮,保存为“节能灯屋”选项,然后单击绘图区的关闭按钮。

⑧新建一个零件,进入零件工作模式,在绘图区右击,选择“完成草图”选项,退出草图模式,在功能区上,单击“管理”选项卡,在“插入”面板上单击“衍生”按钮,弹出“打开”对话框,选择上面刚建立的“节能灯屋”选项,单击“打开”按钮,弹出“衍生零件”对话框,选择衍生样式为“实体作为工作曲面”图标,衍生结果如图 4-46(j)所示。

⑨右击,在弹出的右键菜单中选择“新建三维草图”命令,系统进入到三维草图模式,选择“包含几何图元”命令,然后选择直线和圆弧曲线,如图 4-46(k)所示。

⑩选择浏览器中的“实体 1:节能灯屋 . ipt”,右击,在弹出的右键菜单中选择“可见性”选项,隐藏片弹簧的工作曲面,右击,选择完成三维草图,结果如图 4-46(l)所示。

⑪单击“工作平面”按钮,单击圆弧曲线的端点,然后单击圆弧曲线,生成工作平面 1,如图 4-46 (m)所示。

⑫右击,在弹出的右键菜单中选择“新建草图”命令,然后单击工作平面 1 为草图平面。单击“投影几何图元”按钮,将圆弧曲线投射到草图平面上。单击“圆”按钮绘制圆,圆心在端点的投影点,圆的直径为 $\phi7$,如图 4-46(n)所示,完成草图。

⑬单击“扫掠”按钮,系统自动捕捉圆截面作为扫掠截面,单击圆弧曲线作为路径,如图 4-46(o)所示,扫掠结果如图 4-46(p)所示。

⑭单击“工作平面”按钮,单击圆弧曲线的端点,然后单击圆弧曲线,生成工作平面 2,如图 4-46(q)所示。

⑮右击,在弹出的右键菜单中选择“新建草图”命令,然后单击工作平面 2 为草图平面。单击“投影几何图元”按钮,将圆弧曲线投射到草图平面上。单击“圆”按钮绘制圆,圆心在端点的投影点,圆的直径为 $\phi7$,如图 4-46(r)所示,完成草图。

⑯单击“扫掠”按钮,系统自动捕捉圆截面作为扫掠截面,单击圆弧曲线作为路径,隐藏工作平面,结果如图 4-46(s)所示。

⑰单击“工作轴”按钮,单击原始坐标系的 XY 平面和圆柱的表面,如图 4-46(t)所示,

生成工作轴 1 如图 4-46(u)所示。

⑱右击,在弹出的右键菜单中选择“新建草图”命令,然后单击曲线圆柱管的一端为草图平面,如图 4-46(v)所示。

⑲单击“螺旋扫掠”按钮,选择草图中的圆作为截面轮廓,选择工作轴 1 为扫掠轴,在“螺纹规格”页面上,类型选择“螺距和圈数”,螺距为 12,圈数为 3,如图 4-46(w)所示。结果如图 4-46(x)所示。

⑳单击“工作轴”按钮,单击圆柱的表面,生成工作轴 2 如图 4-46(y)所示。

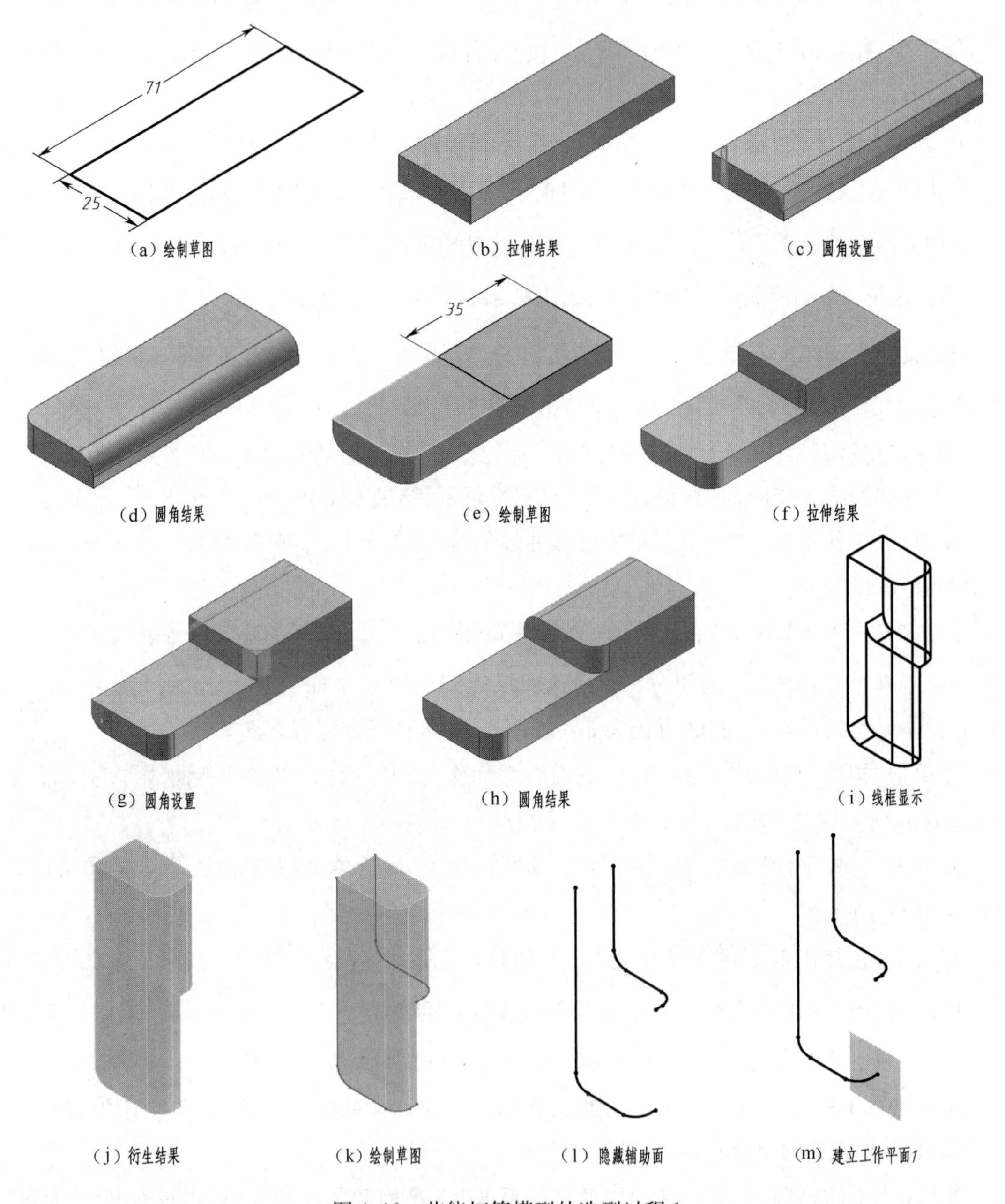

图 4-46　节能灯管模型的造型过程 1

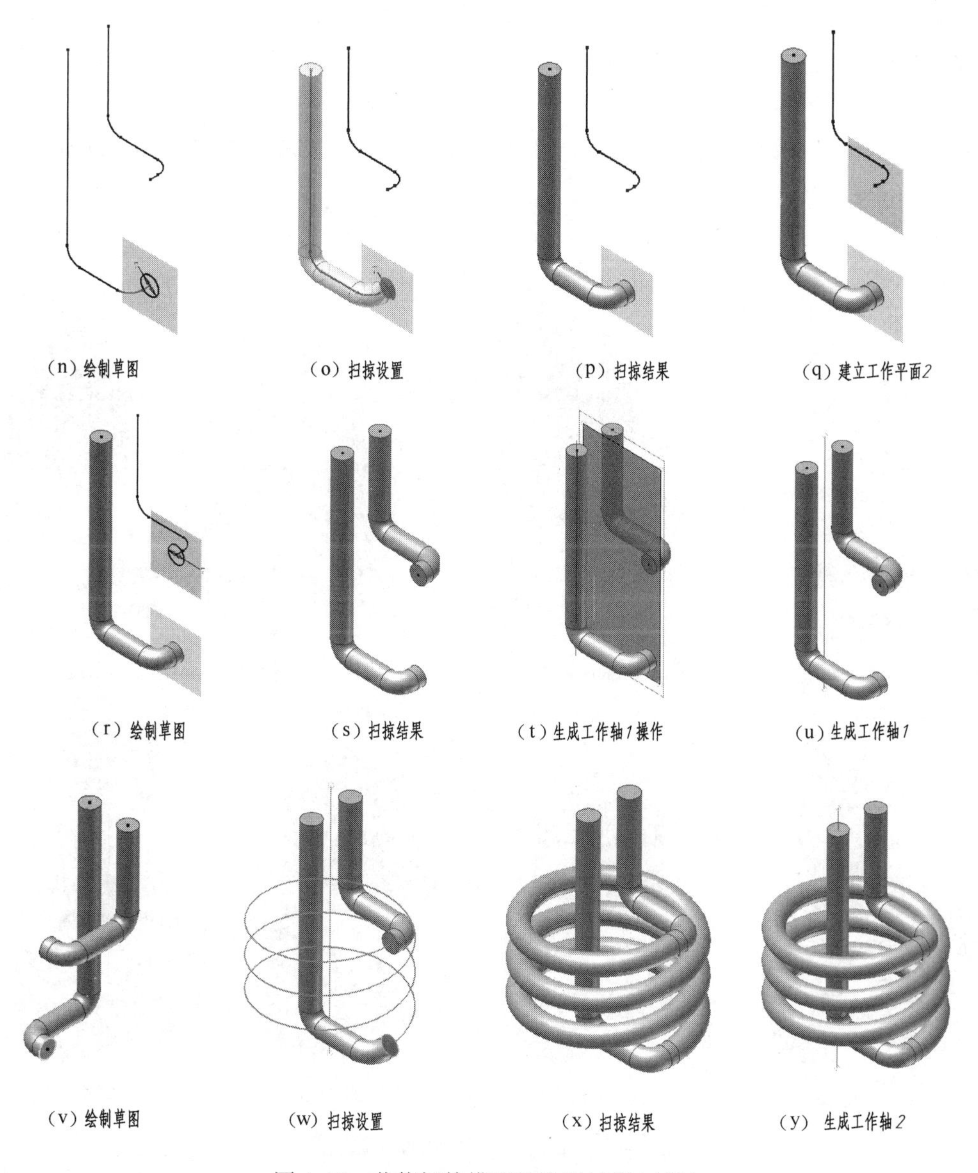

图 4-46 节能灯管模型的造型过程 1(续)

㉑右击,在弹出的右键菜单中选择“新建草图”命令,然后单击原始坐标系的 *XY* 平面为草图平面。单击“投影几何图元”按钮,将工作轴 2 投射到草图平面上,绘制草图如图 4-47(a)所示,完成草图。

㉒单击“旋转”按钮,选择截面轮廓和旋转轴,如图 4-47(b)所示。旋转后得到的结果如图 4-47(c)所示。

㉓右击,在弹出的右键菜单中选择“新建草图”命令,然后单击原始坐标系的 *XY* 平面为草图平面。单击“投影几何图元”按钮,将圆柱的轮廓线投射到草图平面上,绘制草图,直径为 $\phi 3$,如图 4-47(d)所示,完成草图。

㉔单击“螺旋扫掠”按钮，选择草图中的圆作为截面轮廓，选择工作轴 1 为扫掠轴，螺旋方式为“差集”，在“螺纹规格”页面上，类型选择“螺距和圈数”，螺距为 6，圈数为 3.5，如图 4-47(e)所示。结果如图 4-47(f)所示。

㉕单击“圆角”按钮，圆角半径为 *R*1.5，选择需要圆角的边，如图 4-47(g)所示。结果如图 4-47(h)所示。

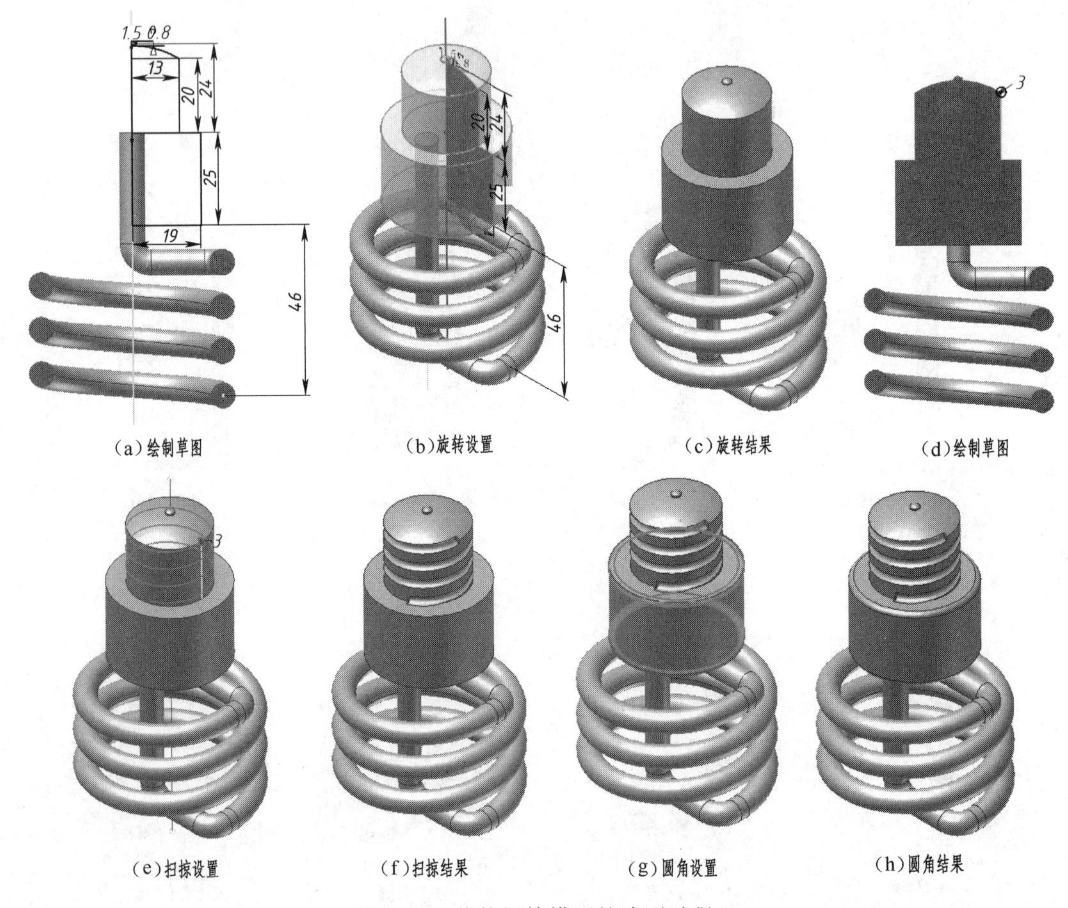

(a)绘制草图　(b)旋转设置　(c)旋转结果　(d)绘制草图

(e)扫掠设置　(f)扫掠结果　(g)圆角设置　(h)圆角结果

图 4-47　节能灯管模型的造型过程 2

4.8.2　鼠标

【例 4-20】　建立如图 4-48 所示的鼠标各零件的模型。

1. 模型分析

鼠标各零件模型的建模较为复杂，其主要的难点在于鼠标的组成零件较多，且各零件的曲面造型较多，如建模不恰当，则在装配时将会遇到困难。可以通过放样、衍生等方式进行造型。

2. 操作步骤

①进入零件工作模式，绘制草图 1 并标注尺寸，圆的直径为 $\phi79$，圆心距原始坐标系的坐标原点投影距离为 10，如图4-49(a)所示，完成草图。

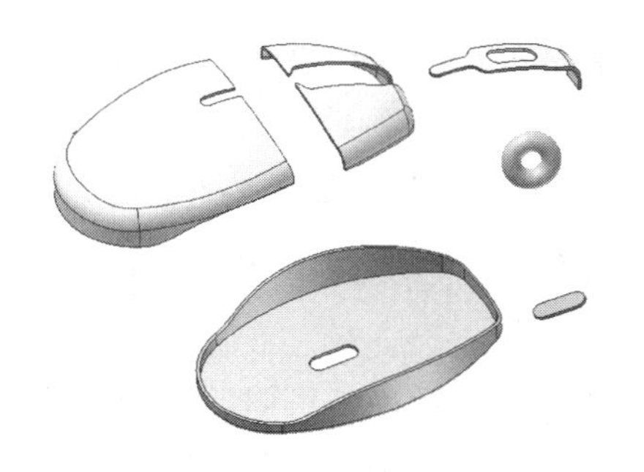
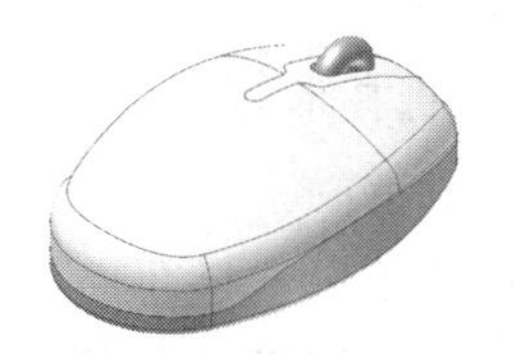
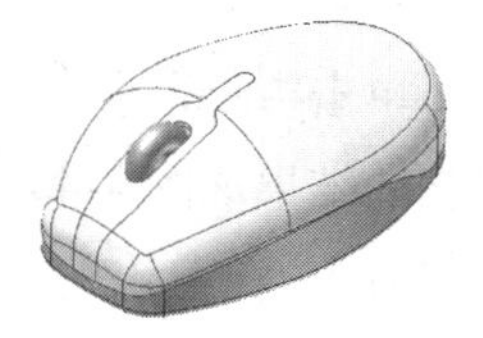

图 4-48　鼠标各零件的模型

②单击“工作平面”按钮，生成工作平面 1，其与 *XY* 平面相距 20，如图 4-49(b)所示。

③右击，在弹出的右键菜单中选择“新建草图”命令，然后单击工作平面 1 为草图平面。绘制草图 2 并标注尺寸，圆的直径为 ϕ82，圆心距坐标原点投影距离为 15，如图4-49(c)所示，完成草图。

④单击“工作平面”按钮，生成工作平面 2，其与 *XY* 平面相距 20，如图 4-49(d)所示。

⑤右击，在弹出的右键菜单中选择“新建草图”命令，然后单击工作平面 2 为草图平面。绘制草图 3 并标注尺寸，圆的直径为 ϕ76，圆心距坐标原点投影距离为 12，如图4-49(e)所示，完成草图。

⑥单击“工作平面”按钮，生成工作平面 3，其与工作平面 2 相距 20，如图 4-49(f)所示。

⑦右击，在弹出的右键菜单中选择“新建草图”命令，然后单击工作平面 3 为草图平面。绘制草图 4 并标注尺寸，圆的直径为 ϕ60，圆心距坐标原点投影距离为 10，如图4-49(g)所示，完成草图。

⑧单击“工作平面”按钮，生成工作平面 4，其与工作平面 3 相距 17，如图 4-49(h)所示。

⑨右击，在弹出的右键菜单中选择“新建草图”命令，然后单击工作平面 4 为草图平面。绘制草图 5 并标注尺寸，圆的直径为 ϕ40，圆心距坐标原点投影距离为 10，如图4-49(i)所示，完成草图。

⑩单击“工作平面”按钮，生成工作平面 5，其与工作平面 1 相距 34，如图 4-49(j)所示。

⑪右击，在弹出的右键菜单中选择“新建草图”命令，然后单击工作平面 5 为草图平面。绘制草图 6 并标注尺寸，圆的直径为 ϕ32，圆心距坐标原点投影距离为 10，如图 4-49(k)所示，完成草图。

⑫单击“放样”按钮命令，依次选择草图 1 ~ 草图 6，如图 4-49(l)所示，得到结果如图 4-49(m)所示。

⑬右击，在弹出的右键菜单中选择“新建草图”命令，然后单击 *XY* 平面 1 为草图平面。绘制草图 7 并标注尺寸，如图 4-49(n)所示，完成草图。

⑭单击“拉伸”按钮，拉伸截面轮廓选择封闭轮廓，拉伸方式为“求交”，如图4-49(o)所示，拉伸后的结果如图4-49(p)所示。

⑮单击“圆角”按钮，圆角半径为$R8$，选择需要圆角的边。结果如图4-49(q)所示。

⑯单击“抽壳”按钮，选择形体的底面为开口面，厚度为1，如图4-49(r) 所示。抽壳后得到的结果如图4-49(s)所示。

⑰右击，在弹出的右键菜单中选择“新建草图”命令，然后单击底面的环面为草图平面。绘制草图并标注尺寸，长圆形草图圆的半径为$R3$，圆心之间的距离为10，如图4-49(t)所示，完成草图。

⑱单击“拉伸”按钮，拉伸截面轮廓选择封闭轮廓，拉伸方式为“切割”，如图4-49(u)所示，拉伸后的结果如图4-49(v)所示。

⑲单击“圆角”按钮，圆角半径为$R2$，选择需要圆角的边。结果如图4-49(w)所示。

⑳单击“工作平面”按钮，生成工作平面6，其与底面相距-5，如图4-49(x)所示。

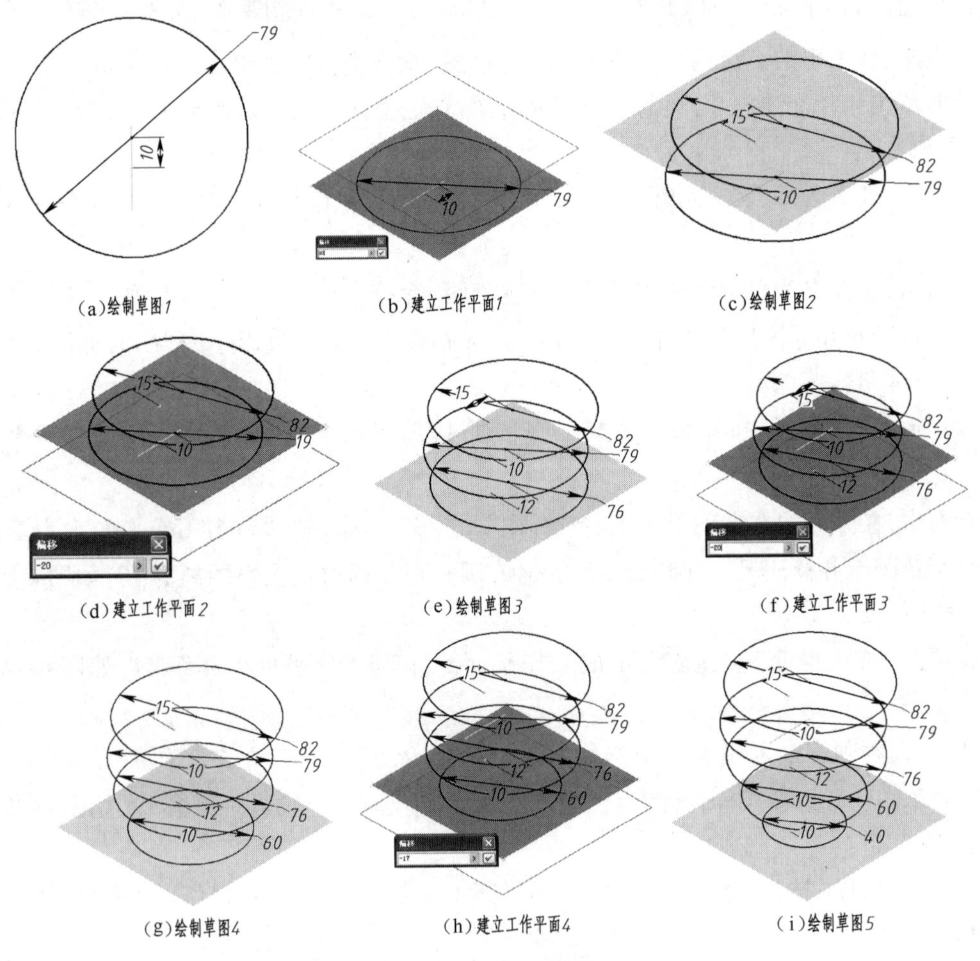

图4-49　鼠标各零件的模型的造型过程1

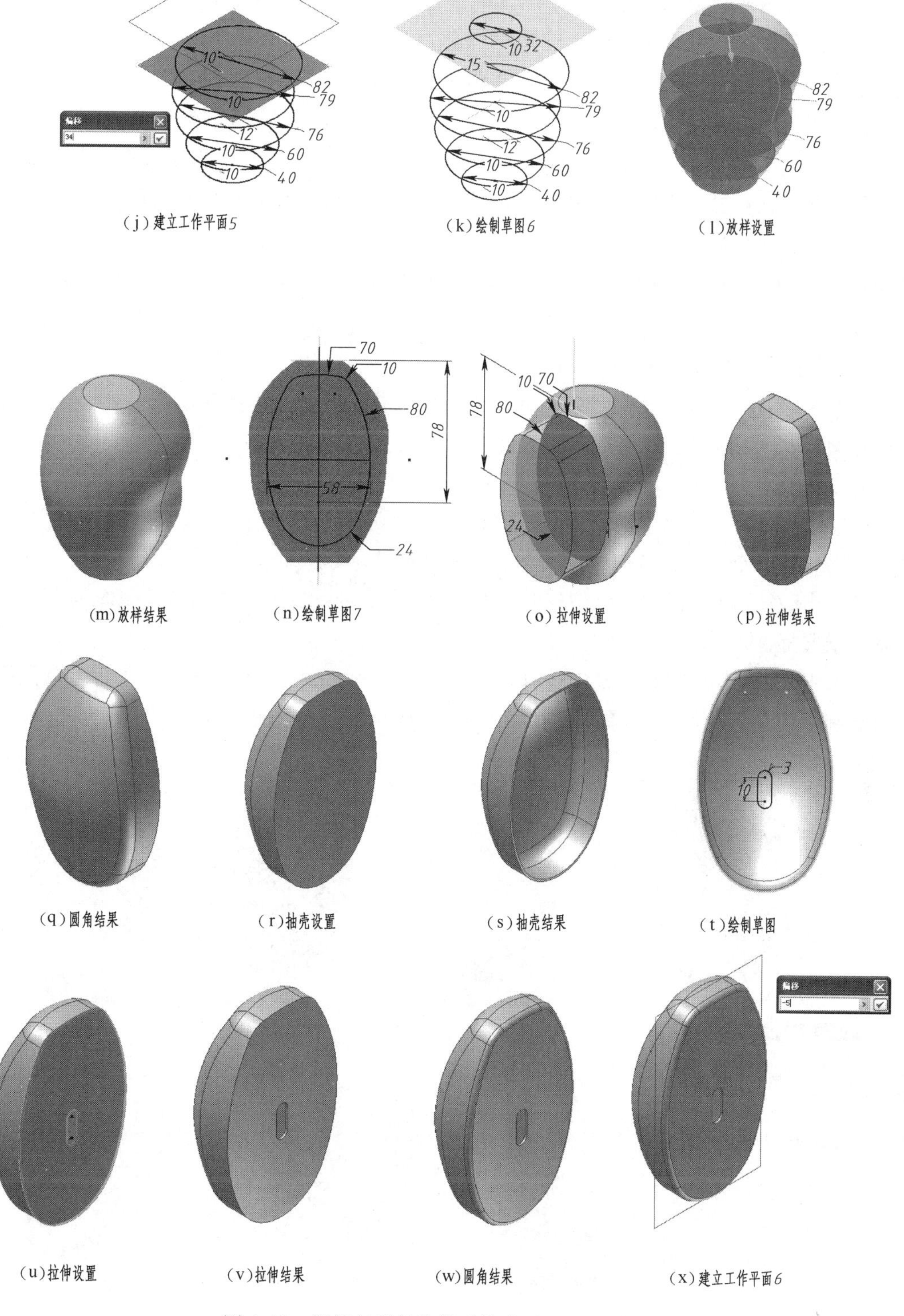

图 4-49　鼠标各零件的模型的造型过程 1（续）

㉑右击，在弹出的右键菜单中选择“新建草图”命令，然后单击工作平面6为草图平面。绘制草图并标注尺寸，长圆形草图圆的半径为R3，圆心之间的距离为10，两个长圆形之间的距离为30，如图4-50(a)所示，完成草图。

㉒单击“拉伸”按钮，拉伸截面轮廓选择长圆形封闭轮廓，拉伸方式为“切割”，如图4-50(b)所示，拉伸后的结果如图4-50(c)所示。

㉓右击，在弹出的右键菜单中选择“新建草图”命令，然后单击YZ平面为草图平面。绘制草图并标注尺寸，如图4-50(d)所示，完成草图。存盘，命名为“鼠标.ipt”，关闭此文件。

㉔新建一个文件，进入零件工作模式，在绘图区右击，选择“完成草图”选项，退出草图模式，在功能区上，选择“管理”选项卡，在“插入”面板上单击“衍生”命令，弹出“打开”对话框，选择上面刚建立的“鼠标.ipt”，单击“打开”按钮，弹出“衍生零件”对话框，在其中选中“实体和草图”选项，如图4-50(e)所示。

㉕单击“分割”按钮，选择“修剪实体”选项，分割工具选择草图，如图4-50(f)所示。结果如图4-50(g)所示。存盘，命名为“鼠标下.ipt”，关闭此文件。

㉖将“鼠标下.ipt”文件复制一份，重新命名为“鼠标上.ipt”，打开此文件，在浏览器中选中“分割1”特征，右击，在弹出的右键菜单中选择“编辑特征”选项，然后弹出分割命令对话框，改变分割的方向，如图4-50(h)所示。结果如图4-50(i)所示。

㉗右击，在弹出的右键菜单中选择“新建草图”命令，然后单击XZ平面为草图平面。绘制草图并标注尺寸，如图4-50(j)所示，完成草图。

㉘右击，在弹出的右键菜单中选择“新建草图”命令，然后单击XZ平面为草图平面。再次绘制草图并标注尺寸，如图4-50(k)所示，完成草图。关闭此文件。

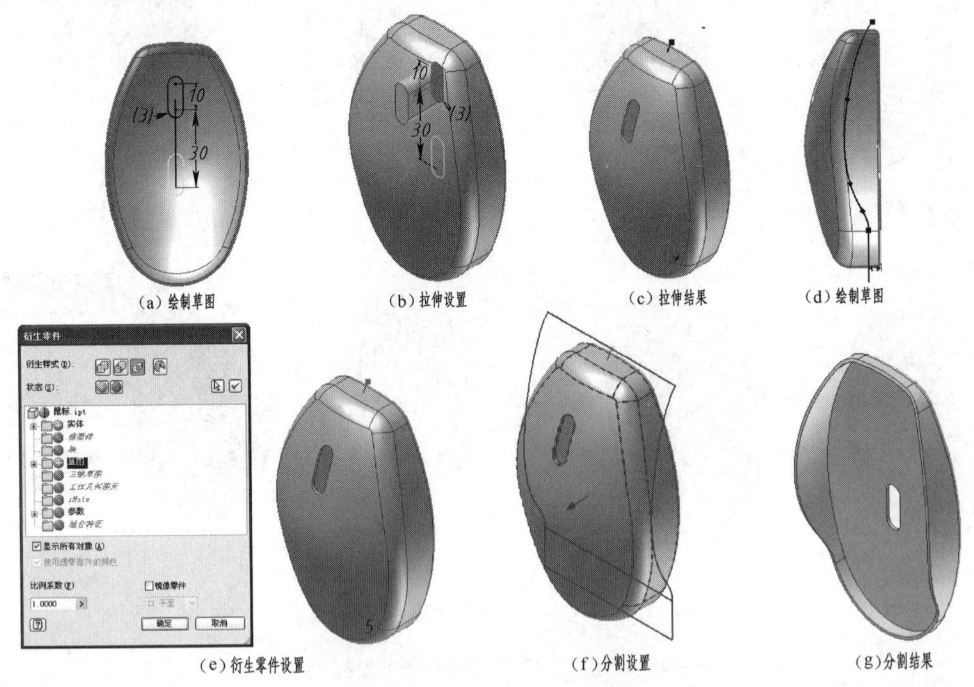

图4-50 鼠标各零件的模型的造型过程2

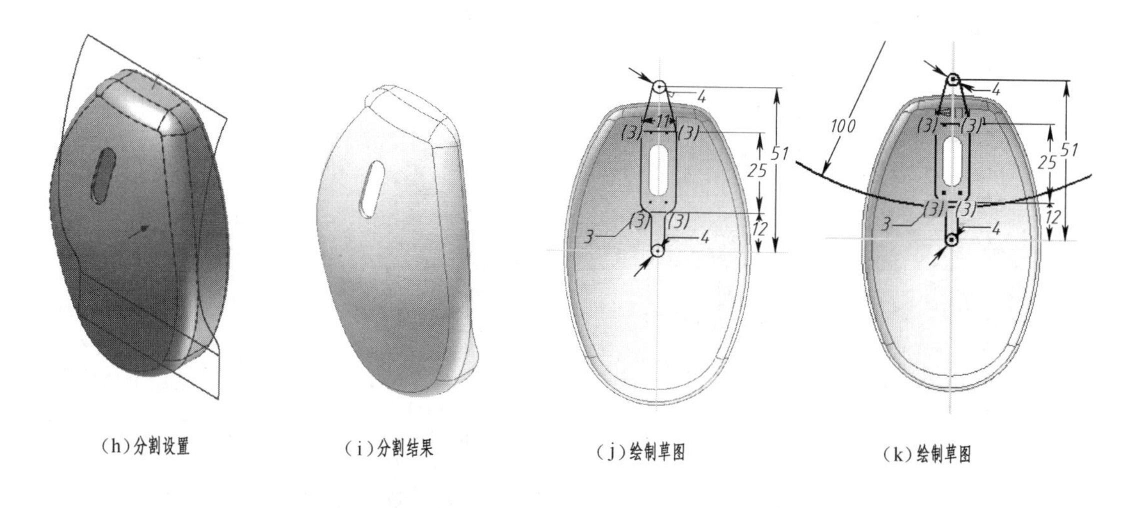

（h）分割设置　（i）分割结果　（j）绘制草图　（k）绘制草图

图 4-50　鼠标各零件的模型的造型过程 2（续）

㉙新建一个零件，进入零件工作模式，在绘图区右击，选择“完成草图”选项，退出草图模式，在功能区上，选择“管理”选项卡，在“插入”面板上单击“衍生”按钮，弹出“打开”对话框，选择上面刚建立的“鼠标上．ipt”，单击“打开”按钮，弹出“衍生零件”对话框，在其中选择“实体和草图”选项，如图 4-51（a）所示。

㉚单击“拉伸”按钮，拉伸截面轮廓选择封闭轮廓，拉伸方式为“求交”，如图 4-51（b）所示，拉伸后的结果如图 4-51（c）所示。存盘，命名为“鼠标滚轮壳．ipt”，关闭此文件。

㉛新建一个零件，进入零件工作模式，在绘图区右击，选择“完成草图”，退出草图模式，在功能区上，选择“管理”选项卡，在“插入”面板上选择“衍生”命令，弹出“打开”对话框，选择上面刚建立的“鼠标上．ipt”，单击“打开”按钮，弹出“衍生零件”对话框，在其中选中“实体和草图”。

㉜单击“分割”按钮选项，选择“修剪实体”选项，分割工具选择草图，如图 4-51（d）所示。结果如图 4-51（e）所示。

㉝单击“拉伸”按钮，拉伸截面轮廓选择封闭轮廓，拉伸方式为“切割”，如图 4-51（f）所示，拉伸后的结果如图 4-51（g）所示。存盘，命名为“鼠标上壳 1. ipt”，关闭此文件。

㉞新建一个零件，进入零件工作模式，在绘图区右击，选择“完成草图”选项，退出草图模式，在功能区上，选择“管理”选项卡，在“插入”面板上单击“衍生”命令，弹出“打开”对话框，选择上面刚建立的“鼠标上．ipt”，单击“打开”按钮，弹出“衍生零件”对话框，在其中选中“实体和草图”选项。

㉟单击“分割”按钮，选择“修剪实体”选项，分割工具选择草图，如图 4-51（h）所示。结果如图 4-51（i）所示。

㊱单击“拉伸”按钮，拉伸截面轮廓选择封闭轮廓，拉伸方式为“切割”，如图 4-51（j）所示，拉伸后的结果如图 4-51（k）所示。存盘，命名为“鼠标上壳 2. ipt”，关闭此文件。

㊲鼠标指针和鼠标滚轮的造型较为简单，可以通过拉伸方式得到，如图4-51(l)～图4-51(g)所示。

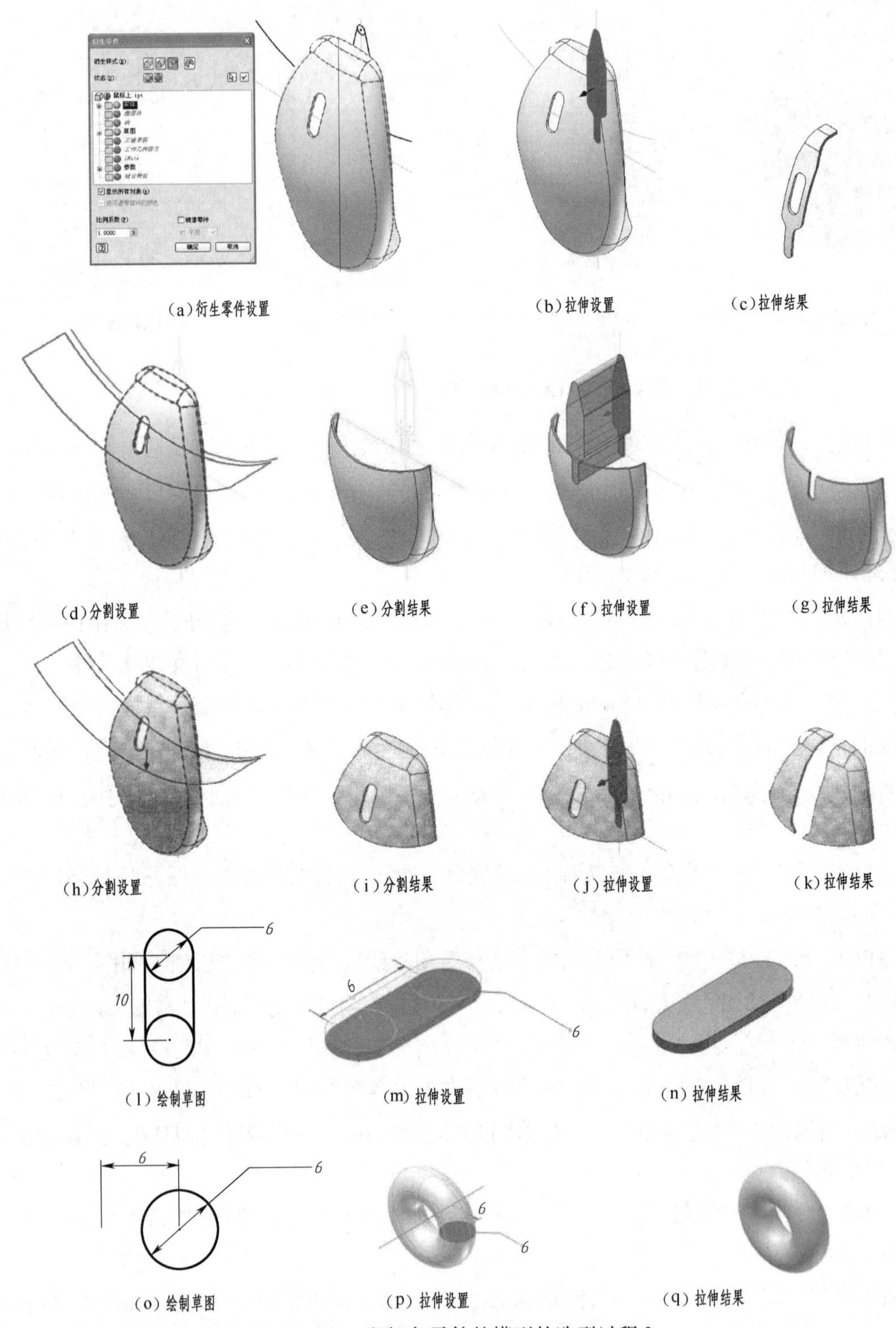

(a)衍生零件设置　(b)拉伸设置　(c)拉伸结果

(d)分割设置　(e)分割结果　(f)拉伸设置　(g)拉伸结果

(h)分割设置　(i)分割结果　(j)拉伸设置　(k)拉伸结果

(l)绘制草图　(m)拉伸设置　(n)拉伸结果

(o)绘制草图　(p)拉伸设置　(q)拉伸结果

图4-51　鼠标各零件的模型的造型过程3

4.9　曲　　面

4.9.1　水果盘模型

图 4-52　水果盘模型

【例 4-21】 建立如图 4-52 所示的水果盘模型。

1. 模型分析

水果盘的建模较为复杂,其主要的难点在于怎样生成空间三维的花瓣形状。可以通过三维放样、嵌片、缝合曲面、加厚/偏移等方式进行造型。

2. 操作步骤

①进入零件工作模式,绘制草图 1 并标注尺寸,圆的直径为 $\phi50$,在圆上均匀分布着 6 个草图点,如图 4-53(a)所示,完成草图。

②单击“工作平面”按钮,生成工作平面 1,其与 XY 平面相距 5,如图 4-53(b)所示。

③右击,在弹出的右键菜单中选择“新建草图”命令,然后单击工作平面 1 为草图平面。绘制草图 2 并标注尺寸,圆的直径为 $\phi80$,在圆上均匀分布着 6 个草图点,如图4-53(c)所示,完成草图。

④右击,在弹出的右键菜单中选择“新建三维草图”命令,单击“直线”命令,将上述 12 个草图点依次连接,如图 4-53(d)所示。单击“折弯”命令,将六个顶点依次倒圆角,圆角半径为 $R5$,如图 4-53(e)所示。

⑤单击“工作平面”按钮,生成工作平面 2,其与工作平面 1 相距 20,如图 4-53(f)和图 4-53(g)所示。

⑥右击,在弹出的右键菜单中选择“新建草图”命令,然后单击工作平面 2 为草图平面。绘制草图 3 并标注尺寸,圆的直径为 $\phi30$,如图 4-53(h)和图 4-53(i)所示,完成草图。

⑦单击“放样”按钮,依次选择三维草图 1 和草图 3,输出选择“曲面”选项,如图 4-53(j)所示,得到结果如图 4-53(k)所示。

⑧单击“边界嵌片”按钮,选择边界回路,如图 4-53(l)所示,得到结果如图 4-53(m)所示。

⑨单击“缝合曲面”按钮,选择放样曲面 1 和边界嵌片 1,如图 4-53(n)所示。

⑩单击“圆角”按钮,圆角半径为 $R2$,选择需要圆角的边,如图 4-53(o)所示。结果如图 4-53(p)所示。

⑪单击“加厚/偏移”按钮,选择缝合曲面,距离为 1,如图 4-53(q)所示。结果如图 4-53(r)所示。

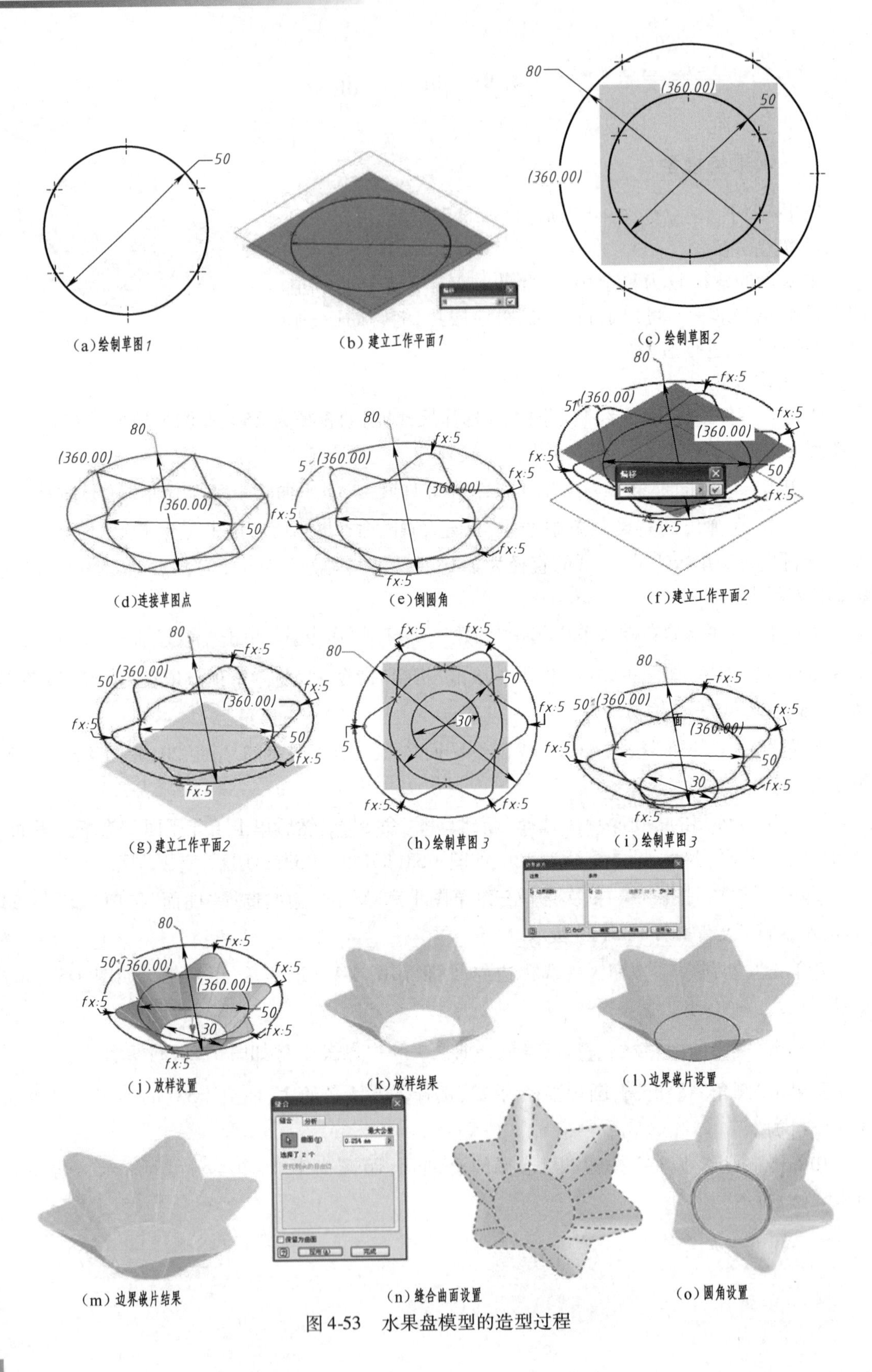

（a）绘制草图1　（b）建立工作平面1　（c）绘制草图2

（d）连接草图点　（e）倒圆角　（f）建立工作平面2

（g）建立工作平面2　（h）绘制草图3　（i）绘制草图3

（j）放样设置　（k）放样结果　（l）边界嵌片设置

（m）边界嵌片结果　（n）缝合曲面设置　（o）圆角设置

图4-53　水果盘模型的造型过程

(p) 圆角结果

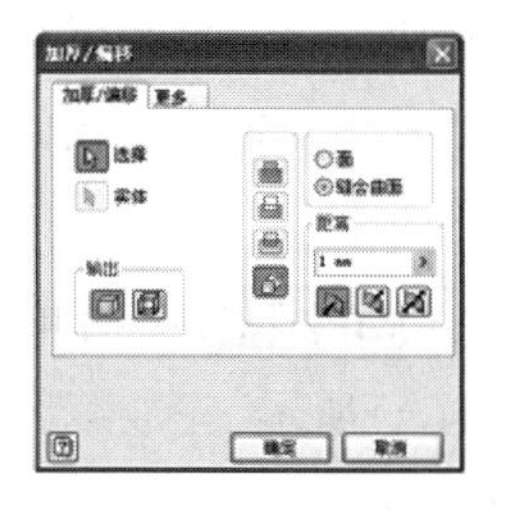

(q) 加厚 / 偏移设置

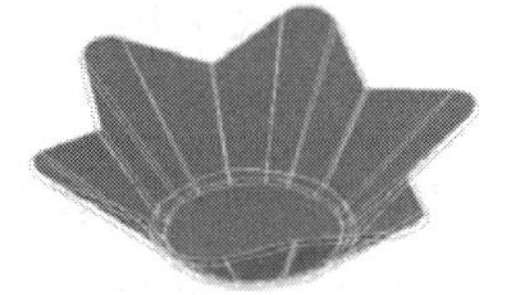

(r) 最终结果

图 4-53　水果盘模型的造型过程(续)

4.9.2　瓶子

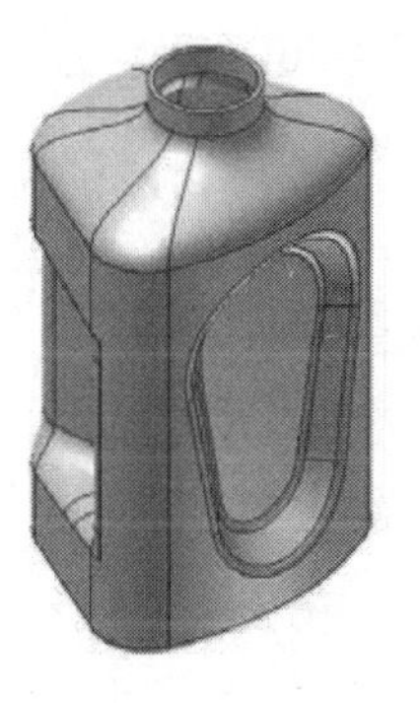

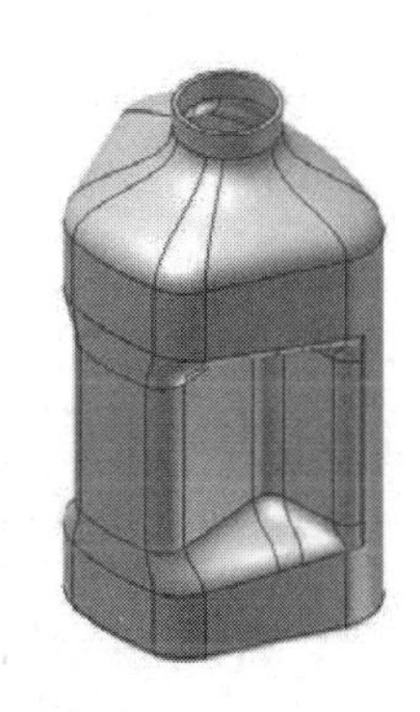

图 4-54　瓶子模型

【例 4-22】　建立如图 4-54 所示的瓶子模型。

1. 模型分析

瓶子的建模较为复杂,其主要的难点在于怎样生成空间三维的凸凹曲面形状。可以通过三维放样、嵌片、缝合曲面、加厚/偏移等方式进行造型。

2. 操作步骤

①进入零件工作模式,绘制草图并标注尺寸,如图 4-55(a)所示,完成草图。

②单击“拉伸”按钮,拉伸截面轮廓选择封闭轮廓,距离为 80,输出方式为曲面,如图 4-55(b)所示,拉伸后得到的拉伸曲面 1 如图 4-55(c)所示。

③单击“工作平面”按钮,生成工作平面 1,其与 *XY* 平面相距 95,如图 4-55(d)所示。结果如图 4-55(e)所示。

④右击,在弹出的右键菜单中选择“新建草图”命令,然后单击工作平面 1 为草图平面。绘制草图并标注尺寸,如图 4-55(f)所示,完成草图。

⑤单击“拉伸”按钮,拉伸截面轮廓选择封闭轮廓,距离为 5,输出方式为曲面,如图 4-55(g)所示,拉伸后得到的拉伸曲面 2 如图 4-55(h)所示。

⑥单击“放样”按钮,依次选择边界 1 和边界 2,输出选择“曲面”选项,如图 4-55(i) ~ 图 4-55(k)所示,得到结果如图 4-55(l)所示。

⑦右击,在弹出的右键菜单中选择“新建草图”命令,然后单击 *YZ* 平面为草图平面。绘制草图并标注尺寸,如图 4-55(m)所示,完成草图。

⑧单击“拉伸”按钮,拉伸截面轮廓选择封闭轮廓,距离为 100,输出方式为曲面,如图 4-55(n)所示,拉伸后得到的拉伸曲面 3 如图 4-55(o)所示。

⑨单击“分割”按钮,分割工具选择拉伸曲面 3,分割面选择拉伸曲面 1,如图 4-55(p)所示。隐藏拉伸曲面 3,结果如图 4-55(q)所示。

⑩单击“删除面”按钮，选择要删除的面，如图4-55(q)所示，结果图4-55(r)所示。

⑪单击“工作平面”按钮，生成工作平面2，其与*XY*平面相距23，如图4-55(s)所示。结果如图4-55(t)所示。

⑫右击，在弹出的右键菜单中选择“新建草图”命令，然后单击工作平面2为草图平面。绘制草图并标注尺寸，如图4-55(u)和图4-55(v)所示，完成草图。

⑬单击“拉伸”按钮，拉伸截面轮廓选择封闭轮廓，距离为35，输出方式为曲面，如图4-55(w)所示，拉伸后得到的拉伸曲面4如图4-55(x)和图4-55(y)所示。

⑭单击“缝合曲面”按钮，选择拉伸曲面1、拉伸曲面2、放样曲面1和拉伸曲面4，如图4-55(z)所示，结果如图4-56(a)所示。

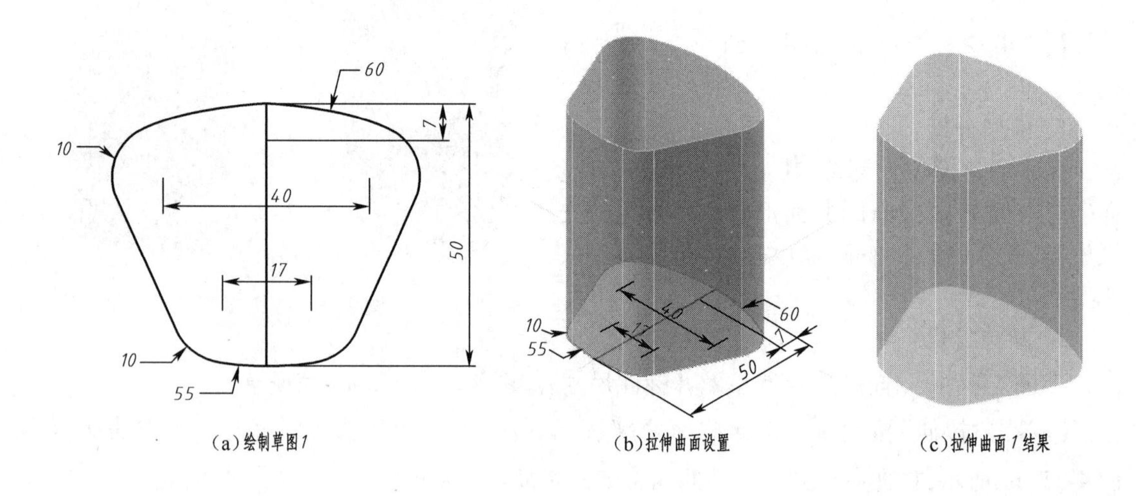

(a)绘制草图1　(b)拉伸曲面设置　(c)拉伸曲面1结果

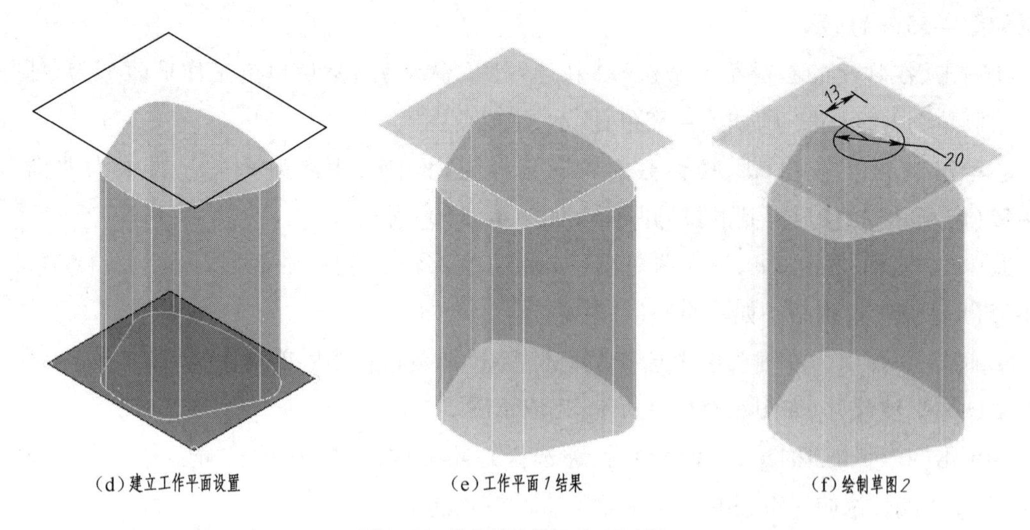

(d)建立工作平面设置　(e)工作平面1结果　(f)绘制草图2

图4-55　瓶子模型的造型过程1

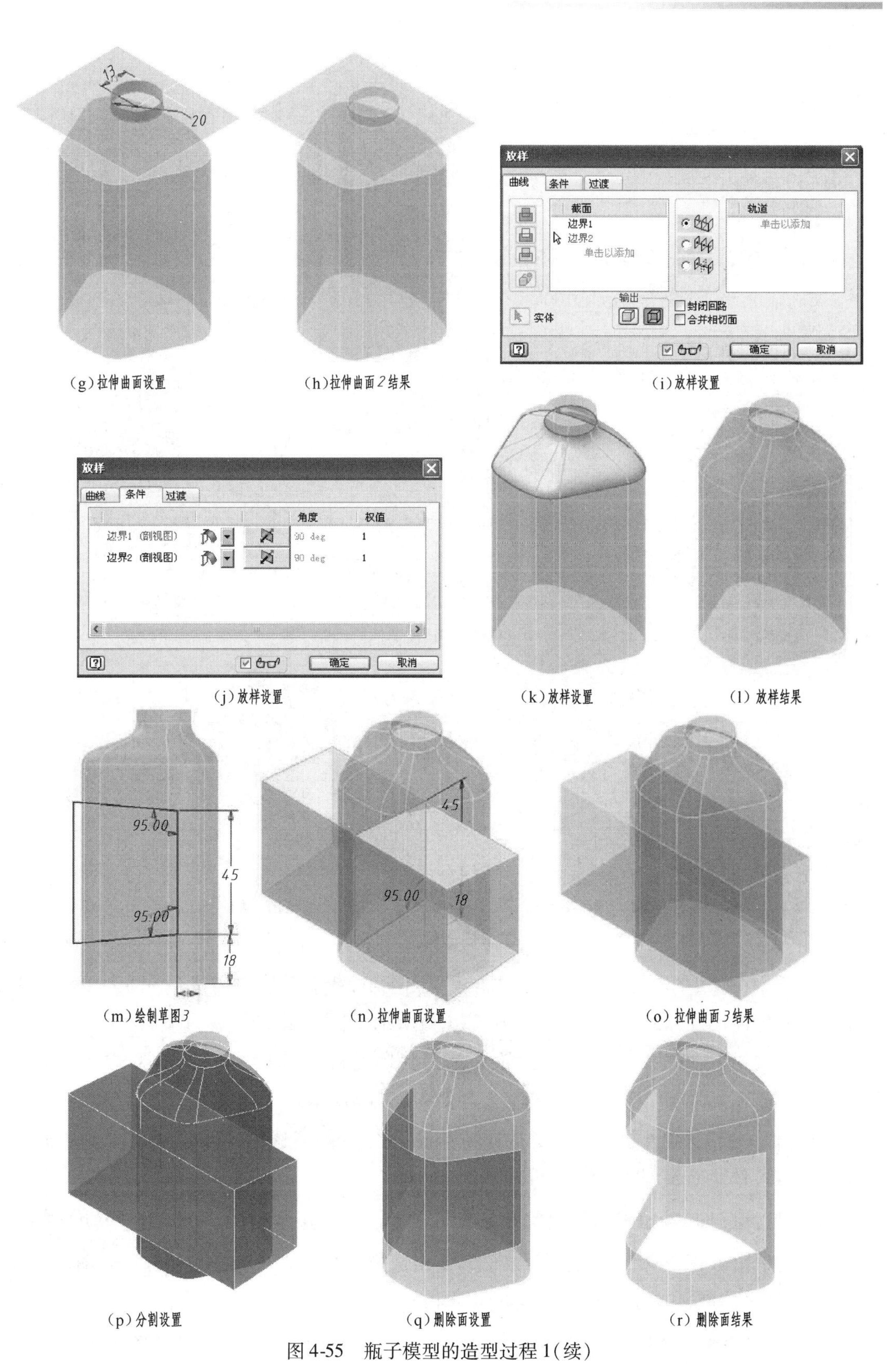

(g)拉伸曲面设置　(h)拉伸曲面2结果　(i)放样设置

(j)放样设置　(k)放样设置　(l) 放样结果

(m)绘制草图3　(n)拉伸曲面设置　(o)拉伸曲面3结果

(p)分割设置　(q)删除面设置　(r)删除面结果

图 4-55　瓶子模型的造型过程 1(续)

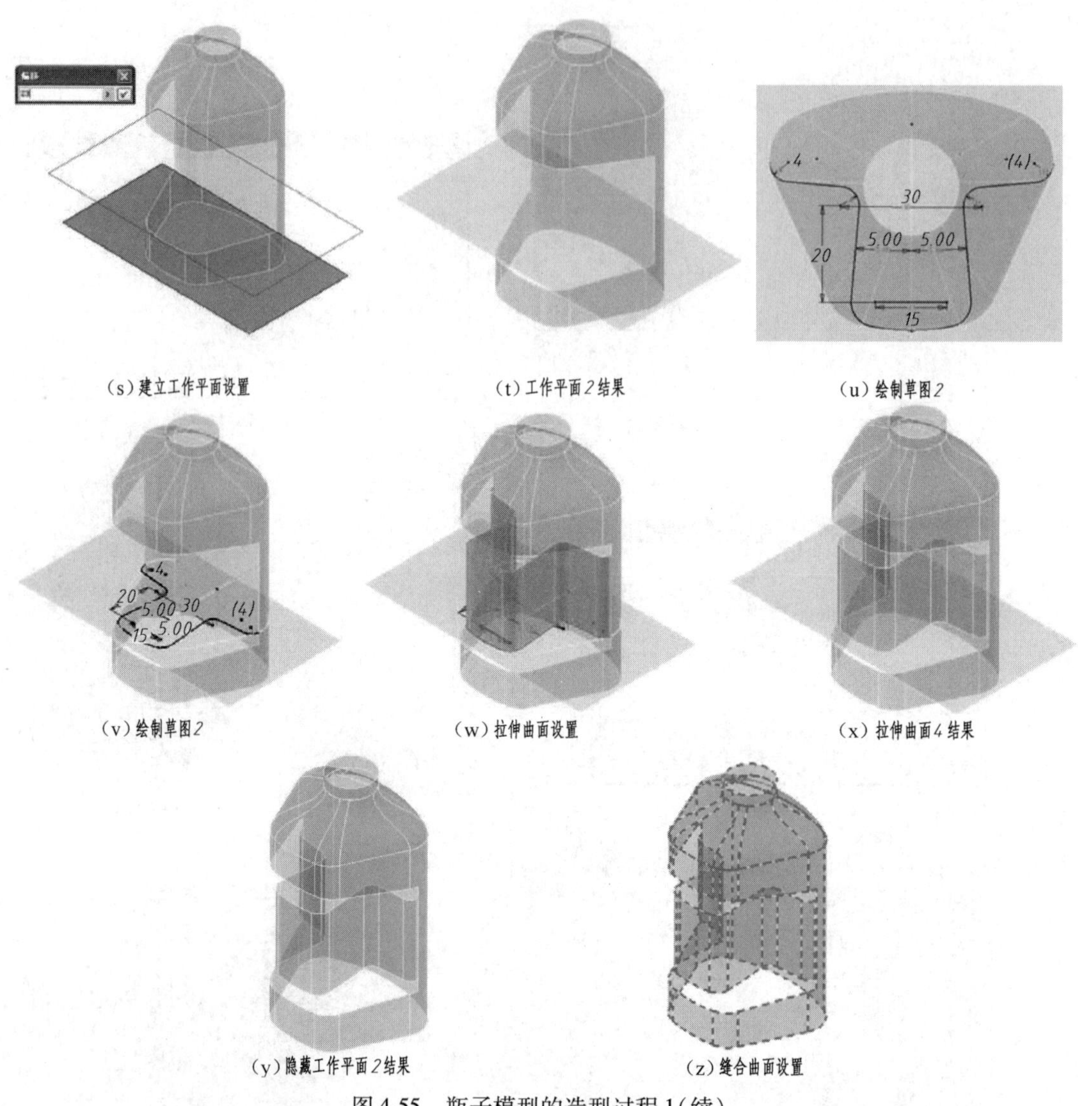

(s) 建立工作平面设置　(t) 工作平面2结果　(u) 绘制草图2

(v) 绘制草图2　(w) 拉伸曲面设置　(x) 拉伸曲面4结果

(y) 隐藏工作平面2结果　(z) 缝合曲面设置

图4-55　瓶子模型的造型过程1(续)

⑮右击,在弹出的右键菜单中选择"新建草图"命令,然后单击 *XZ* 平面为草图平面。绘制草图并标注尺寸,如图4-56(b)和图4-56(c)所示,完成草图。

⑯单击"拉伸"按钮,拉伸截面轮廓选择封闭轮廓,距离为35,输出方式为曲面,如图4-56(d)所示,拉伸后得到的拉伸曲面5如图4-56(e)所示。

⑰单击"分割"按钮,分割工具选择拉伸曲面1,分割面选择拉伸曲面5,如图4-56(f)所示。隐藏拉伸曲面5,结果如图4-56(g)所示。

⑱单击"删除面"按钮,选择要删除的面,如图4-56(g)所示,结果如图4-56(h)所示。

⑲单击"放样"按钮,依次选择放样边,输出选择"曲面"选项,如图4-56(i)~图4-56(l)所示,得到放样曲面2和放样曲面3结果如图4-56(m)所示。

⑳单击"边界嵌片"按钮,选择边界回路,如图4-56(n)所示,得到的结果如图4-56(o)所示。

㉑单击“边界嵌片”按钮，选择边界回路，如图 4-56(p)所示，得到的结果如图 4-56(q)所示。

㉒单击“放样”按钮，依次选择放样边，输出选择“曲面”，如图 4-56(r)所示，得到放样曲面 4 结果如图 4-56(s)所示。

㉓单击“缝合曲面”按钮，选择缝合曲面 1、放样曲面 2、放样曲面 3、放样曲面 4、边界嵌片 1 和边界嵌片 2，如图 4-56(t)和图 4-56(u)所示，结果如图 4-56(v)所示。

㉔单击“圆角”按钮，圆角半径为 $R2$，选择需要圆角的边，如图 4-56(w)所示。

㉕单击“加厚/偏移”按钮，选择缝合曲面，距离为 1，如图 4-56(x)所示。结果如图 4-56(y)所示，隐藏缝合曲面 2，结果如图 4-56(z)所示。

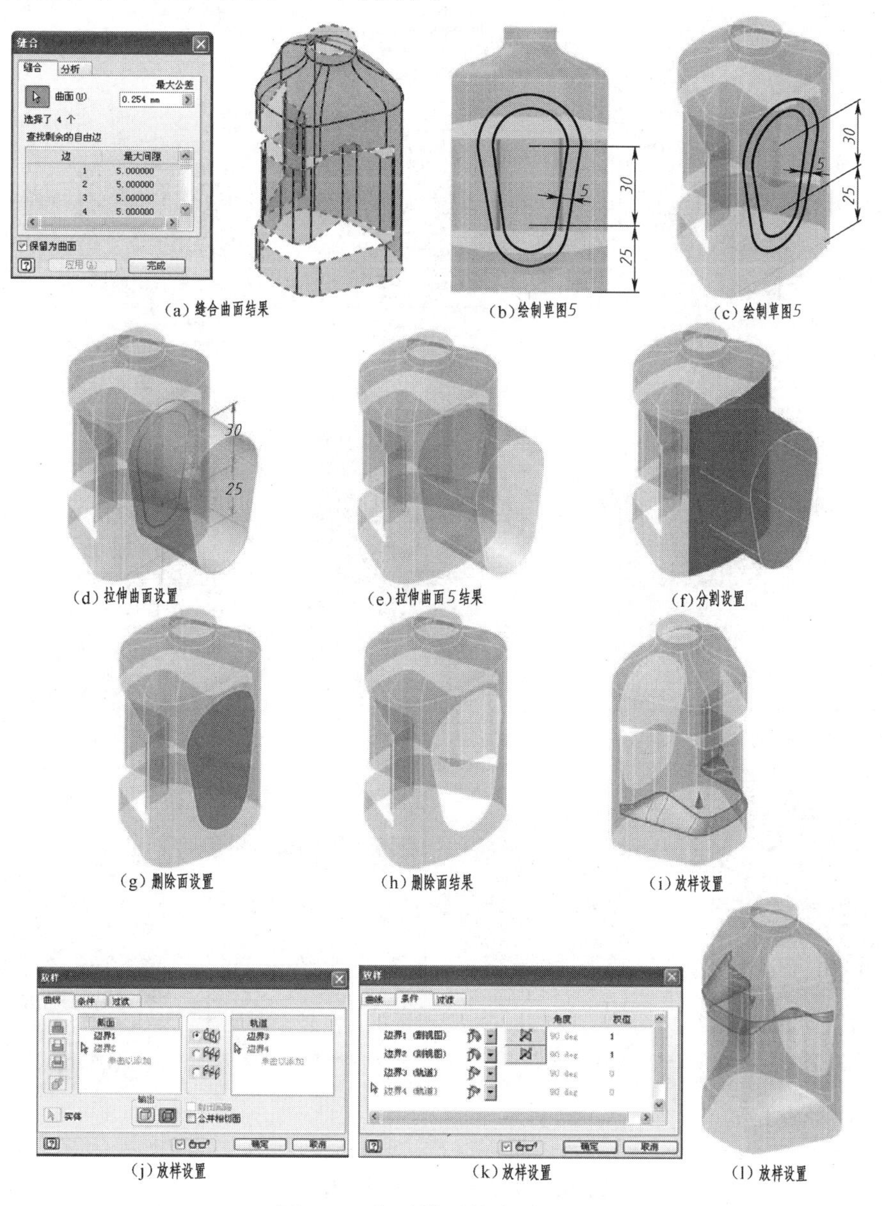

(a) 缝合曲面结果　(b) 绘制草图5　(c) 绘制草图5

(d) 拉伸曲面设置　(e) 拉伸曲面 5 结果　(f) 分割设置

(g) 删除面设置　(h) 删除面结果　(i) 放样设置

(j) 放样设置　(k) 放样设置　(l) 放样设置

图 4-56　瓶子模型的造型过程 2

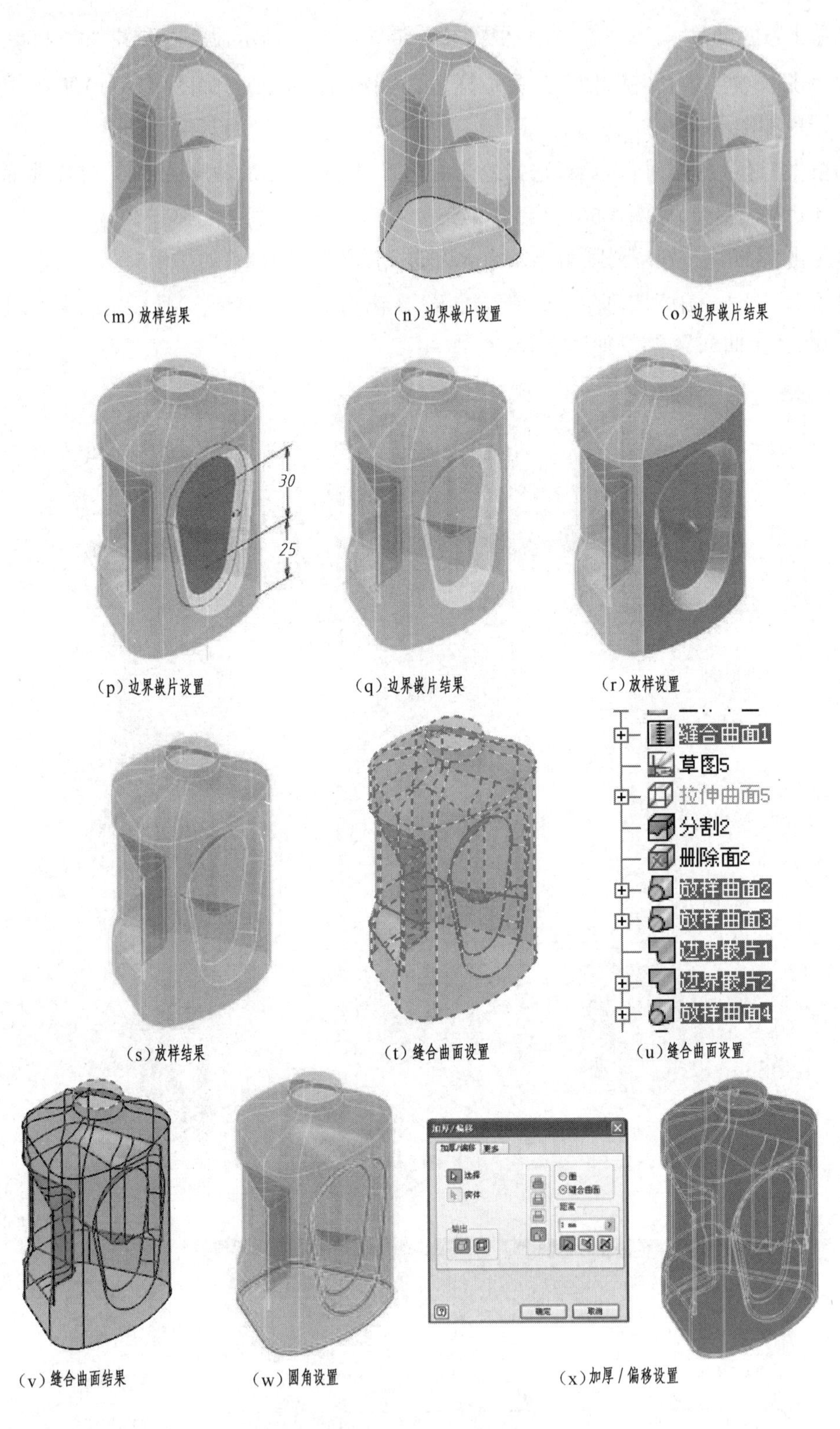

(m) 放样结果　(n) 边界嵌片设置　(o) 边界嵌片结果
(p) 边界嵌片设置　(q) 边界嵌片结果　(r) 放样设置
(s) 放样结果　(t) 缝合曲面设置　(u) 缝合曲面设置
(v) 缝合曲面结果　(w) 圆角设置　(x) 加厚 / 偏移设置

图 4-56　瓶子模型的造型过程 2(续)

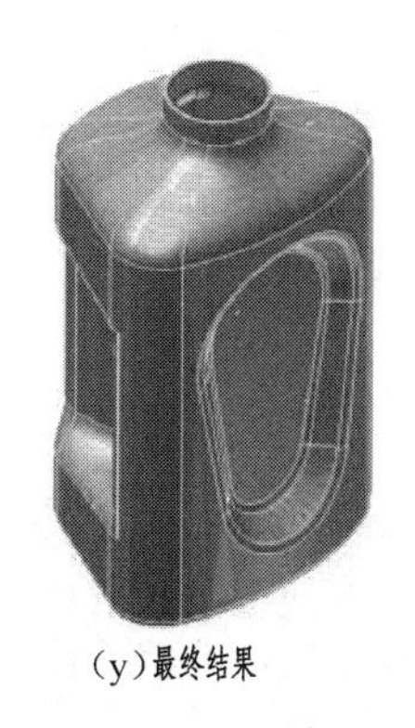

(y)最终结果

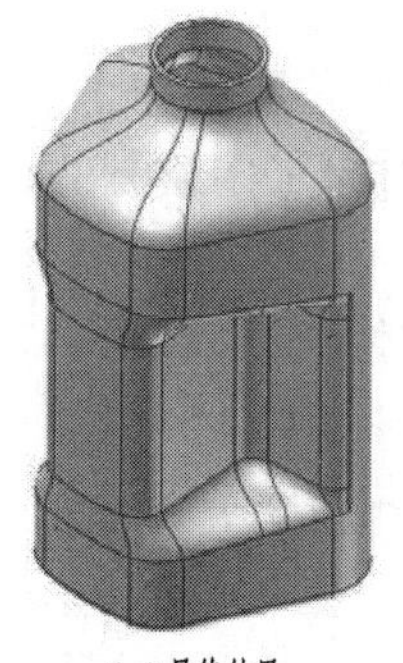

(z)最终结果

图 4-56 瓶子模型的造型过程 2(续)

4.9.3 吊钩

【例 4-23】 建立如图 4-51 所示的吊钩模型。

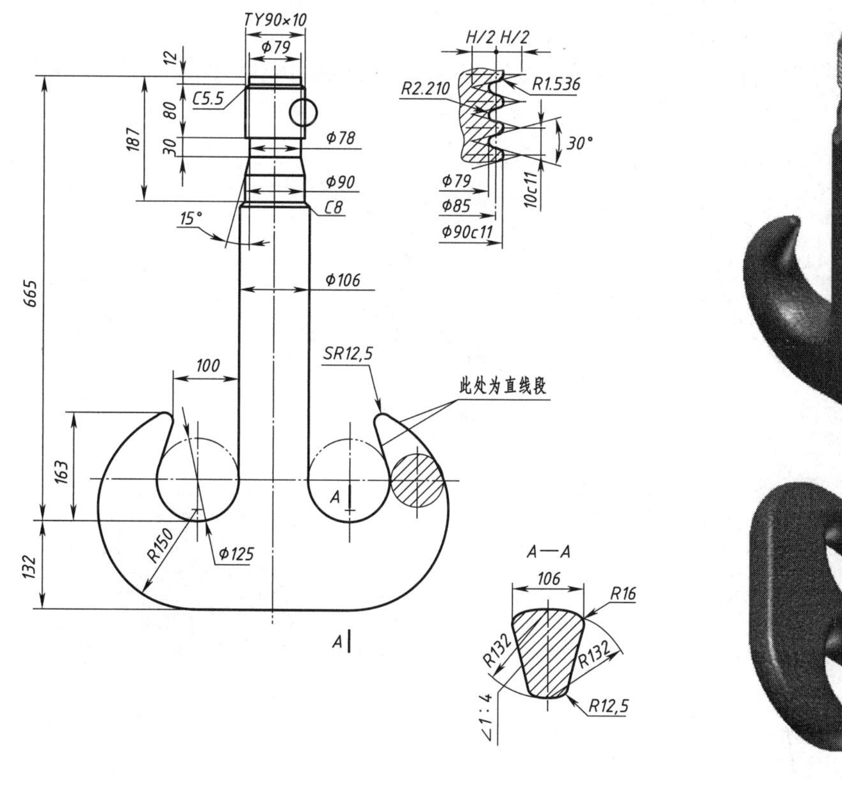

图 4-57 吊钩模型

1. 模型分析

吊钩整体的样子并不符合规则图形,需要用多个曲面来缝合得到其外表。

2. 操作步骤

①进入零件工作模式,选择“二维草图”命令,绘制草图如图 4-58(a)所示。

②在圆弧上顶点对应平面上绘制半圆，拉伸得到曲面，如图4-58(b)所示。

③在圆弧低端对应位置建立平面，绘制草图如图4-58(c)所示。

④对圆弧进行放样，①中绘制曲线为路径，如图4-58(d)所示。

⑤运用"面片"命令，将左侧封闭图形化成面，如图4-58(e)所示。

⑥对图形进行镜像，得到如图4-58(f)所示。

⑦拉伸底部曲线，如图4-58(g)所示。

⑧选择"面片"命令，取消勾选"自动链选边"，选择边界线绘制出缺失面片，如图4-58(h)所示。

⑨将两个面补齐后，用面片命令封闭上部圆形开口，再采用缝合曲面命令将所有曲面缝合，得到实体，如图4-58(i)所示。

⑩如图绘制路径曲线，如图4-58(j)所示。并在两个关键位置添加平面绘制截面形状，如图4-58(k)所示。

⑪绘制完三个截面草图和沿途路径草图之后，运用放样命令，如图4-58(l)所示。

⑫对剩余部分的尖端，采用旋转命令绘制半球补全，如图4-58(m)所示。

⑬将所建模型镜像到另一端，如图4-58(n)所示。

⑭最后对剩余的杆部分，拉伸、旋转、倒角、添加螺纹得到如图的完整零件，如图4-58(o)所示。

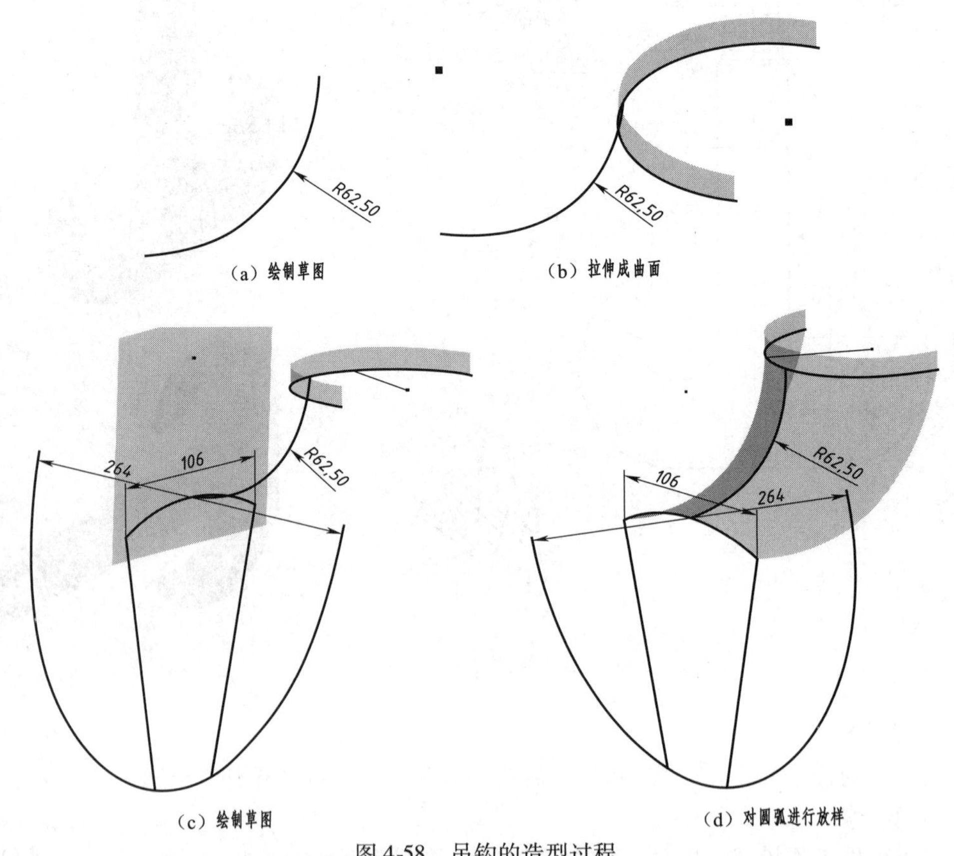

(a) 绘制草图　(b) 拉伸成曲面

(c) 绘制草图　(d) 对圆弧进行放样

图4-58　吊钩的造型过程

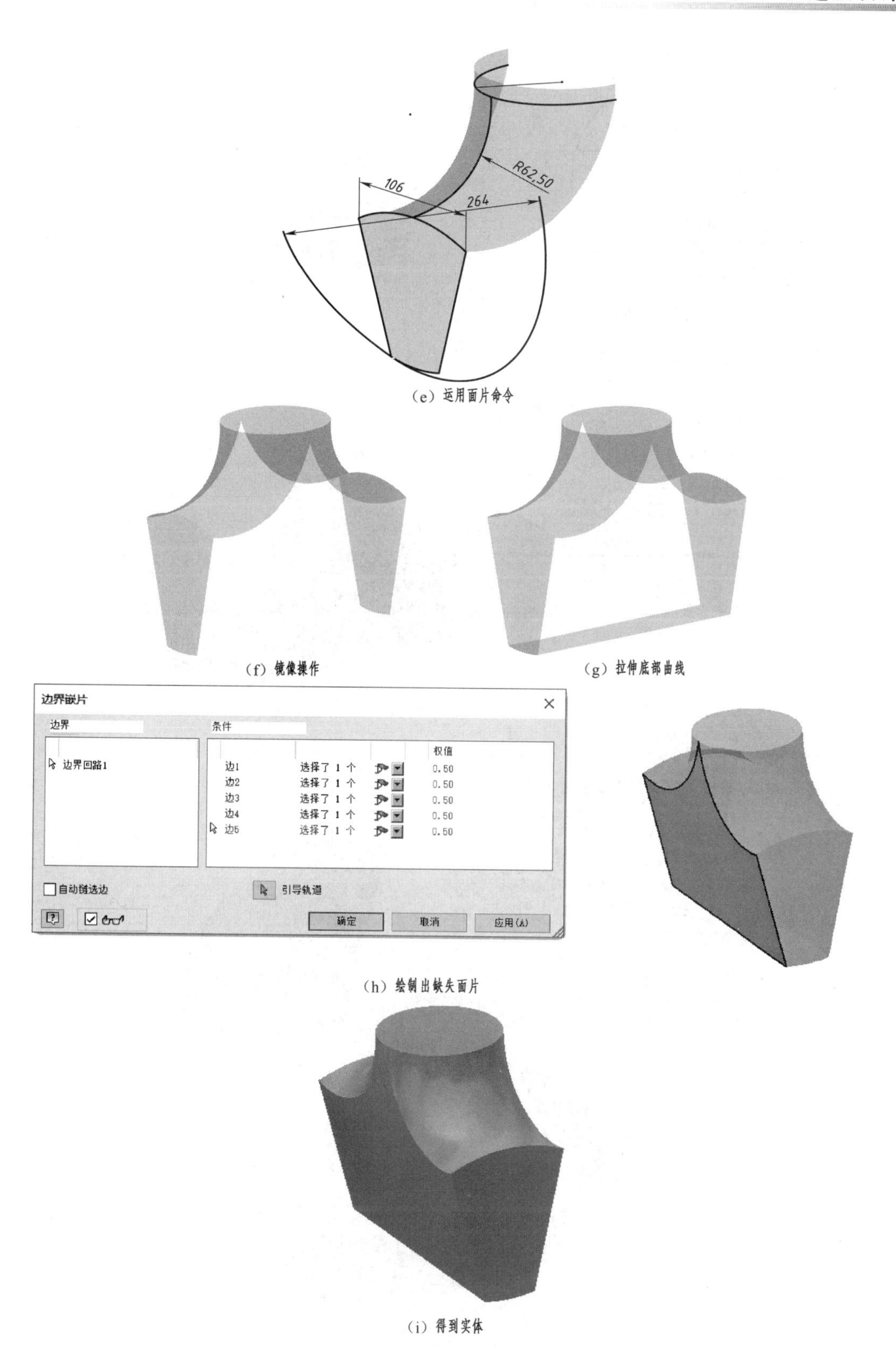

(e) 运用面片命令

(f) 镜像操作

(g) 拉伸底部曲线

(h) 绘制出缺失面片

(i) 得到实体

图 4-58 吊钩的造型过程(续)

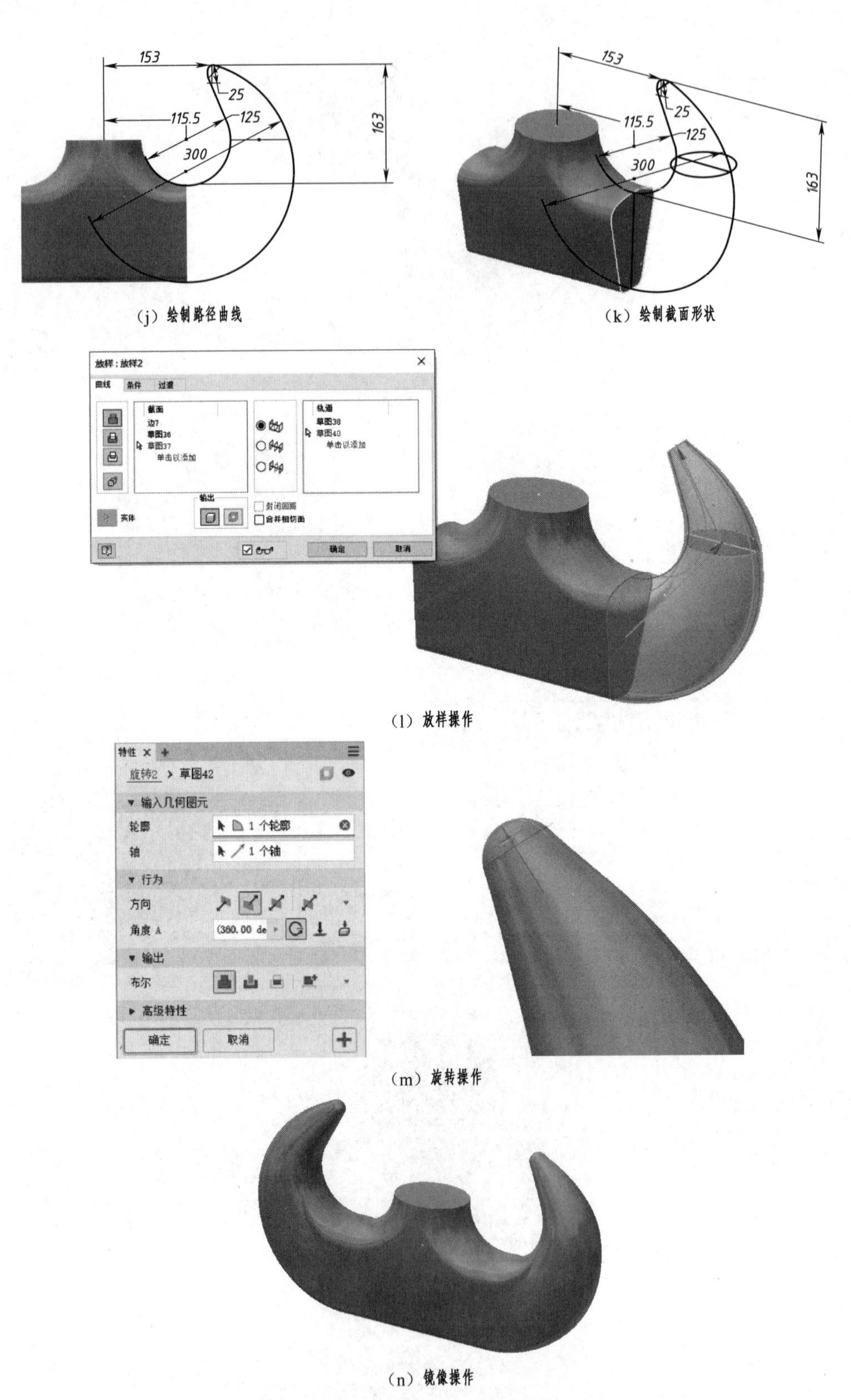

（j）绘制路径曲线

（k）绘制截面形状

（l）放样操作

（m）旋转操作

（n）镜像操作

图4-58 吊钩的造型过程(续)

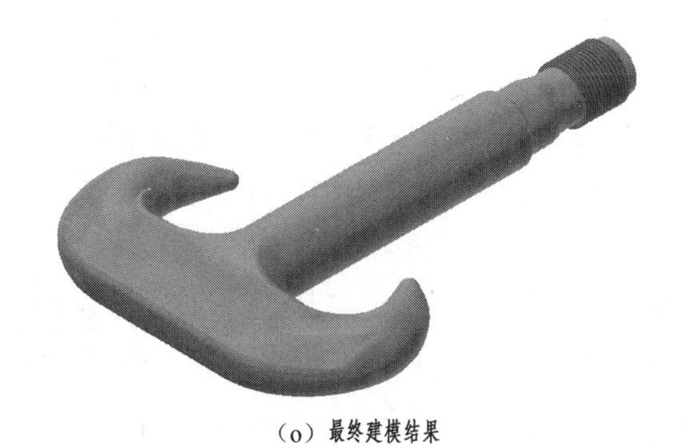

(o) 最终建模结果

图 4-58　吊钩的造型过程(续)

4.10　创建自定义特征(iFeature)和参数驱动零件族(iPart)

4.10.1　骰子

【例 4-24】　建立如图 4-59 所示的骰子模型。

1. 模型分析

由表 4-1 可以看出,骰子的特点是在正立方体的六个面中,有 5 个面上的点都有形状和位置参数相同的半球体,可以采用 iFeature 进行创建。

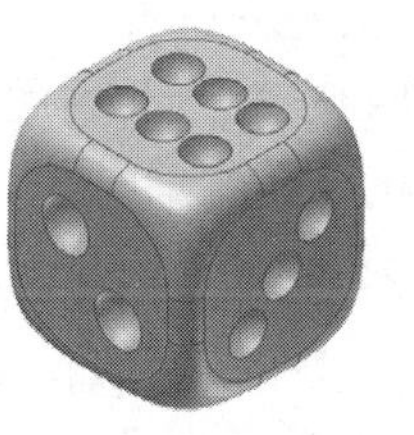

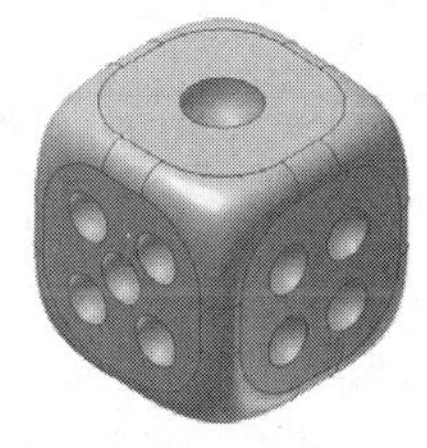

图 4-59　骰子模型

表 4-1　骰子点的位置统计

点　数	直　　径	长　　度	宽　　度	中　　心
1	30	—	—	0
2	25	—	—	20
3	20	—	—	25
4	20	—	—	22
5	20	—	—	25
6	20	20	15	—

2. 操作步骤

①进入零件工作模式,绘制草图并标注尺寸如图 4-60(a)所示,完成草图。

②单击“拉伸”按钮,自动捕捉拉伸截面轮廓,拉伸距离为 100,如图 4-60(b)所示,拉伸后的结果如图 4-60(c)所示。

③单击“圆角”按钮，选择“变半径”页面，单击选择立方体的一条边，在页面上自动出现“开始”和“结束”点的半径和位置信息，然后单击边上的两个位置，在页面上出现此2个点的半径和位置信息，可以对所有点的位置和半径信息进行编辑，如图4-60(d)所示。同样的操作，依次选择立方体的12条边，如图4-60(e)所示，结果如图4-60(f)所示。

④右击，在弹出的右键菜单中选择“新建草图”命令，选取上表面为草图平面，绘制草图如图4-60(g)所示，完成草图。

⑤单击“旋转”按钮，选择截面轮廓和旋转轴，旋转后得到的结果如图4-60(h)所示。

⑥在功能区上，单击“管理”选项卡，在“编写”面板上选择“提取 iFeature”命令，弹出“提取 iFeature”对话框，选择“旋转”特征，单击对话框中的按钮添加参数，如图4-60(i)所示。单击“保存”按钮，保存此特征“骰子孔1. ide”。

⑦单击“矩形阵列”按钮，选择旋转特征，选择对角线方向，列数为2，列间距为40，如图4-60(j)所示，阵列后的结果如图4-60(k)所示。

⑧在功能区上，单击“管理”选项卡，在“插入”面板上选择“插入 iFeature”命令，弹出“插入 iFeature”对话框，首先选择插入“骰子孔1”选项，其次选择其位置(草图平面)，再次修改编辑其大小，可选择“立即激活草图编辑”选项来修改草图，如图4-60(l)~图4-60(n)所示，结果如图4-60(o)所示。

⑨单击“矩形阵列”按钮，选择插入 iFeature 特征，选择长度和宽度线为阵列方向，列数都为2，列间距都为30，如图4-60(p)所示，阵列后的结果如图4-60(q)所示。

⑩同样的操作。如图4-60(r)~图4-60(u)所示。

⑪右击，在弹出的右键菜单中选择“新建草图”命令，选取最后一个表面为草图平面，绘制草图如图4-60(v)所示，完成草图。

⑫单击“旋转”按钮，选择截面轮廓和旋转轴，旋转后得到的结果如图4-60(w)所示。

⑬单击“矩形阵列”按钮，选择插入 iFeature 特征，选择长度线为阵列方向，列数为2，列间距为30，选择宽度线为阵列方向，列数为3，列间距为22，如图4-60(x)所示，阵列后的结果如图4-60(y)所示。

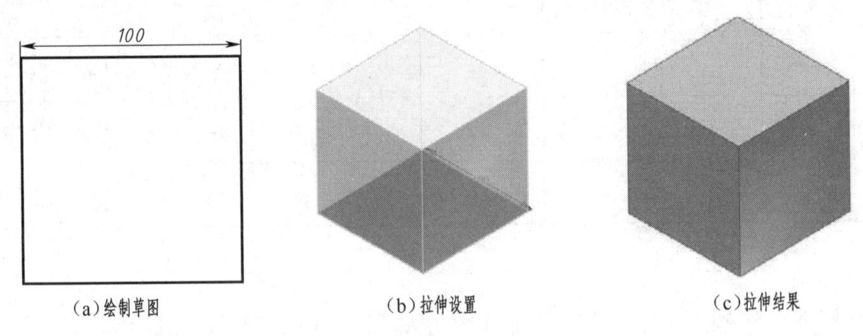

(a)绘制草图　(b)拉伸设置　(c)拉伸结果

图4-60　骰子模型的造型过程

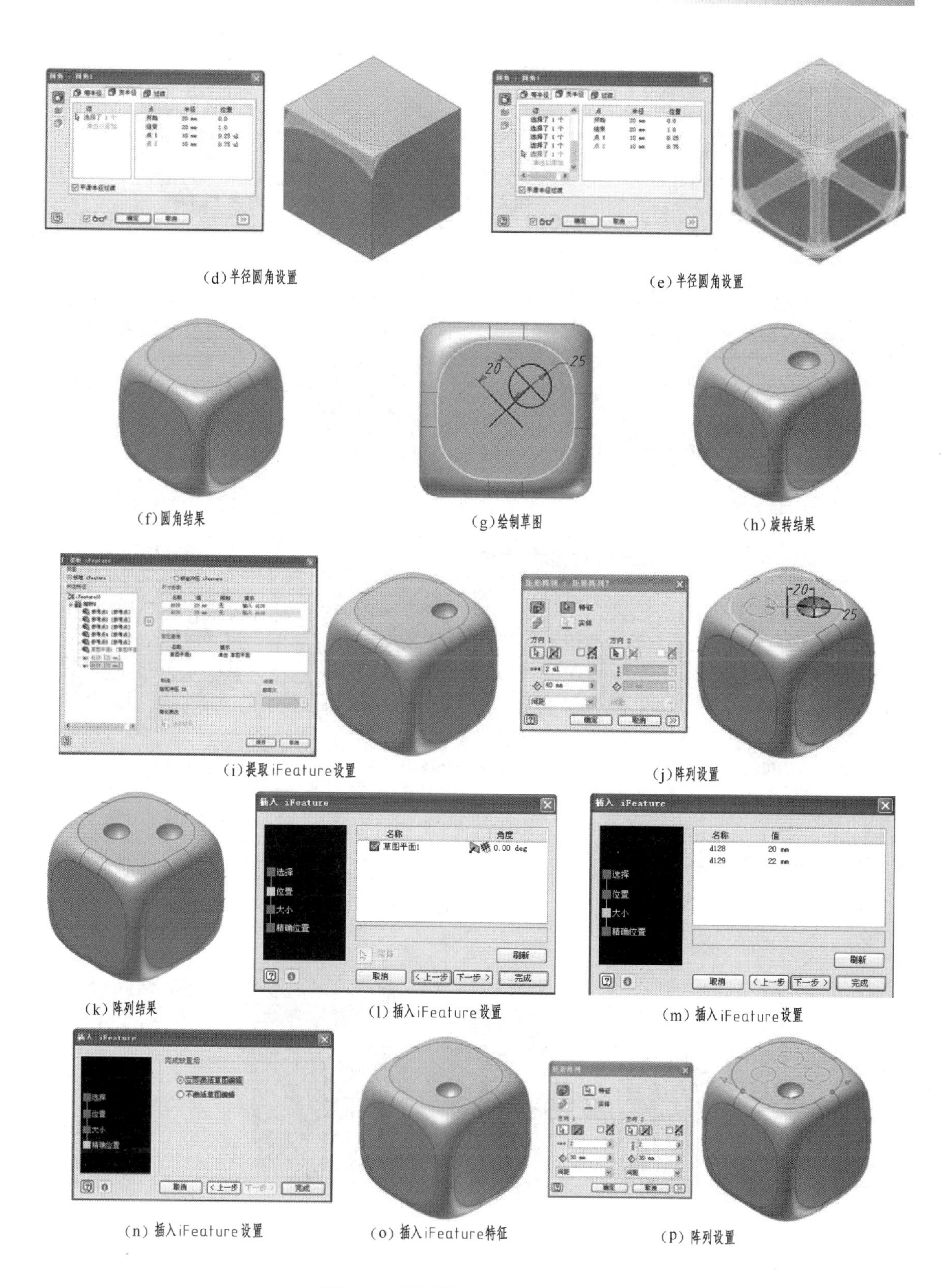

(d)半径圆角设置

(e)半径圆角设置

(f)圆角结果

(g)绘制草图

(h)旋转结果

(i)提取iFeature设置

(j)阵列设置

(k)阵列结果

(l)插入iFeature设置

(m)插入iFeature设置

(n)插入iFeature设置

(o)插入iFeature特征

(p)阵列设置

图4-60 骰子模型的造型过程(续)

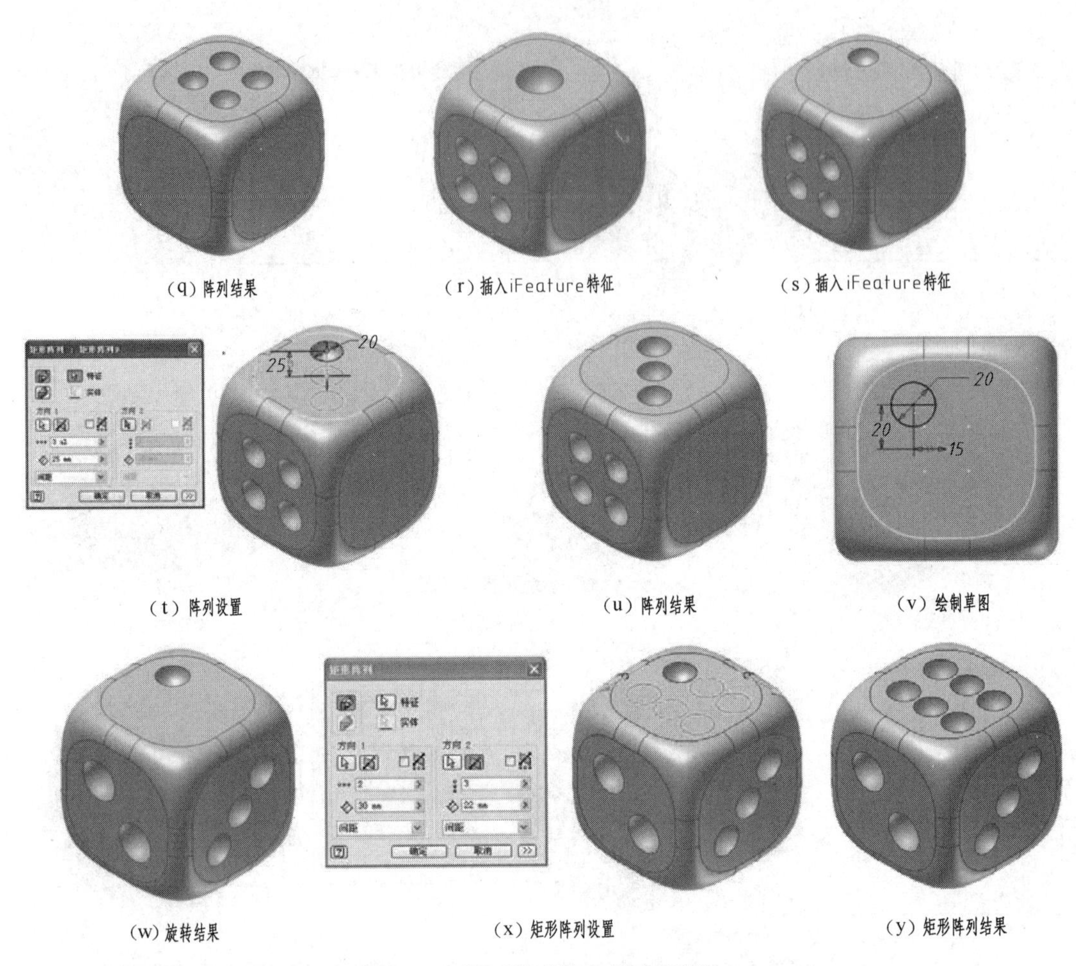

(q) 阵列结果　(r) 插入iFeature特征　(s) 插入iFeature特征

(t) 阵列设置　(u) 阵列结果　(v) 绘制草图

(w) 旋转结果　(x) 矩形阵列设置　(y) 矩形阵列结果

图 4-60　骰子模型的造型过程(续)

4. 10. 2　一次性水杯

【例 4-25】 建立如图 4-61 所示的一次性水杯模型。

图 4-61　一次性水杯模型

1. 模型分析

由图 4-61 可以看出，上述的一次性水杯形状完全一样，只是尺寸规格不一样，类似于标准件。如果对上述模型依次建模并分别保存,导致浪费时间和资源。此类问题可以通过 Inventor 软件的零件族 iPart 功能实现。

2. 操作步骤

①进入零件工作模式,绘制草图并标注尺寸,圆的直径为 $\phi60$,如图 4-62(a)所示,完成草图。

②单击"工作平面"按钮,生成工作平面 1,其与 XY 平面相距 100,如图 4-62(b)和图 4-62(c)所示。

③右击,在弹出的右键菜单中选择"新建草图"命令,选取工作平面 1 为草图平面,绘制草图并标注尺寸,圆的直径为 $\phi80$,如图 4-62(d)所示,完成草图。

④单击"放样"按钮,依次选择草图 1 和草图 2,如图 4-62(e)所示,得到的结果如图 4-62(f)所示。

⑤单击"抽壳"按钮,选择形体的上表面为开口面,厚度为 0.3,如图 4-62(g)所示。抽壳后得到的结果如图 4-62(h)所示。

⑥右击,在弹出的右键菜单中选择"新建草图"命令,选取下表面为草图平面,绘制草图并标注尺寸,两个同心圆的半径差为 $R0.5$,如图 4-62(i)所示,完成草图。

⑦单击"拉伸"按钮,捕捉圆环形拉伸截面轮廓,拉伸距离为 10,如图 4-62(j)所示,拉伸后的结果如图 4-62(k)所示。

⑧右击,在弹出的右键菜单中选择"新建草图"命令,选取上表面为草图平面,绘制草图并标注尺寸,最大和最小同心圆的半径差为 $R3$,如图 4-62(l)所示,完成草图。

⑨右击,在弹出的右键菜单中选择"新建草图"命令,选取 XZ 平面为草图平面,绘制草图并标注尺寸,圆的直径为 $\phi3$,如图 4-62(m)所示,完成草图。

⑩单击"扫掠"按钮,捕捉扫掠截面和路径,如图 4-62(n)所示,结果如图 4-62(o)所示。

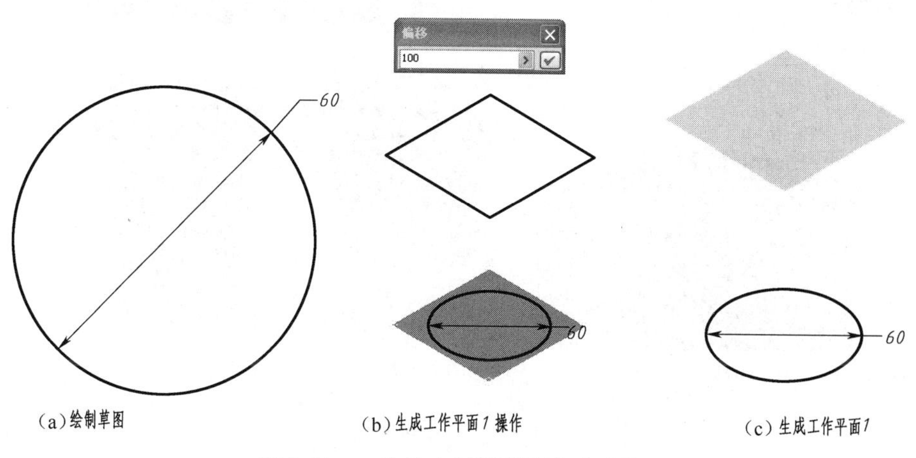

图 4-62　一次性水杯模型的造型过程 1

图 4-62　一次性水杯模型的造型过程 1(续)

⑪在功能区上,单击“管理”选项卡,然后单击“参数” fx 命令,弹出“参数”对话框。分别修改参数的名称,重命名为“杯口、杯高和杯底”,如图 4-63(a)所示。

⑫在功能区上，单击“管理”选项卡，在“编写”面板上单击“创建 iPart”命令，弹出“iPart 编写器”对话框，如图 4-63(b)所示。

⑬单击选中对话框中最下面表格中的一行，右击，在右键弹出菜单中选择“插入行”选项，并对数据进行编辑，如图 4-63(c)所示。

⑭单击选中对话框中最下面表格中的一列，右击，在右键弹出菜单中选择添加关键字，如图 4-63(d)所示。关闭对话框。

⑮在浏览器中会出现“表”选项，单击其下面的每一项会出现不同的零件模型，如图 4-63(e)所示。

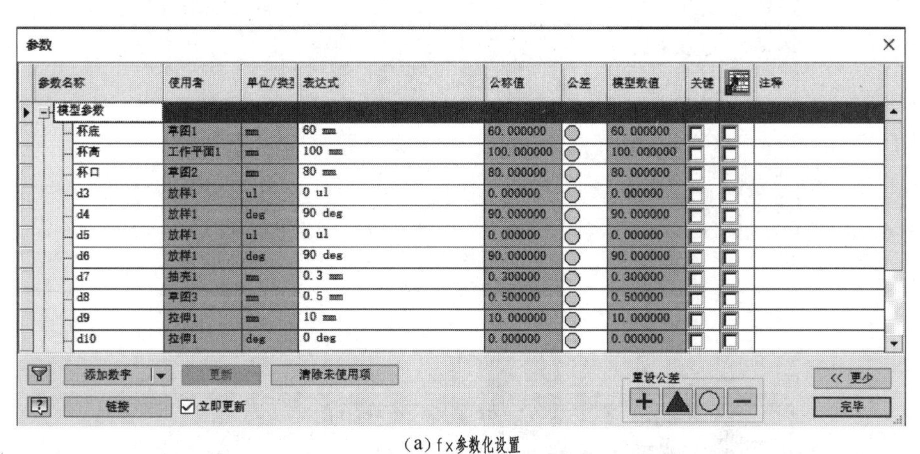

(a) fx参数化设置

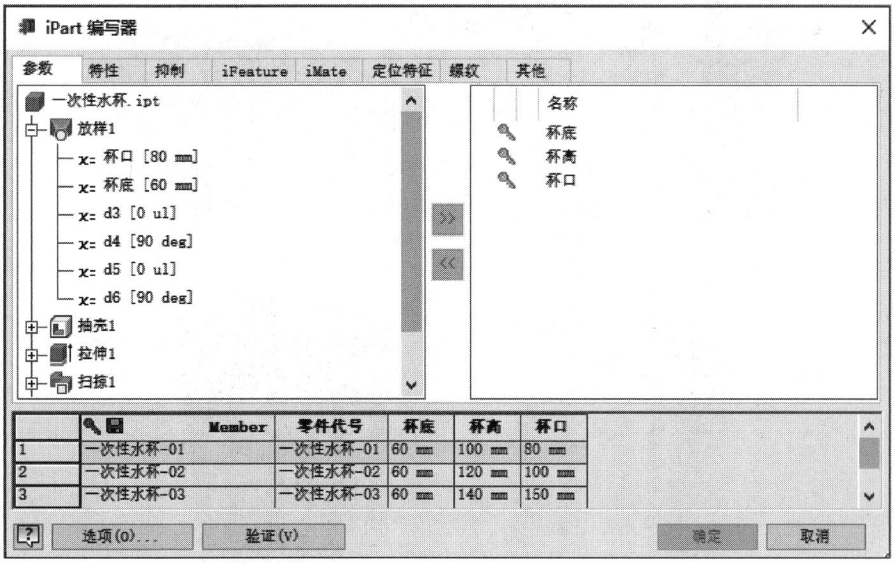

(b) 打开iPart编辑器

图 4-63　一次性水杯模型的造型过程 2

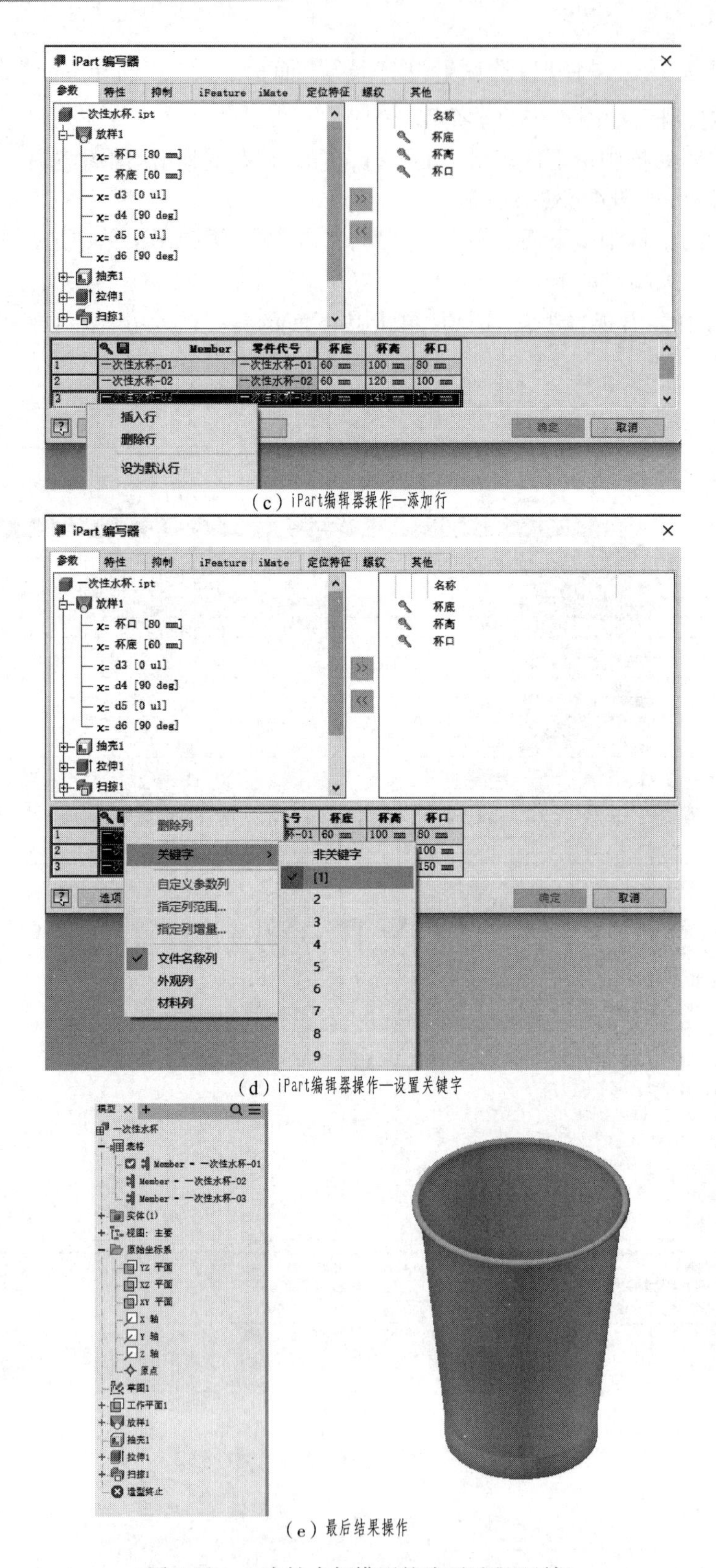

（c）iPart编辑器操作—添加行

（d）iPart编辑器操作—设置关键字

（e）最后结果操作

图 4-63　一次性水杯模型的造型过程 2(续)

4.11 钣　　金

工具箱

【例 4-26】 建立如图 4-64 所示的工具箱模型。

1. 模型分析

工具箱是钣金零件,可以在钣金零件设计环境中通过异形板、凸缘、剪切等命令实现。

2. 操作步骤

①单击“直线”按钮和“通用尺寸”按钮,绘制直线草图并标注尺寸,如图 4-65(a)所示。

②单击“异形板”按钮,选择草图为截面轮廓,输入距离为 50,如图 4-65(b)所示,结果如图 4-65(c)所示。

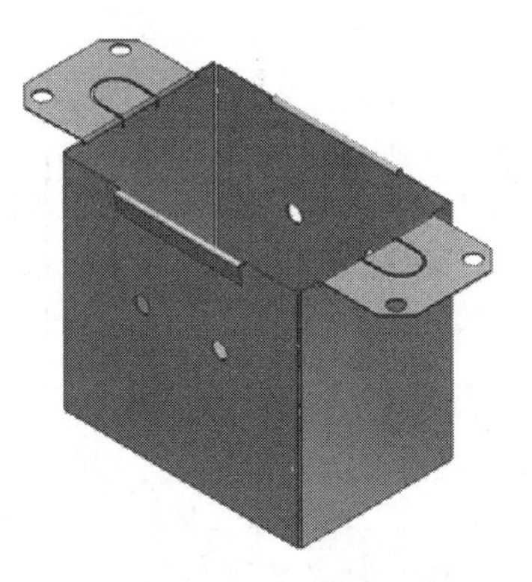

图 4-64　工具箱

③单击“凸缘”按钮,选择凸缘的边,输入距离为 70,如图 4-65(d)所示,结果如图 4-65(e)所示。

④单击“凸缘”按钮,选择凸缘的边,输入距离为 70,结果如图 4-65(f)所示。

⑤单击“拐角接缝”按钮,选择接缝的边,在“拐角”页中的释压形状选择“圆形”选项,如图 4-65(g)所示,结果如图 4-65(h)所示。对其余三个角选择“拐角接缝”命令,结果如图 4-65(i)所示。

⑥单击“凸缘”按钮,选择凸缘的边,输入距离为 25,宽度范围类型选择“偏移量”命令,偏移 1 为 6,偏移 2 为 6,如图 4-65(j)所示,结果如图 4-65(k)所示。对另一侧重复同样的操作,结果如图 4-65(l)所示。

⑦单击“拐角倒角”按钮,选择四个拐角边,距离为 6,如图 4-65(m)所示,结果如图 4-65(n)所示。

⑧右击,在弹出的右键菜单中选择“新建草图”命令,选取底面为草图平面,如图 4-65(n)所示。单击“投影展开模式”命令,投影得到的草图如图 4-65(o)所示,绘制草图并标注尺寸如图 4-65(p)所示,完成草图。

⑨单击“剪切”按钮,选择 10 个草图孔为截面轮廓,选择“冲裁贯通折弯”选项,如图 4-65(q)所示,结果如图 4-65(r)所示。

⑩右击,在弹出的右键菜单中选择“新建草图”命令,选取左侧上表面为草图平面,绘制草图并标注尺寸如图 4-65(s)所示,完成草图。

⑪单击“剪切”按钮,选择草图为截面轮廓,选择“冲裁贯通折弯”选项,如图 4-65(t)所示,结果如图 4-65(u)所示。

⑫单击“镜像”按钮，选择“剪切2”选项，*YZ* 平面为镜像面，如图4-65(v)所示，结果如图4-65(w)所示。

⑬单击“卷边”按钮，选择类型为“水滴形”选项，选择边，选择宽度范围类型为“宽度40”，如图4-65(x)所示，结果如图4-65(y)和图4-65(z)所示。

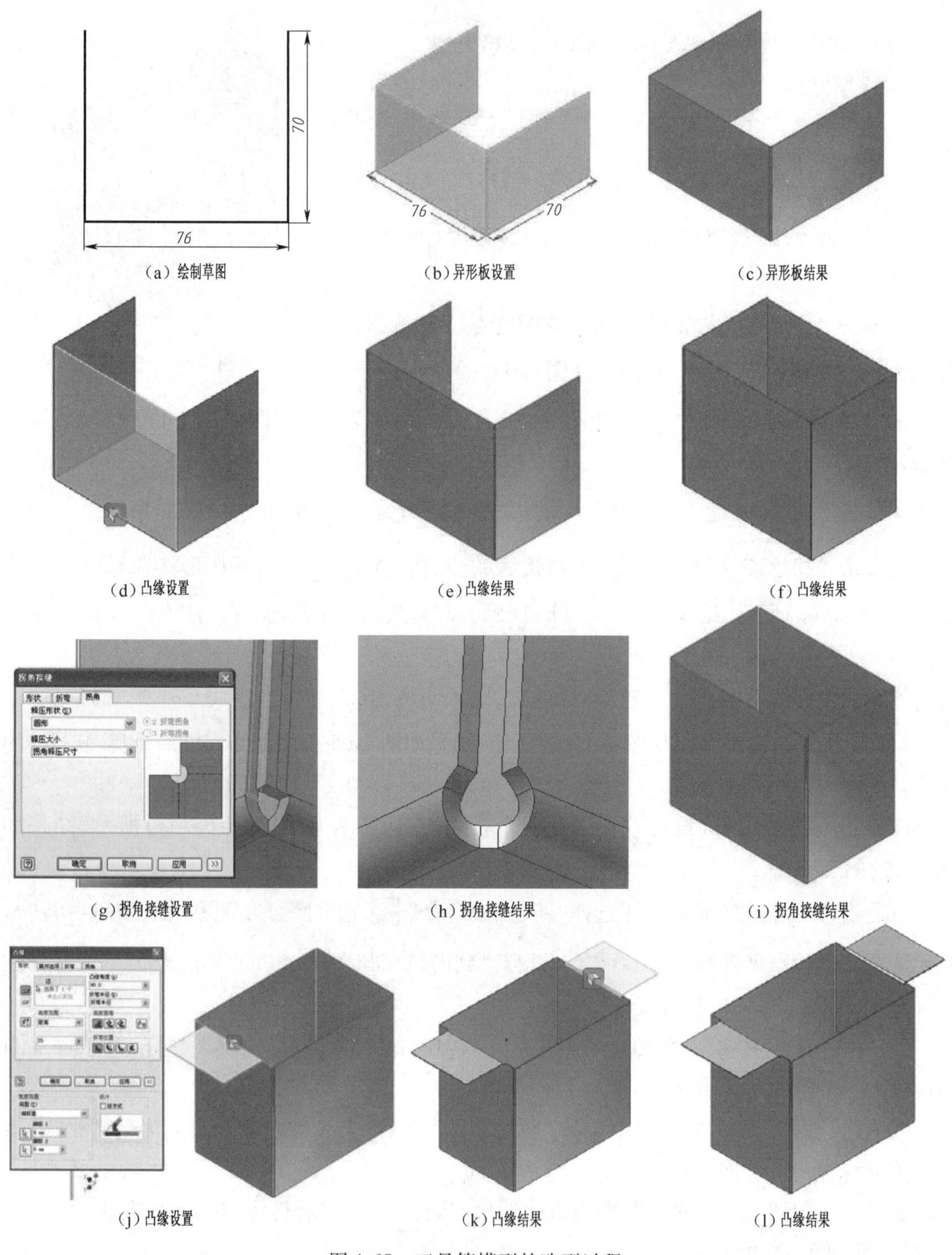

图4-65 工具箱模型的造型过程

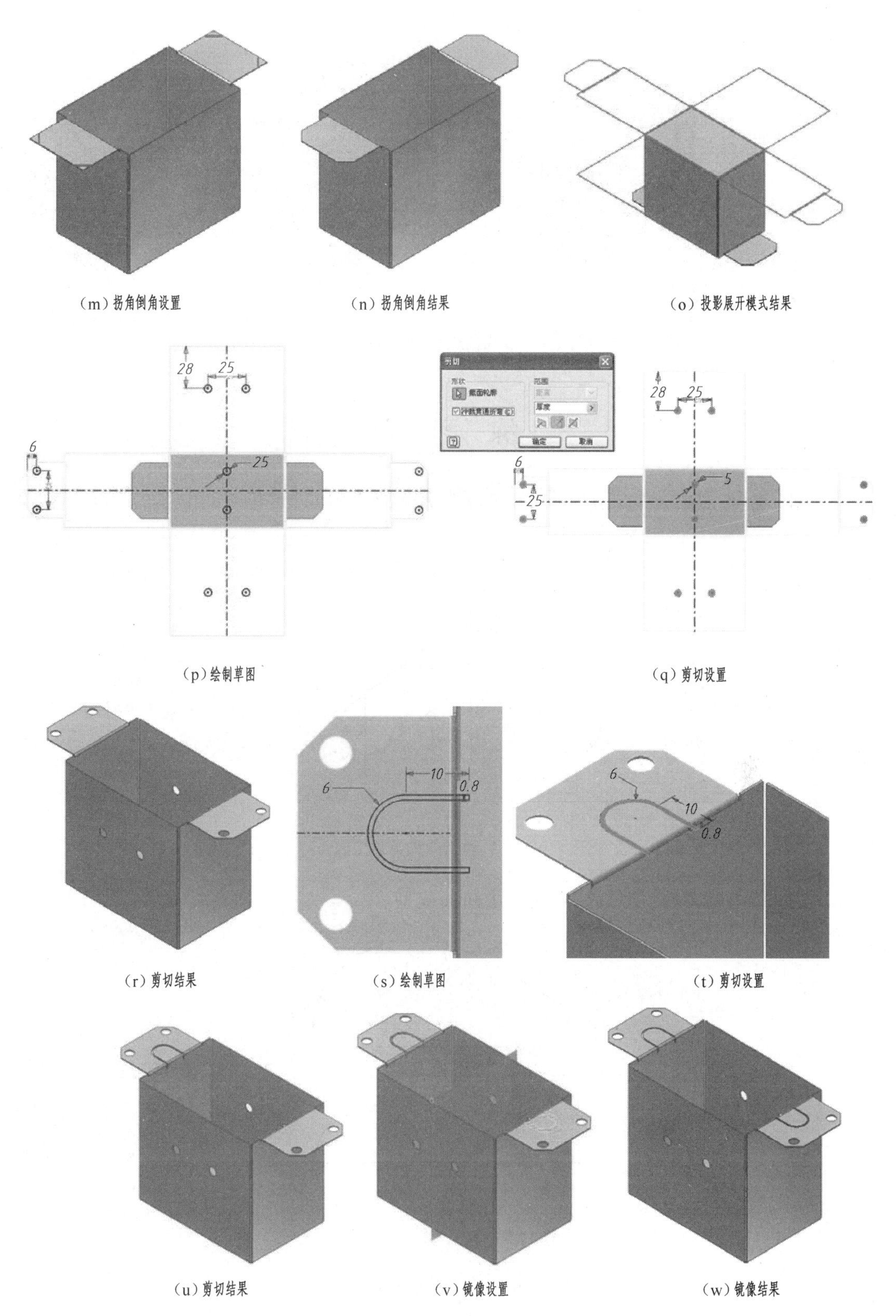

（m）拐角倒角设置　（n）拐角倒角结果　（o）投影展开模式结果

（p）绘制草图　（q）剪切设置

（r）剪切结果　（s）绘制草图　（t）剪切设置

（u）剪切结果　（v）镜像设置　（w）镜像结果

图 4-65　工具箱模型的造型过程（续）

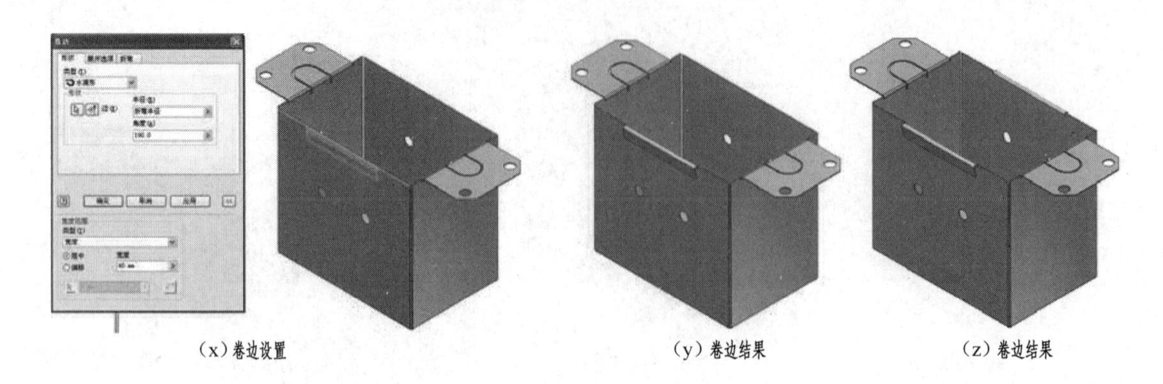
(x) 卷边设置　(y) 卷边结果　(z) 卷边结果

图 4-65　工具箱模型的造型过程(续)

练　习　题

1. 以图 4-66 为截面生成拉伸曲面,高度为 100,两端开口,再将该曲面生成厚度为 5 的曲面体。

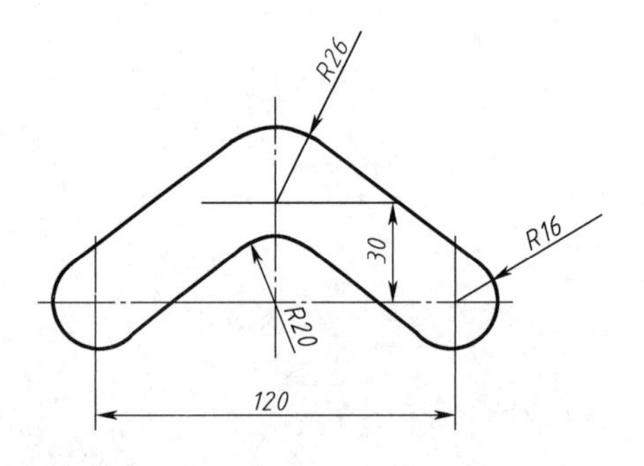

图 4-66　曲面截面

2. 按照图 4-67 中尺寸要求,生成三维曲面造型。

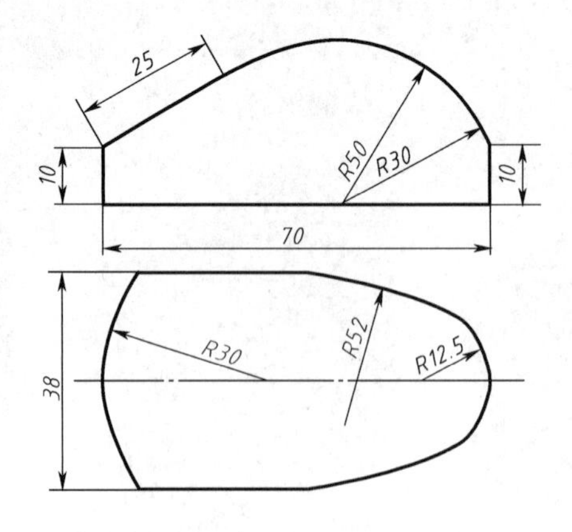

图 4-67　三维建模 1

3. 建立图 4-68 给定实体的三维模型。

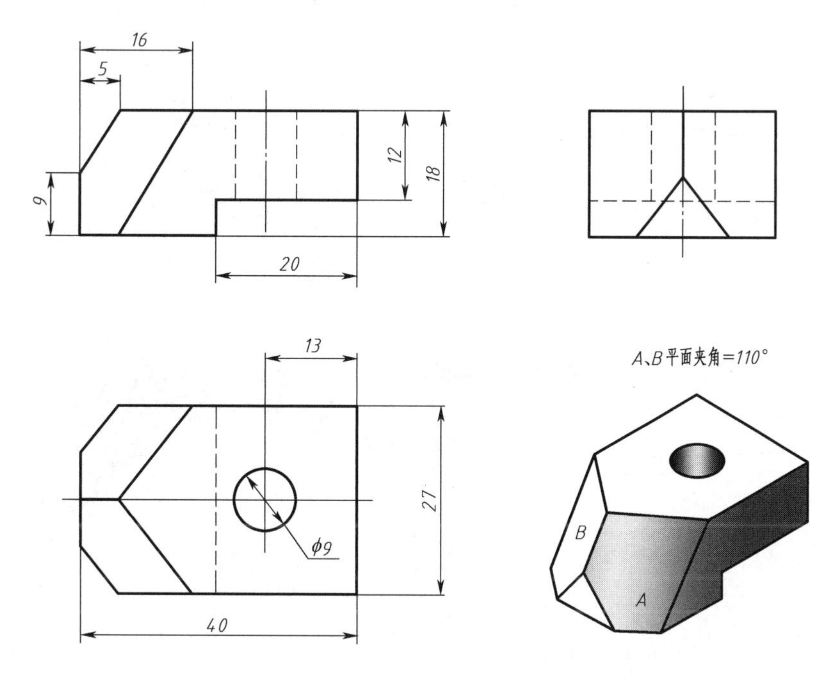

图 4-68 三维建模 2

4. 建立图 4-69 给定实体的三维模型。

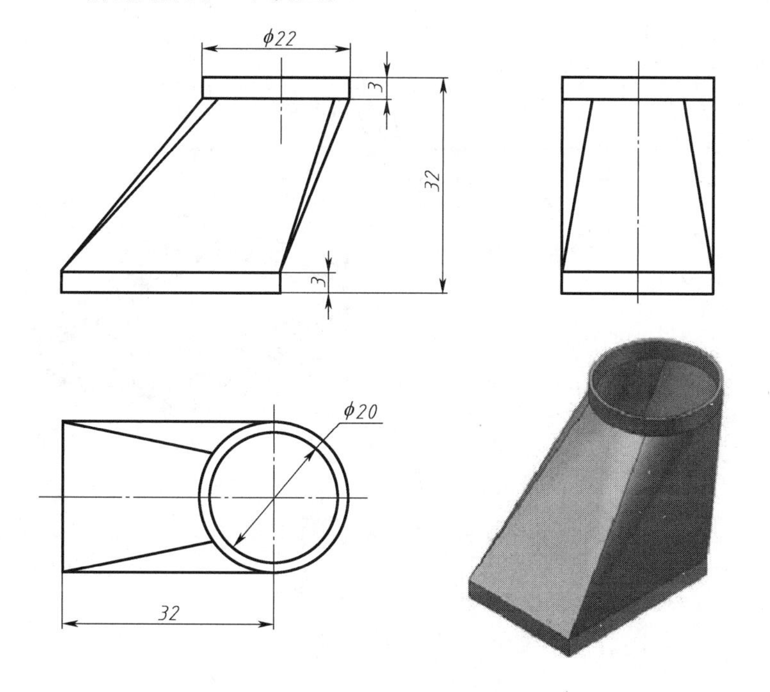

图 4-69 三维建模 3

5. 建立图 4-70 给定实体的三维模型。

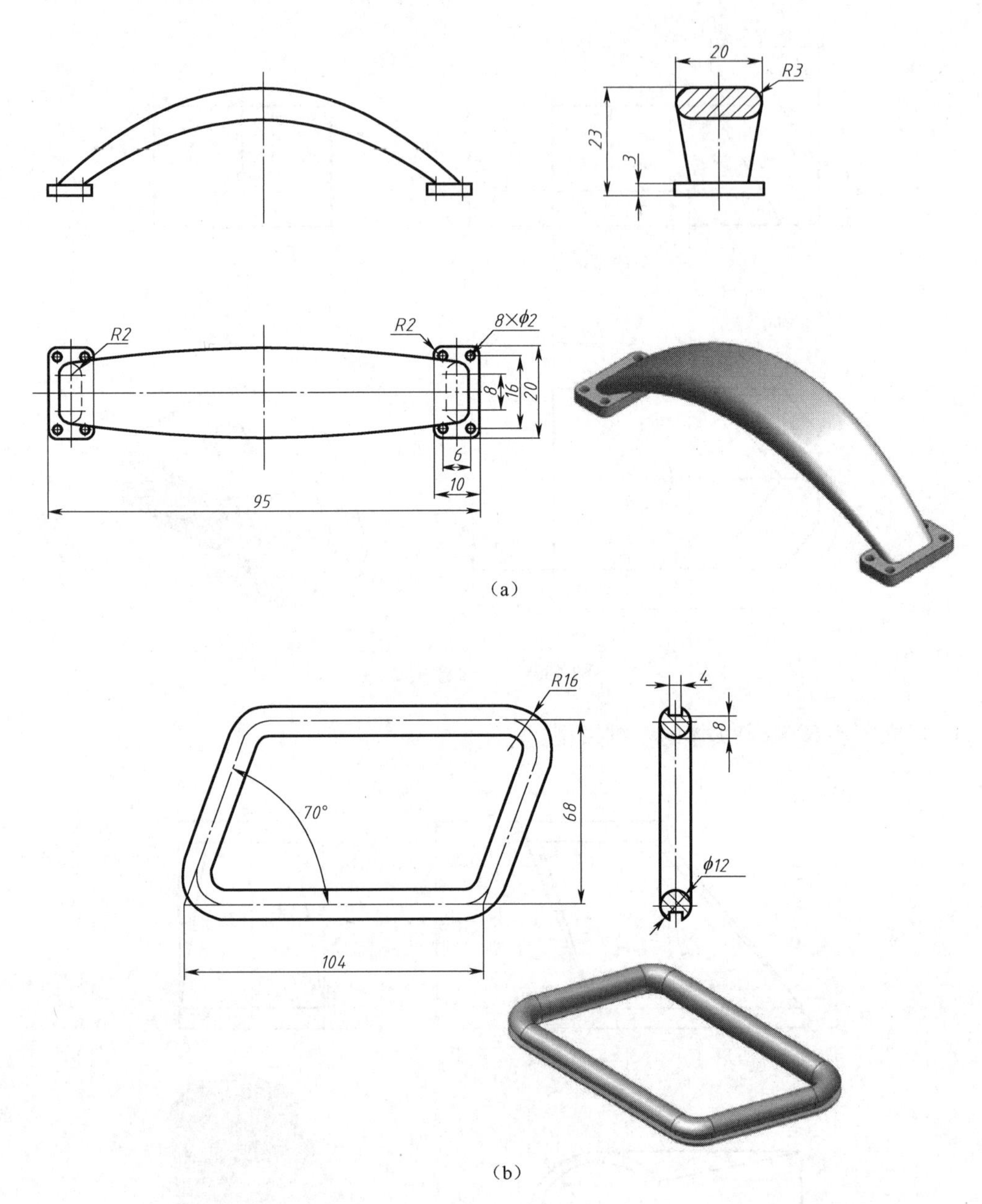

（a）

（b）

图 4-70　三维建模 4

6. 建立图 4-71 给定实体的三维模型。

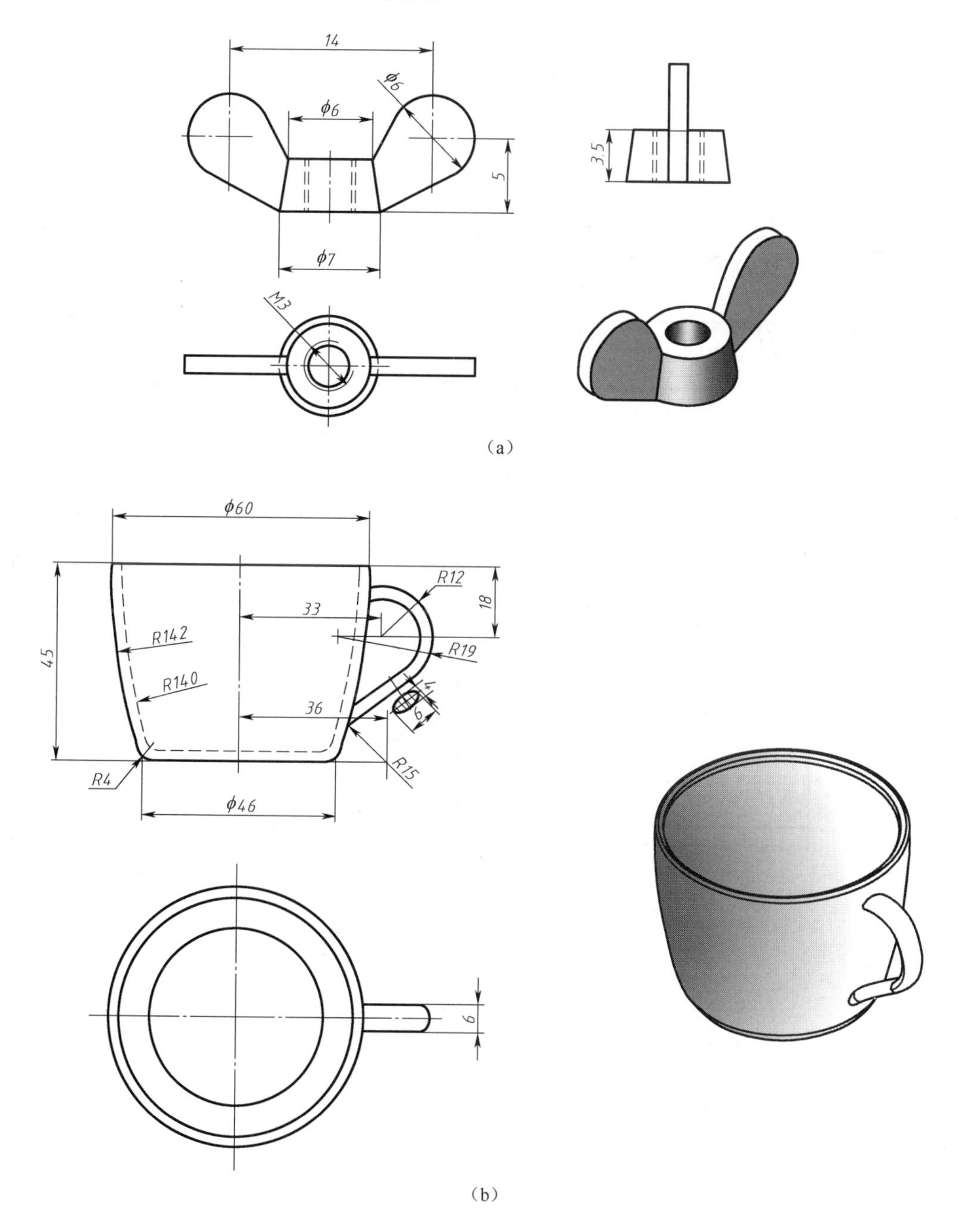

图 4-71 三维建模 5

7. 建立图 4-72 给定单人沙发的三维模型。

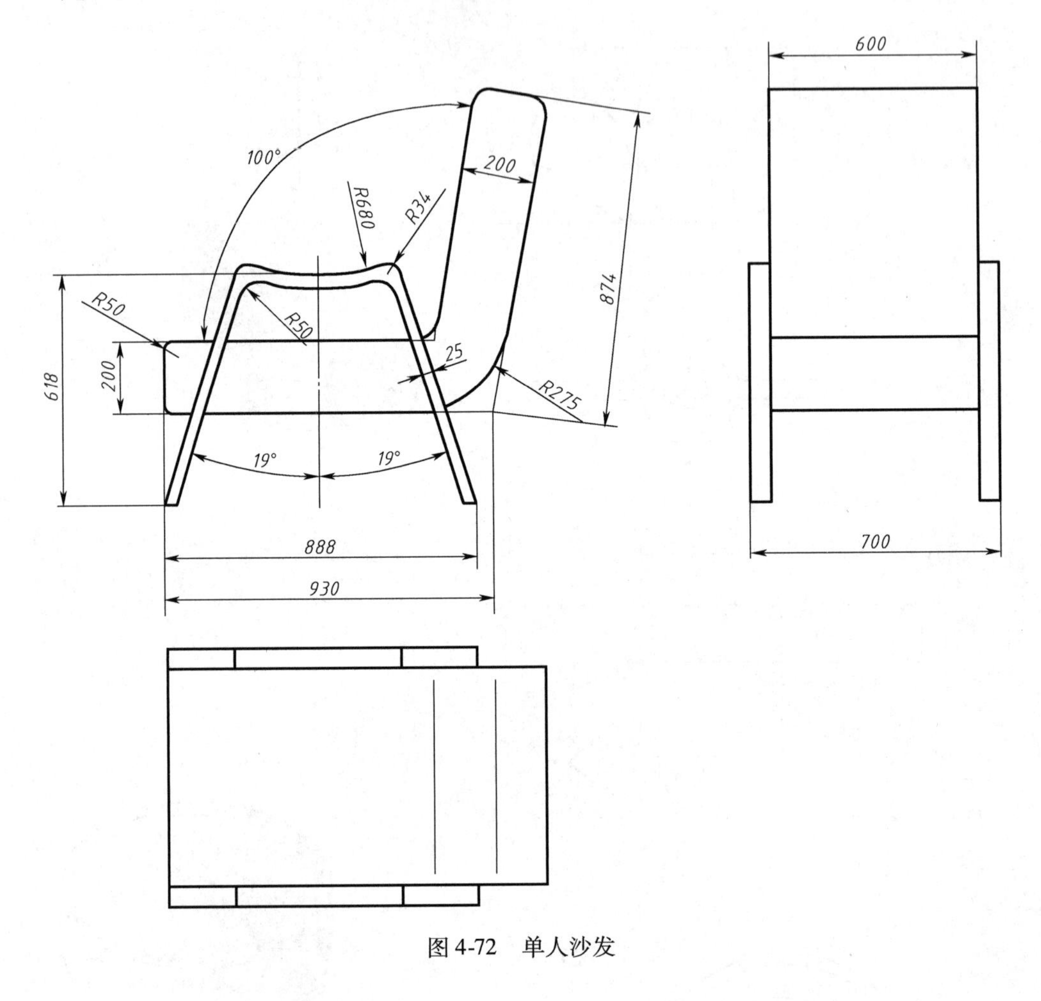

图 4-72　单人沙发

第5章　实体装配设计

学习目标

学习创建三维实体装配设计的具体方法。

学习内容

1. 三维装配设计的过程。
2. 三维装配设计的约束方法。
3. 三维装配设计方法——自下向上设计和自上向下设计。
4. 三维装配设计方法——自适应设计。
5. 学习利用“设计加速器”进行设计。
6. 深刻体会轴系部件综合设计实例。

5.1　装配设计流程

所谓装配设计就是在三维设计环境中，将若干零件或部件按照一定的装配约束关系组合在一起，以获得一个部件或一台机器的三维实体模型，以进一步观察、分析部件或机器的连接关系和工作原理。例如进行零件之间的干涉分析，生成装配爆炸(分解)图、装配剖视图，进行运动学或动力学的分析，同时三维实体装配模型还可用于快速创建部件或装配体的二维工程图。

三维实体模型装配设计有两种方法：**“自下向上”**和**“自上向下”**的设计方法，它们的装配设计流程图如图5-1所示。

“自下向上”的设计方法是在零件的设计环境中完成各个零件的实体建模，再在装配环境中调入各零件，并按照一定的装配关系进行装配。这种设计方法的特点是各零件的结构尺寸是相互独立的，没有任何关联性，因而当装配体中各零件的尺寸、结构均完全确定的情况下可以采用此设计方法。

“自上向下”的设计方法是根据装配体中的某个基础零件，或者是根据在装配环境中绘制的装配体草图，设计其余零件。因而新设计的零件与参与零件或装配体草图在结构、尺寸上具有关联性。例如当参考零件的某个特征或草图改变时，与其关联的新设计的零件的结构、尺寸特征也会随之改变，而无需重新建模。而且新建零件也是一个独立的零件文档，可以用来单独创建零件工程图纸。

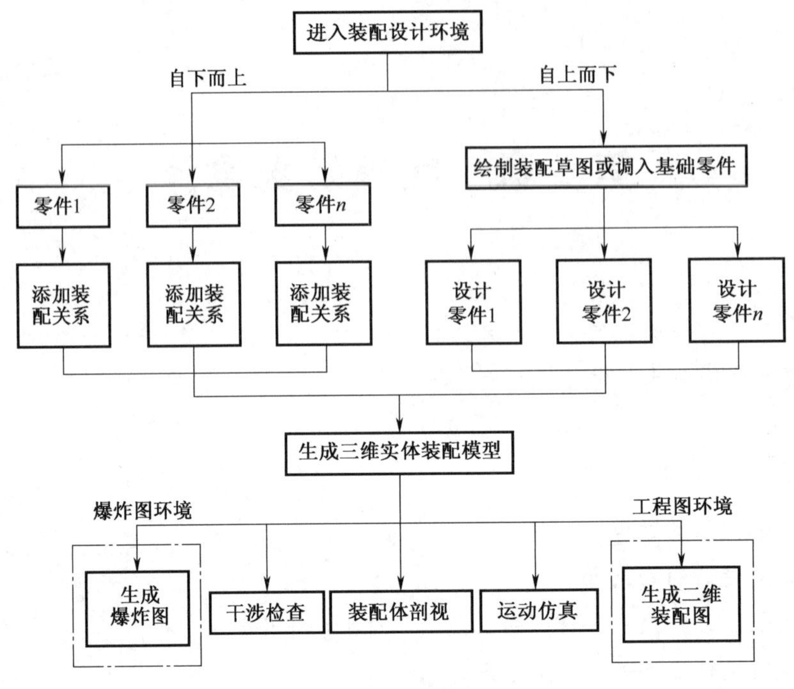

图 5-1　装配设计流程

5.2　装配设计环境

图 5-2 是装配设计界面。在装配设计命令菜单中主要包含“零部件”“位置”“管理”“工具集”“开始”“转换”等标签栏。其中“零部件”和“位置”包含了主要的装配命令。

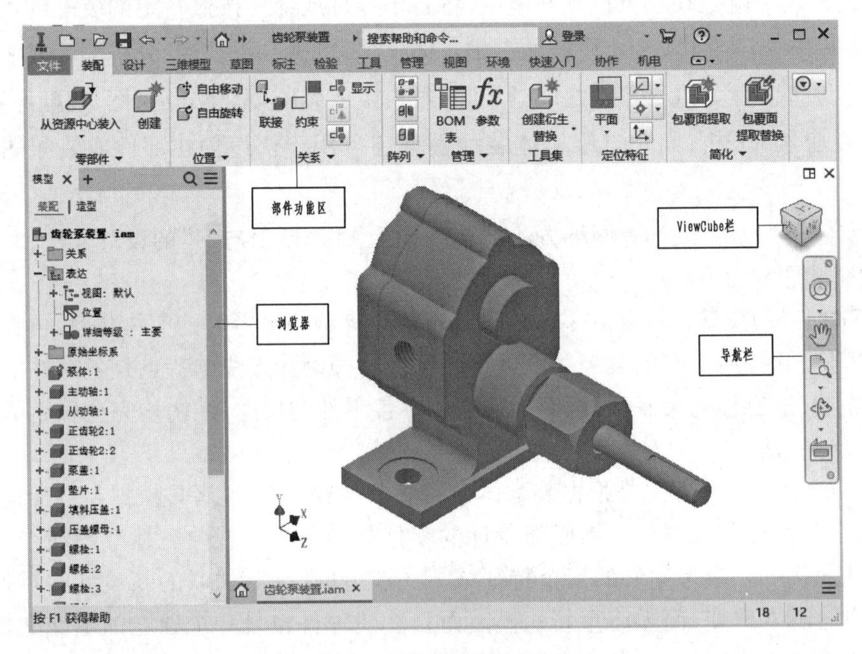

图 5-2　装配设计界面

在“浏览器”即装配结构区中，可以清楚地看到装配层次，其结构呈树状排列。顶部表明当前装配件的名称是“装配 1. asm”每个装配件名称冒号后面加一个数字，表示使用该部件的次数。零件名称前的图标反映布局、零件或子装配件的状态。

还可以通过功能键或快捷方式对零件、部件或布局进行选择、删除和编辑等操作。例如：选择某一个零件右击，在快捷菜单中选择“启用”选项，可以激活该零件；也可以选择“编辑”选项，进入零件设计环境，修改装配件中的零件，修改完成后，单击“完成编辑”按钮，返回到装配设计环境。

在“浏览器”中可以查看零件的装配关系，也可以对其装配关系进行编辑或修改。在“浏览器”中单击某个零件图标前面的“ + ”号，将其展开后，就可以查看到与此零件有关的装配关系。

5.3　装配设计中的约束

5.3.1　零件的自由度

一个未受任何约束的自由物体在空间中有 6 个**自由度**，即沿 X、Y、Z 轴向移动的三个**自由度**和绕 X、Y、Z 轴向转动的三个**自由度**，如图 5-3(a)所示。如果将圆柱体的轴线定义与 Z 轴重合，则物体将失去 4 个**自由度**，而只保留两个自由度即沿 Z 轴的移动和转动，如图 5-3(b)所示。

5.3.2　约束类型

零件的装配关系即连接关系，实际上就是限制零件的**自由度**，是对零件所添加的各种约束形式。

在 Inventor 中，有四种约束类型：**部件约束**、**运动约束**、**过渡约束**和**几何约束**。在“装配”标签栏中选择“约束”按钮，弹出“放置约束”对话框，如图 5-4 所示。

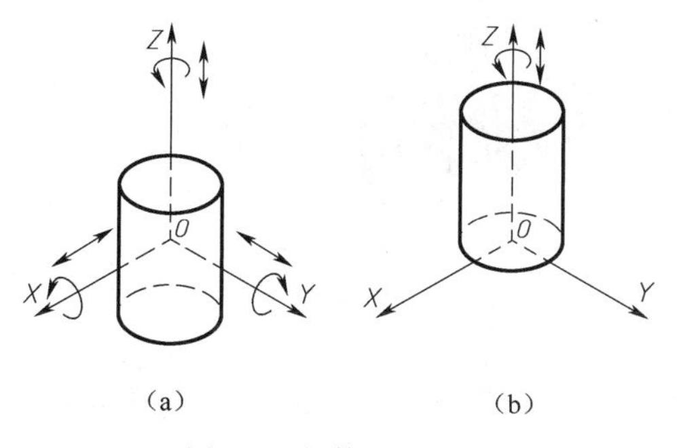

图 5-3　物体的自由度

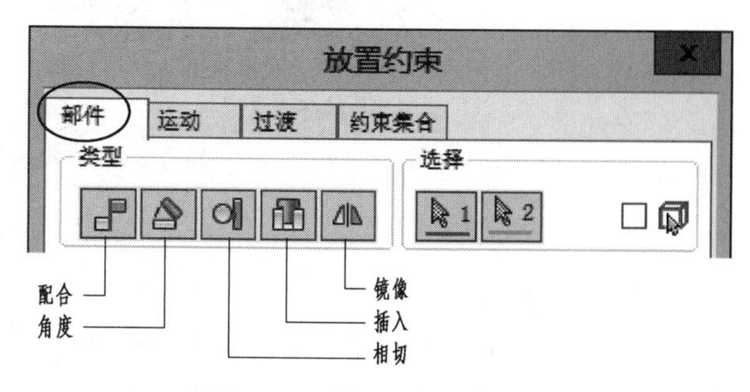

图 5-4　“放置约束”对话框

5.3.3　部件约束

部件约束有四种形式：**配合**、**角度**、**相切**和**插入**，如图 5-4 所示。部件约束可以实现零件之间的**点—点**、**线—线**、**面—面**、**点—线**、**点—面**和**线—面**六种形式的约束关系。

1. 配合约束

配合约束可将所选的一个实体元素（**点**、**线**、**面**）放置到另一个选定的实体元素上，使它们重合。元素与元素可以有偏移距离。图 5-4 所示为“部件”选项卡中的“配合”约束形式。

图 5-5 ~ 图 5-7 所示为常见的配合约束方式。

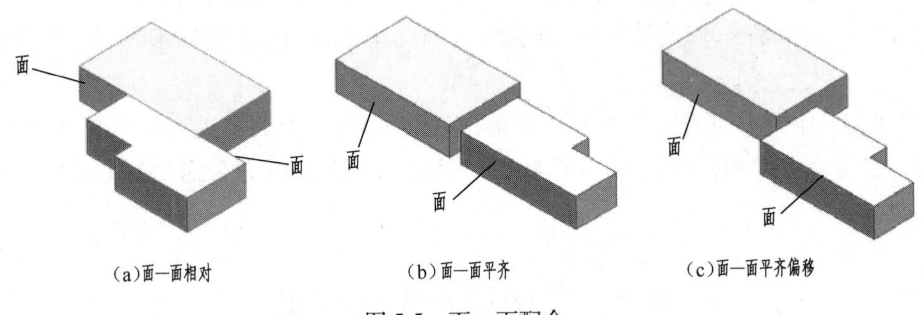

图 5-5　面—面配合

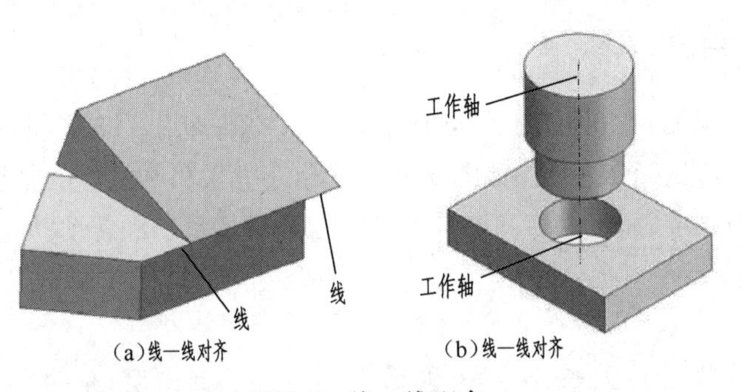

图 5-6　线—线配合

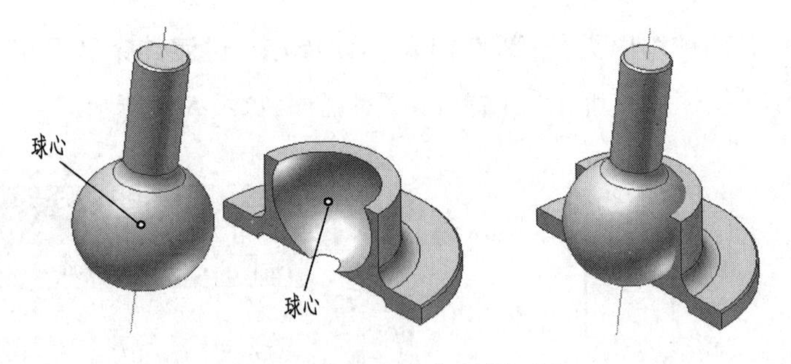

图 5-7　点—点配合（球心点）

2. 角度约束

角度约束可以确定两个实体元素（**线**、**面**）之间的夹角。图 5-8 所示为“部件”选项卡中的“角度”约束形式。图 5-9 所示为角度约束的图例。

3. 相切约束

相切约束使两个实体的元素（**平面**、**曲面**）在切点或切线处接触。图 5-10 所示为“部件”选项卡中的“相切”约束形式。图 5-11 所示为相切约束的图例。

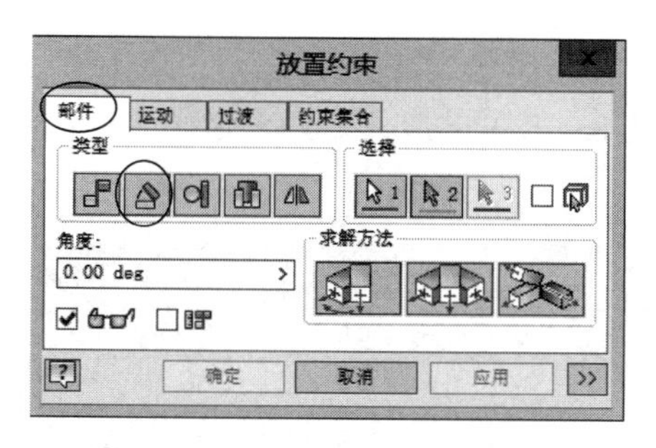

图 5-8　“角度”约束形式

(a) 面—面夹角　(b) 线—线夹角

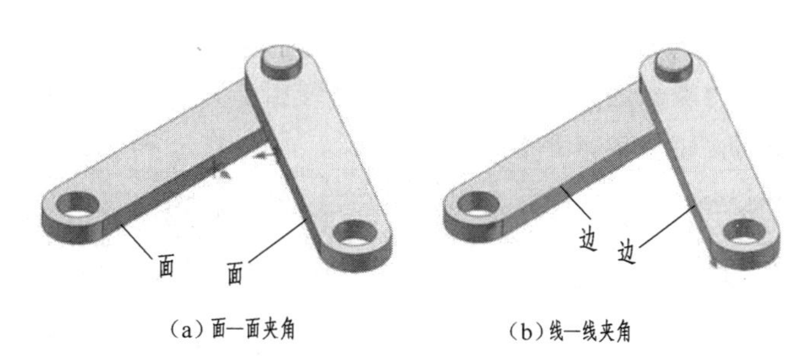

图 5-9　角度约束

图 5-10　“相切”约束形式

(a) 外切　(b) 内切

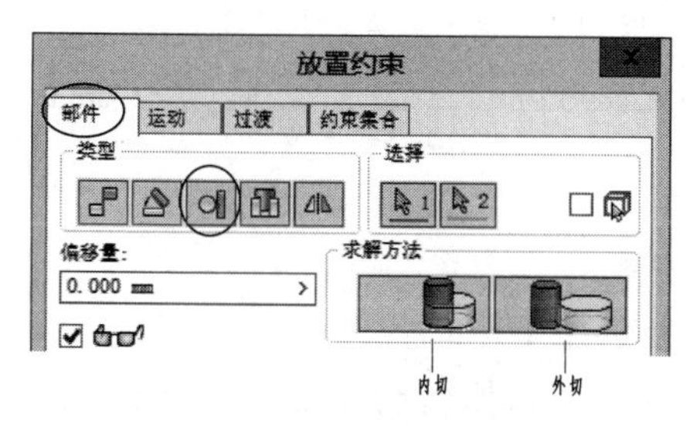

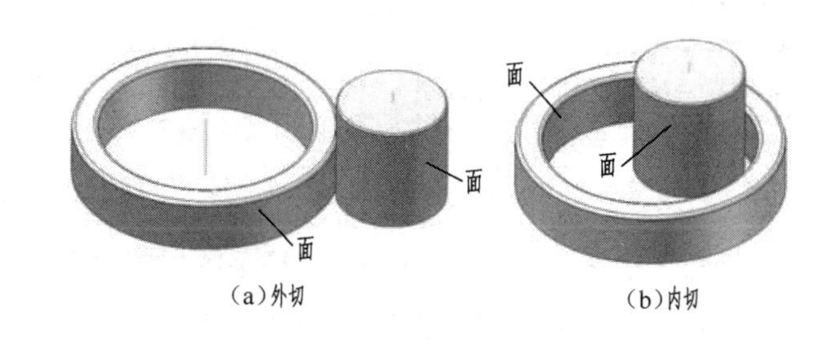

图 5-11　相切约束

4. 插入约束

插入约束是将**面—面约束**和**线—线约束**同时使用的**复合约束**，即添加实体上圆所在平面与另一实体上圆所在平面对齐，同时添加两圆轴线对齐约束。图 5-12 所示为“部件”选项卡中的“插入”约束形式。

图 5-13 所示为插入约束的图例。

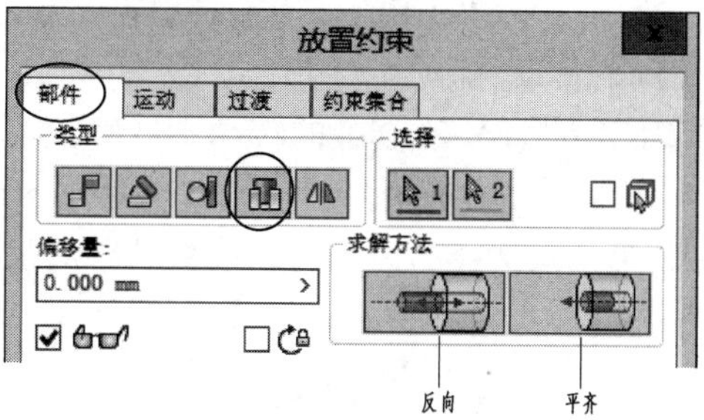

图 5-12　“插入”约束形式

5.3.4　运动约束

运动约束可以确定两个零件之间预定的运动关系—运动方向和传动比(距离)，如两零件的**相对转动**和**相对移动**。当转动或移动其中的一个零件时，两个零件按指定的运动约束转动或移动。运动约束的对话框如图 5-14 所示。

(a) 圆所在平面相对、线线对齐　(b) 插入结果

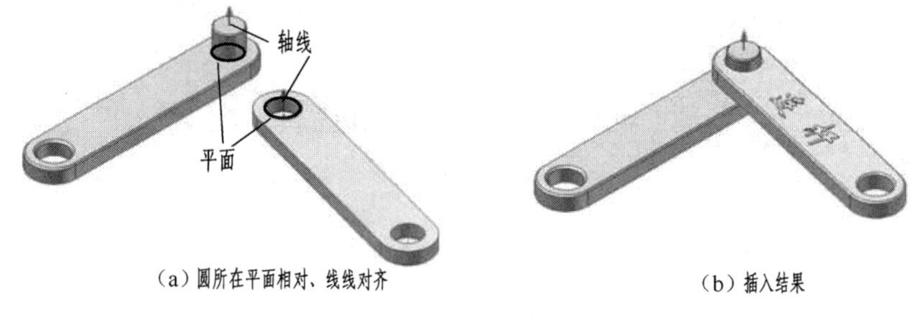

图 5-13　插入约束

1. 转动约束

“**转动约束**”能够给两个转动零件指定传动比的转动方向，常见的应用是两个齿轮之间的传动，如图 5-14 所示。

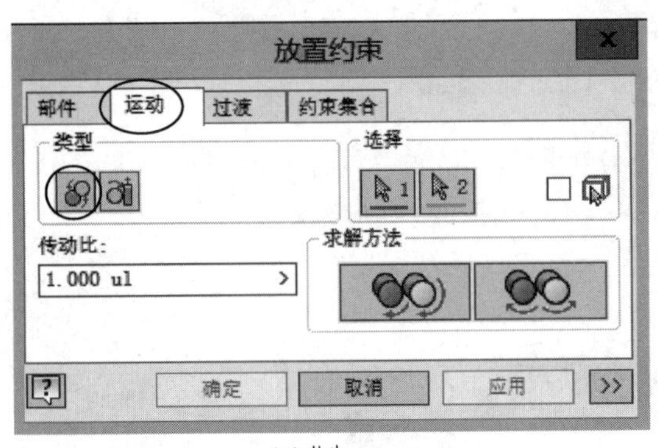

（a）转动

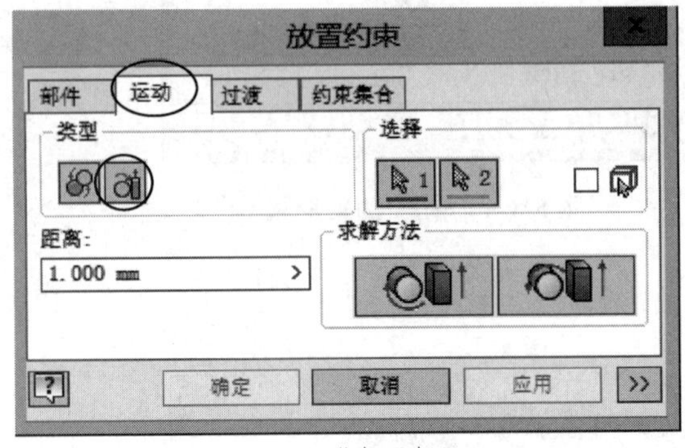

（b）转动—平动

图 5-14 “运动约束”对话框

传动比：指第一次选择的零件相对于第二次选择的零件转动的比率，如图 5-15 中，第一次选择的是大齿轮（齿数 $Z=30$），第二次选择是小齿轮（齿数 $Z=15$），则传动比是 2。即第一个齿轮转动 1 圈时，第二个齿轮转动 2 圈。

2. 转动—平动约束

转动—平动约束能够指定转动零件和移动零件之间的运动关系，常见的应用是齿轮和齿条之间的传动，如图 5-16 所示。

距离：指第一次选择的转动零件旋转一周后，第二次选择的移动零件直线移动的距离，如图 5-16 中，第一次选择的是齿轮（齿数 $Z=30$、模数 $m=3$，分度圆周长 141. 372 mm），旋转一周后，第二次选择的齿条的直线移动距离是 141. 372 mm。

图 5-15 运动约束（转动）

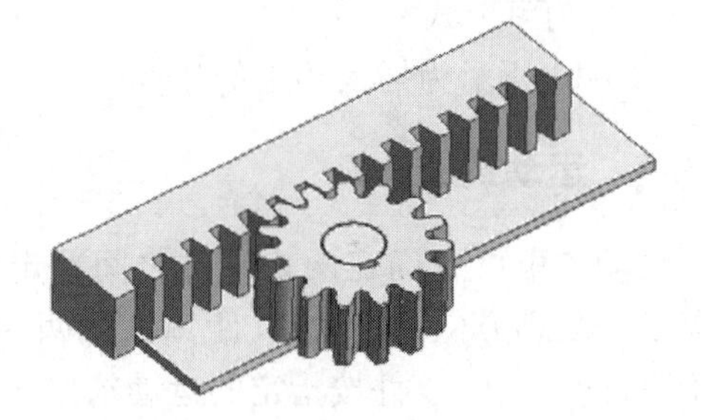

图 5-16 运动约束（转动—平动）

5.4 “自下向上”的三维装配设计

“**自下向上**”的三维装配设计步骤大致如下：

（1）在零件环境下生成部件的所有零件或子部件；

（2）在装配环境下装入所有零件或子部件；

（3）按照装配关系逐个装配零件。

5.4.1 低速滑轮装置

【例 5-1】 按“自下向上”的设计方法装配低速滑轮装置,如图 5-17 所示。

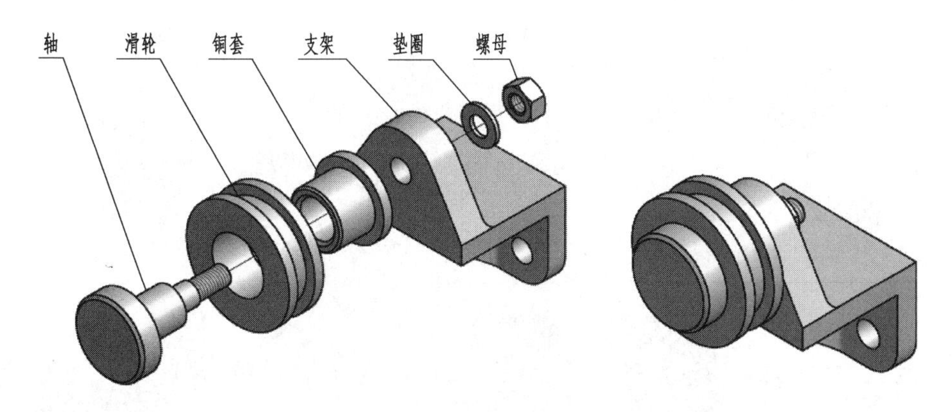

图 5-17 低速滑轮装置

1. 装配过程分析

(1)低速滑轮装置主要是由**轴**、**滑轮**、**铜套**、**支架**、**垫圈**和**螺母** 6 个零件组成。

(2)所有的零件主要有 1 个装配干线,较简单。

(3)Inventor 提供了标准零件如**紧固件**、**型材**、**轴用零件**的三维模型,可以直接在“资源中心”中调用。例如:垫圈和螺母是标准件,可以直接调用,无需建模。

2. 操作步骤

①进入装配工作环境,在功能区上的“装配”选项卡,在“零部件”面板上单击“放置”命令(装入零部件命令),依次装入支架、滑轮、铜套和轴,如图 5-18(a)所示。

第一个被调入的零件,在浏览器中其名称前面的图标,表示在装配环境中被固定,后面依次调入的零部件,在浏览器中其名称前面的图标,表示在装配环境中没有被固定。通过在浏览器中选中该零件后右击,在弹出的右键菜单中选择固定前面的复选框图标,来实现固定与不固定之间的转化。

②在“位置”面板上通过单击“移动”按钮和“旋转”按钮,将铜套放到方便装配的位置,单击“约束”按钮,在弹出的“放置约束”对话框的“部件”面板上选择“插入”约束,在铜套和滑轮之间添加“插入”约束。铜套和滑轮的选择约束部位如图 5-18(b)所示,结果如图 5-18(c)所示。

③单击“约束”按钮,在弹出的“放置约束”对话框的“部件”面板上选择“插入”约束,在轴和滑轮之间添加“插入”约束。轴和滑轮的选择约束部位如图 5-18(d)所示,结果如图 5-18(e)所示。

④单击“约束”按钮,在弹出的“放置约束”对话框的“部件”面板上选择“插入”约束,在铜套和支架之间添加“插入”约束。铜套和支架的选择约束部位如图 5-18(f)所示,结果如图 5-18(g)所示。

⑤在“零部件”面板上单击“放置”按钮中的“从资源中心装入”命令，在“从资源中心放置”对话框中依次点击“紧固件”→“垫圈”→“平垫圈”→“垫圈 GB/T 97. 1—2002”，在其对话框中选择 M10，如图 5-18(h)和图 5-18(i)所示，调入垫圈如图 5-18(j)所示。

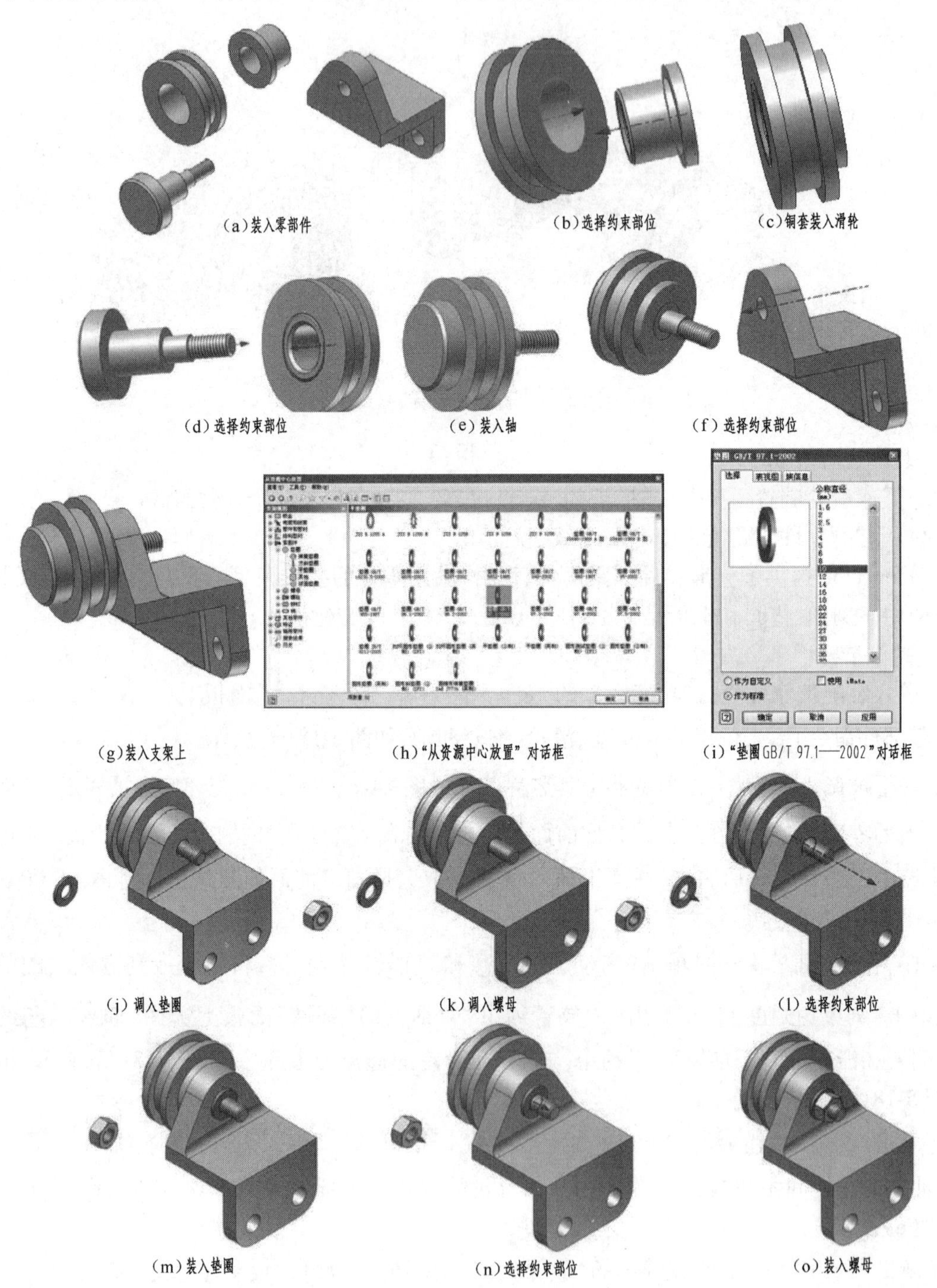

(a)装入零部件 (b)选择约束部位 (c)铜套装入滑轮

(d)选择约束部位 (e)装入轴 (f)选择约束部位

(g)装入支架上 (h)“从资源中心放置”对话框 (i)“垫圈GB/T 97.1—2002”对话框

(j)调入垫圈 (k)调入螺母 (l)选择约束部位

(m)装入垫圈 (n)选择约束部位 (o)装入螺母

图 5-18 低速滑轮装置的装配过程

⑥在“零部件”面板上单击“放置”按钮中的“从资源中心装入”命令,在“从资源中心放置”对话框中依次点击“紧固件”→“螺母”→“六角”→“螺母 GB/T 6170”,在其对话框中选择 M10,调入螺母,如图 5-18(k)所示。

⑦单击“约束”按钮,在弹出的“放置约束”对话框的“部件”面板上选择“插入”约束,在垫圈和支架孔之间添加“插入”约束。垫圈和支架的选择约束部位如图 5-18(l)所示,结果如图 5-18(m)所示。

⑧单击“约束”按钮,在弹出的“放置约束”对话框的“部件”面板上选择“插入”约束,在垫圈和螺母之间添加“插入”约束。垫圈和螺母的选择约束部位如图 5-18(n)所示,结果如图 5-18(o)所示。

⑨保存文件。单击图标,选择按钮下的“保存副本”菜单选项,文件名称为“低速滑轮装置”。退出装配工作环境。

5.4.2 钟表

【例5-2】 按“**自下向上**”的设计方法装配钟表模型,如图 5-19 所示,并实现时针、分针和秒针按实际规律的运动。

1. 装配过程分析

(1)钟表模型主要由**表壳**、**表膜**、**销轴**、**时针**、**分针**和**秒针**等组成。

(2)所有的零件主要有 1 条装配干线,比较简单。

(3)由表 5-1 中的计算可以看出,分针与时针的传动比是 12:1,分针与秒针的传动比是 1:60。

(4)利用 Inventor 的驱动约束工具来模拟钟表的运动过程。

图 5-19 钟表模型的装配体

表 5-1 传动比的计算过程

分针:时针	分针:秒针
60 分:1 小时	1 分:60 秒
360 度:360/12 度	360/60 度:360 度
12:1	1:60

2. 操作步骤

①进入装配工作环境,在功能区上的“装配”选项卡,在“零部件”面板上选择“放置”命令(装入零部件命令),依次装入表壳、表膜、销轴、时针、分针和秒针,如图 5-20(a)所示。

②在“位置”面板上通过选择“移动”命令和“旋转”命令,将时针放到方便装配的位置,单击“约束”按钮,在弹出的“放置约束”对话框的“部件”面板上选择“插入”约束,

在时针和表壳之间添加“插入”约束。时针和表壳的选择约束部位如图 5-20(b)所示,结果如图 5-20(c)所示。

③单击“约束”按钮,在弹出的“放置约束”对话框的“部件”面板上选择“插入”约束,在分针和时针之间添加“插入”约束。分针和时针的选择约束部位如图 5-20(d)所示,结果如图 5-20(e)所示。

④单击“约束”按钮,在弹出的“放置约束”对话框的“部件”面板上选择“插入”约束,在秒针和分针之间添加“插入”约束。秒针和分针的选择约束部位如图 5-20(f)所示,结果如图 5-20(g)所示。

⑤单击“约束”按钮,在弹出的“放置约束”对话框的“部件”面板上选择“插入”约束,在销轴和秒针之间添加“插入”约束。销轴和秒针的选择约束部位如图 5-20(h)所示,结果如图 5-20(i)所示。

⑥单击“约束”按钮,在弹出的“放置约束”对话框的“部件”面板上选择“插入”约束,在表膜和表壳之间添加“插入”约束。表膜和表壳的选择约束部位如图 5-20(j)所示,结果如图 5-20(k)所示。

⑦为了便于接下来对时针、分针和秒针,在浏览器中分别单击表壳和表膜前面的“ + ”号,如图 5-20(l),将其包含的内容展开,如图 5-20(m)所示,可以看出步骤⑥添加的表膜和表壳之间的约束就是“约束:5”,选中其中之一右击,在弹出的右键菜单中选择“抑制”后,此时“约束:5”之前的符号变为,说明此约束暂时不起作用,此时可以选中表模将其拖至一侧,如图 5-20(n)所示。接下来拖动时针、分针和秒针到合适的位置进行位置的初始化,如图 5-20(o)所示。

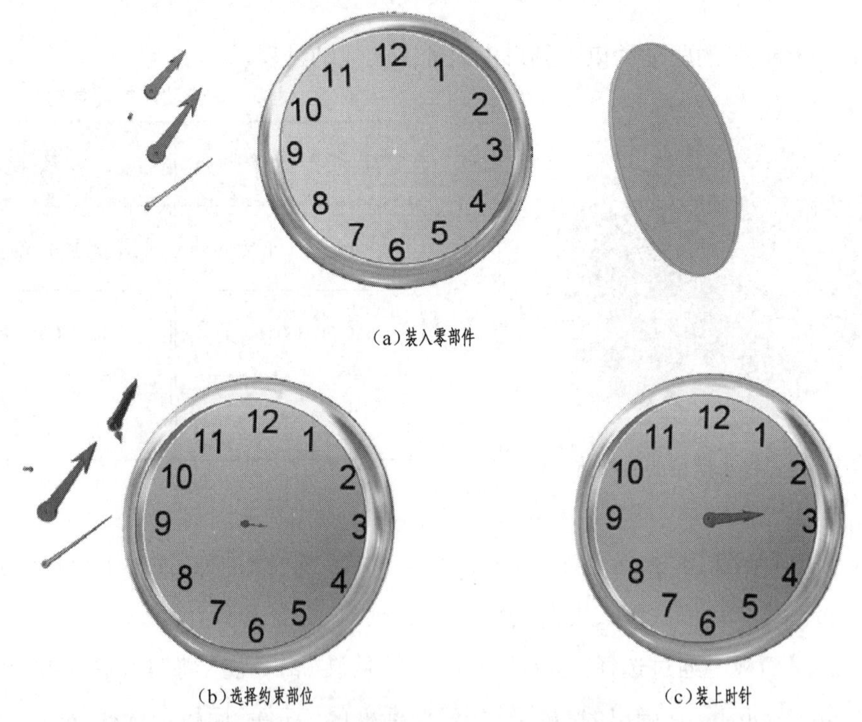

(a)装入零部件

(b)选择约束部位

(c)装上时针

图 5-20　钟表的装配和驱动运动过程

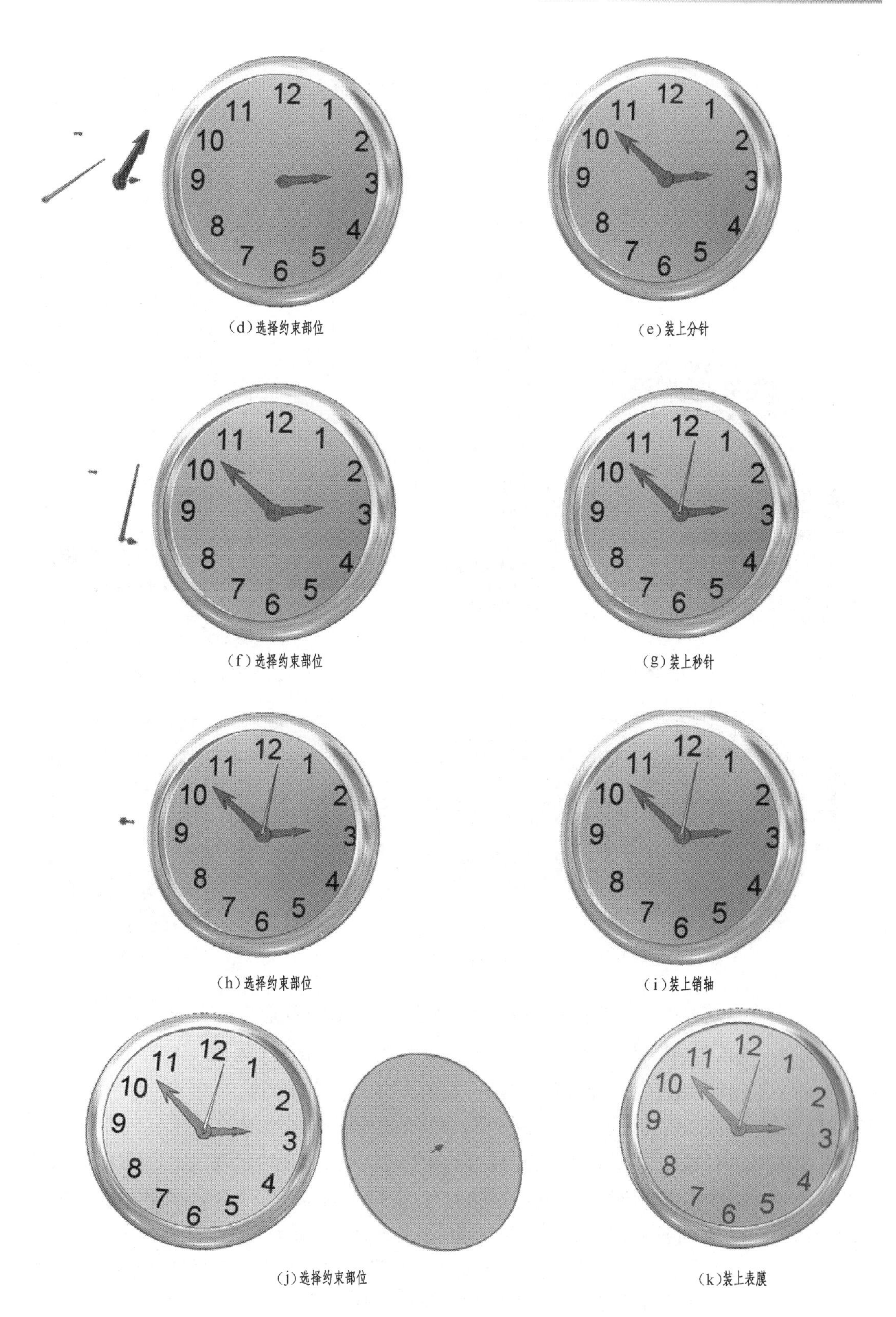

图 5-20　钟表的装配和驱动运动过程(续)

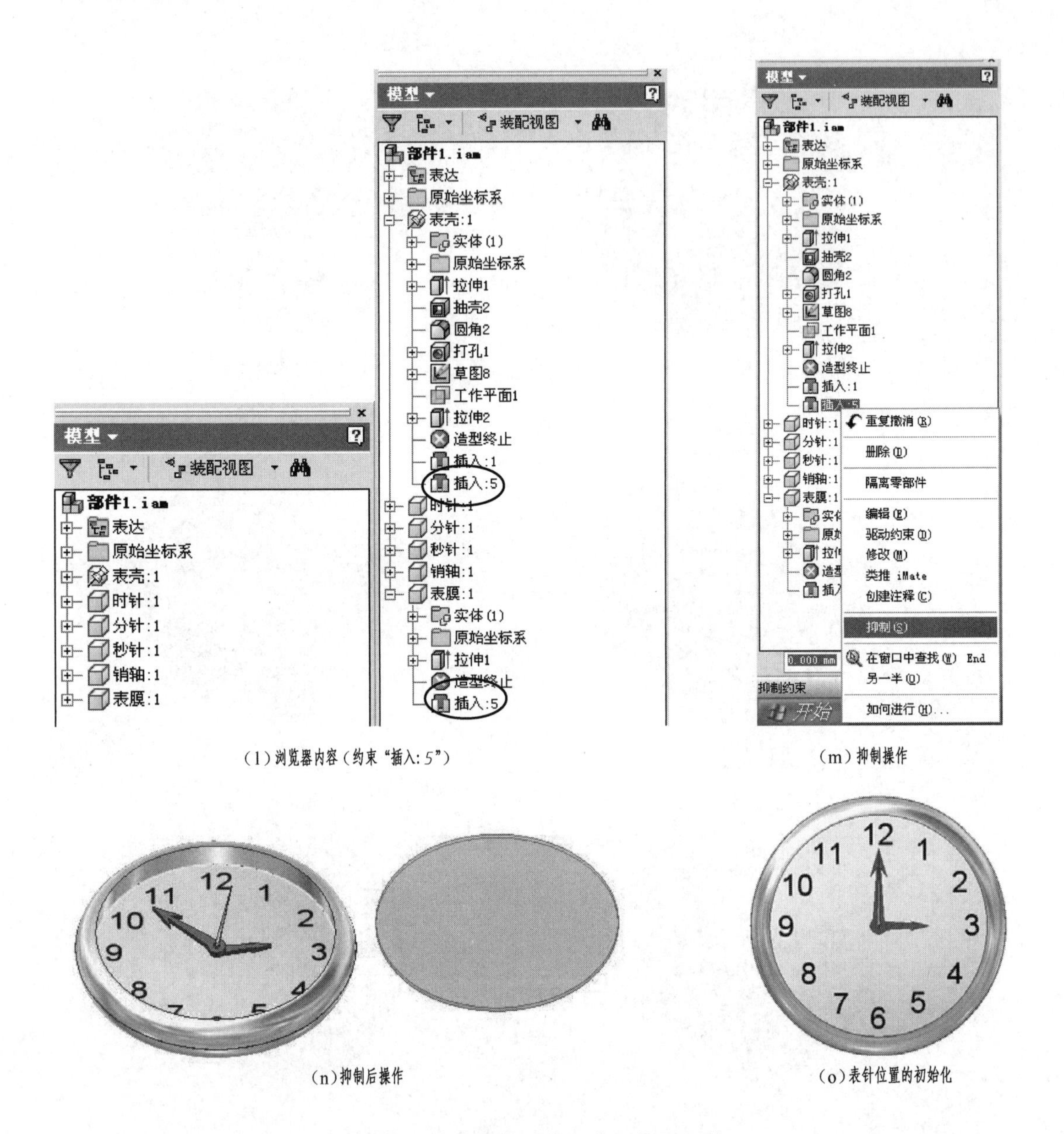

（l）浏览器内容（约束“插入: 5”）

（m）抑制操作

（n）抑制后操作

（o）表针位置的初始化

图5-20　钟表的装配和驱动运动过程（续）

⑧单击“约束”按钮，在弹出的“放置约束”对话框上选择“运动”面板，依次选择时针和分针的一端圆柱头位置（传动比输入12），如图5-21（a）所示。单击“确定”按钮，拖动分针或时针，分针和时针就可以按一定关系转动，如图5-21（b）所示。

⑨单击“约束”按钮，在弹出的“放置约束”对话框上选择“运动”面板，依次选择秒针和分针的一端圆柱头位置（传动比输入1/60），如图5-21（c）所示。单击“确定”按钮，拖动分针或秒针，分针和秒针就可以按一定关系转动，如图5-21（d）所示。

⑩在浏览器中分别单击时针、分针和秒针前面的“+”号，将其包含的内容展开，可以看出步骤⑧和步骤⑨添加的时针、分针和秒针之间的转动约束，如图5-21（e）所示。

⑪在功能区上的“模型”选项卡，在“定位特征”面板上单击“工作平面”按钮，单击原始坐标系的 *YZ* 平面，建立工作平面 1 如图 5-21(f)所示。

⑫在“位置”面板上，单击“约束”按钮，在弹出的“放置约束”对话框的“部件”面板上选择“角度”约束，在工作平面和秒针(或分针)之间添加“角度”约束。选择约束部位如图 5-21(g)所示，结果如图 5-21(h)所示。

⑬在浏览器中分别点击秒针前面的“+”号，将其包含的内容展开，选中步骤⑫添加的角度约束右击，在弹出的右键菜单中选择“驱动”选项，如图 5-21(i)所示，弹出“驱动约束”对话框，在其中输入起始位置和终止位置等，单击“正向”运行按钮，此时秒针被驱动运动，带动分针和时针按一定关系运动，如图 5-20(j)所示。

(a) 运动约束选择

(b) 分针和时针按一定关系转动

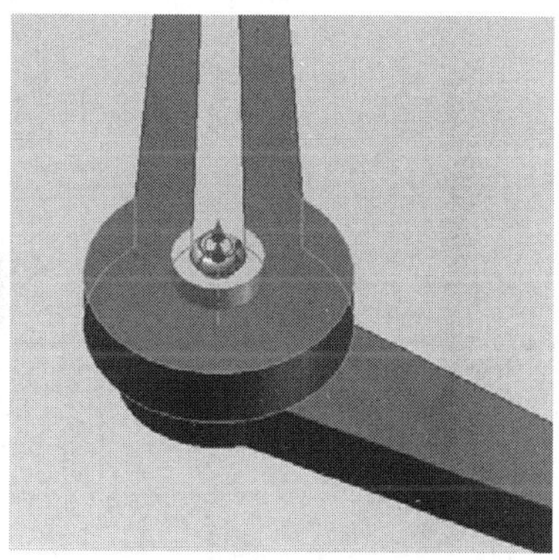

(c) 运动约束选择

(d) 分针和秒针按一定关系转动

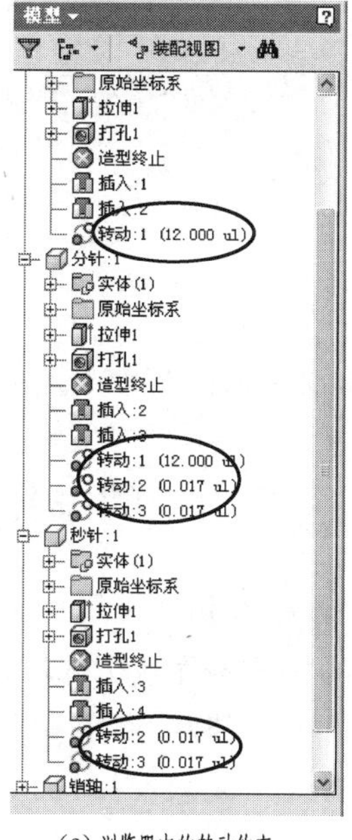

(e) 浏览器中的转动约束

(f) 添加工作平面 1

图 5-21　钟表的装配和驱动运动过程

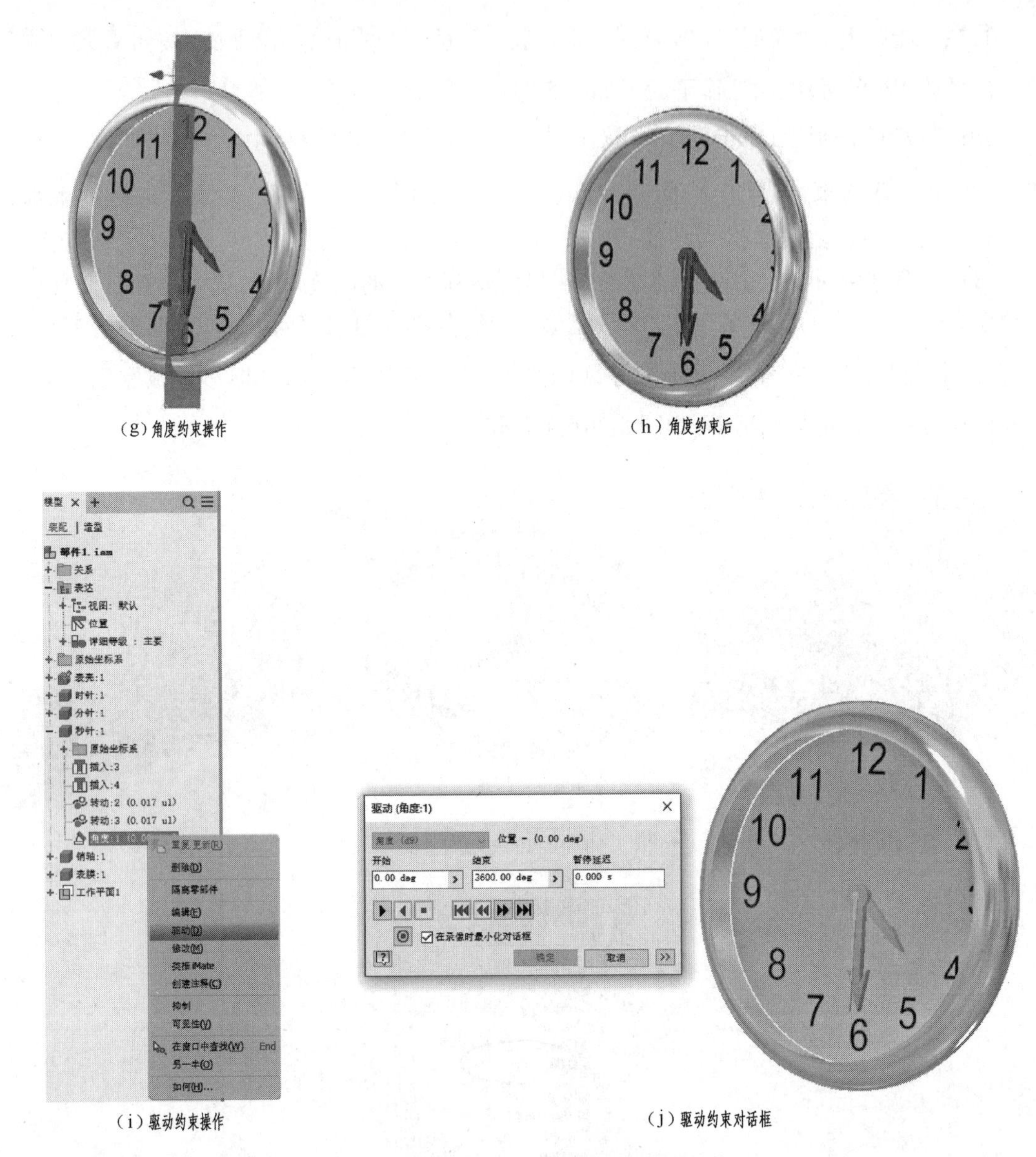

(g) 角度约束操作　　(h) 角度约束后

(i) 驱动约束操作　　(j) 驱动约束对话框

图 5-21　钟表的装配和驱动运动过程(续)

5.5　“自上向下”的三维装配设计

自上向下的三维装配设计步骤大致如下：

(1)在零件环境下生成装配体的主要零件或子部件。

(2)在装配环境下装入主要零件或子部件。

(3)按照装配关系和设计关系设计生成其他零件。一般情况下，在新生成的零件和参照的零件之间自动添加了约束关系。

(4)对于在加工时需要多个零件同时加工的相同结构，可以在装配环境下同时生成，如重要的轴孔、销钉孔等连接结构。在 Inventor 中，这类结构叫做“装配特征”，“装配特征”在单个零件上并不存在，是两个或相关的零件所共有的特征。

自上向下的设计方法也称为“**在位设计**”。

5.5.1　齿轮油泵

【例 5-3】 按“**自上向下**”的设计方法来设计齿轮油泵的垫片，如图 5-22 和图 5-23 所示。

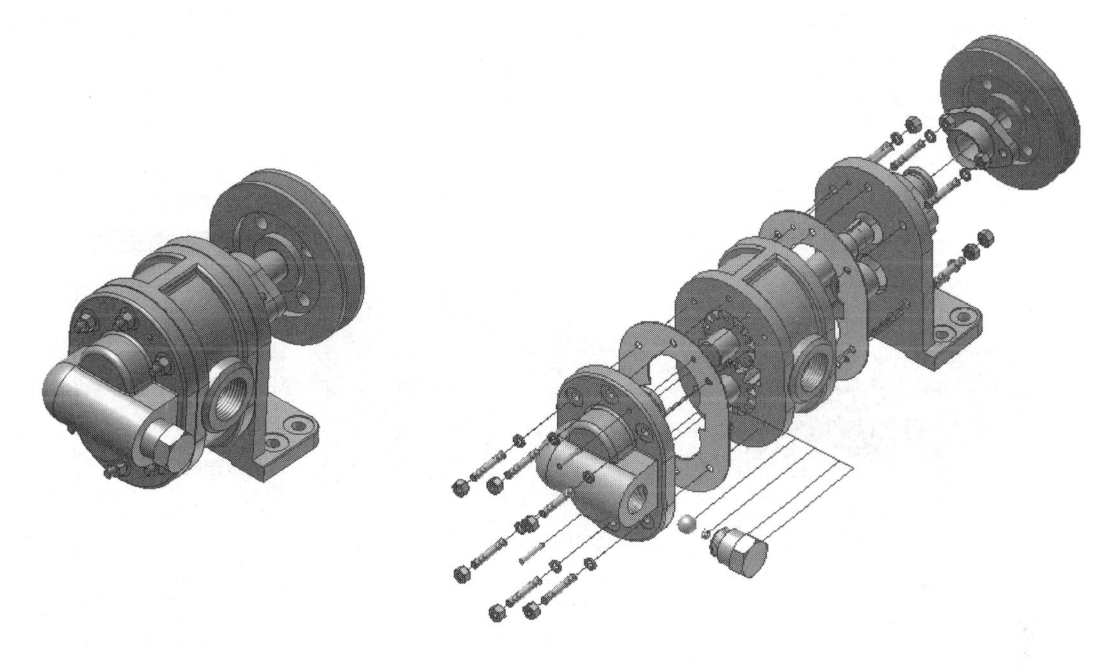

图 5-22　齿轮油泵的装配体　　　　图 5-23　齿轮油泵的爆炸图

1. 装配过程分析

(1) 齿轮油泵中**泵体**、**泵座**和**泵盖**以及它们之间的**垫片**装配截面形状相似，可以先对泵体进行造型，然后采用自上向下的设计方法，分别对泵座、泵盖、垫片进行“**在位设计**”。

(2) 本例以垫片为例进行“在位设计”。

2. 操作步骤

①进入装配工作环境，在功能区上的“装配”选项卡，在“零部件”面板上单击“放置”按钮零部件可依次装入泵体，如图 5-24(a) 所示。

②在“零部件”面板上单击“创建零部件”按钮，在弹出的“创建在位零部件”对话框中命名新零部件名称为“垫片”，并选择新文件位置等，单击“确定”按钮。此时状态栏提示“对基础特征选择草图平面”，选择泵体的上表面为草图平面，单击“投影几何图元”按钮，将所需投影投射到草图平面上，如图 5-24(b) 所示。

③在绘图区右击，在弹出菜单中选择“完成草图”选项，如图 5-24(c) 所示，进入零件工作环境。

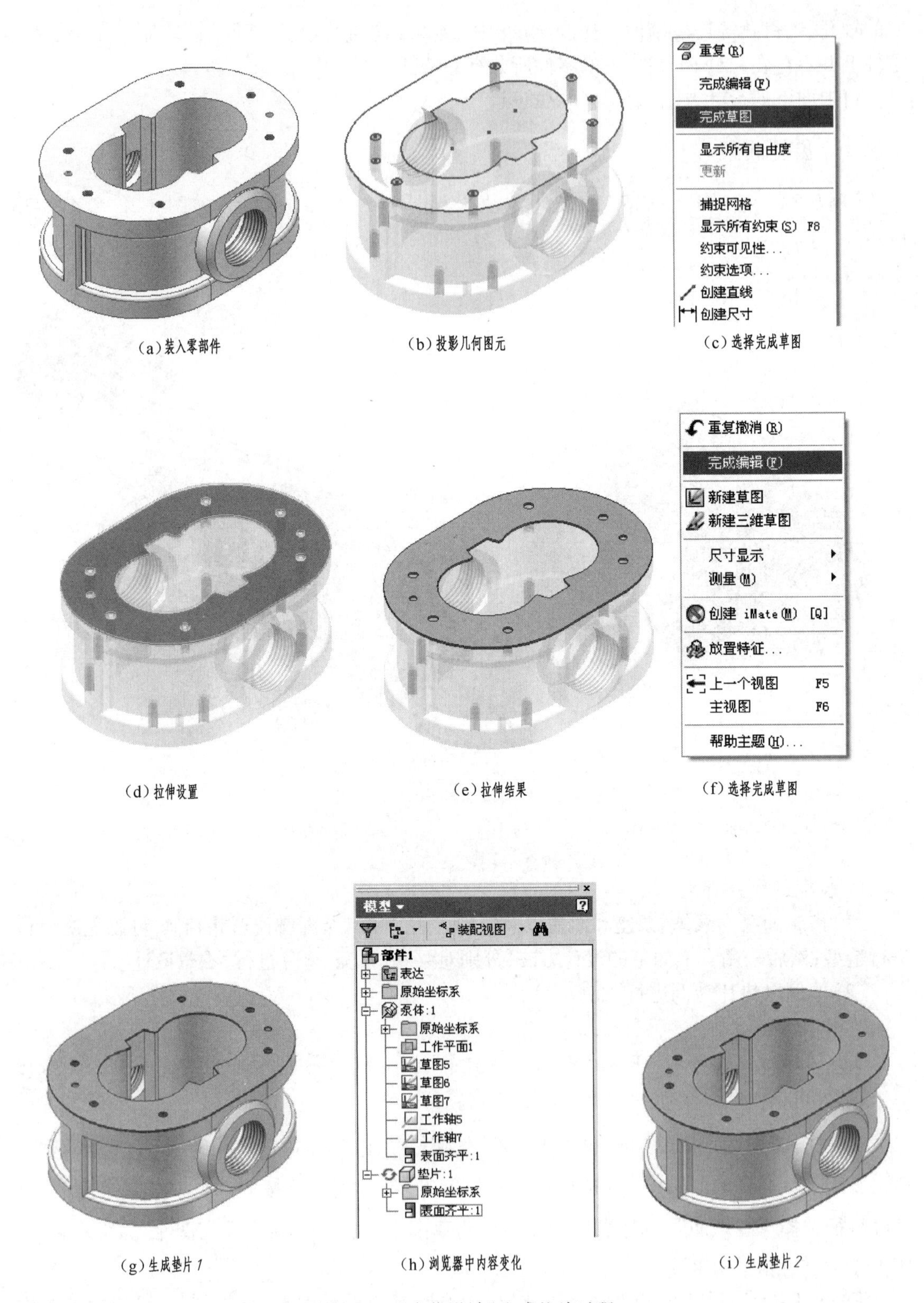

(a)装入零部件　(b)投影几何图元　(c)选择完成草图

(d)拉伸设置　(e)拉伸结果　(f)选择完成草图

(g)生成垫片1　(h)浏览器中内容变化　(i)生成垫片2

图5-24　"在位设计"生成垫片过程

④单击“拉伸”按钮，选择拉伸截面轮廓，设置拉深距离为 1，如图 5-24(d)所示，得到的拉伸结果如图 5-24(e)所示。

⑤在绘图区右击，在弹出菜单中选择“完成编辑”选项，如图 5-24(f)所示。返回装配环境如图 5-24(g)所示。

⑥在浏览器中，部分内容发生了变化，在垫片的前面出现了自适应符号，在泵体和垫片中自动添加了装配约束“表面齐平”，如图 5-24(h)所示。

⑦采用同样的方法生成垫片 2，如图 5-24(i)所示。

5.5.2　手压阀

【例 5-4】　对手压阀模型中的弹簧零件进行自适应设计并装配手压阀模型，如图 5-25 所示。

1. 设计过程分析

(1)弹簧是一种利用弹性来工作的机械零件。一般用弹簧钢制成。用以控制机件的运动、缓和冲击或震动、贮蓄能量、测量力的大小等，广泛用于机器、仪表中。

(2)弹簧在工作时通常是伸长或压缩的，它的这个工作特性给三维实体的装配带来了困难，此时可采用自适应技术来进行设计。

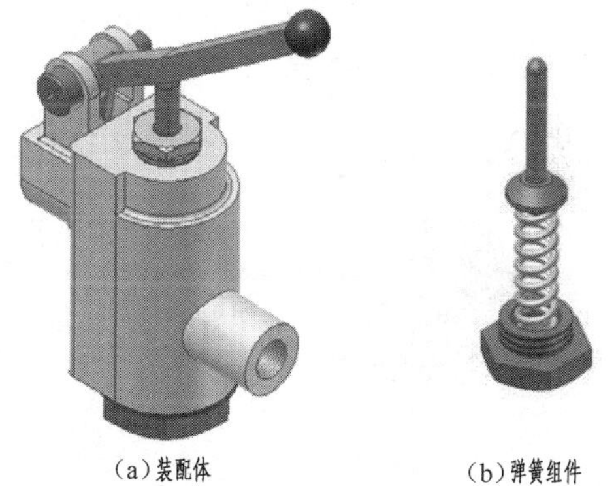

(a)装配体　(b)弹簧组件

图 5-25　手压阀模型的装配体

2. 操作步骤

(1)弹簧的自适应设计

①进入装配工作环境，在功能区上的“装配”选项卡，在“零部件”面板上单击“放置”按钮装入零部件命令，依次装入调节螺钉和阀杆，如图 5-26(a)所示。

②单击“约束”按钮，在弹出的“放置约束”对话框的“部件”面板上选择“配合”约束，调节螺钉和阀杆的选择，如图 5-26(b)所示，结果如图 5-26(c)所示。

③在“零部件”面板上单击“创建零部件”按钮，在弹出的“创建在位零部件”对话框中命名新零部件名称为“弹簧”，并选择新文件位置等，单击“确定”按钮。此时状态栏提示“对基础特征选择草图平面”，选择原始坐标系的 *XY* 平面为草图平面，单击“投影几何图元”按钮，将 *Y* 轴投射到草图平面上，单击“直线”按钮和“圆”按钮，绘制草图，单击“通用尺寸”按钮，标注尺寸，如图 5-26(d)所示，其中两个零件之间的轴向距离为参考尺寸。

④在功能区上的“管理”选项卡，单击“参数”命令 f_x，在弹出的参数表中，对上述轴向距离进行重新命名为“弹簧高度”，关闭参数表。在绘图区右击，在弹出菜单中选择“完成草图”。

⑤接着进入零件工作环境，单击“螺旋扫掠”按钮，弹出螺旋扫掠对话框，选择扫掠截面轮廓和扫掠轴，点击螺旋规格页面，在类型中选择“转数和高度”，转数输入“8.5”，高度输入“弹簧高度”，如图 5-26(e)所示，结果见图 5-26(f)。在绘图区右击，在弹出菜单中选择“完成编辑”，如图 5-26(g)所示。

⑥单击“约束”按钮，在弹出的“放置约束”对话框的“部件”面板上选择“配合”约束，调节螺钉和阀杆表面的选择，如图 5-26(h)所示，在偏移量中输入不同的数值，结果如图 5-26(i)所示。

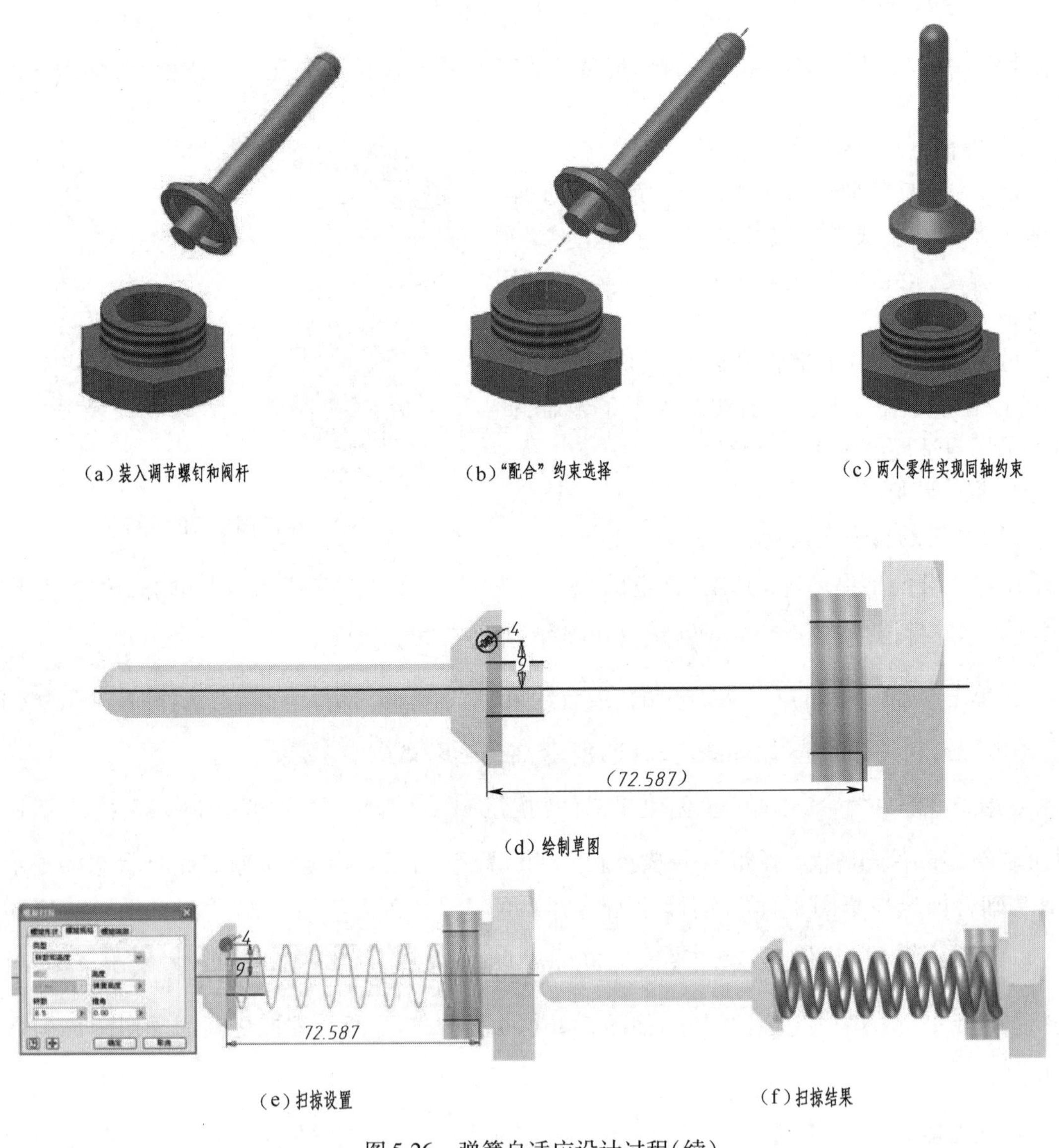

(a) 装入调节螺钉和阀杆　　(b)“配合”约束选择　　(c) 两个零件实现同轴约束

(d) 绘制草图

(e) 扫掠设置　　(f) 扫掠结果

图 5-26　弹簧自适应设计过程(续)

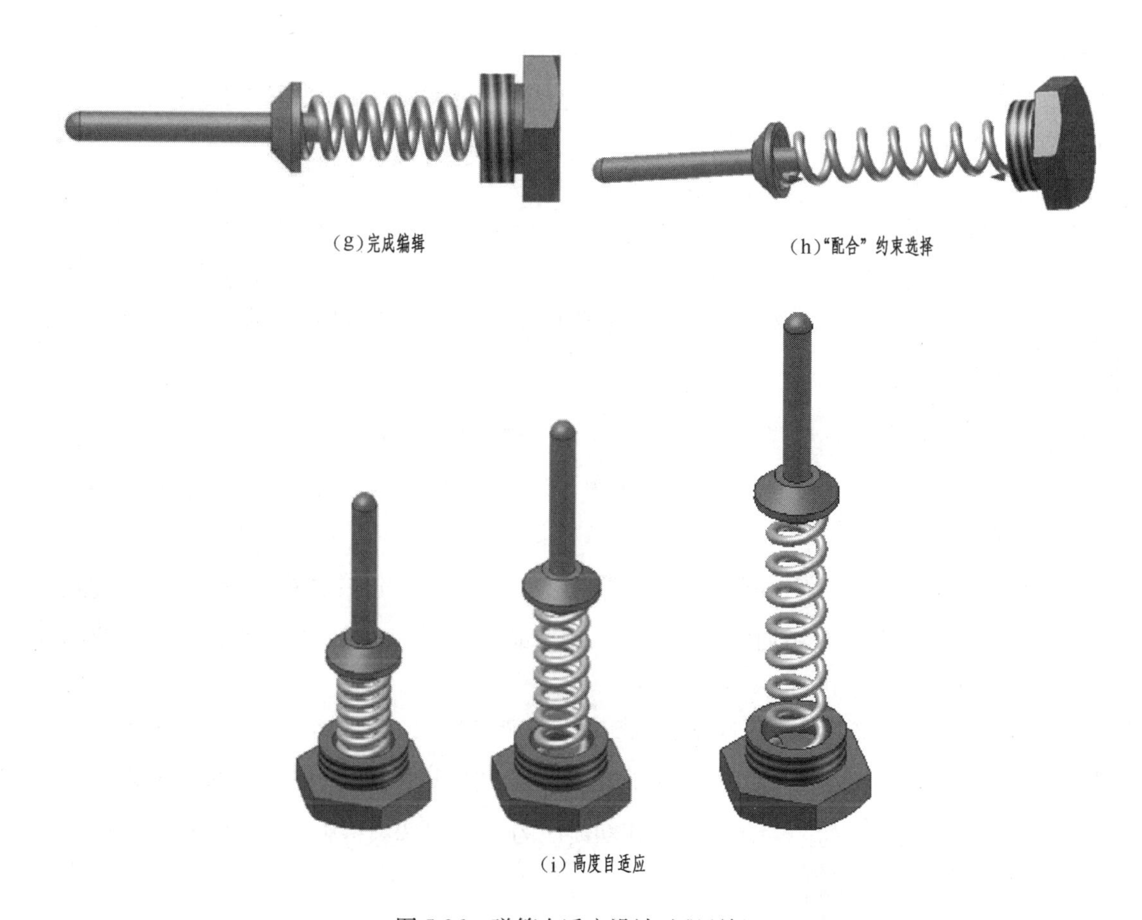

(g)完成编辑　　(h)“配合”约束选择

(i)高度自适应

图 5-26　弹簧自适应设计过程(续)

(2)手压阀模型的装配

①进入装配工作环境,在功能区上的“装配”选项卡,在“零部件”面板上单击“放置”按钮装入零部件命令,将零部件命令,依次装入阀体、自适应弹簧、销钉、手柄、锁紧螺母、填料、胶垫和球头,如图 5-27(a)所示。

②单击“约束”按钮,在弹出的“放置约束”对话框的“部件”面板上选择“插入”约束,在自适应弹簧和胶垫之间添加“插入”约束。自适应弹簧中的调节螺钉和胶垫的选择约束部位如图 5-27(b)所示,结果如图 5-27(c)所示。

③单击“约束”按钮,在弹出的“放置约束”对话框的“部件”面板上选择“插入”约束,在阀体和胶垫之间添加“插入”约束。阀体和胶垫的选择约束部位如图 5-27(d)所示,结果如图 5-27(e)所示。

④可以看出,由于弹簧过长,阀杆没有处于工作位置,需要调整弹簧高度。在功能区上的“模型”选项卡,在“定位特征”面板上单击“工作平面”按钮,单击原始坐标系的 *XZ* 平面,生成工作平面 1,如图 5-27(f)所示。

⑤在功能区上的“视图”选项卡，在“外观”面板上单击剖切中的“半剖视图”按钮，单击工作平面1，在绘图区域内右击，在弹出的右键菜单中选择“完成”，如图5-27(g)所示，结果如图5-27(h)所示。

⑥此时剖切之后，可以看清楚内部零件结构位置，很明显，阀杆没有处于工作位置。此时可以打开装配子部件“自适应弹簧.iam”，在浏览器中双击调节螺钉或阀杆的“配合:2”，在出现的文本框中改变偏移量，如输入42，保存关闭装配子部件“自适应弹簧.iam”文件，结果见图5-27(i)。在功能区上的“视图”选项卡，在“外观”面板上单击剖切中的“全剖视图”按钮，如图5-27(j)所示。

⑦单击“约束”按钮，在弹出的“放置约束”对话框的“部件”面板上选择“插入”约束，在阀体和填料之间添加“插入”约束。阀体和填料的选择约束部位如图5-27(k)所示，结果如图5-27(l)所示。

⑧单击“约束”按钮，在弹出的“放置约束”对话框的“部件”面板上选择“插入”约束，在锁紧螺母和填料之间添加“插入”约束。锁紧螺母和填料的选择约束部位如图5-27(m)所示，结果如图5-27(n)和图5-27(o)所示。

⑨检查已装零部件的装配正确性。在功能区上的“视图”选项卡，在“外观”面板上单击剖切中的“半剖视图”按钮，单击工作平面1，在绘图区域内右击，在弹出的右键菜单中选择“完成”，结果如图5-27(p)所示。然后在功能区的“视图”选项卡中的“外观”面板上单击剖切中的“全剖视图”按钮。

⑩单击“约束”按钮，在弹出的“放置约束”对话框的“部件”面板上选择“插入”约束，在手柄和球头之间添加“插入”约束。手柄和球头的选择约束部位如图5-27(q)所示，结果如图5-27(r)所示。

⑪单击“约束”按钮，在弹出的“放置约束”对话框的“部件”面板上选择“插入”约束，在阀体和手柄之间添加“插入”约束。阀体和手柄的选择约束部位如图5-27(s)所示，结果如图5-27(t)所示。

⑫单击“约束”按钮，在弹出的“放置约束”对话框的“部件”面板上选择“插入”约束，在阀体和销钉之间添加“插入”约束。阀体和销钉的选择约束部位如图5-27(u)所示，结果如图5-27(v)所示。

⑬按住鼠标左键不放，移动手柄到合适位置，如图5-27(w)所示。单击“约束”按钮，在弹出的“放置约束”对话框的“部件”面板上选择“相切”约束，在销钉和手柄之间添加“相切”约束。销钉和手柄的选择约束部位如图5-27(x)所示，结果如图5-27(y)和图5-27(z)所示。

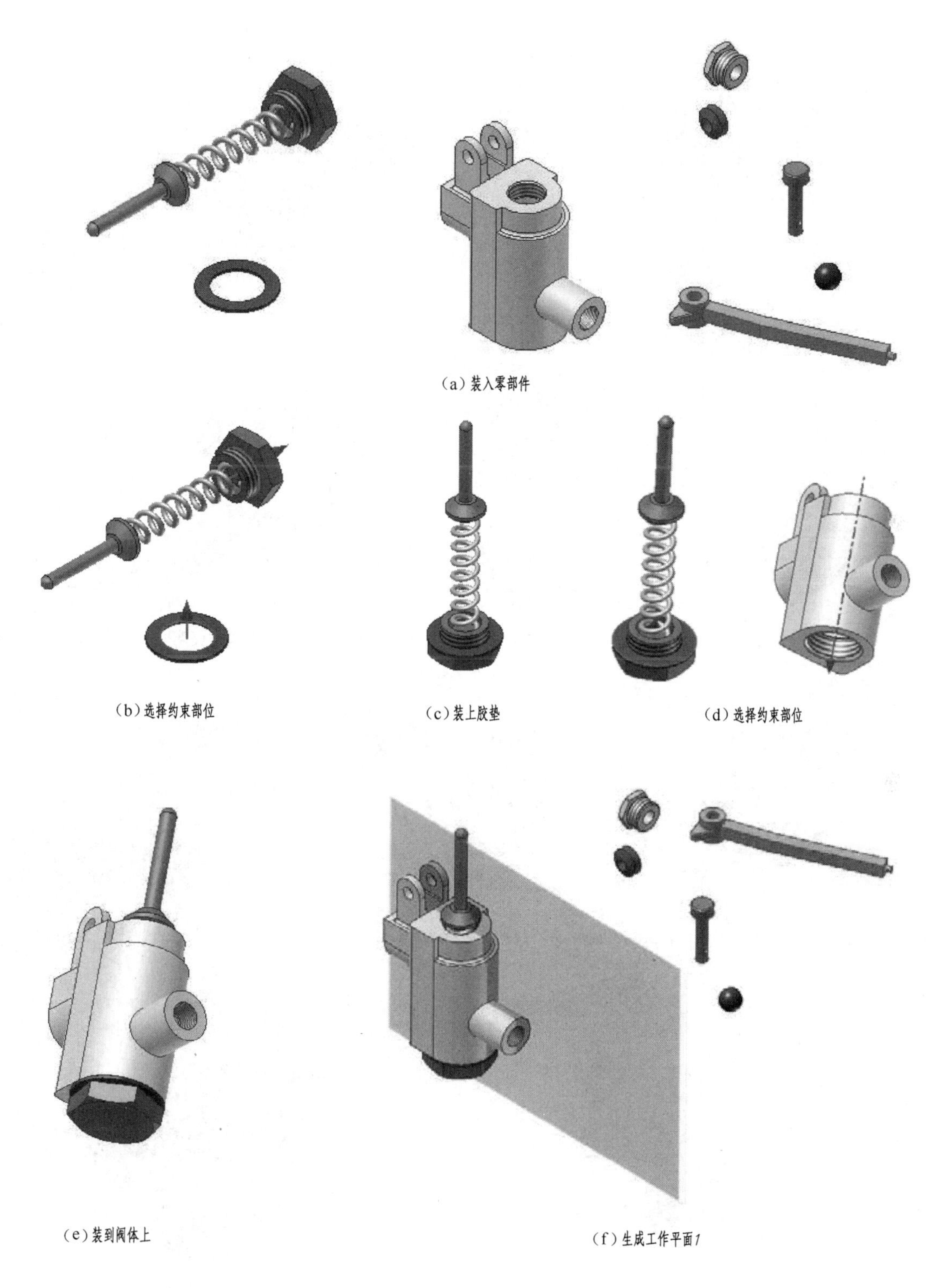

图 5-27　手压阀模型的装配过程 1

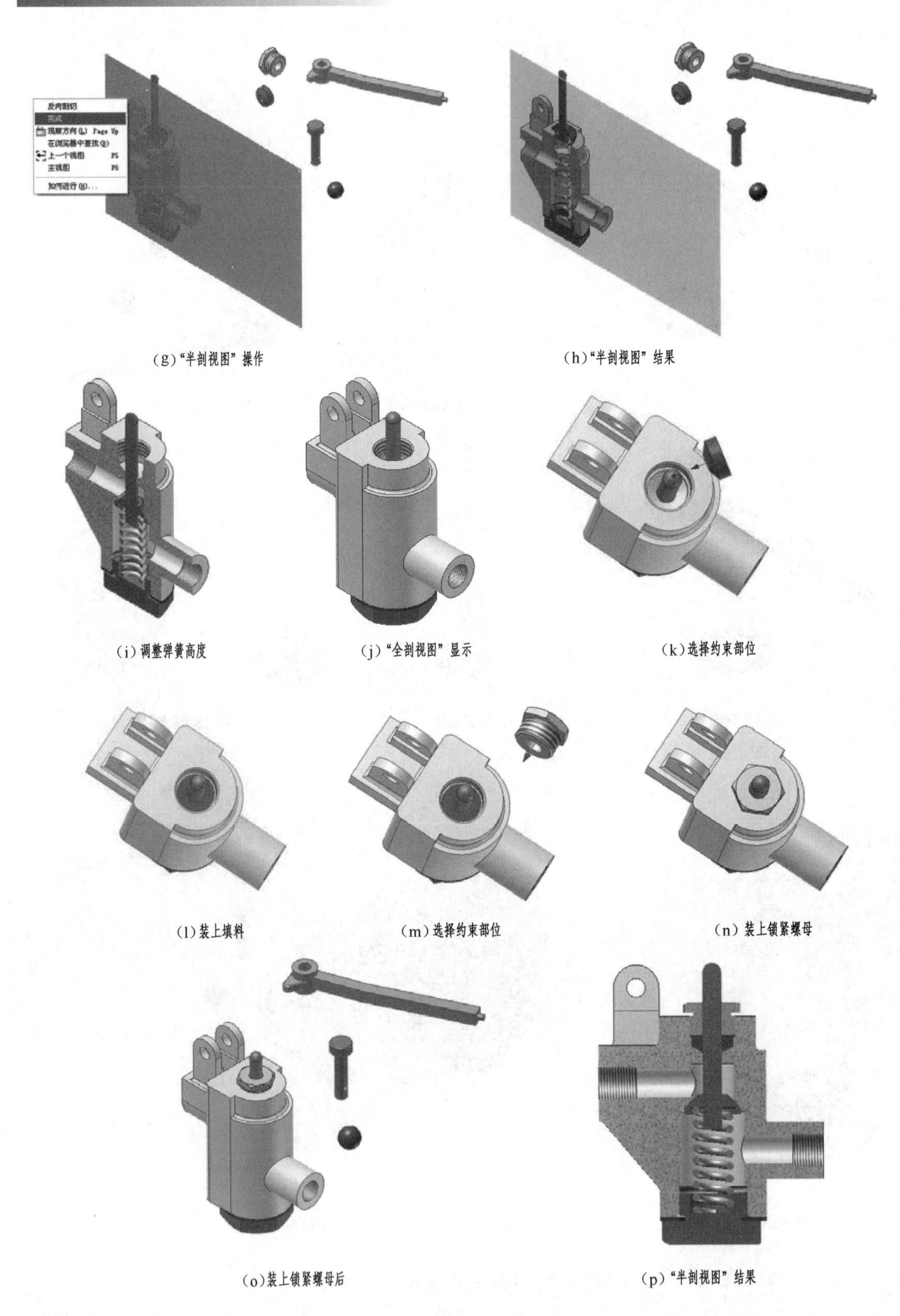

(g)“半剖视图”操作

(h)“半剖视图”结果

(i)调整弹簧高度

(j)“全剖视图”显示

(k)选择约束部位

(l)装上填料

(m)选择约束部位

(n)装上锁紧螺母

(o)装上锁紧螺母后

(p)“半剖视图”结果

图5-27　手压阀模型的装配过程1(续)

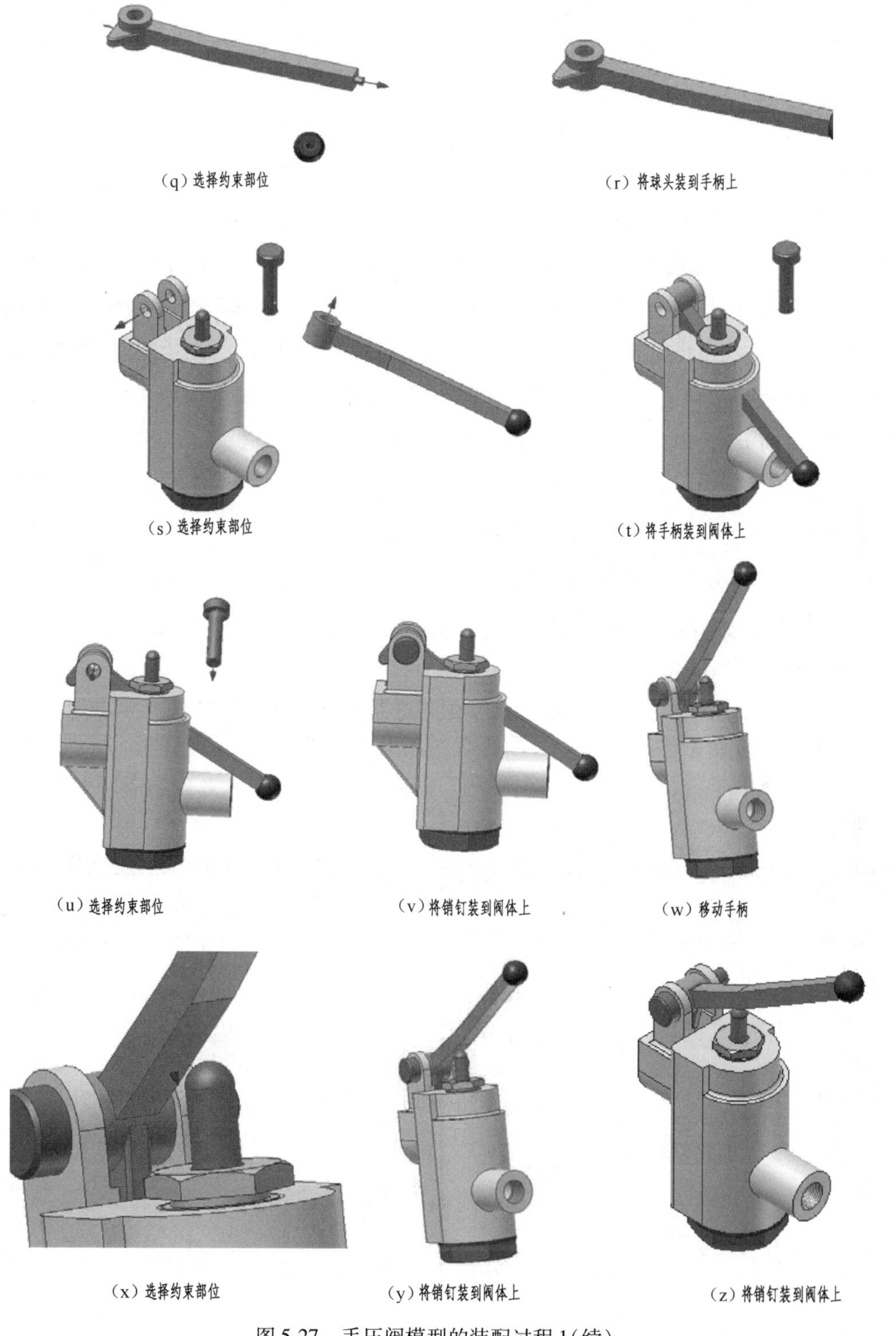

（q）选择约束部位　（r）将球头装到手柄上

（s）选择约束部位　（t）将手柄装到阀体上

（u）选择约束部位　（v）将销钉装到阀体上　（w）移动手柄

（x）选择约束部位　（y）将销钉装到阀体上　（z）将销钉装到阀体上

图5-27　手压阀模型的装配过程1(续)

(3)开口销的装配

①在“零部件”面板上单击“放置”按钮中的“从资源中心装入”命令，在“从资源

中心放置”对话框中依次单击“紧固件”→“销”→“开口销”→“销 GB/T 91—2000”，在其对话框中选择开口销公称直径 $\phi 4$，开口销长度 18，如图 5-28(a)和图 5-28(b)所示，调入开口销如图5-28（c)所示。

②在功能区“模型”选项卡中“定位特征”面板上单击“工作轴”按钮，单击浏览器中销的原始坐标系的 *XY* 和 *XZ* 平面，建立工作轴 1 如图 5-28(d)和图 5-28(e)所示。

③单击“约束”按钮，在弹出“放置约束”对话框“部件”面板上选择“配合”约束，开口销的工作轴 1 和销钉孔的选择如图 5-28(f)所示，结果见同轴约束图 5-28(g)。

④在功能区“模型”选项卡中“定位特征”面板上单击“工作平面”按钮，单击浏览器中开口销的原始坐标系的 *YZ* 平面，建立工作平面如图 5-28(h)所示。在功能区“模型”选项卡中“定位特征”面板上单击“工作平面”按钮，单击浏览器中销钉的原始坐标系的 *YZ* 平面，然后单击销钉的表面，建立工作平面如图 5-28(i)所示。

⑤单击“约束”按钮，在弹出的“放置约束”对话框的“部件”面板上选择“配合”约束，分别选择上述两工作平面，结果如图 5-28(j)所示。

⑥在“位置”面板上，单击“约束”按钮，在弹出的“放置约束”对话框的“部件”面板上选择“角度”约束，在开口销和阀体之间添加“角度”约束。选择约束部位如图 5-28(k)所示，结果如图 5-28(l)所示。

⑦打开装配子部件“自适应弹簧.iam”，在浏览器中双击调节螺钉或阀杆的“配合:2”，在出现的文本框中改变偏移量，如输入 30，保存关闭装配子部件“自适应弹簧.iam”文件，结果如图 5-28(m)所示。

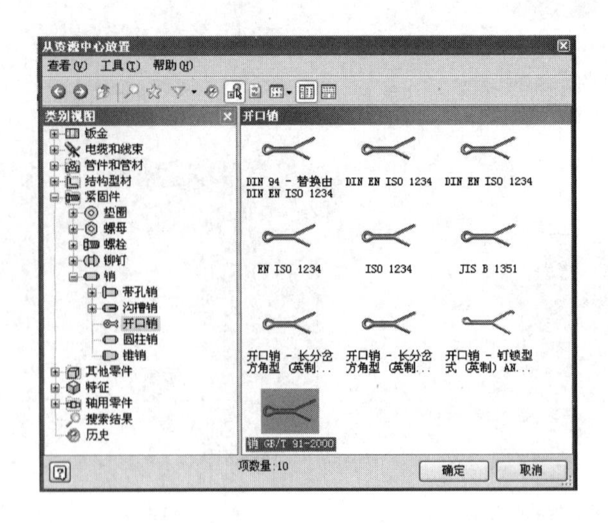

(a)“从资源中心放置”对话框

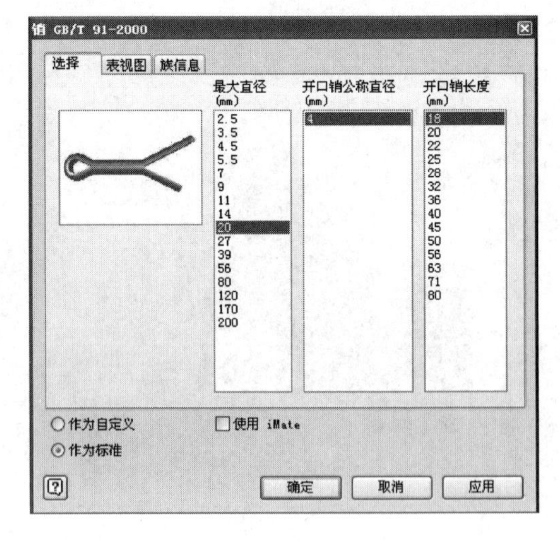

(b)“销GB/T91-2000”对话框

图 5-28　手压模型的装配过程 2

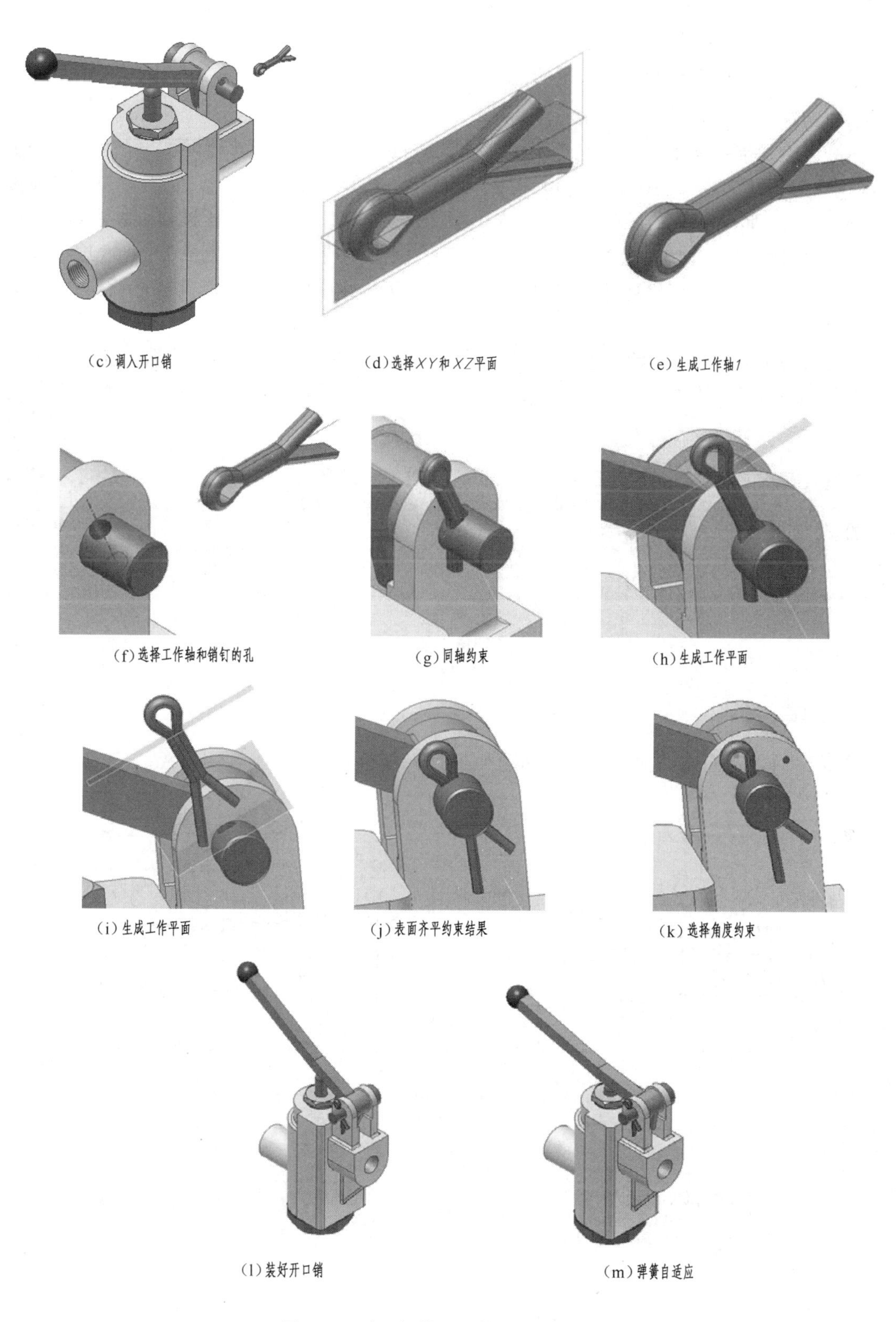

图 5-28 手压阀模型的装配过程 2(续)

5.6 设计加速器

轴、**齿轮**和**带轮**都属于工程上常用的零件，Inventor 为这些常用件提供了专门的“**设计加速器**”，可以给这类零件快速建模。设计加速器提供一组生成器和计算器，使用它们可以通过输入简单或详细的机械属性自动创建符合机械原理的零部件，包括**螺栓连接**、**轴**、**花键**、**键连接**、**凸轮**、**齿轮**、**蜗轮**、**轴承**、**传动带**、**滚子链**、**销**等。例如使用螺栓连接生成器，通过选择零件或者孔，可以立即插入螺栓连接。同时要注意的是，在开始使用任意生成器或计算器之前，必须先保存部件。

在部件环境中开启设计加速器，可以选择“设计”标签栏，如图 5-29 所示。其主要包括“**紧固**”“**结构件**”“**动力传动**”和“**弹簧**”四个面板。下面以几个实例叙述设计加速器的功能。

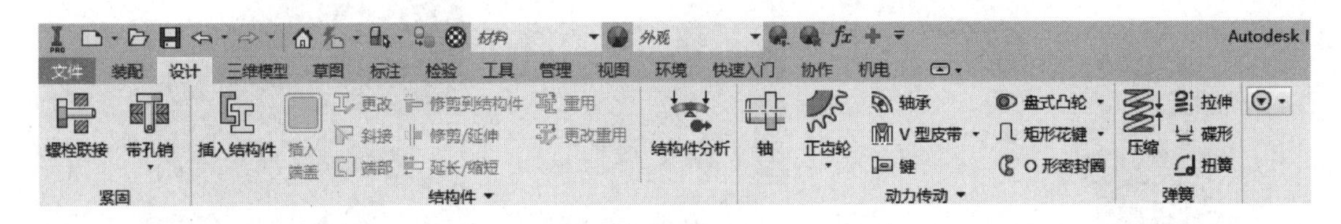

图 5-29 部件环境下的“设计”标签栏

5.6.1 轴

【例 5-5】 利用设计加速器生成如图 5-30 所示的轴。

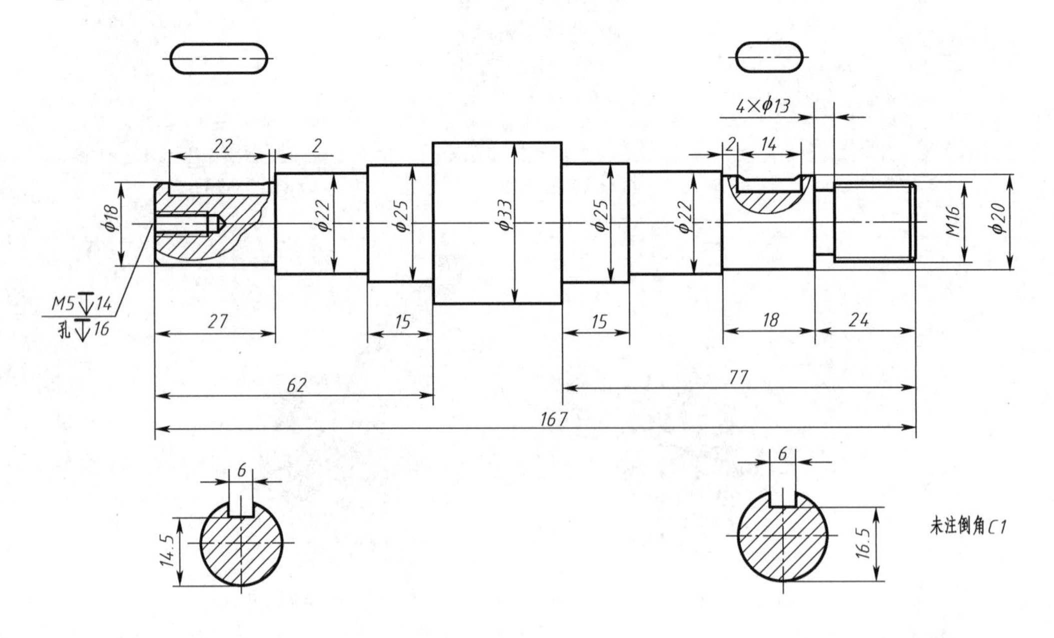

图 5-30 轴的零件示意

操作步骤：

①进入部件工作环境。在“设计”标签栏上单击“轴”按钮，会弹出“轴生成器”对话框，如图 5-31 所示。在对话框中，截面树是由截面树控件组成，每个截面树控件由四部分组成，分别是左边特征、截面类型、右边特征和截面特征，如图 5-32 所示。

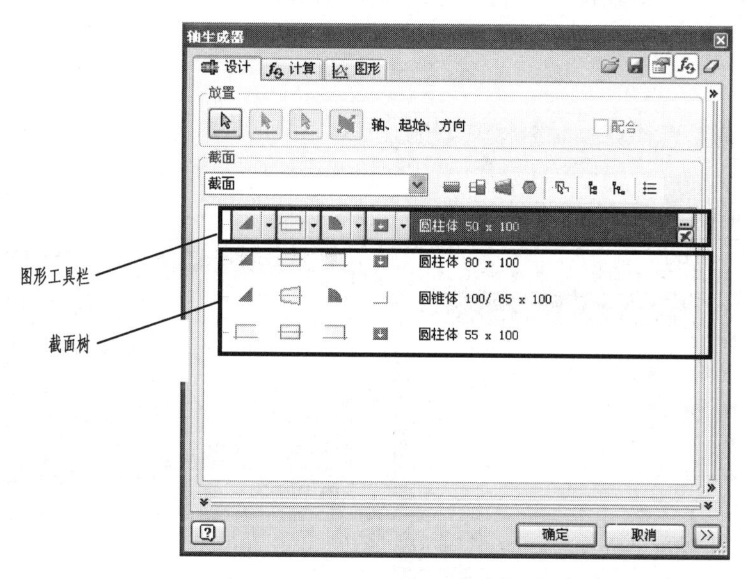

图 5-31　“轴生成器”对话框

左边特征：单击截面树控件中的下三角按钮，则展开特征列表，单击选择后可以添加特征。供选择的特征如图 5-33(a)所示。

截面类型：轴生成器有三种截面类型：圆柱、圆锥和多边形，如图 5-33(b)所示。根据截面选择，提供不同的可用特征。

右边特征：与左边特征类似，可供选择的特征如图 5-33(c)所示。

截面特征：根据截面类型不同过滤可用特征列表，供选择的截面特征如图 5-33(d)所示。

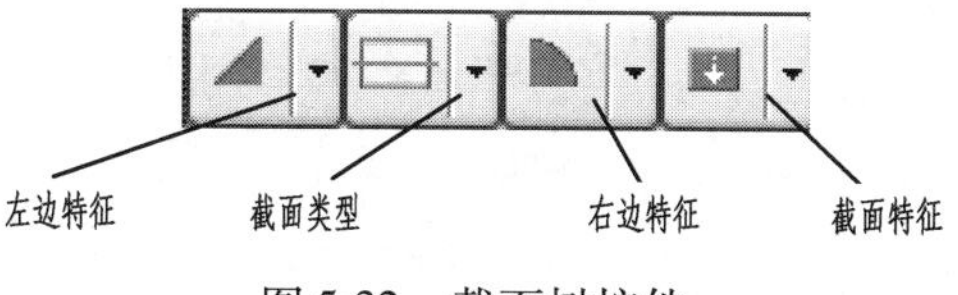

左边特征　截面类型　右边特征　截面特征

图 5-32　截面树控件

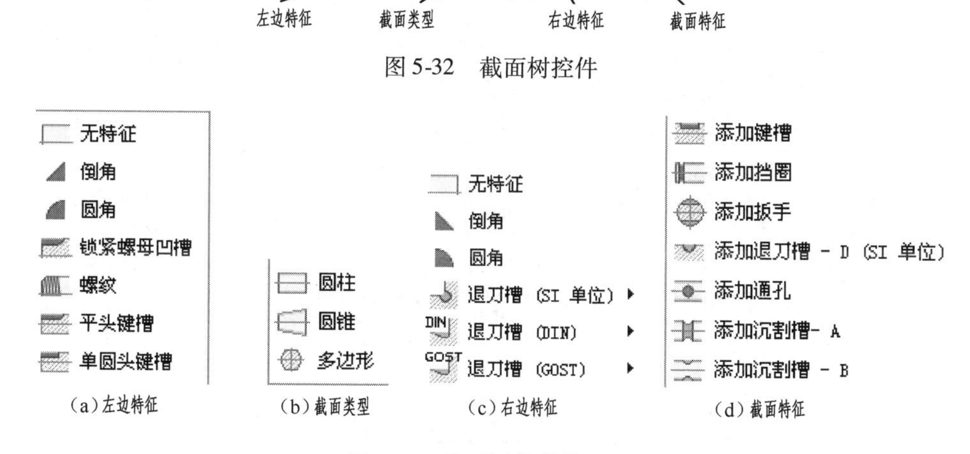

图 5-33　截面树控件的展开

②由图5-30轴的零件图可以看出，该轴主要由8轴段组成。单击“插入圆柱”按钮，插入4个轴段，此时共有8个轴段如图5-34所示。

③单击截面树控件“截面类型”的箭头按钮选择“圆柱”截面类型。单击右侧编辑按钮，打开圆柱体对话框，单击尺寸大小对第一轴段的直径和长度分别进行编辑，其尺寸分别为ϕ18和27，如图5-35所示。其他7个轴段的直径和长度如上可分别进行编辑，编辑后的尺寸如图5-36所示。

图5-34 “轴生成器”对话框

圆柱体

尺寸

名称	大小	描述
D	18	主径
L	27	截面长度

预览

确定 取消

图5-35 “圆柱体”对话框

图5-36 “轴生成器”对话框

④单击截面树控件“左边特征”的箭头按钮选择“倒角”特征，然后单击该倒角特征按钮，在弹出的“倒角”对话框中输入尺寸倒角距离 1mm，如图 5-37 所示。

⑤单击截面树控件“右边特征”的箭头按钮选择“”特征，选择“无特征”选项。

⑥单击截面树控件“截面特征”的箭头按钮选择“添加键槽”，“轴生成器”对话框发生变化，如图 5-38 所示。点击右侧编辑按钮，打开“键槽对话框”，单击尺寸大小可以进行编辑修改，如图 5-39 所示。左侧第 1 轴段编辑完成。其他 7 个轴段的编辑工作同于上述操作。

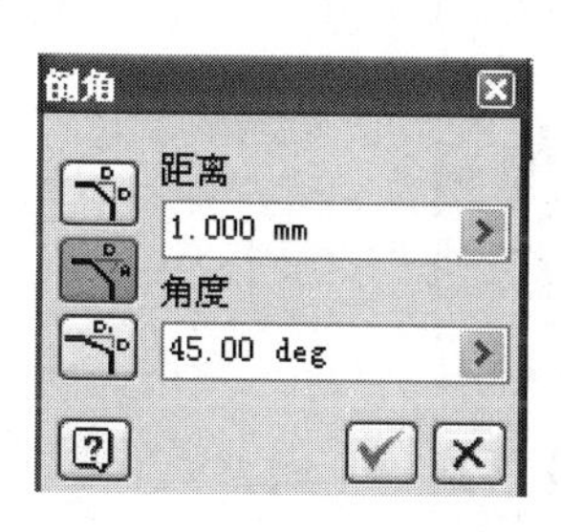

图 5-37　“倒角”对话框

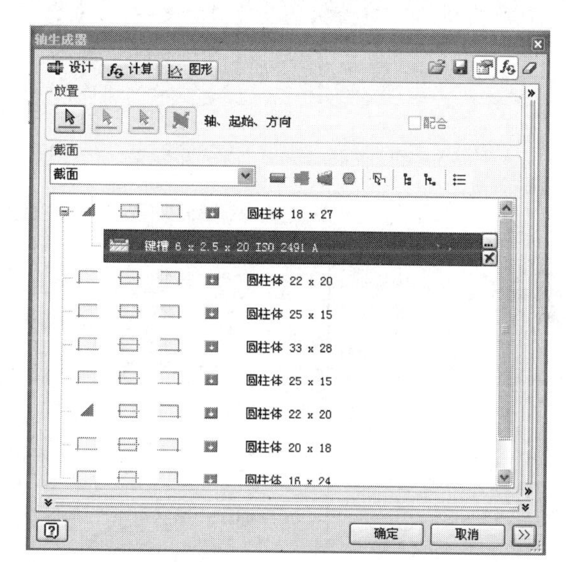

图 5-38　“轴生成器”对话框

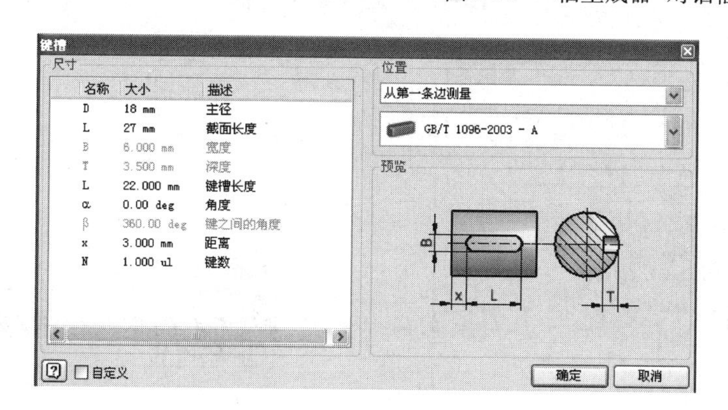

图 5-39　“键槽”对话框

⑦第 8 轴段的选择退刀槽特征如图 5-40 所示。在图 5-41“退刀槽”对话框中单击左下方的“自定义”复选框，可以根据需要来自己定义参数值。8 轴段编辑号之后，“轴生成器”对话框如图 5-42 所示。

⑧在“轴生成器”对话框中，单击“截面”下拉框选择“左侧的内孔”选项，如图 5-43 所示。此时在“轴生成器”对话框中单击截面树控件“左边特征”的箭头按钮，然后单击“螺纹”特征按钮（图 5-44），在弹出的“螺纹”对话框中进行编辑修改，如图 5-45 所示。

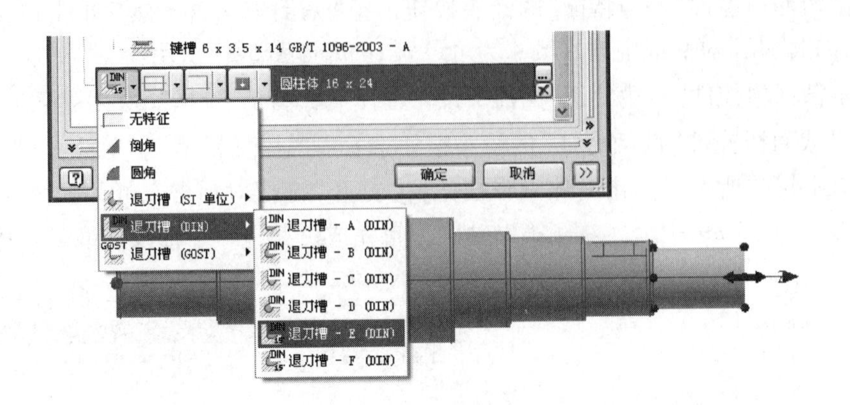

图 5-40　选择退刀槽特征

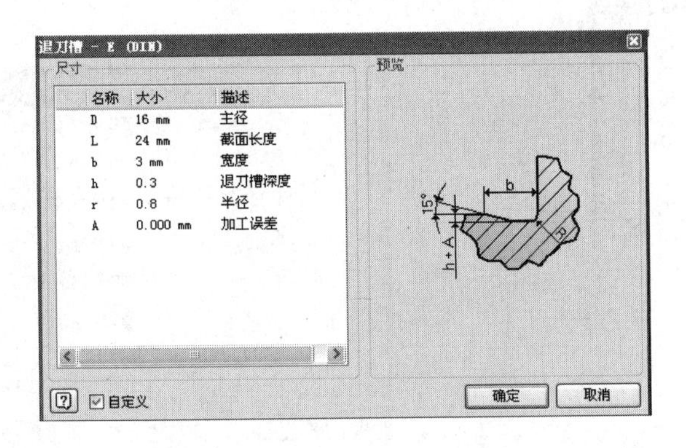

图 5-41　“退刀槽”对话框

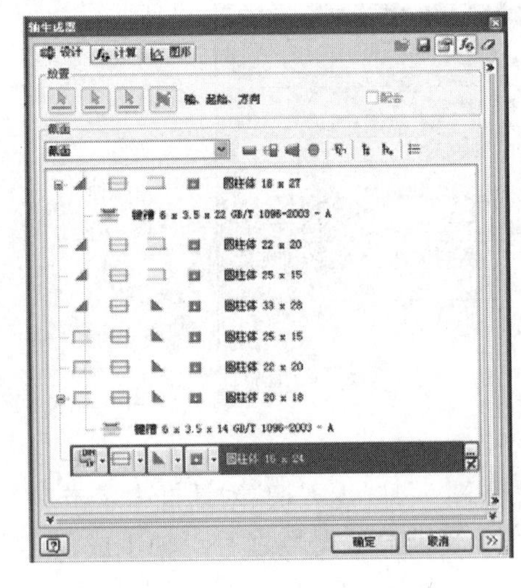

图 5-42　“轴生成器”对话框

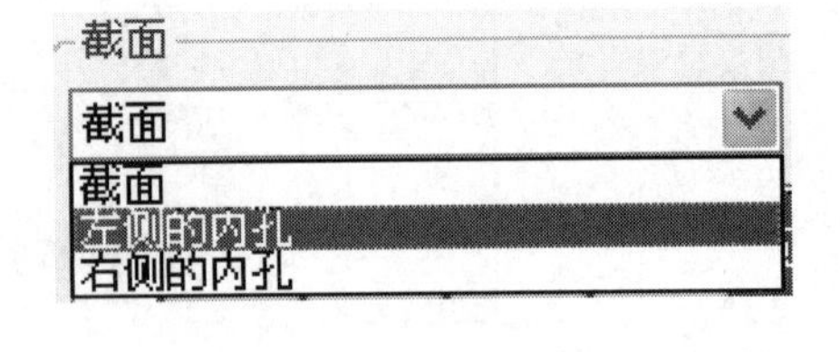

图 5-43　选择“左侧的内孔”

最终得到的主轴如图 5-46(a)所示。在浏览器中选择“轴”并右击，在右键菜单中选择“编辑”选项，然后单击“螺纹”按钮，在绘图区域右击，在右键菜单中选择“完成编辑”选项，如图 5-46(b)所示。

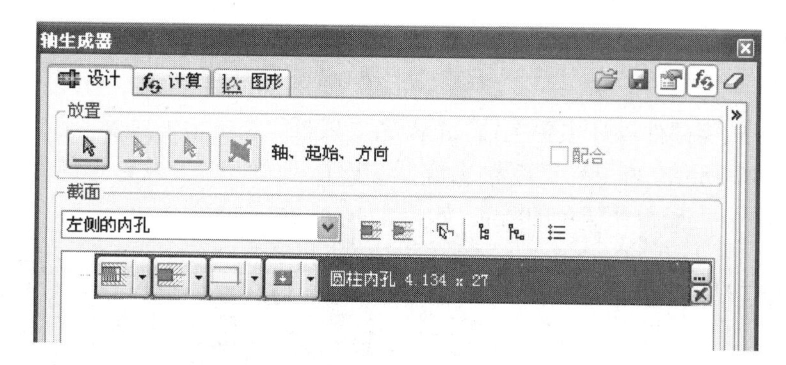

图 5-44　“轴生成器”对话框

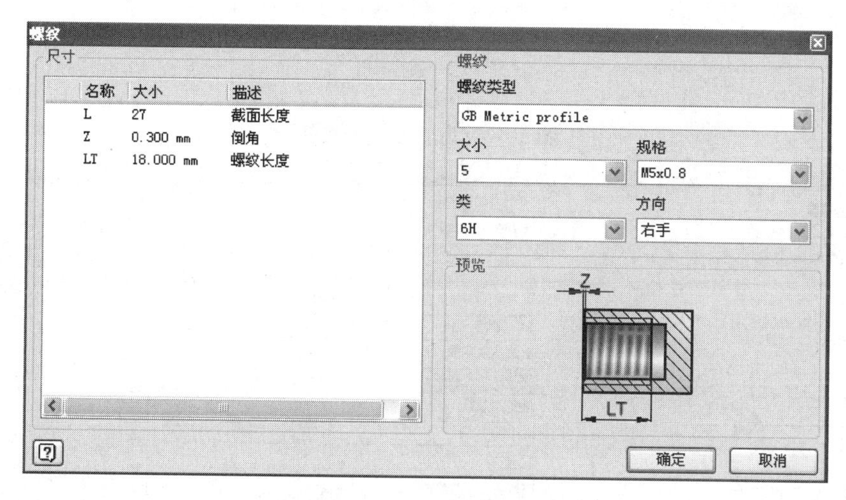

图 5-45　“螺纹”对话框

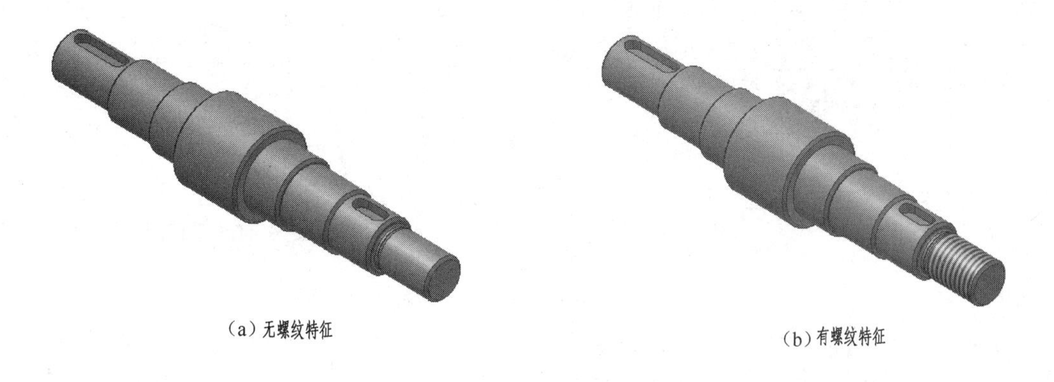

(a) 无螺纹特征　　(b) 有螺纹特征

图 5-46　轴

5.6.2　齿轮

【例 5-6】　利用设计加速器生成一对啮合圆柱齿轮和单个圆柱齿轮。

小齿轮:齿数 $Z=30$、模数 $m=2$。大齿数:齿数 $=45$、模数 $m=2$。大小齿轮的厚度相同,均为 19。

操作步骤：

①进入部件工作环境。在“设计”标签栏上单击“正齿轮生成器”按钮，可以看出，设计加速器中的齿轮零部件设计主要包括“正齿轮生成器”、“蜗轮生成器”和“锥齿轮生成器”三部分，如图 5-47 所示。单击“正齿轮生成器”按钮，会弹出“正齿轮零部件生成器”，使用“设计”选项卡可以生成相互啮合的齿轮，如图 5-48 所示。

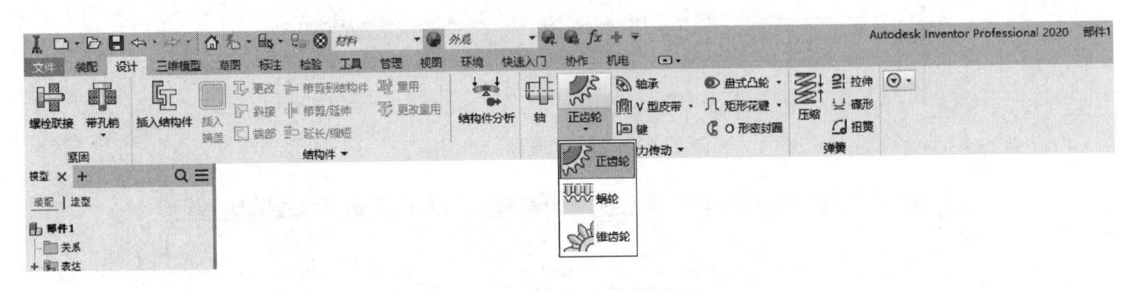

图 5-47　齿轮生成器按钮

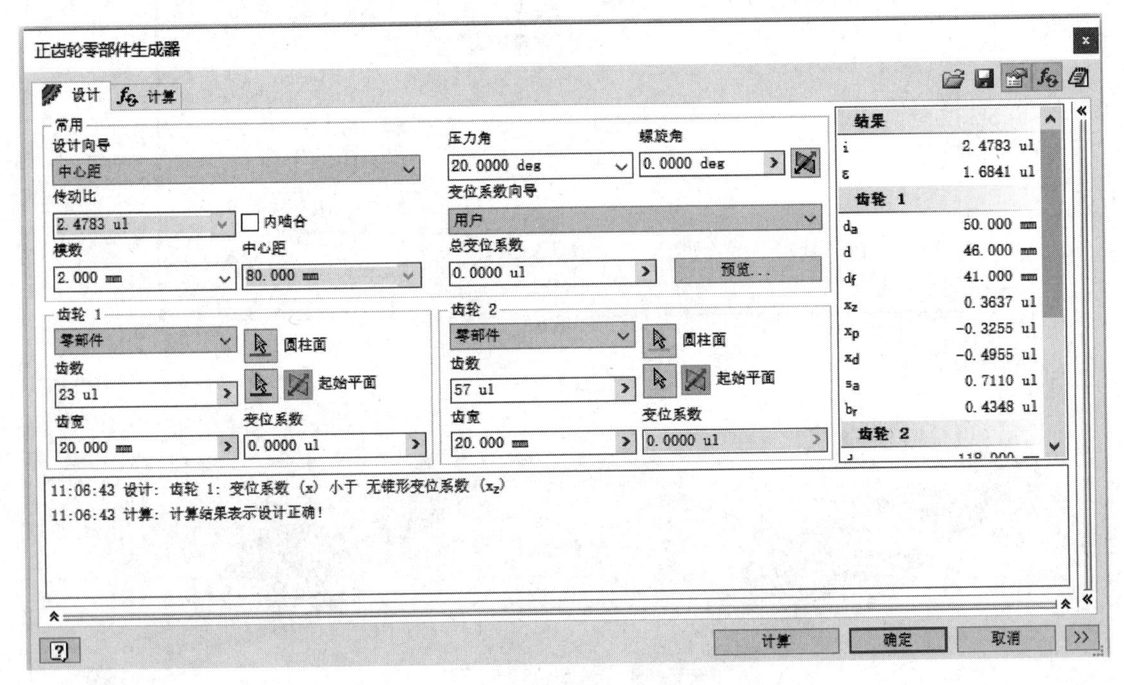

图 5-48　正齿轮零部件生成器—“设计”选项卡

②选择“设计向导”下几何图元计算的类型“中心距”，如图 5-49 所示。即“中心距”则是通过输入其他参数来计算中心距。“内啮合”表示可以在内、外啮合之间互相切换。单击去掉其左边复选框中的对钩符号，即由☑内啮合变为☐内啮合，则生成外啮合。

③在“正齿轮零部件生成器”的“设计”选项卡中，输入“模数”及齿轮 1 和齿轮 2 的“齿数”“齿宽”等信息，单击“计算”，“设计”选项卡中的“传动比”“中心距”等信息会被重新计算，如图 5-49 所示。单击“确定”命令，得到的大、小齿轮如图 5-50(a)所示。然后利用“设计”面板下的“创建二维草图”命令和“拉伸”命令，拉伸出齿轮上的轴孔和键槽，如图 5-50(b)所示。

④当添加完紧固件后，发现有不妥的地方，需要重新编辑。在浏览器中选择“正齿轮”按钮，右击，在右键菜单中选择“使用设计加速器进行编辑”选项。再次打开“正齿轮零部件生成器”对话框，选择紧固件进行修改。如单击齿轮 2 中的“无模型”选项，如图 5-51 所示，可以生成单个齿轮如图 5-52 所示。

图 5-49　选择“设计向导”下几何图元计算的类型

(a)“正齿轮零部件生成器”得到的齿轮

(b) 拉伸出齿轮上的轴孔和键槽

图 5-50　生成一对啮合齿轮

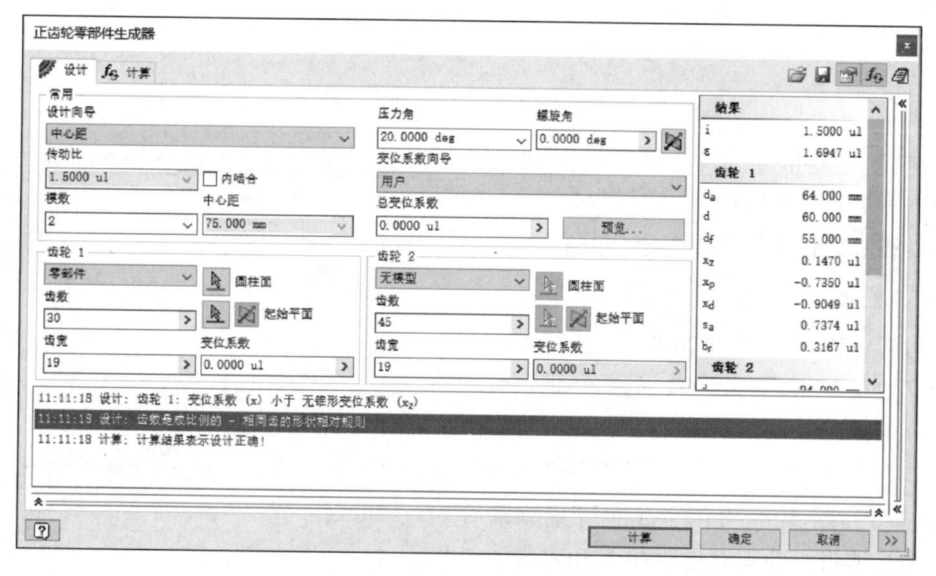

图 5-51　正齿轮零部件生成器—“设计”选项卡

图 5-52　生成单个齿轮

5.6.3 带轮

【例5-7】 利用设计加速器生成V型带轮。

操作步骤：

①进入部件工作环境。在“设计”标签栏上单击“V型皮带”按钮，可以看出，设计加速器中的齿轮零部件设计主要包括“V型皮带”、“同步皮带”和“滚子链”三部分，如图5-53所示。点击“V型皮带”按钮，会弹出“V型皮带零部件生成器”，使用“设计”选项卡可以生成V型皮带零部件，如图5-54所示。

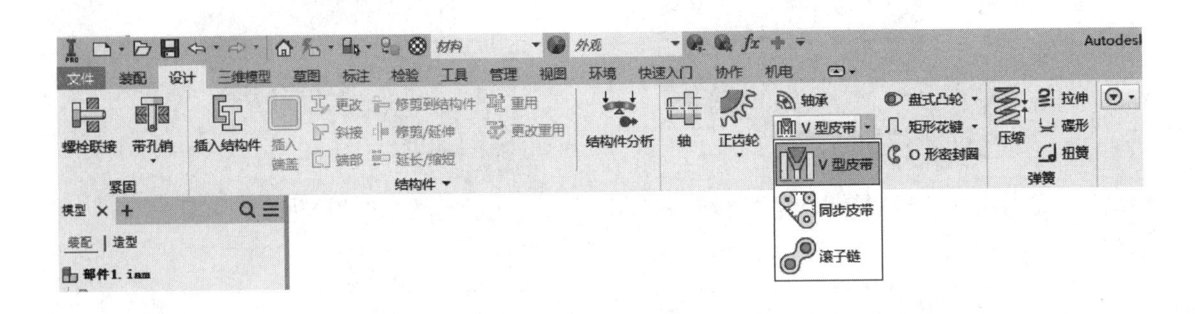

图5-53 V型皮带生成器按钮

②在“V型皮带零部件生成器”中，单击皮带的类型进行浏览，以便选择合适的皮带类型，定义皮带数2和基准长度700等参数，如图5-55所示。然后单击“选择平面或工作平面”按钮，此平面被视为皮带中间平面，单击原始坐标系的*YZ*平面作为皮带中间平面，此时皮带轮的部分被激活可以进行编辑。

③单击右侧编辑按钮，打开“凹槽皮带轮特性”对话框，如图5-56所示。此时可根据需要对其特性进行编辑。分别对皮带轮1和皮带轮2编辑完成后。单击“确定”按钮，得到的皮带轮传动如图5-57所示。

④在浏览器中，分别选择“零部件阵列”和“皮带轮2”并右击，在右键菜单中选择“可见性”，让皮带和皮带轮2不可见，如图5-58所示。

图5-54 V型皮带零部件生成器—“设计”选项卡

⑤然后利用“设计”面板下的“创建二维草图”命令，选择皮带轮的侧面为草图平面，画出草图如图5-59(a)所示。利用“拉伸”命令，拉伸出皮带轮上的轴孔和键槽，如图5-59(b)所示。同样可作出轮毂和减重孔，如图5-59(c)～图5-59(g)所示。

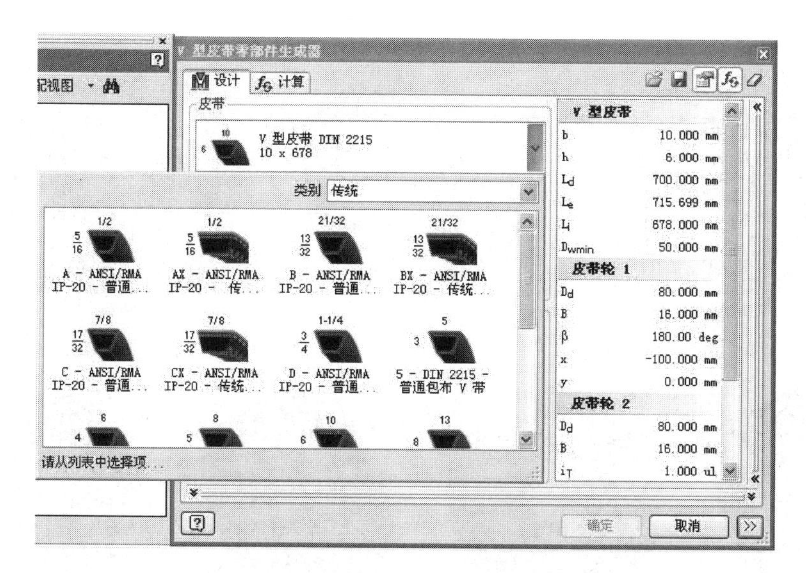

图 5-55　浏览选择皮带类型

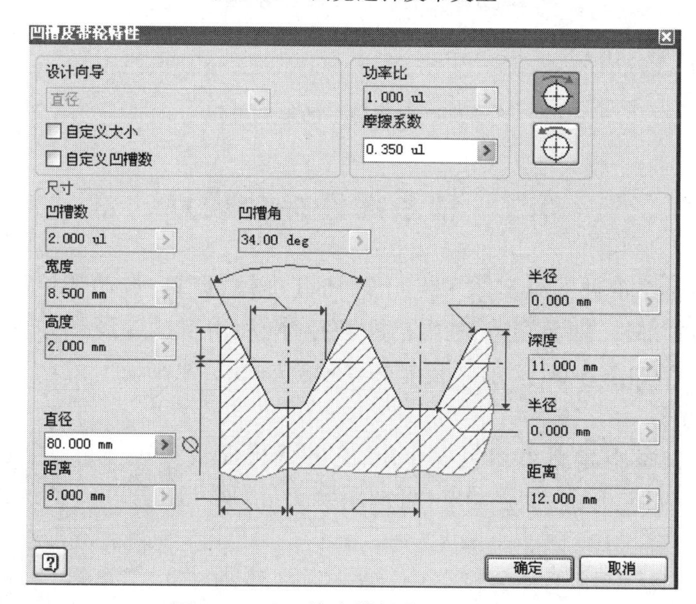

图 5-56　“凹槽皮带轮特性”对话框

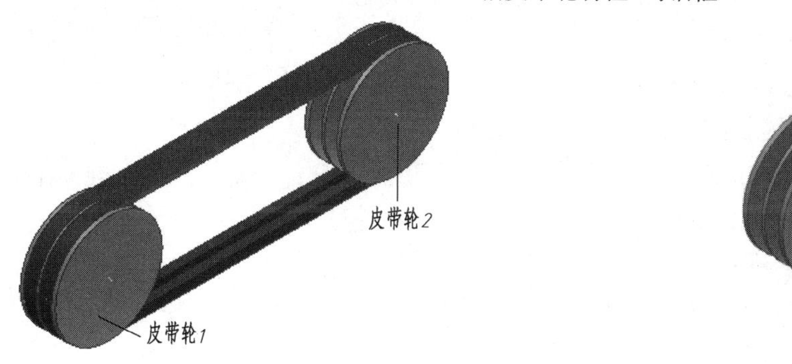

图 5-57　V 型带传动

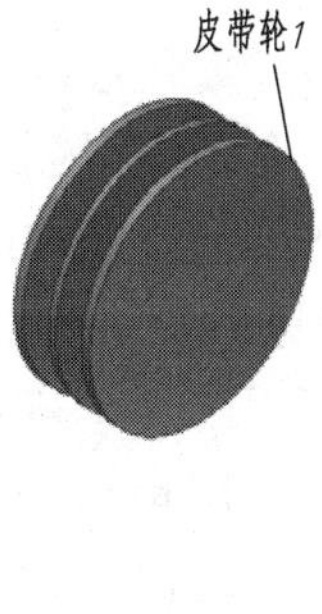

皮带轮1

图 5-58　皮带轮 1

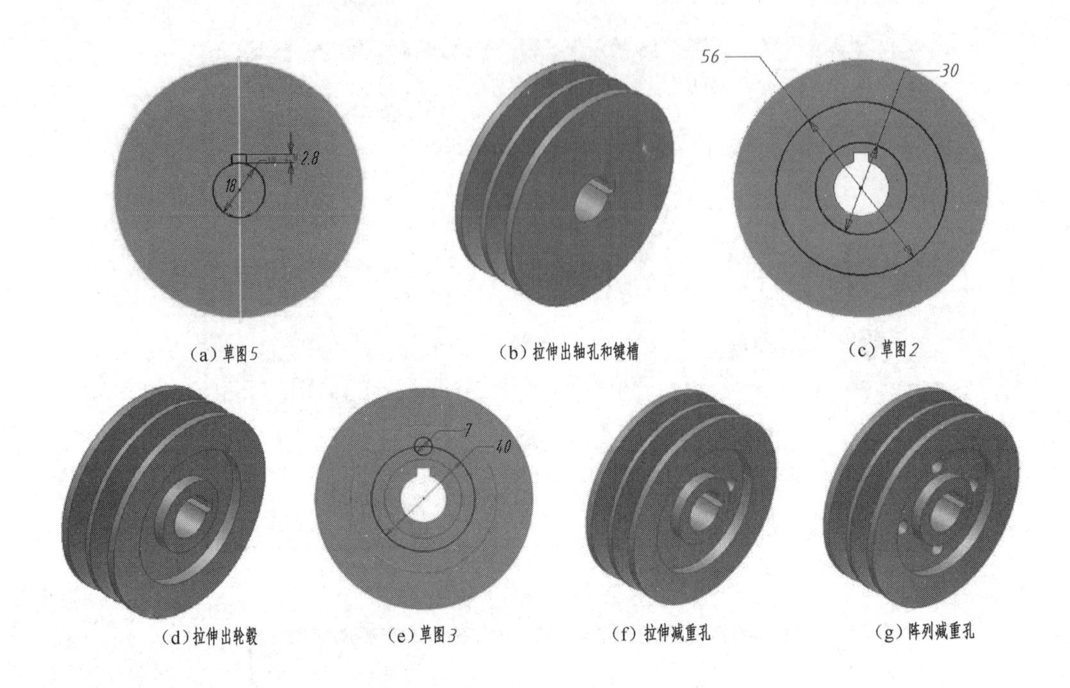

(a) 草图5　(b) 拉伸出轴孔和键槽　(c) 草图2

(d) 拉伸出轮毂　(e) 草图3　(f) 拉伸减重孔　(g) 阵列减重孔

图 5-59　皮带轮 1 的绘制过程

5.7　轴系部件综合设计

【例 5-8】　对轴系部件三维实体和装配设计，其中**轴**、**齿轮**、**传动带轮**可调用(例 5-6)和(例 5-7)所生成的零部件，轴承端盖、轴端挡圈、密封圈利用自适应设计方法进行设计。轴系部件的三维实体模型如图 5-60 所示。装配关系示意如图 5-61 所示。

1. 设计过程分析

(1)轴承座在轴系中起支撑和包容作用，它的建模略为复杂，包括旋转、拉伸、开孔、加强肋等，可调用第 3 章(例 3-3)生成的模型。

(2)轴系部件广泛应用于各种机器中，轴、齿轮、传动带轮等零件设计分析，该部件软件提供的“设计加速器”快速生成，并可根据实际需要进行编辑。

(3)轴承端盖、轴端挡圈、密封圈等零件利用自适应设计方法进行设计可以简化其装配过程，提高建模速度。

(4)轴承、垫圈、螺钉等标准件可以从软件提供的“资源中心”调用，加速设计和装配速度。

图 5-60　轴系部件的三维实体模型

2. 操作步骤

①进入装配工作环境，在功能区上的“装配”选项卡中的“零部件”面板上单击“放置”按钮，通过装入的零部件命令，依次装入轴承座、轴，如图 5-62(a)所示。

②在“浏览器”上右击，在弹出的右键菜单中选择“从资源中心放置”选项中打开资源中

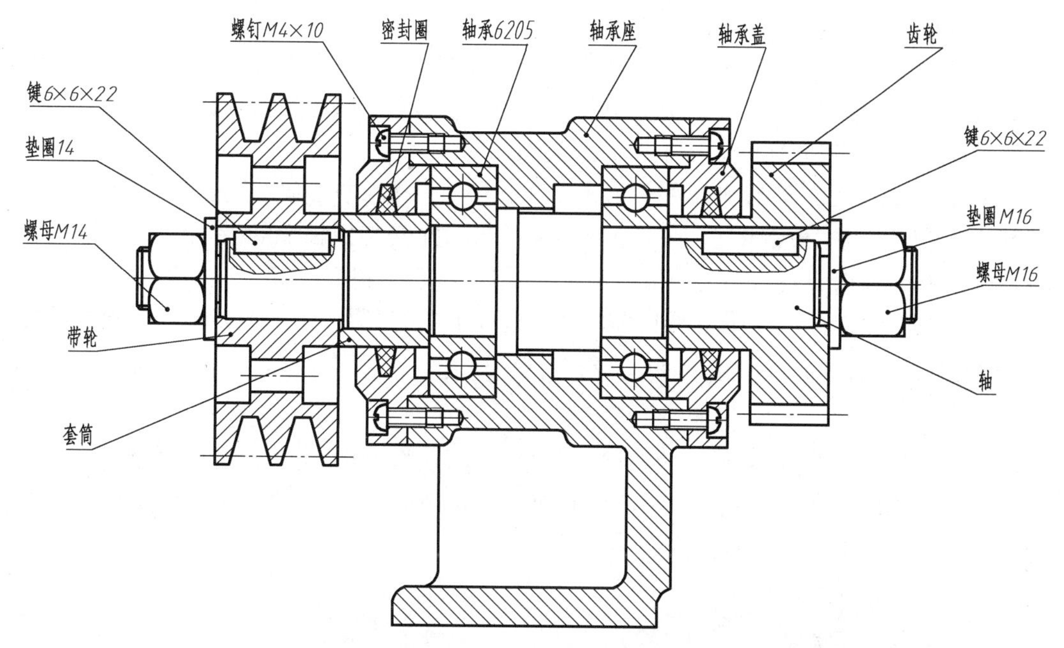

图 5-61　轴系部件的装配关系示意图

心，在其中找到 GB/T 276—2013 双击。单击安装轴承的轴的圆柱面环形边，在打开的对话框中找到 6205 轴承，则轴承就安装到轴上的指定位置。再从“资源中心”中装入另一个 6205 轴承，并安装到轴上的指定位置，如图 5-62(b) 和图 5-62(c) 所示。

③单击“约束”按钮，在弹出的“放置约束”对话框的“部件”面板上选择“配合”约束，通过两次“配合”约束，实现将轴装配到轴承座，如图 5-62(d) 和图 5-62(e) 所示。

④在“零部件”面板上单击“创建零部件”按钮，在弹出的“创建在位零部件”对话框中命名新零部件名称为“垫片”，并选择新文件位置等，单击“确定”按钮。此时状态栏提示“对基础特征选择草图平面”，选择轴承座右端的孔面为草图平面，单击“投影几何图元”按钮，投影得到草图如图 5-62(f) 所示。然后“拉伸”生成垫片。同样的方法生成另一端的垫片，如图 5-62(g) ~ 图 5-62(j) 所示。

⑤在“零部件”面板上单击“创建零部件”按钮，在弹出的“创建在位零部件”对话框中命名新零部件名称为“轴承端盖”，并选择新文件位置等，单击“确定”按钮。此时状态栏提示“对基础特征选择草图平面”，选择轴承座的垂直对称面为草图平面，单击“投影几何图元”按钮，投影并绘制草图如图 5-62(k) 和图 5-62(l) 所示。然后“旋转”生成轴承端盖，然后作出安装孔，如图 5-62(m) ~ 图 5-62(q) 所示。同样的方法生成另一端的轴承端盖，如图 5-62(r) 所示。

⑥在“零部件”面板上单击“创建零部件”按钮，在弹出的“创建在位零部件”对话框中命名新零部件名称为“密封圈”，并选择新文件位置等，单击“确定”按钮。此时状态栏提示“对基础特征选择草图平面”，选择轴承座的垂直对称面为草图平面，单击“投影几何图元”按钮，投影并绘制草图如图 5-62(s) 所示。然后“旋转”密封圈，如图 5-62(t) 和图 5-62(u)

所示。同样的方法生成另一端的密封圈。

⑦在“浏览器”上右击，在弹出的右键菜单中选择“从资源中心放置”打开资源中心，在其中找到螺钉 GB/T 70.3，从“资源中心”中装入螺钉，并安装到轴上的指定位置，并阵列4组，如图5-62(v)所示。用同样的方法生成另一端的螺钉。

⑧在“浏览器”上右击，在弹出的右键菜单中选择“从资源中心放置”打开资源中心，在其中找到 GB/T 1096，从“资源中心”中装入键 6×6×22，并安装到轴上的指定位置。另一个键 6×6×14 用同样方法安装到轴上的指定位置，如图5-62(w)和图5-62(x)所示。

⑨进入装配工作环境，在功能区上的“装配”选项卡中的“零部件”面板上单击“放置”按钮，将零部件命令装入齿轮，利用“插入”约束，将其装入到轴系的指定位置，如图5-62(y)所示。

⑩在“浏览器”上右击，在弹出的右键菜单中选择“从资源中心放置”打开资源中心，在其中找到垫圈 16 GB/T 95 和螺母 M16 GB/T 6170，从“资源中心”中装入垫圈和螺母，并安装到轴上的指定位置，如图5-62(z)和图5-63(a)所示。

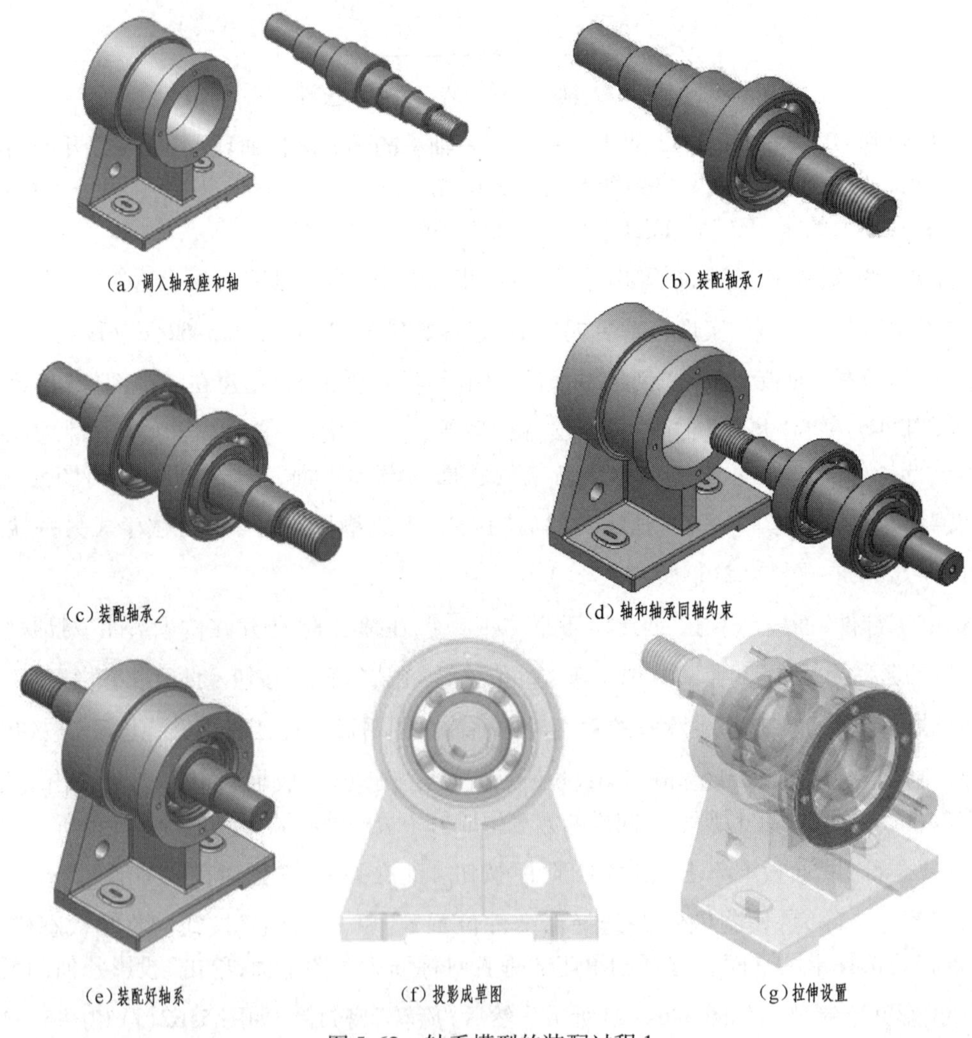

(a) 调入轴承座和轴　(b) 装配轴承1

(c) 装配轴承2　(d) 轴和轴承同轴约束

(e) 装配好轴系　(f) 投影成草图　(g) 拉伸设置

图5-62　轴系模型的装配过程1

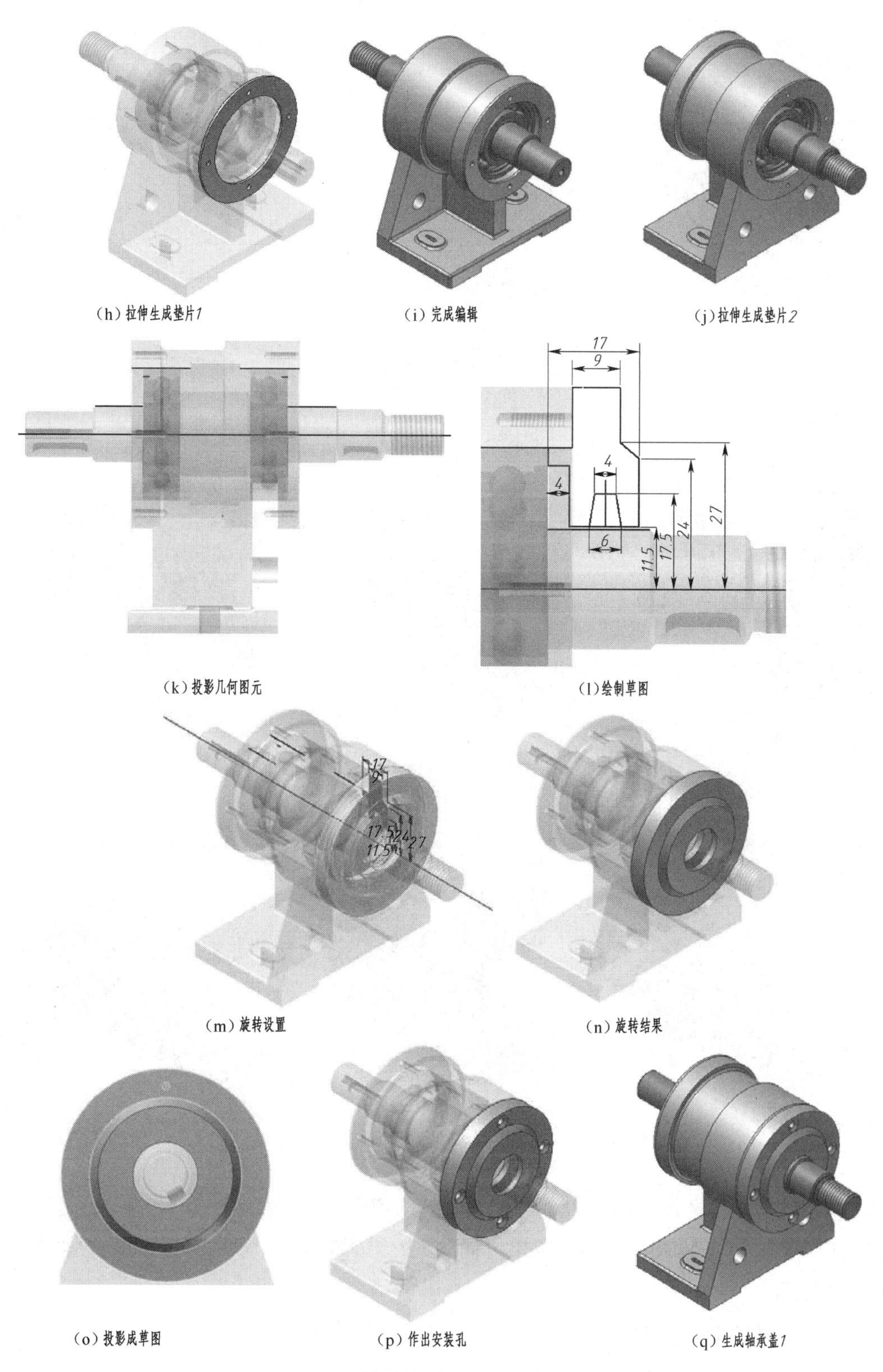

图 5-62 轴系模型的装配过程 1(续)

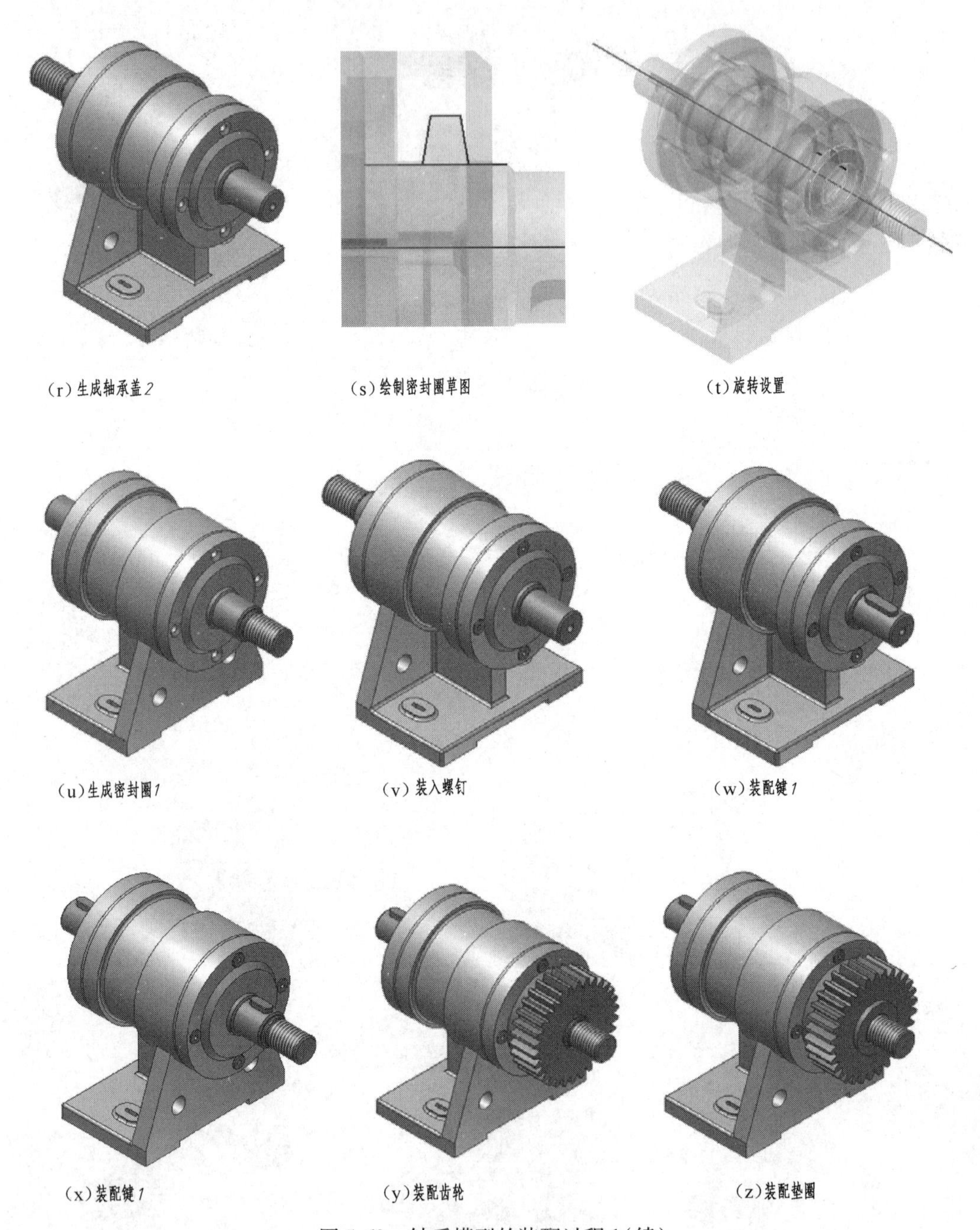

图5-62　轴系模型的装配过程1(续)

⑪进入装配工作环境,在功能区上的“装配”选项卡中的“零部件”面板上单击“放置”按钮,将零部件命令装入V带轮,利用“插入”约束,将其装入到轴系的指定位置,如图5-63(b)所示。

⑫在“零部件”面板上单击“创建零部件”按钮,在弹出的“创建在位零部件”对话框中命名新零部件名称为“轴端挡圈”,并选择新文件位置等,单击“确定”按钮。此时状态栏提示

“对基础特征选择草图平面”，选择 V 带轮的侧面为草图平面，单击“投影几何图元”按钮，投影并绘制草图如图 5-63(c)所示。然后“拉伸”轴端挡圈，如图 5-63(d)和图 5-63(e)所示。同样的方法生成另一端的密封圈。

⑬在“浏览器”上右击，在弹出的右键菜单中选择“从资源中心放置”并且打开资源中心，在其中找到垫圈 16 GB/T 93 和螺栓 M5 × 14 GB/T 5783，从“资源中心”中装入垫圈和螺栓，并安装到轴上的指定位置，如图 5-63(f)所示。

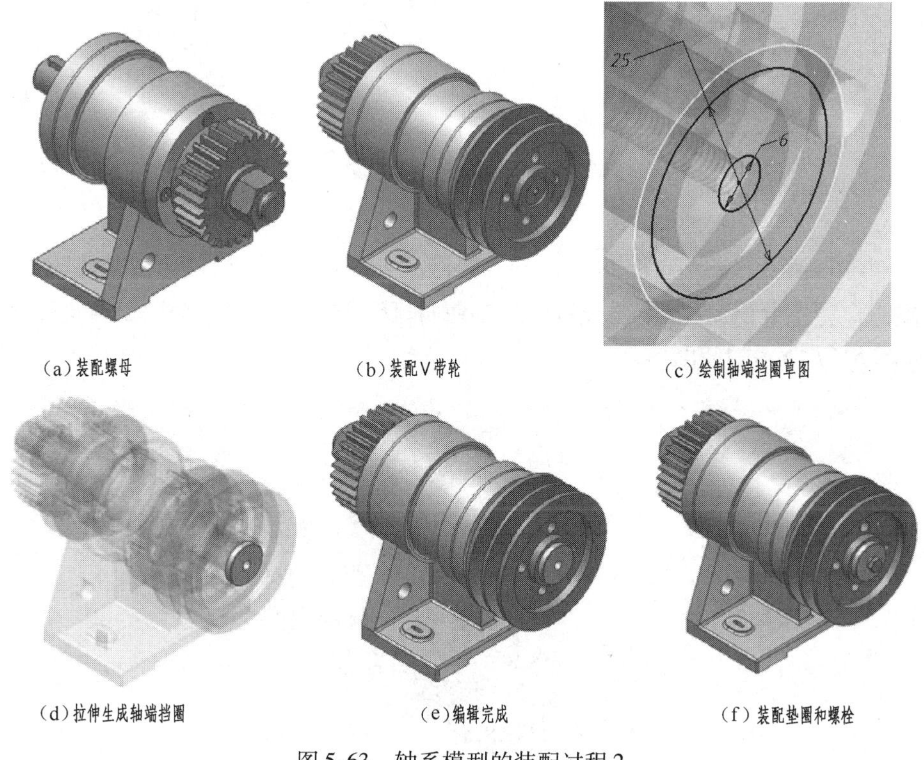

(a)装配螺母　(b)装配V带轮　(c)绘制轴端挡圈草图

(d)拉伸生成轴端挡圈　(e)编辑完成　(f)装配垫圈和螺栓

图 5-63　轴系模型的装配过程 2

练　习　题

1. 飞机模型主要由飞机机身、螺旋桨、玻璃罩、座舱组成，如图 5-64 所示。试将 4 个飞机零件模型装配成图 5-65 所示飞机装配体。

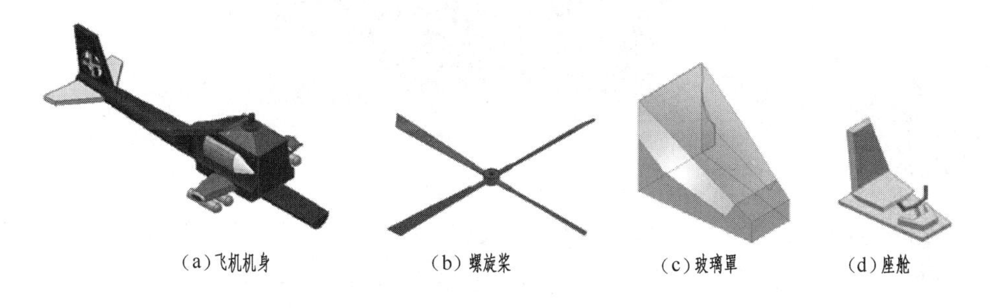

(a)飞机机身　(b)螺旋桨　(c)玻璃罩　(d)座舱

图 5-64　飞机零件模型

2. 千斤顶模型主要由顶盖、起重螺杆、螺钉、底座、旋转杆等组成。试将千斤顶零件模型装配成如图5-66所示的装配体。利用Inventor的驱动约束工具来模拟千斤顶的运动过程。

图5-65　飞机装配体

图5-66　千斤顶模型的装配体

3. 虎钳模型主要由底座、丝杠、滑块、活动钳身、圆螺钉、钳口等组成。试将虎钳零件模型装配成如图5-67所示的装配体。

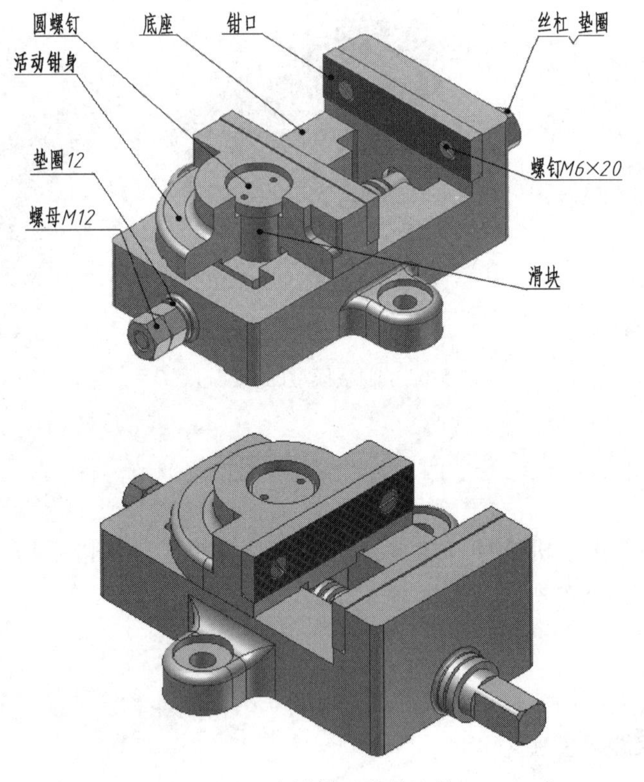

图5-67　虎钳模型的装配体

5. 如图5-68和图5-69所示，行程开关是气动控制系统中的位置检测元件。阀芯在外力作用下，克服弹簧阻力左移，打开气源口与发信口的通道，封闭泻流口，输出信号；外力消失，阀芯复位，关闭气源口与发信口的通道。基于自适应技术“在位”进行弹簧建模和装配。

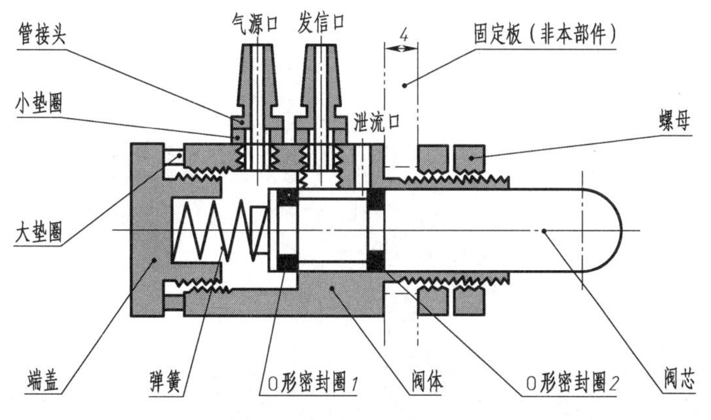

图 5-68　行程开关原理

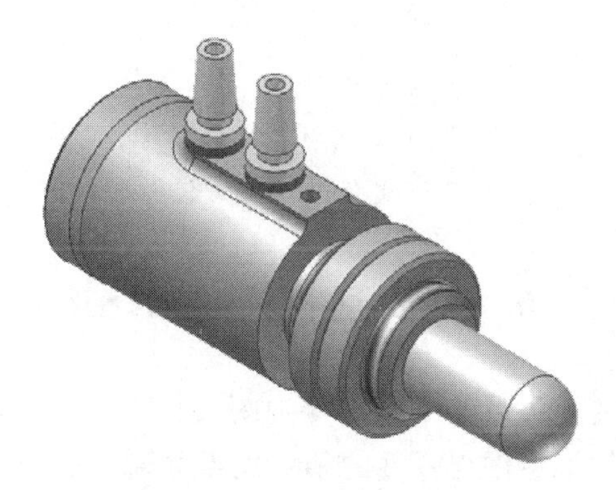

图 5-69　行程开关模型的装配体

第 6 章　部件分解表达

学习目标

学习表达视图的生成方法。

学习内容

1. 设计表达视图。
2. 调整表达视图中零部件的位置。
3. 演示表达视图的动画并生成动画文件。

6.1　表达视图的作用

表达视图是显示部件装配关系的一种特殊视图，由于它将各零件沿装配路线展开表示，使用者可很直观地观察部件中零件与零件的**相互关系**和**装配顺序**。“表达”可以是静态的视图，也可以是动态的演示过程，还可以生成一个播放文件，供随时播放。

分解的表达视图也称装**配体爆炸图**，装配体爆炸图是将装配体中的零件以分解图的形式表达，是展示装配体中各零部件结构的一种手段，其优点是直观地反映装配体零件的**构成**、**装配顺序**和**相互位置**关系，并可演示装拆顺序。图 6-1(a)是手压阀装配模型；图 6-1(b)是“表

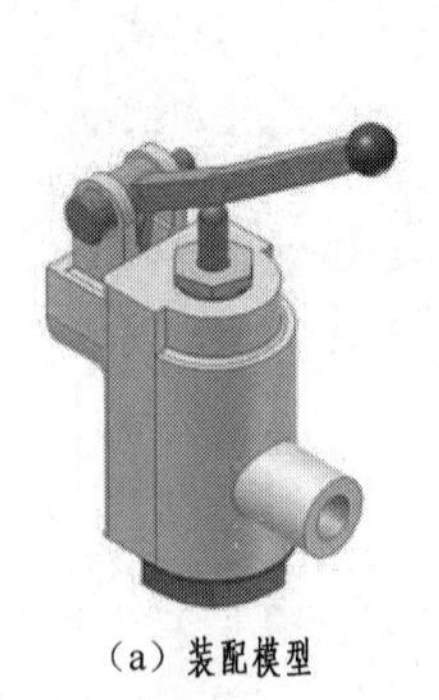

(a) 装配模型

(b) 爆炸图

图 6-1　手压阀装配模型和爆炸图

达视图”工作环境中所生成的手压阀模型爆炸图,它可以在工程图环境中快速生成装配体分解轴测图,创建装配体高质量爆炸渲染图或动画。

表达视图的动态演示作用:

(1)将分解展开的零部件以动画的形式回放到装配状态。

(2)重现分解展开的过程。

(3)录制动画过程,生成可用播放器播放的动画文件(*. avi)。

零部件的演示动作顺序可以在原来的基础上调整。

分解的表达视图是在装配模型的基础上进行的。现以两个实例说明设计表达视图的操作过程。

6.2　定滑轮模型

已知定滑轮装配模型,如图 6-2 所示,利用 Inventor“表达视图”工作环境生成定滑轮模型爆炸图,零件间的装配关系参考图 6-3 定滑轮装配图。

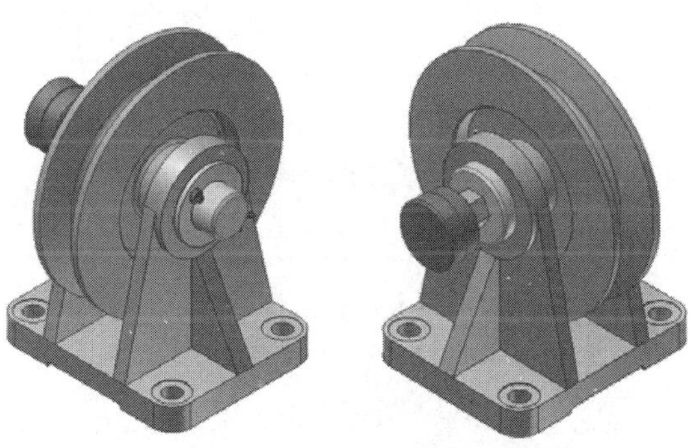

图 6-2　定滑轮模型的装配体

6.2.1　创建表达视图

(1)进入表达视图工作环境。在功能区上单击“新建”按钮,在“打开”对话框中单击“表达视图”命令。进入表达视图环境后,“表达视图”标签栏和“模型”浏览器如图 6-4 所示。

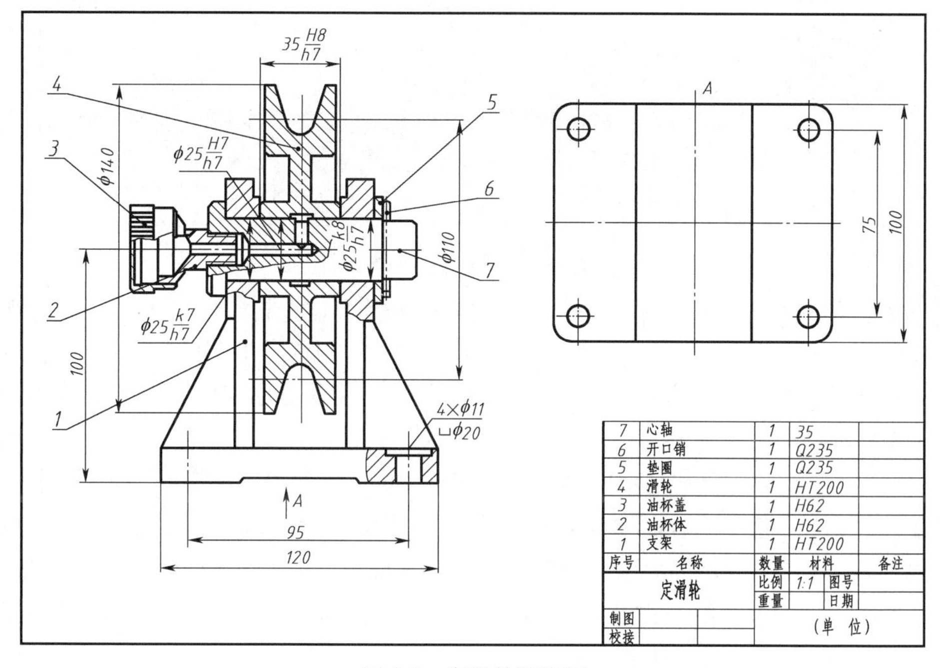

图 6-3　定滑轮装配图

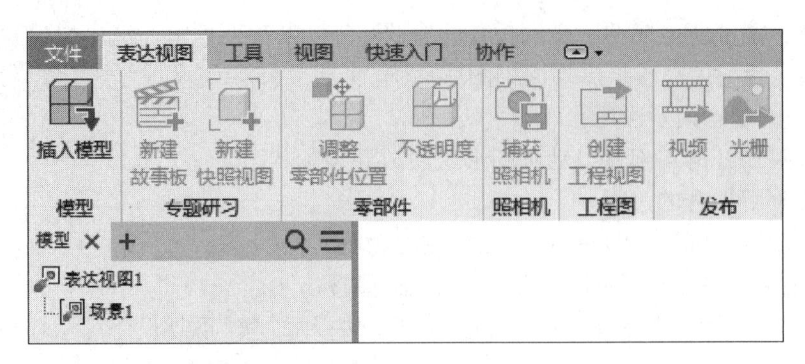

图 6-4　表达视图标签栏和“模型”浏览器

(2)装入部件装配体。单击“表达视图”标签栏中的“插入模型”按钮 。单击“插入”对话框中的相应按钮,查找到装配文件,如图 6-5 所示。

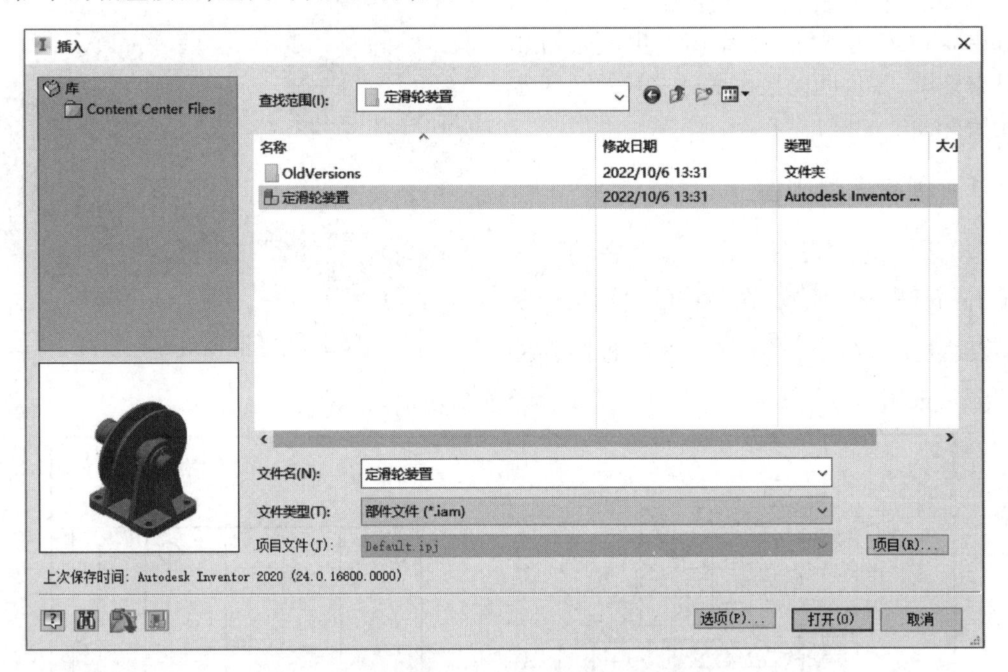

图 6-5　“插入”对话框

在“插入”如图 6-5 所示的对话框中单击“打开”按钮。定滑轮装置插入后,“表达视图”标签栏、“模型”浏览器及定滑轮装置如图 6-6 所示。“模型”浏览器中仍然显示了定滑轮装置的装配逻辑关系,但不显示约束符号。在表达视图环境下,装配体原来的约束不起作用,零件间的相对位置要重新指定。

(3)生成表达视图—将开口销沿轴线移动 200 mm。单击“表达视图”标签栏中“调整零部件位置”命令 ,弹出对话框如图 6-7(a)所示。指定要沿轴线移动的零部件。单击选择“模型”浏览器中的子部件名称“开口销”。也可以直接单击开口销模型,但有时会将其他零件选中。单击 × 轴的方向箭头,在弹出的数据栏内输入移动距离“200”,如图 6-7(b)所示,单击“确认”按钮 ,开口销移动效果如图 6-7(c)所示。

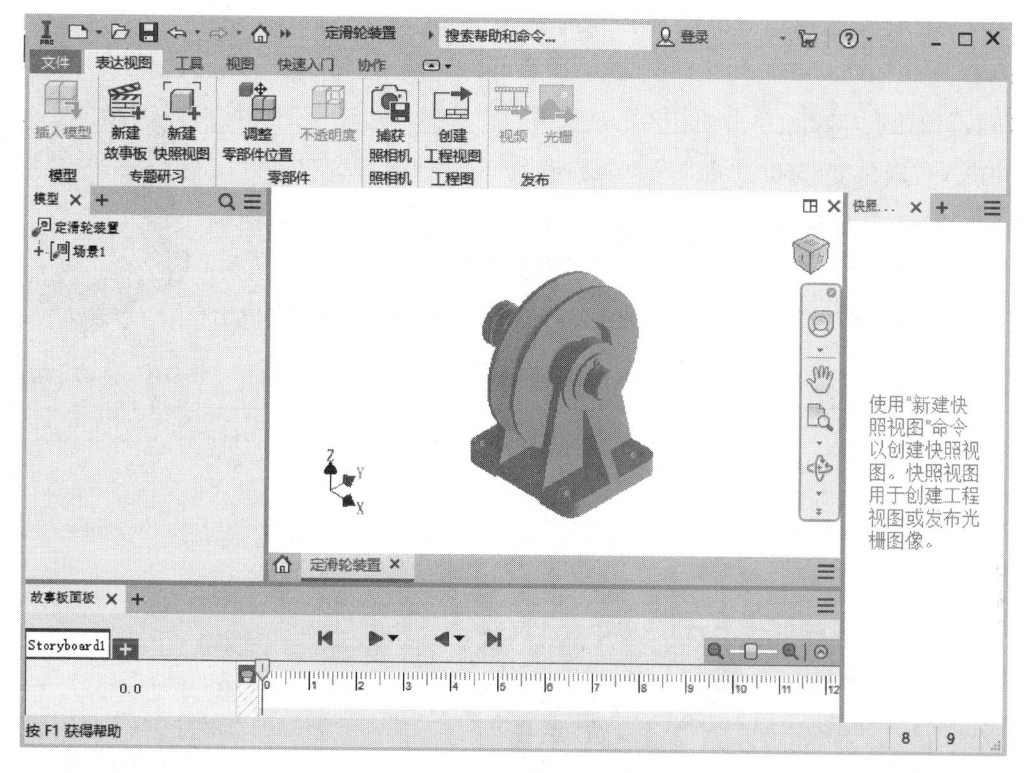

图 6-6　插入定滑轮装置

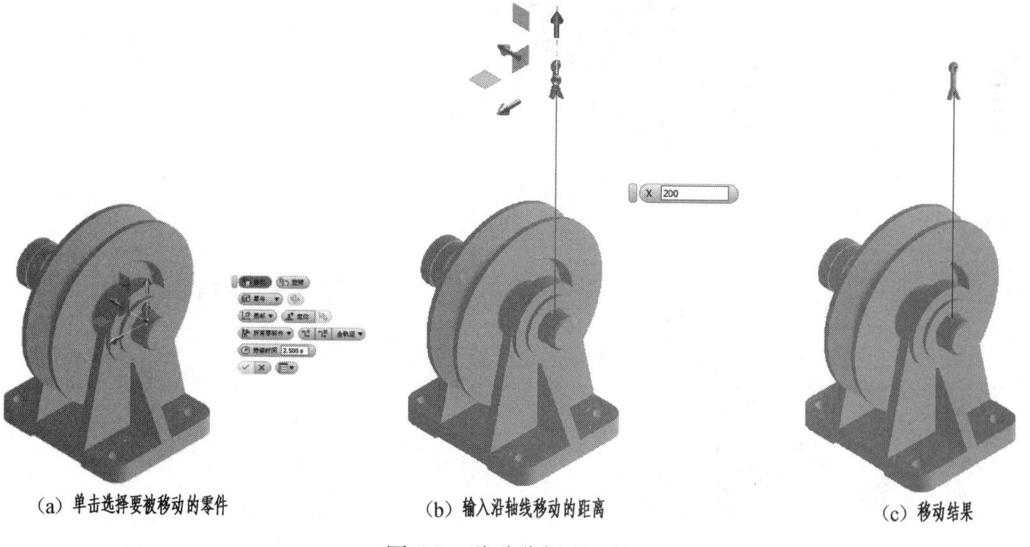

(a) 单击选择要被移动的零件　(b) 输入沿轴线移动的距离　(c) 移动结果

图 6-7　移动分解开口销

(4)生成表达视图—将垫圈沿轴线移动 50 mm。单击“表达视图”标签栏中“调整零部件位置”命令，单击垫圈模型，单击 Z 轴的方向箭头，在弹出的数据栏内输入移动距离“ -50”，单击“确认”按钮，垫圈移动效果如图 6-8 所示。

（5）生成表达视图—将油杯盖绕轴线旋转 360°，沿轴线移动 200 mm。单击“表达视图”标签栏中的“调整零部件位置”按钮。选择“旋转”按钮，单击油杯盖为旋转零件。单击左边球形图标按钮，并输入旋转角度“360°”，如图 6-9（a）所示，单击“确认”按钮。单击“表达视图”标签栏中“调整零部件位置”命令，单击油杯盖模型，单击 x 轴的方向箭头，在弹出的数据栏内输入移动距离“－200”，如图 6-9（b）所示，单击“确认”按钮，油杯盖移动效果如图 6-9（c）所示。

图 6-8　移动分解垫圈

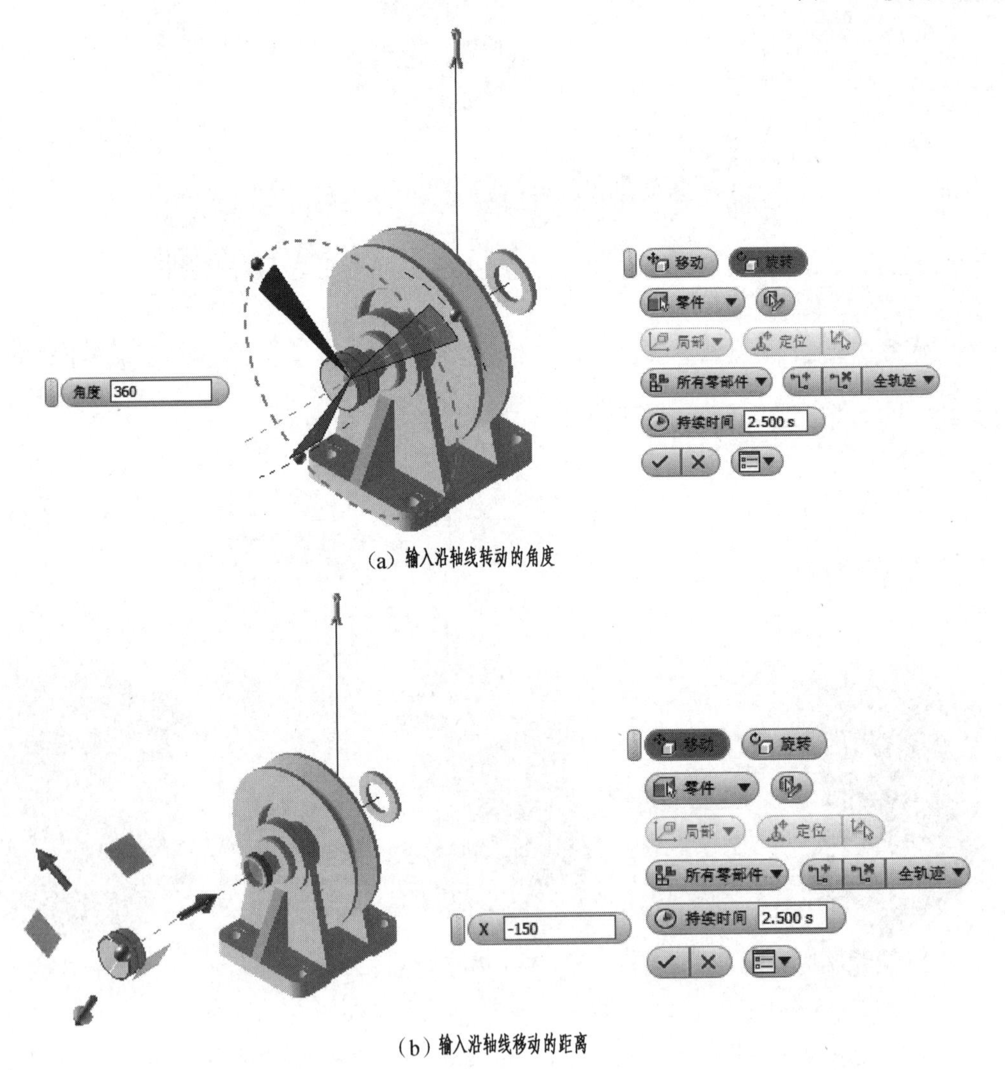

（a）输入沿轴线转动的角度

（b）输入沿轴线移动的距离

图 6-9　旋转、移动、分解油杯盖

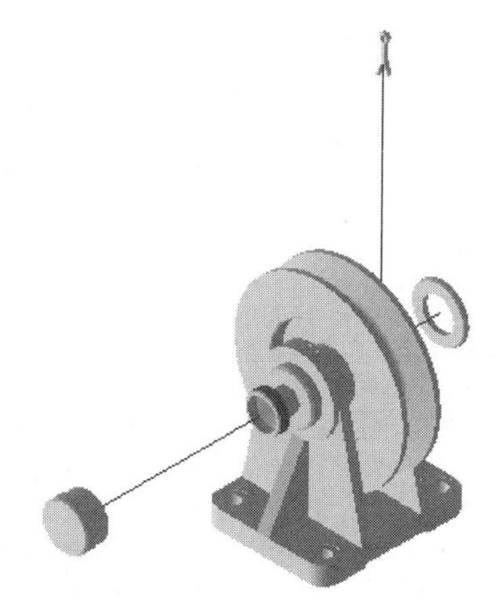

（c）旋转、移动结果

图6-9 旋转、移动、分解油杯盖（续）

（6）生成表达视图—将油杯体绕轴线旋转360°，沿轴线移动150 mm。单击“表达视图”标签栏中的“调整零部件位置”命令 。选择“旋转”按钮 ，单击油杯体为旋转零件。单击左边球形图标按钮，并输入旋转角度“360°”，单击“确认”按钮 。单击“表达视图”标签栏中“调整零部件位置”命令 ，单击油杯体模型，单击 X 轴的方向箭头，在弹出的数据栏内输入移动距离“-150”，单击“确认”按钮 ，油杯体移动效果如图6-10所示。

（7）生成表达视图—将心轴沿轴线移动100 mm。单击“表达视图”标签栏中“调整零部件位置”命令 。单击心轴模型，单击 X 轴的方向箭头，在弹出的数据栏内输入移动距离“-100”，单击“确认”按钮 ，心轴移动效果如图6-11所示。

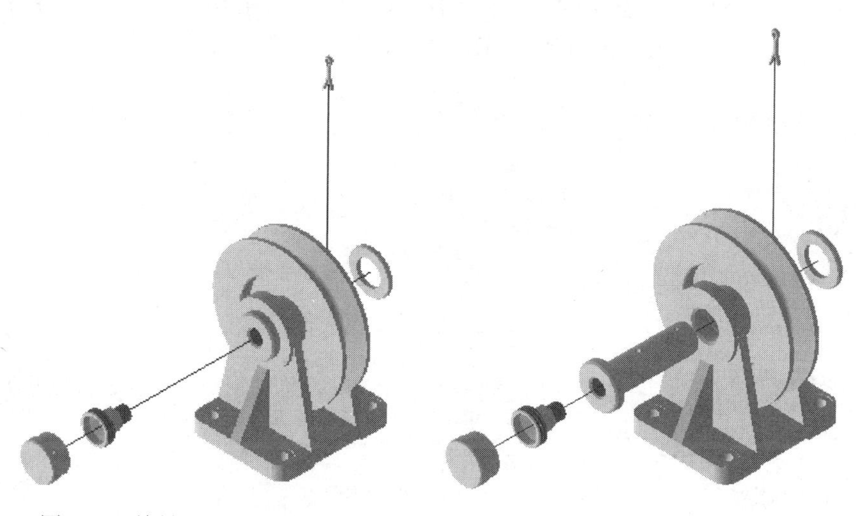

图6-10 旋转、移动、分解油杯体　　图6-11 移动心轴

（8）生成表达视图—将滑轮沿轴线移动300 mm。单击“表达视图”标签栏中“调整零部件位置”命令 。单击滑轮模型，单击 Z 轴的方向箭头，在弹出的数据栏内输入移动距离

"300"，单击"确认"按钮 ，滑轮移动效果如图6-12所示。

(9)观察"模型"浏览器变化。将"模型"浏览器中的所有零件展开后可以看到，7个位置参数已被记录，如图6-13所示。

图6-12　移动滑轮

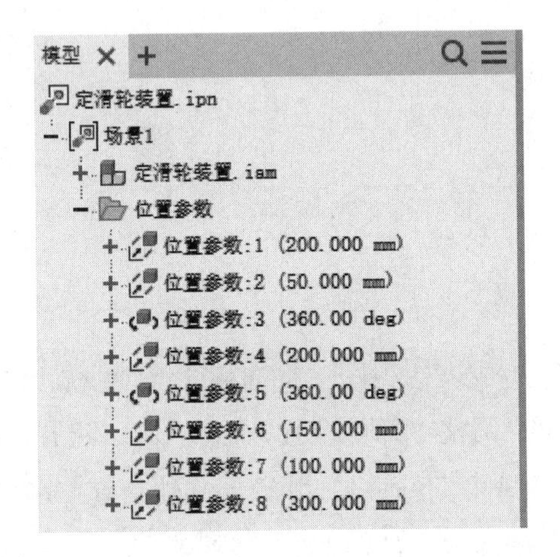

图6-13　浏览器中位置参数

6.2.2　编辑表达视图

修改分解参数的方法主要有两种：

方法1：单击"模型"浏览器中的"位置参数：8(300)"，如图6-14(a)所示，在弹出的修改数据栏输入新的数据如200，按回车键，如图6-14(b)所示，移动结果如图6-14(c)所示。

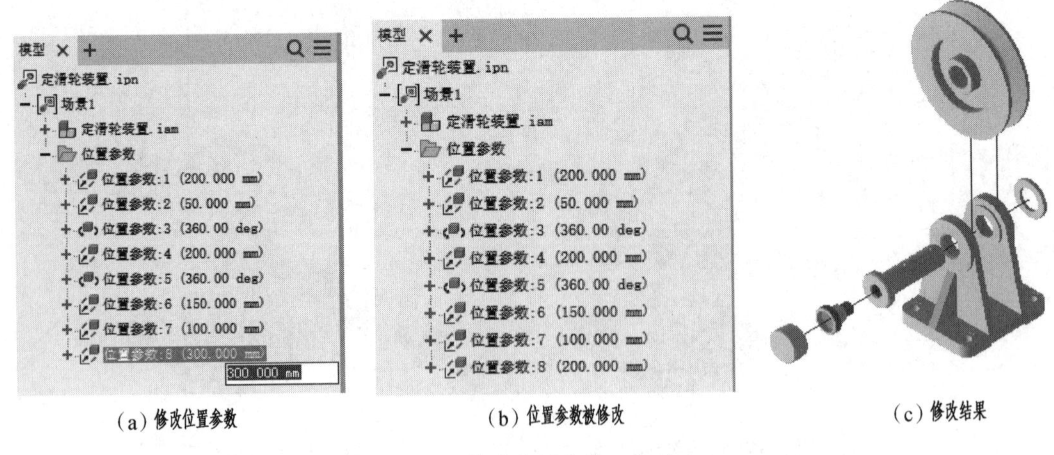

图6-14　修改位置参数—方法1

方法2：双击"位置参数：8(300)"，在弹出的对话框数据栏中输入"200"，如图6-15所示。

方法3：用鼠标拖移分解零部件。方法1和方法2是在对话框中给出准确的位置参数，使

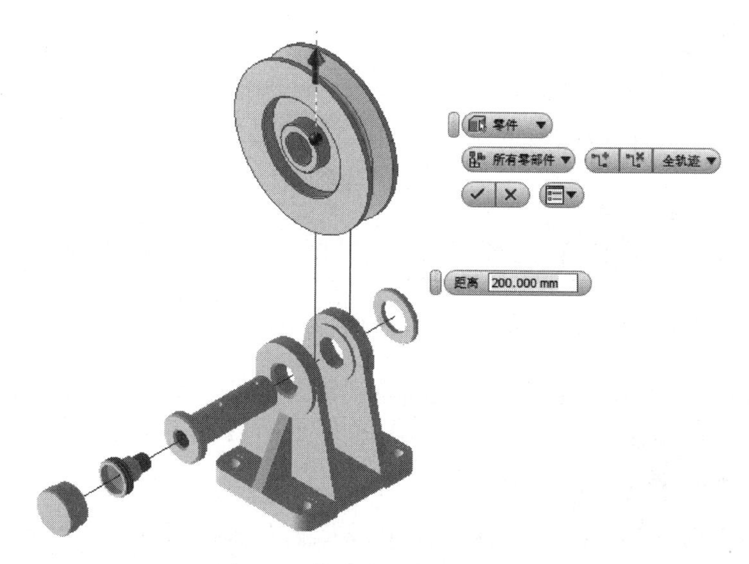

图6-15 修改位置参数—方法2

零件移动,但移动结果很难满足要求。也可以用鼠标直接拖移零部件的方法,将零部件放置到合适的位置。鼠标指针指向轴的移动轨迹线,当出现一个绿色的小圆点时,在小圆点处按住左键沿着轨迹线移动到合适位置,松开左键,移动完成。这种方法在开始分解或修改位置参数时都可以使用,方便、快捷。

6.2.3 动画模拟

1. 动态演示定滑轮的装配过程

单击“故事板面板”上的“播放当前故事板”按钮▶▾,如图6-16所示。可以看到油杯体和油杯盖在旋转完1圈后再移动到位,显然和实际不符。应该两个动作同时进行。

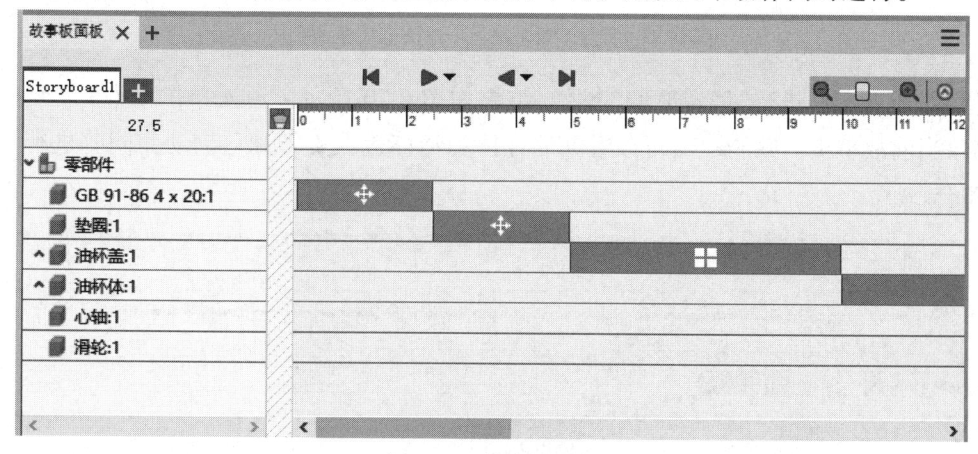

图6-16 故事板面板

2. 将两个动作的位置参数合成

(1)单击“故事板面板”浏览器中“油杯盖”左侧的按钮⌃,或双击右侧的图标⊞,如图6-16所示,结果如图6-17所示。

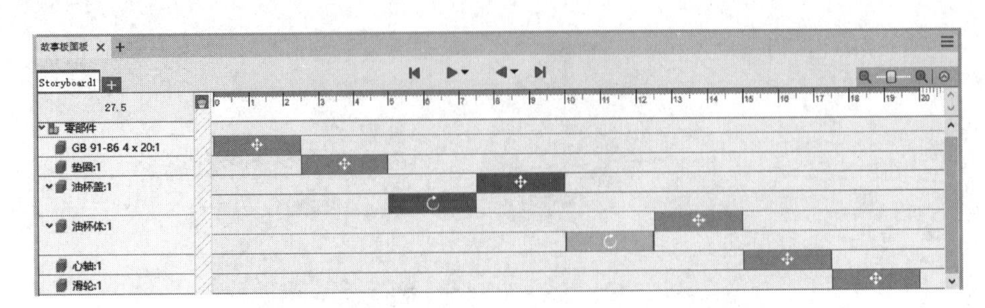

图 6-17　显示动作时间区域

（2）双击“移动”图标按钮；或选择“移动”动作时间区域按钮，右击，在弹出的快捷菜单中选择“编辑时间”选项，如图 6-18 所示，在弹出的对话框中，将数据分别改为“5. 0、2. 5、7. 5”，如图 6-19 所示，单击“确定”按钮。

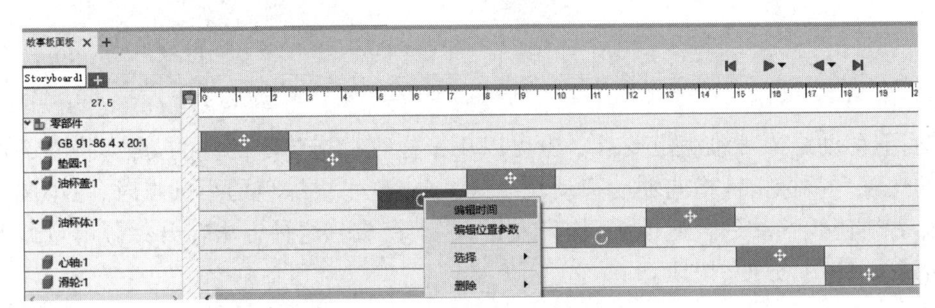

图 6-18　选择“编辑时间”选项

图 6-19　改变“编辑时间”对话框中的参数

（3）对所有零件进行“编辑时间”操作，结果如图 6-20 所示。再次单击“故事板面板”上的“播放当前故事板”按钮，可以看到油杯体和油杯盖在旋转和移动动作同时进行，与实际相符合。

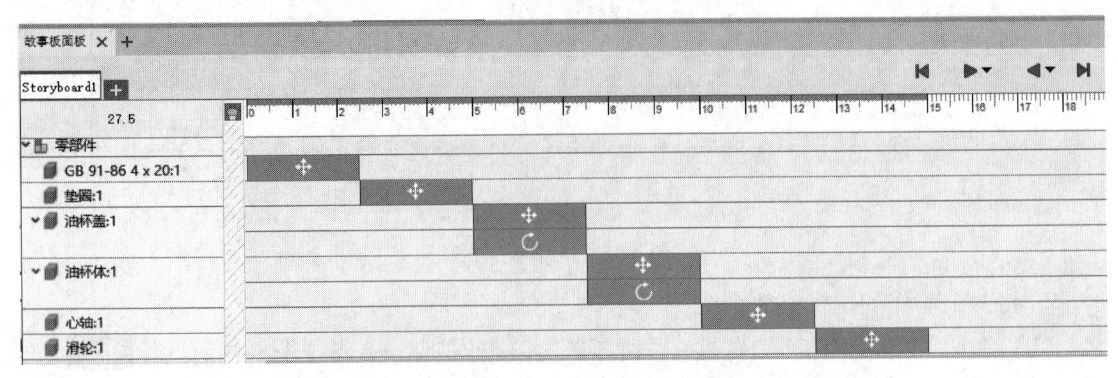

图 6-20　对所有零件进行“编辑时间”操作后的结果

6.3　齿轮泵装置

已知齿轮泵装配模型,如图 6 – 21 所示。利用 Inventor“表达视图”工作环境生成齿轮泵模型爆炸图,零件间的装配关系参考图 6-22(原图 6-20)齿轮泵装配图。

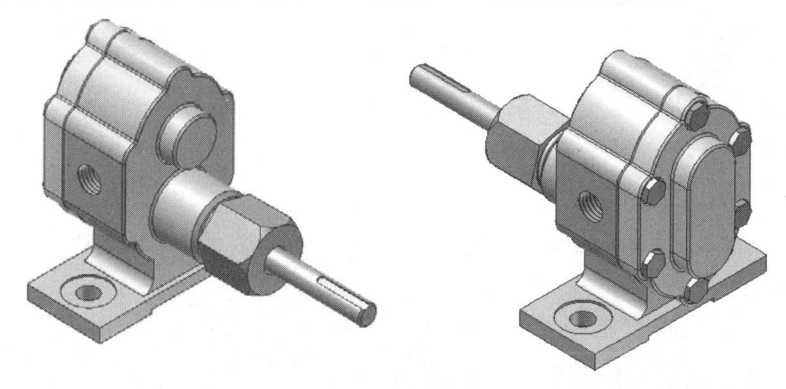

图 6-21　齿轮泵模型的装配体

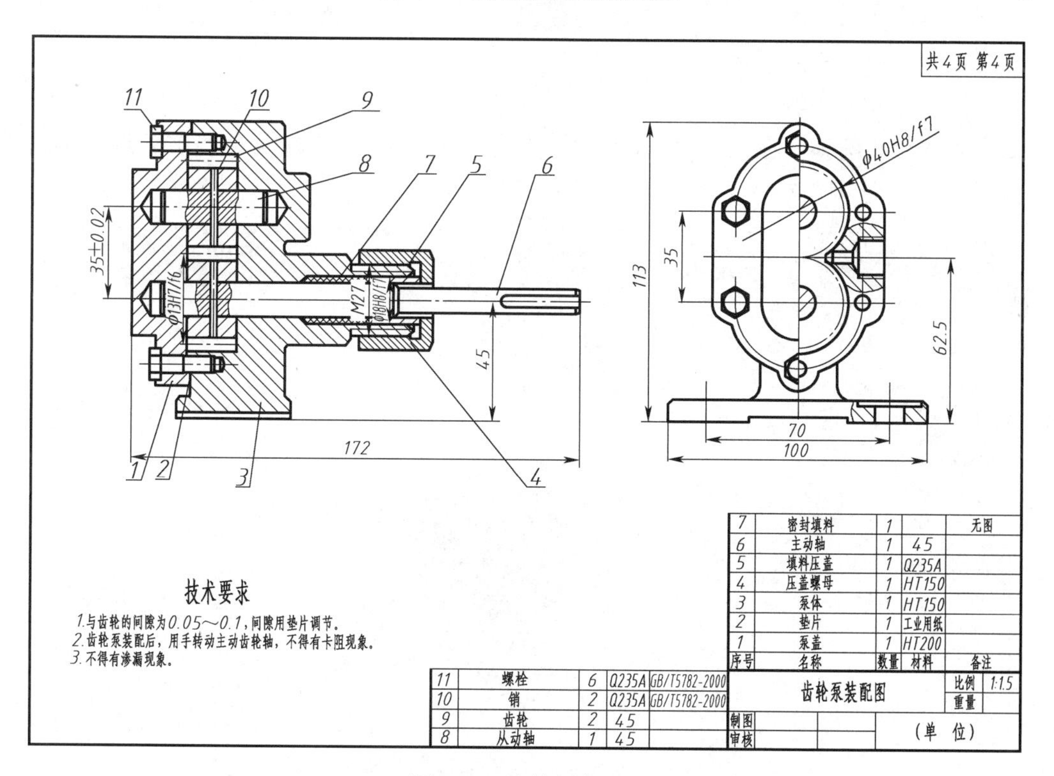

序号	名称	数量	材料	备注
11	螺栓	6	Q235A	GB/T5782-2000
10	销	2	Q235A	GB/T5782-2000
9	齿轮	2	45	
8	从动轴	1	45	
7	密封填料	1		无图
6	主动轴	1	45	
5	填料压盖	1	Q235A	
4	压盖螺母	1	HT150	
3	泵体	1	HT150	
2	垫片	1	工业用纸	
1	泵盖	1	HT200	

图 6-22　齿轮泵装配图

操作步骤:创建表达视图文件

①进入“表达视图”工作环境。在功能区上单击“新建”按钮,在“新建文件” 对话框中单击“表达视图”按钮,进入环境后,单击“表达视图”标签栏中的“插入模型”命令。单击“插入”对话框中的相应按钮,查找到装配文件,如图 6-23 所示。

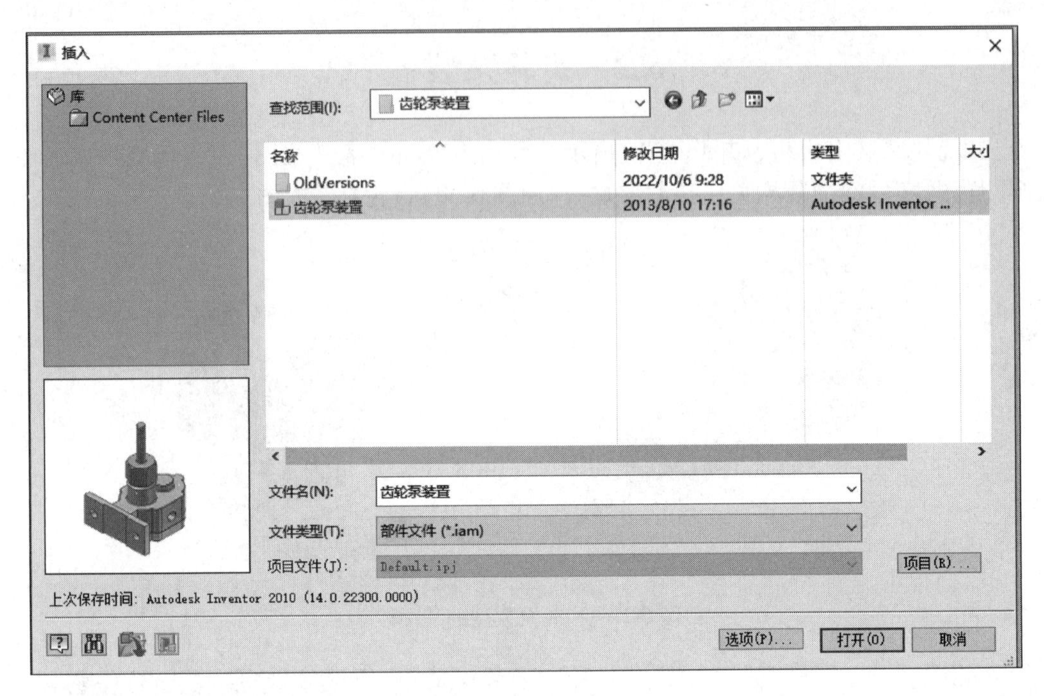

图 6-23 “插入”对话框

②装入部件装配体。在“插入”对话框中单击“打开”按钮，齿轮泵装置装入后，“表达视图”标签栏、“模型”浏览器及定滑轮装置如图 6-24 所示。

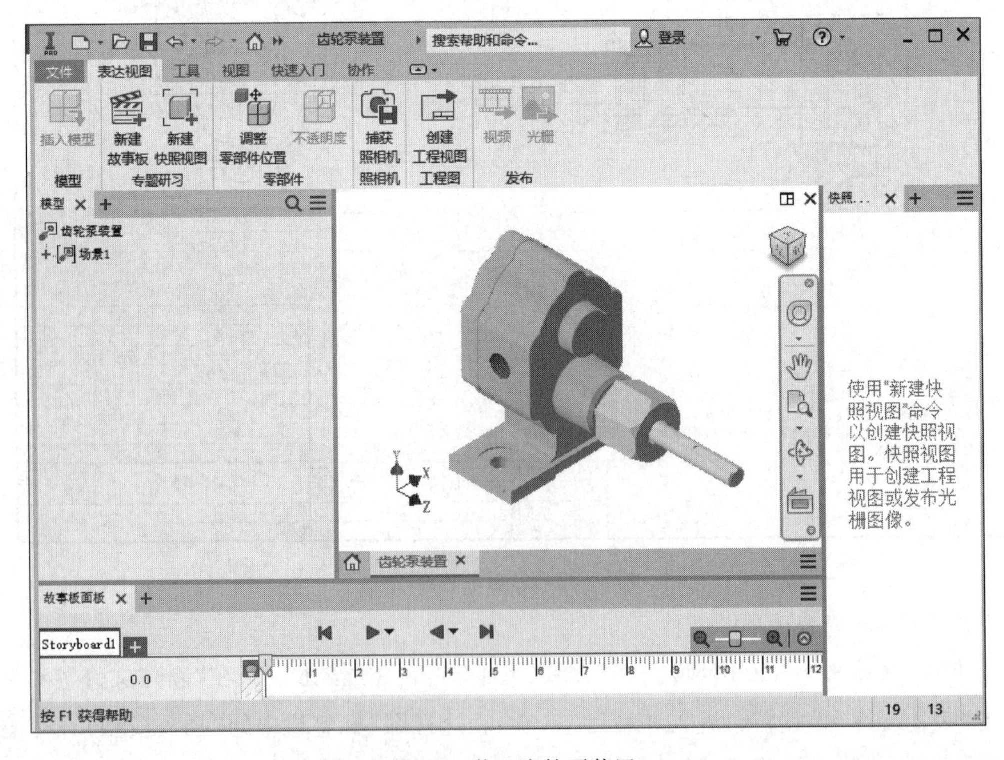

图 6-24 装入齿轮泵装置

③生成表达视图—将螺栓沿轴线移动 300 mm。单击“表达视图”标签栏中“调整零部件位置”命令。单击螺栓模型和 Z 轴的方向箭头，在弹出的数据栏内输入移动距离“ -300”，如图 6-25(a)所示，单击“确认”按钮，螺栓移动效果如图 6-25(b)所示。可以对每个螺栓重复以上操作，也可以同时选中 6 个螺栓重复上面的操作，如图 6-26 所示。

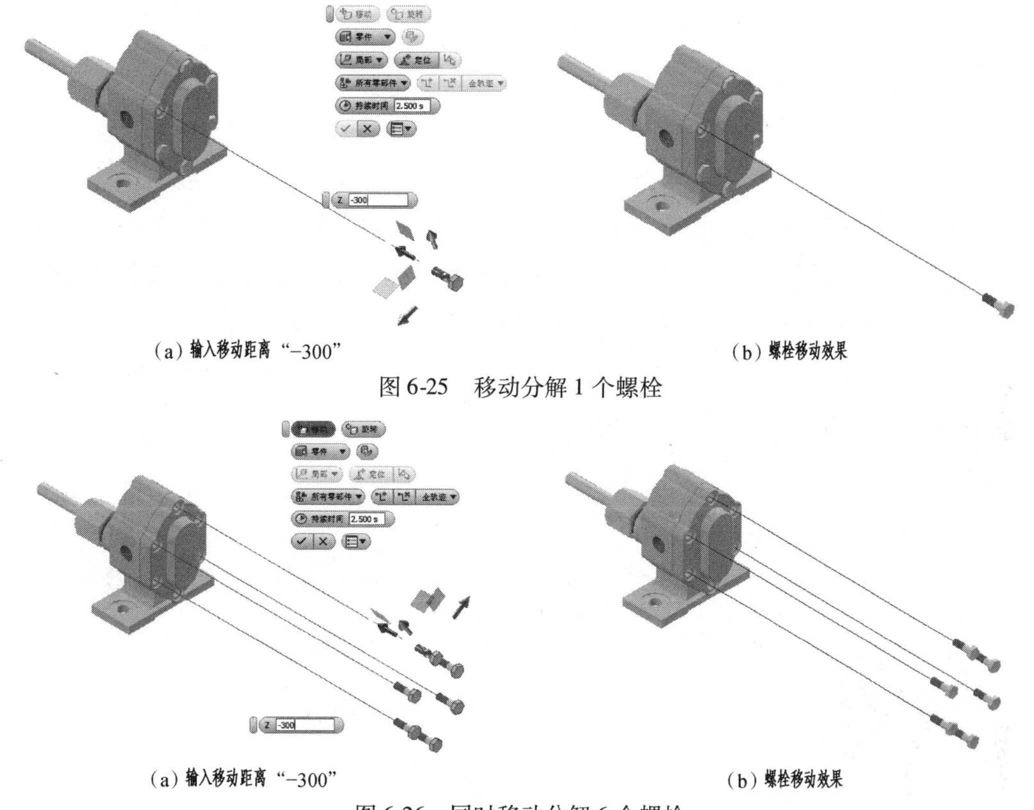

(a) 输入移动距离 “-300”　　(b) 螺栓移动效果

图 6-25　移动分解 1 个螺栓

(a) 输入移动距离 “-300”　　(b) 螺栓移动效果

图 6-26　同时移动分解 6 个螺栓

④生成表达视图—将泵盖沿轴线移动 250 mm。单击“表达视图”标签栏中“调整零部件位置”命令。单击泵盖模型和 Z 轴的方向箭头，在弹出的数据栏内输入移动距离“250”，泵盖移动效果如图 6-27 所示。

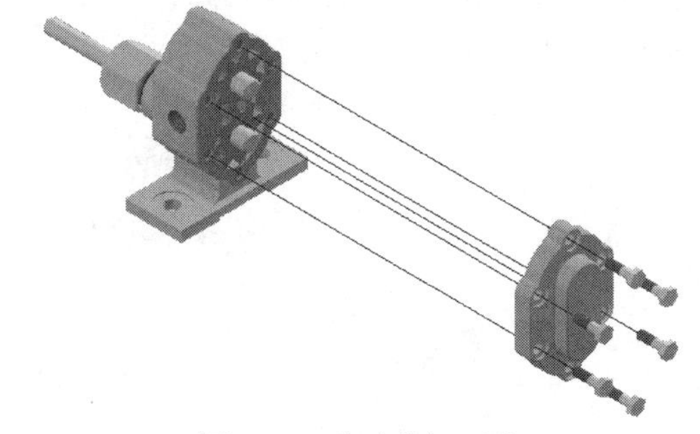

图 6-27　移动分解泵盖

⑤生成表达视图—将垫片沿轴线移动“220 mm”。单击“表达视图”标签栏中“调整零部件位置”命令。单击垫片模型和 Z 轴的方向箭头，在弹出的数据栏内输入移动距离“220”，

垫片移动效果如图6-28所示。

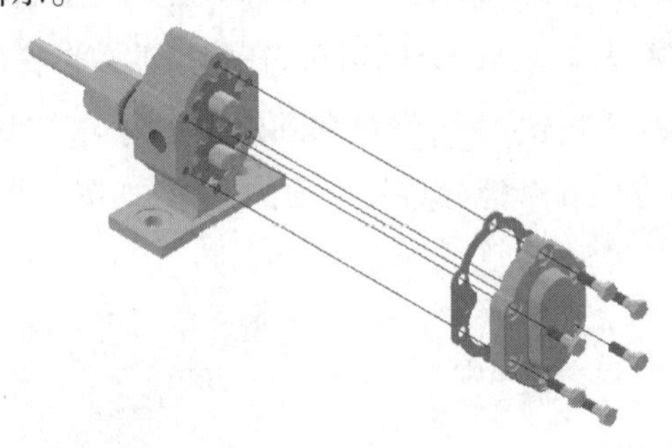

图6-28　移动分解垫片

⑥生成表达视图—将压盖螺母绕轴线旋转360°，沿轴线移动150 mm。单击“表达视图”标签栏中的“调整零部件位置”命令。选择“旋转”按钮，单击压盖螺母为旋转零件。单击左边球形图标按钮，并输入旋转角度“360”，单击“确认”按钮。单击“表达视图”标签栏中“调整零部件位置”命令，单击压盖螺母，和“Z”轴的方向箭头，在弹出的数据栏内输入移动距离“－220”，单击“确认”按钮，压盖螺母移动效果如图6-29所示。

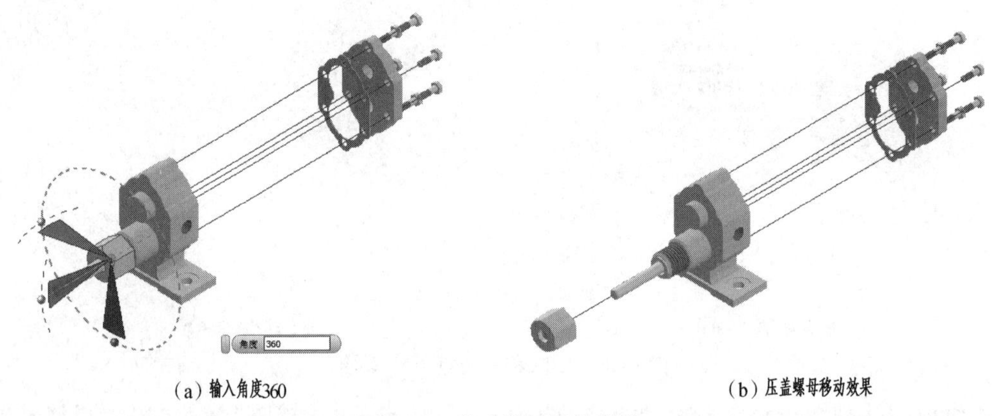

(a) 输入角度360　　(b) 压盖螺母移动效果

图6-29　移动分解压盖螺母

⑦生成表达视图—将填料压盖沿轴线移动100 mm。单击“表达视图”标签栏中“调整零部件位置”命令。直接单击填料压盖模型和Z轴的方向箭头，在弹出的数据栏内输入移动距离“220”，填料压盖移动效果如图6-30所示。

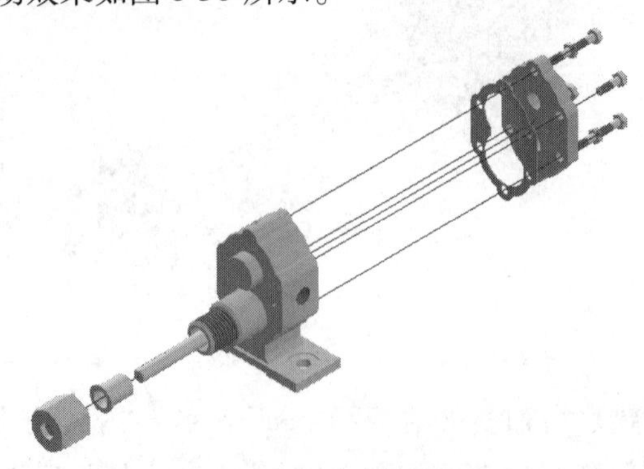

图6-30　移动分解填料压盖

⑧生成表达视图—将从动轴系（从动轴、齿轮和圆柱销）沿轴线移动 120 mm。单击“表达视图”标签栏中“调整零部件位置”命令。同时选中从动轴、齿轮和圆柱销，单击 Z 轴的方向箭头，在弹出的数据栏内输入移动距离“120”，从动轴系移动效果如图 6-31 所示。

单击“表达视图”标签栏中“调整零部件位置”命令。选中圆柱销，单击 Z 轴的方向箭头，在弹出的数据栏内输入移动距离“50”。单击“表达视图”标签栏中“调整零部件位置”命令。选中从动轴，单击 Z 轴的方向箭头，在弹出的数据栏内输入移动距离“50”。从动轴和圆柱销移动效果如图 6-32 所示。

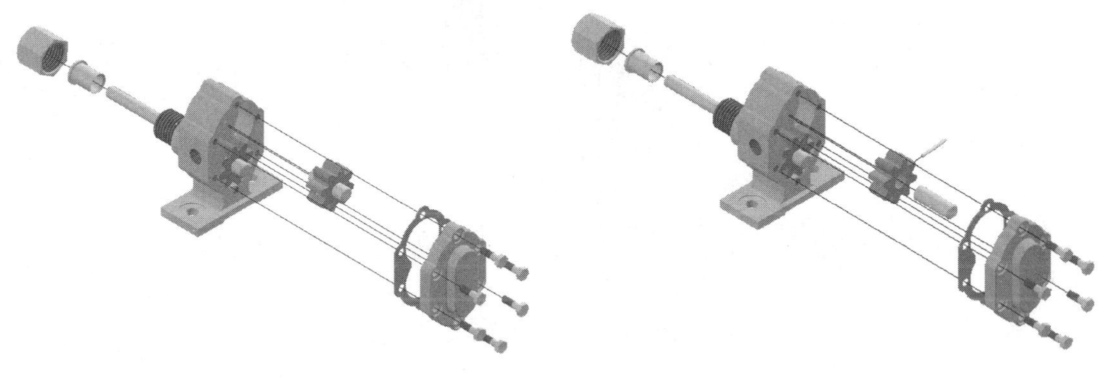

图 6-31　移动分解从动轴系

图 6-32　移动分解从动轴和圆柱销

⑨生成表达视图—将主动轴系（主动轴、齿轮和圆柱销）沿轴线移动 120 mm。单击“表达视图”标签栏中“调整零部件位置”命令。同时选中主动轴、齿轮和圆柱销，单击 Z 轴的方向箭头，在弹出的数据栏内输入移动距离“120”，主动轴系移动效果如图 6-33 所示。

单击“表达视图”标签栏中“调整零部件位置”命令。选中圆柱销，单击 Z 轴的方向箭头，在弹出的数据栏内输入移动距离“50”。单击“表达视图”标签栏中“调整零部件位置”命令。选中主动轴，单击 Z 轴的方向箭头，在弹出的数据栏内输入移动距离“50”。主动轴和圆柱销移动效果如图 6-34 所示。

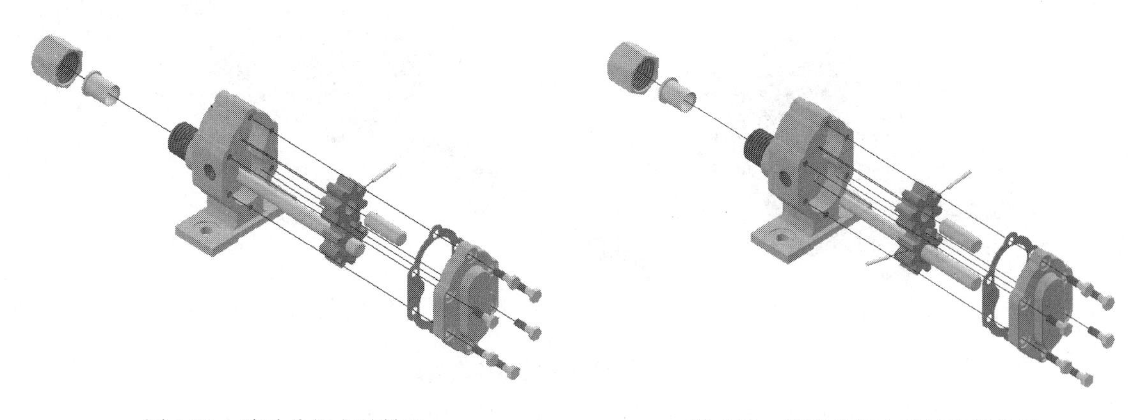

图 6-33　移动分解主动轴系

图 6-34　移动分解主动轴和圆柱销

⑩生成表达视图—将填料沿轴线移动 75 mm。单击“表达视图”标签栏中“调整零部件位置”命令。单击填料模型和 *Z* 轴的方向箭头，在弹出的数据栏内输入移动距离“75”，填料移动效果如图 6-35 所示。

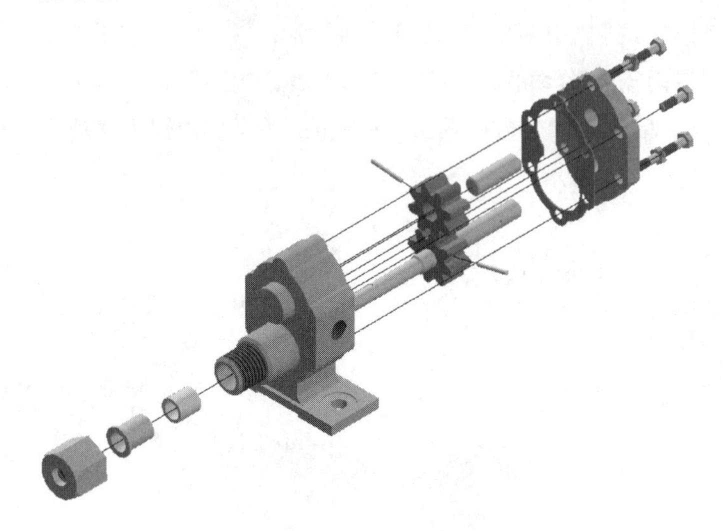

图 6-35　移动分解填料

练　习　题

1. 试将虎钳模型［图 6-36（a）］生成图 6-36（b）所示的爆炸图。

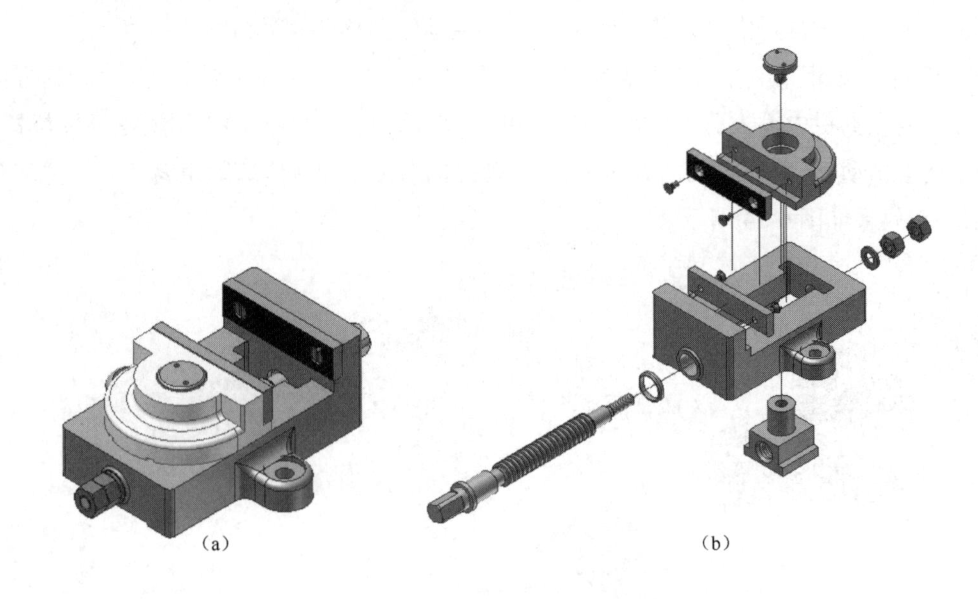

图 6-36　虎钳模型装配体和爆炸图

2. 试将联轴器模型［图 6-37（a）］生成图 6-37（b）所示的爆炸图。

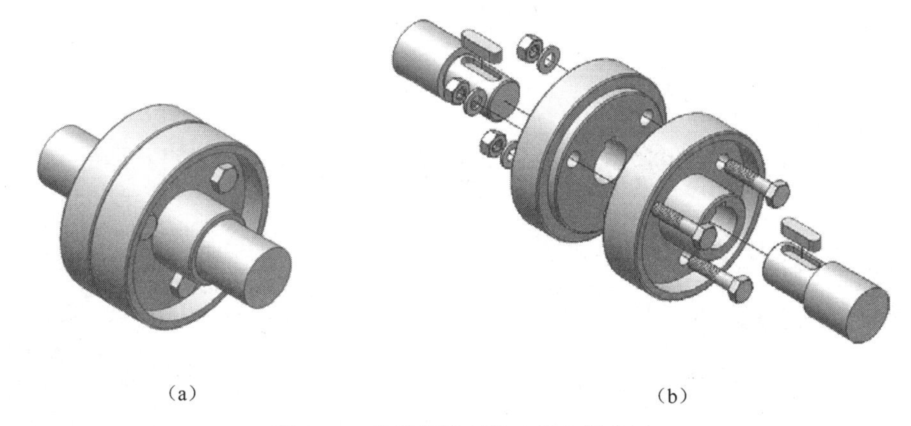

（a）　　　　（b）

图 6-37　联轴器模型装配体和爆炸图

3. 试将电风扇模型[图 6-38(a)]生成图 6-38(b)所示的爆炸图。

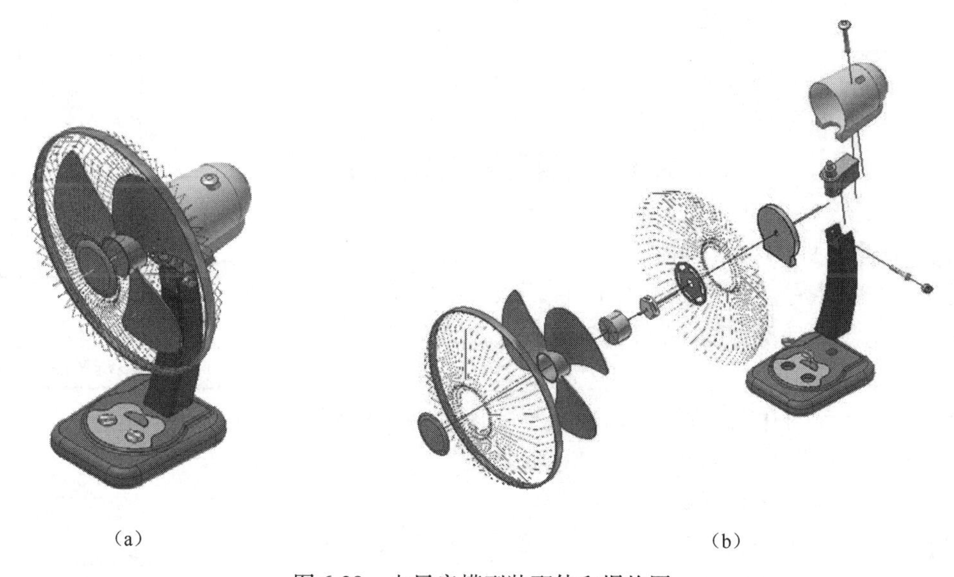

（a）　　　　（b）

图 6-38　电风扇模型装配体和爆炸图

第 7 章　工程图设计

学习目标

学习工程图的生成方法。

学习内容

1. 工程图的各种表达方法。
2. 工程图的标注方法。
3. 工程图的标题栏和明细表。

7.1　工程图的设计流程

目前，在零部件的生产、制造安装及产品检验过程中，或者在维护、修理设备过程中，都还离不开二维的工程图，工程图仍然是表达零件和部件的一种最重要方式，是设计制造不可缺少的技术文件。

在三维设计系统中，工程图可以由三维实体模型转换而成，其主要设计流程如图 7-1 所示。

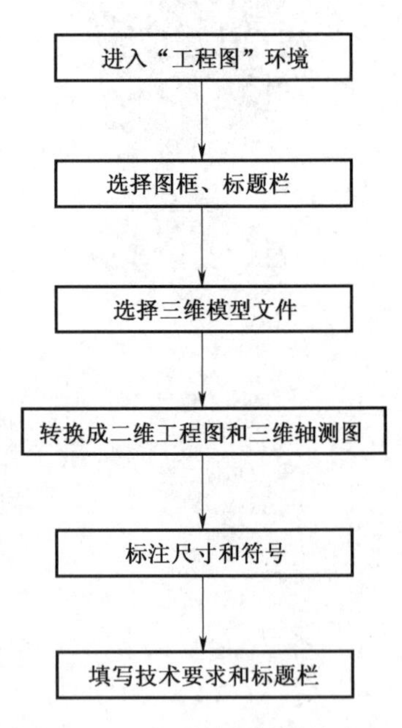

图 7-1　工程图的主要设计流程

三维设计系统中工程图有如下的特点：

(1)生成的二维工程图和三维实体模型的数据关联。对零件或部件的任何修改都反映到它们的工程图中。

(2)二维工程图包括各种投影视图、各种剖视图和轴测图。

(3)工程图能够以 DWG 的格式及其他格式输出，以满足文件在其他绘图系统中调用的需要。

(4)由于工程图的绘制方式和标注需要符合国家标准的要求，设计者和企业又有一些特殊的规范和要求，而软件系统目前不可能“百分之百”地完全做到，因此需要做一些“修补”工作。

7.2　设置工程图环境

进入“工程图”工作环境后，首先要对其进行设置，并选择相应的绘图标准。具体操作步骤如下：

1. 进入“工程图”工作环境

(1)单击工具栏中的“新建”按钮，选择“工程图”命令。

(2)进入“工程图”环境后，屏幕图形区显示了 A2 幅面的图框和标题栏，如图 7-2 所示。选择图框的大小除了适合实体模型的大小外，还要考虑绘图的比例，暂时可以采用默认的选择，如不合适再修改。

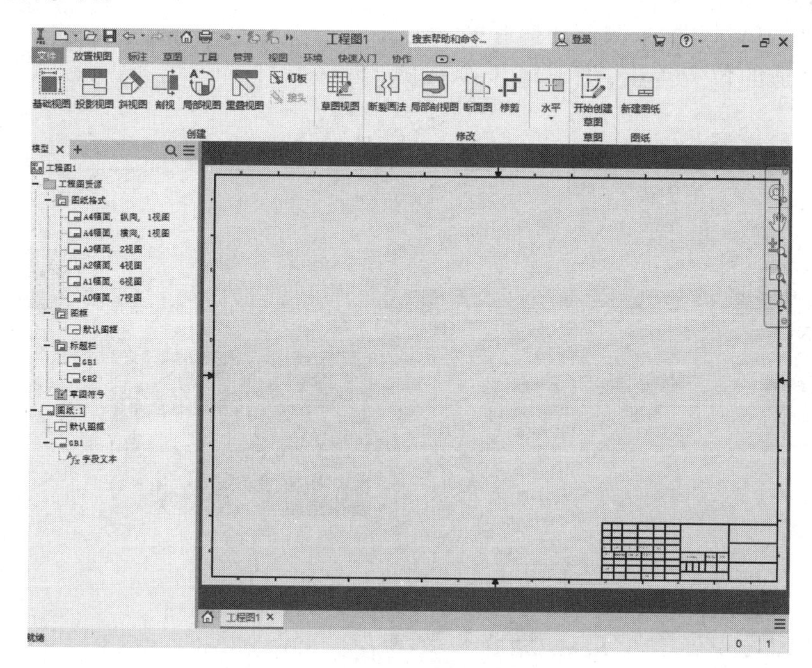

图 7-2　“工程图”环境

2. 选择绘图标准

在“管理”标签栏中单击“样式编辑器”，打开“样式和标准编辑器”对话框。在对话框右上角的样式展开窗中选择“所有样式”，此时左边浏览器的“标准”项目中显示各种绘图标准，可以选定其中一种标准，并在右边“标准”复选框的各选项卡内修改设置。需要说明的是，由于 ANSI[美国国家标准(英制)]，ANSI - mm[美国国家标准(公制)]，BSI(英国国家标准)，DIN(德国工业标准)，GB(中国国家标准)，ISO(国际标准)，JIS(日本工业标准)都是国际认可的标准，建议一般情况下不要修改其基本设置。

7.3　创建工程图中的视图

7.3.1　基础视图

【例 7-1】　生成“滑架座”零件的基础视图，滑架座如图 7-3 所示。按图中指定主视图的投射方向；不绘制剖视图，零件的内部结构用虚线表示。

①单击“放置视图”标签栏中的“基础视图”命令。

②在“工程视图”对话框中单击文件路径按钮 ,查找零件的三维模型文件,选择文件:滑架座.ipt,如图7-4所示。选择比例为4∶1,选择“显示隐藏线”显示方式。

③生成第一个视图。将“工程视图”对话框向旁边移动后,会看到在屏幕上光标处出现的第1个视图,可通过“ViewCube栏”来调整选择好第1个视图的方向,在合适的位置单击,生成第1个视图,如图7-5所示。

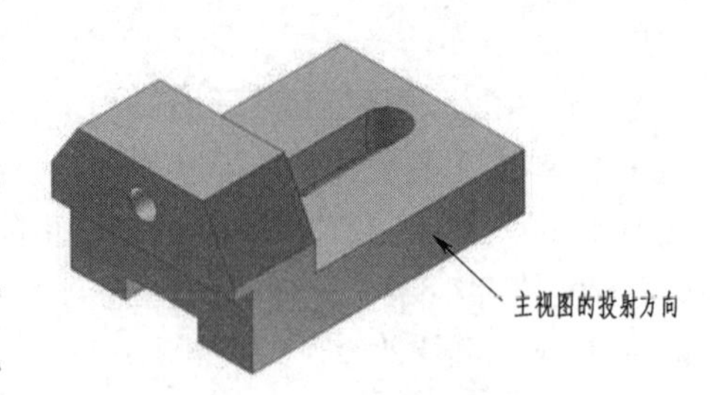

图7-3　滑架座

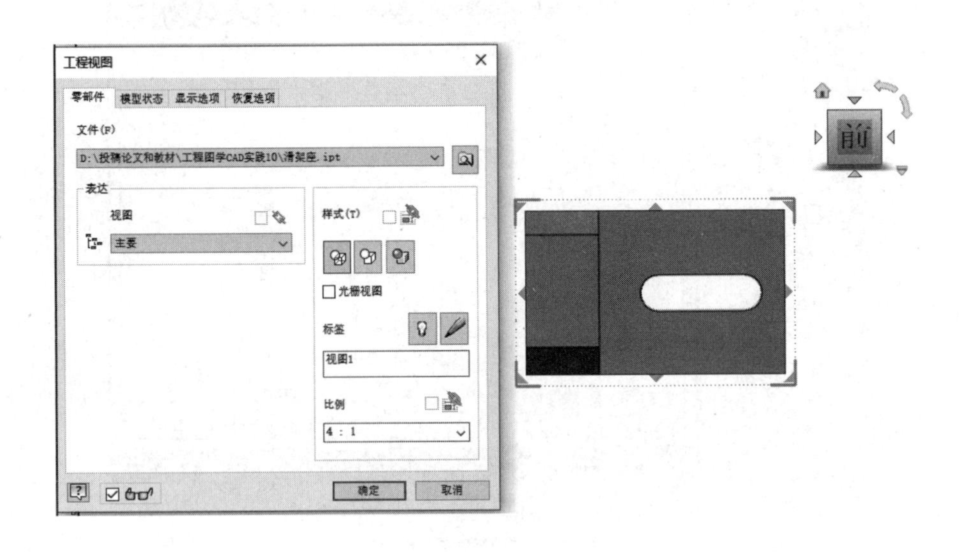

图7-4　“工程视图”对话框

④移动主视图。鼠标接近视图,当出现一个虚框线时,如图7-6所示,按住左键,拖移到合适的位置,松开左键。

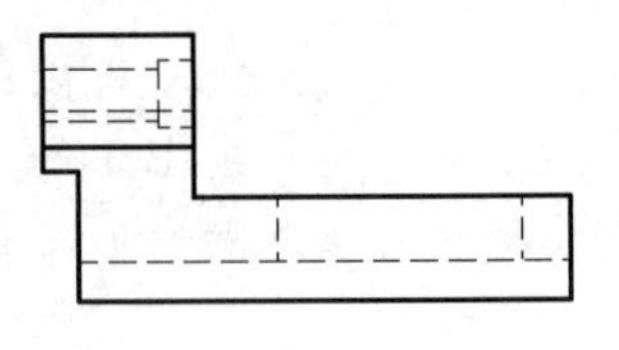

图7-5　第一个视图生成

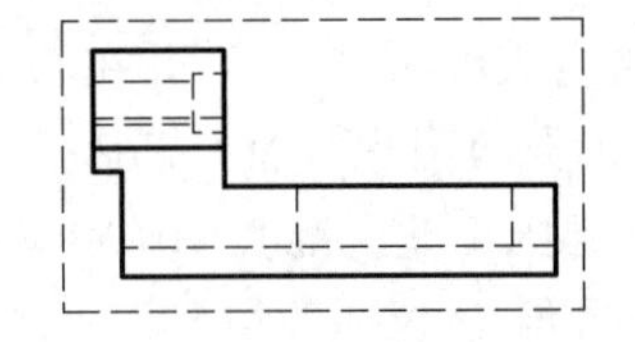

7-6　视图周围出现虚框线

7.3.2　投影视图

【例7-2】　生成例7-1中“滑架座”零件的**俯视图**、**左视图**、**右视图**、**仰视图**及**轴测图**。

例7-1生成的视图是第一个视图,是生成其他视图的基础视图。基础视图也叫做“**父视图**”,其他视图是“**子视图**”。

(1)生成基础视图和轴测图。

①生成滑架座主视图。单击“放置视图”标签栏中“投影视图”命令 。屏幕的底部出现

提示“选择视图”，即要求选择“**父视图**”。在主视图上按住左键并向下拖动，在合适位置上松开左键，然后右击，选择“创建”命令[图 7-7(a)]，生成的**俯视图**如图 7-7(b)所示。

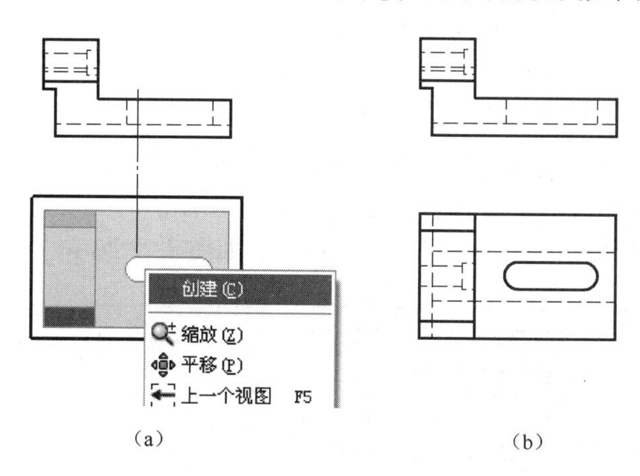

(a)　　(b)

图 7-7　生成第二个视图的过程

②生成其他基础视图和轴测图。操作步骤与生成主视图类似，分别向右、向左、向上依次生成**左视图**、**右视图**、**仰视图**。轴测视图的“**父视图**”选择的是主视图，向右下角 45°方向拖移，生成的基础视图和轴测图如图 7-9 所示。

(2)为视图添加中心线。

单击“放置视图”标签栏中的“中心标记”按钮和“对分中心线”按钮，如图 7-8 所示，标注中心线和轴线，标注后的视图如图 7-9 所示。

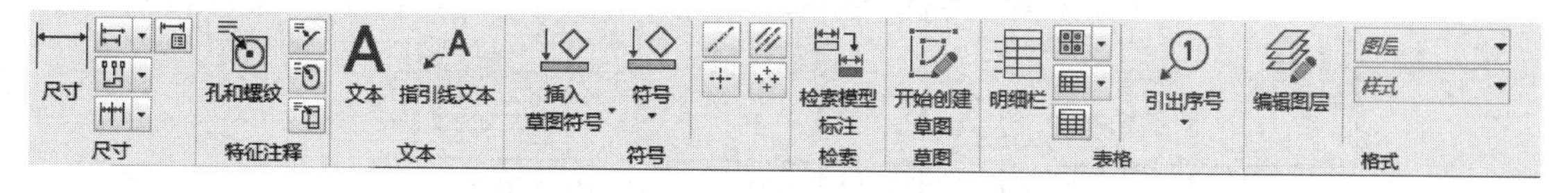

图 7-8　“中心标记”和“对分中心线”按钮

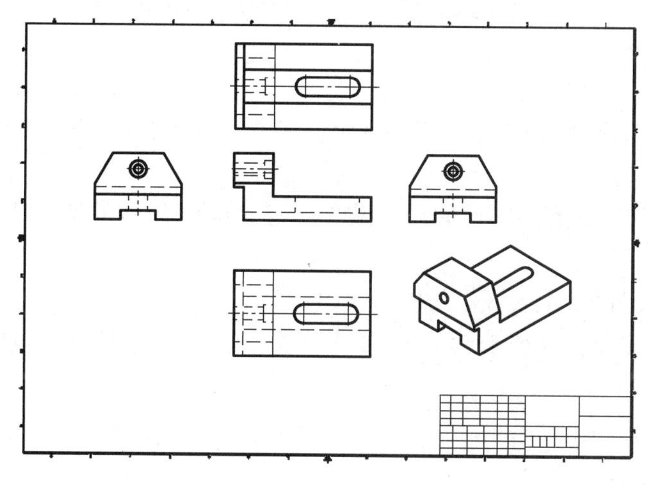

图 7-9　标注中心线和轴线后的视图

7.3.3 向视图

为了合理利用图纸,如不能按照基本视图的位置来配置视图时,可以采用**向视图**。

【例7-3】 生成例7-2中“滑架座”零件的向视图。

(1)选择左视图,右击,在右键菜单中的“对齐视图”中选择“断开”命令,如图7-10所示,此时,向视图上方标出视图的名称“*A*”,在主视图的附近用箭头指明了投射方向,并标上相同的字母“*A*”,可将向视图*A*拖到合适的位置,如图7-11所示。

(2)同样的操作生成向视图*B*,并重新布置视图,如图7-12所示。

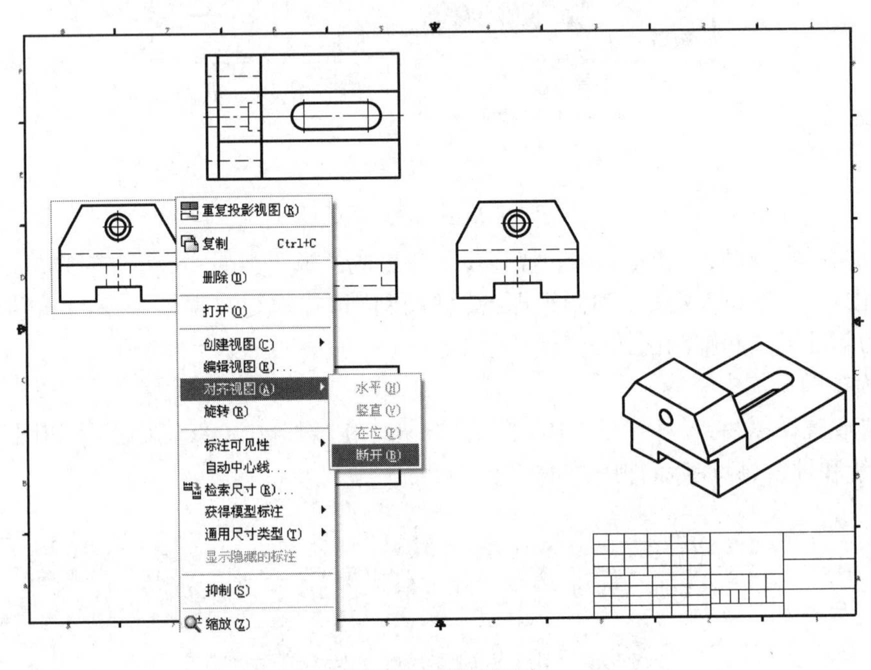

图7-10 断开视图

7.3.4 局部视图

将形体的某一部分向基本投影面投射所得的视图,称为**局部视图**。局部视图可以用**斜视图**的方法处理。

【例7-4】 设计生成底座零件的局部视图,以表达局部结构实形,底座如图7-13所示。

操作步骤:

(1)进入工程图环境,生成底座的四个视图。

①单击“放置视图”标签栏中“基础视图”命令 。装入零件文件:底座.ipt,生成主视图,如图7-14所示。

②单击“投影视图”命令 ,生成底座零件的俯视图、左视图和右视图,如图7-14所示。

(2)生成局部视图。

①隐藏左视图和右视图多余线,成为局部视图,如图7-15所示。

②单击“创建草图”按钮 ,选择右视图后,进入到草图编辑状态,单击“投影几何图元”

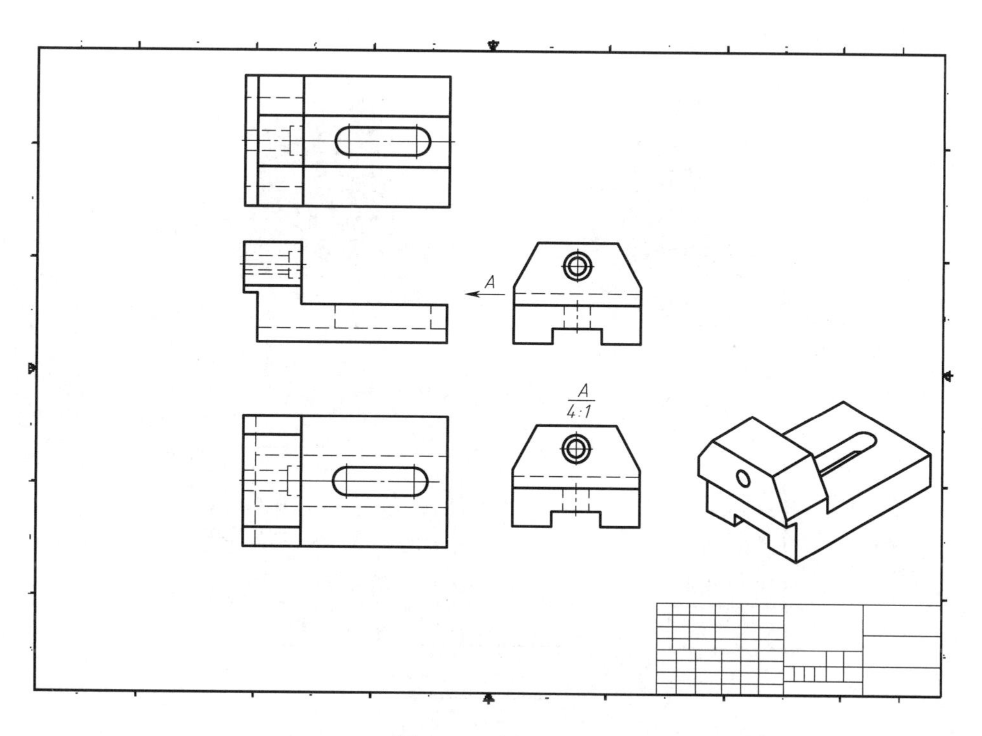

图 7-11　向视图 A

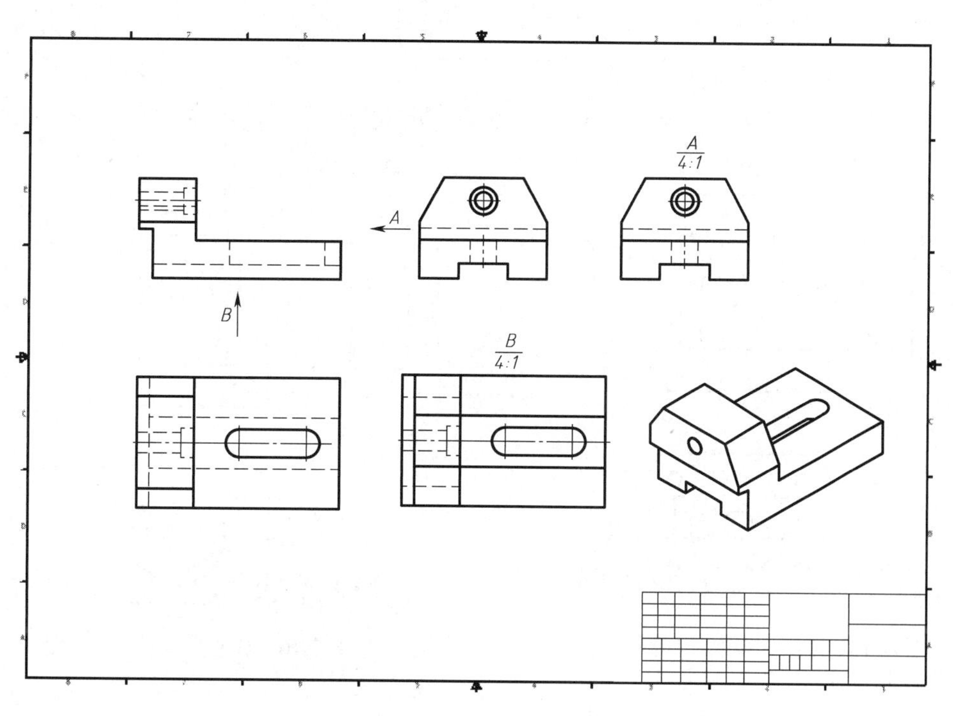

图 7-12　合理布置向视图

按钮，投射右视图的两条竖线，单击“直线”按钮，连接两条投射竖线的端点，单击“完成草图”，如图 7-16 所示。

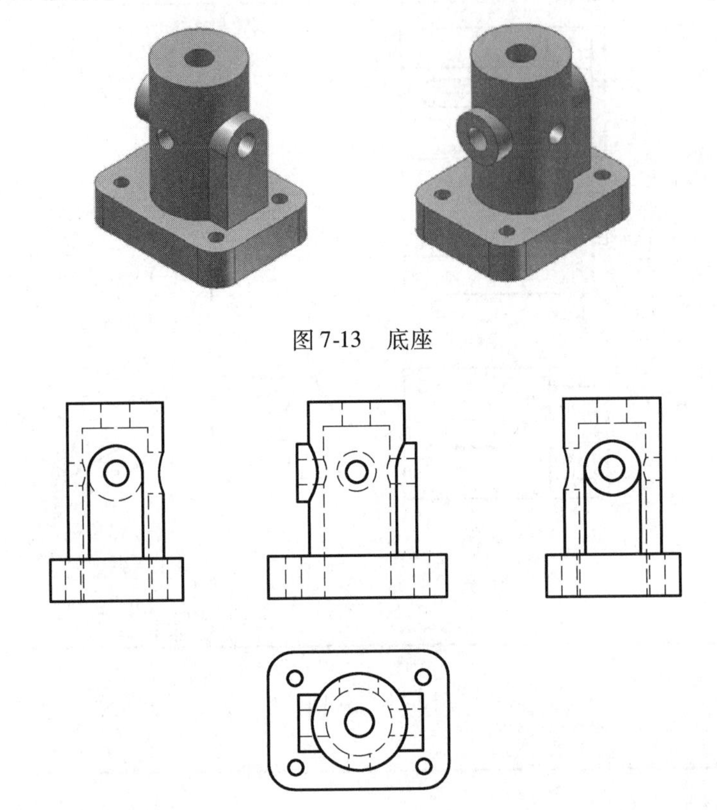

图 7-13　底座

图 7-14　底座的工程图

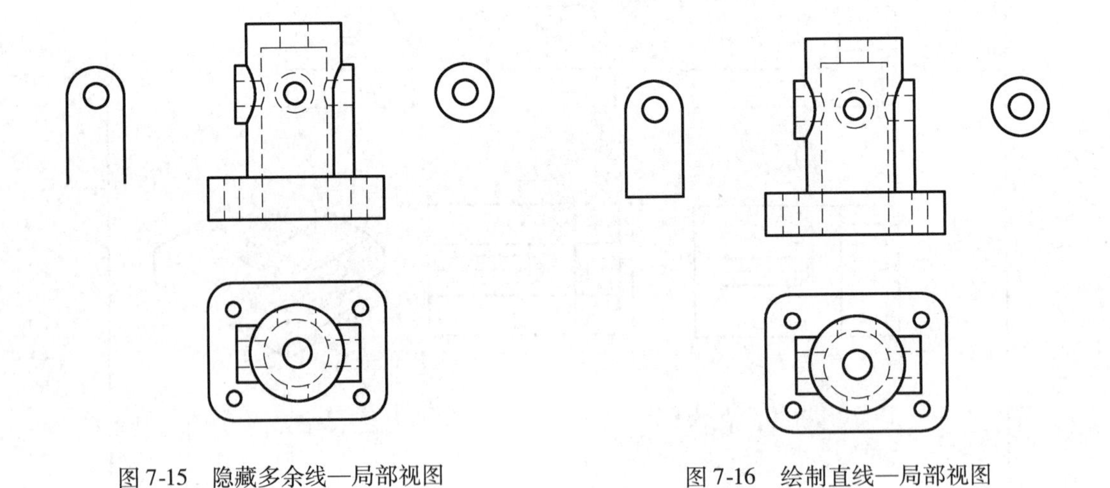

图 7-15　隐藏多余线—局部视图　　　图 7-16　绘制直线—局部视图

（3）将局部视图拖移到合适位置。

选择右视图并右击，在弹出菜单中的“对齐视图”中选择“断开”，将局部视图拖移到合适位置，如图 7-17 所示。

(4)添加局部视图的标记 *B* 字。

单击标注中的“文本”命令 A,然后在图中合适的位置按住左键拖拉鼠标从左上角到右下角,然后释放鼠标,会弹出“文本格式对话框”,输入文本“B”,修改字体大小,单击“确定”按钮。然后将其移动到合适位置。

单击标注中的“指引线文本”命令,然后在合适位置沿水平线点击两次,然后单击鼠标右键,在弹出的菜单中选择“继续”,会弹出“文本格式对话框”,输入文本 B,修改字体大小,单击“确定”按钮。然后将其移动到合适位置,得到的局部视图如图 7-18 所示。

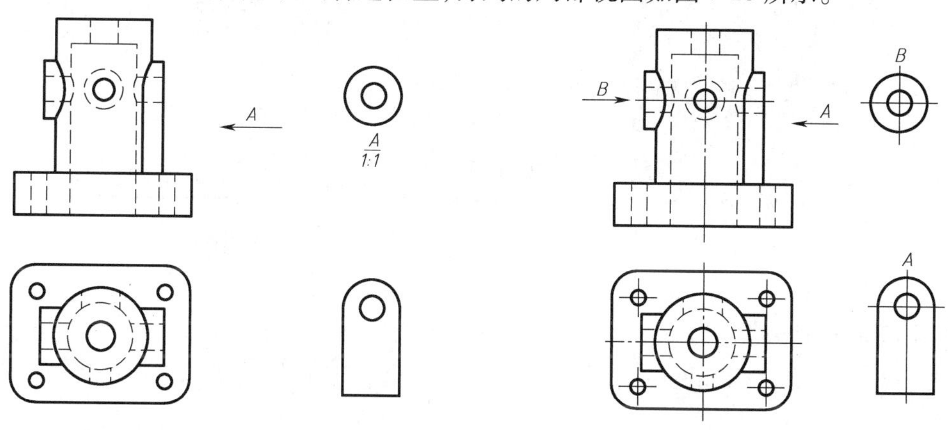

图 7-17 移动局部视图

图 7-18 完善后的工程图

(5)修整视图,修改局部视图的标记。

①添加中心线。

②移动视图,调整视图间距离。

③将箭头和名称 A 移动到合适的位置。

④双击名称 A 和比例“1:1”,弹出文本格式对话框。将其中的 <DELIM> <比例> 删掉,并可以适当修改字体的大小,单击“确定”按钮。然后将其移动到局部视图的上方。

完成后的底座视图如图 7-18 所示。

7.3.5 全剖视图

用单一的剖切平面完全剖开形体后所得到的剖视图称为全剖视图。

【例 7-5】 生成“轴架座”零件的主视图和俯视图,轴架如图 7-19 所示。要求:绘图比例 1:1,采用 A3 图框。主视图要求全剖,俯视图不剖;生成渲染效果的轴测图。

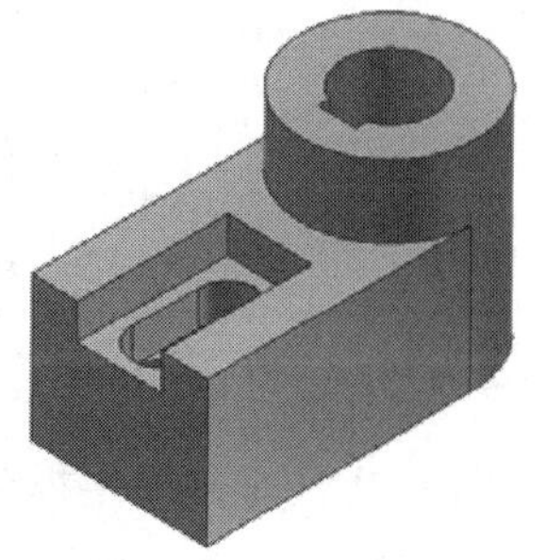

图 7-19 轴架座

操作步骤:

(1)进入“工程图”工作环境,选用 A3 图框。

①单击工具栏中的“新建”命令,选择“工程图”命令。屏幕图形区显示了 A2 幅面的图框和标题栏。

②单击“模型”浏览器“图纸:1”,如图 7-20 所示。或单击红色的图框外框线,选择右键菜单“编辑图纸”。在“编辑图纸”对话框中选择 A3 图框、“纵向”放置,输入图纸名称“轴架座”,如图 7-21 所示。

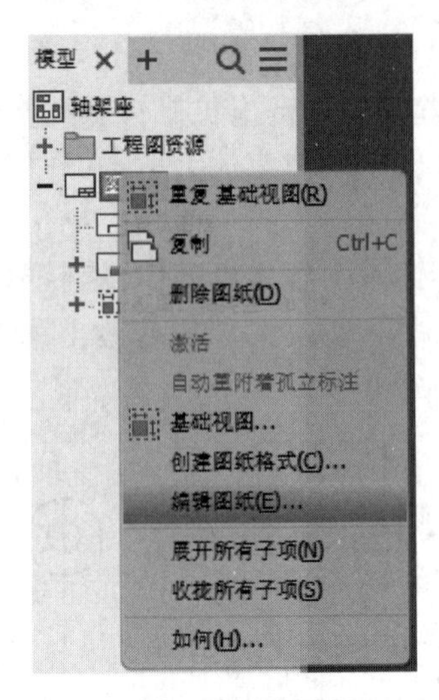

图 7-20　编辑图纸

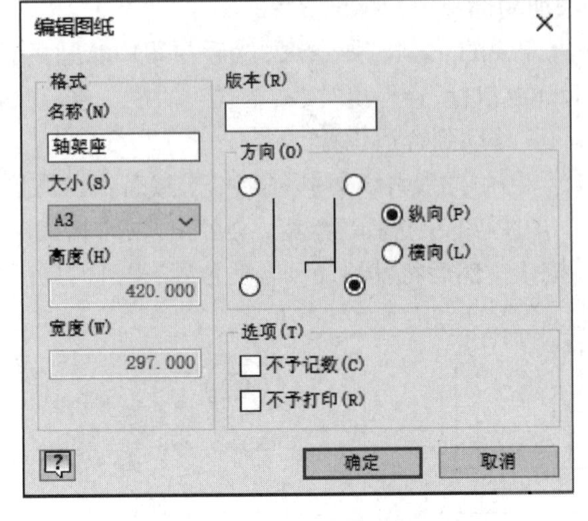

图 7-21　选择 A3 图框

(2)生成第一个视图。

①单击“放置视图”标签栏中的“基础视图”命令，出现“工程视图”对话框，如图 7-22 所示。

②单击路径按钮，查找轴架座零件文件。选择比例 1∶1，选择“不显示隐藏线”显示方式，输入视图名称“俯视图”。

③俯视图生成，隐藏模型尺寸，如图 7-23 所示。

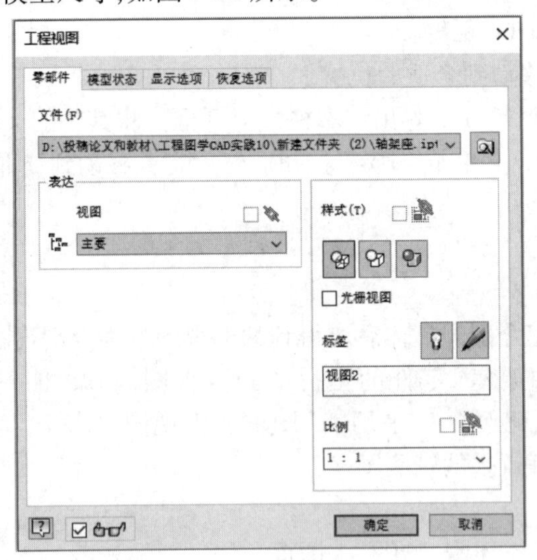

图 7-22　“工程视图”对话框

(3)生成全剖的主视图。

剖视图是在一个已知视图的基础上进行的，对本例来说，可以是俯视图或左视图，现以俯视图为“父视图”生成全剖的主视图。

①单击“放置视图”标签栏中的“剖视图”命令。屏幕的底部出现提示“选择视图或视

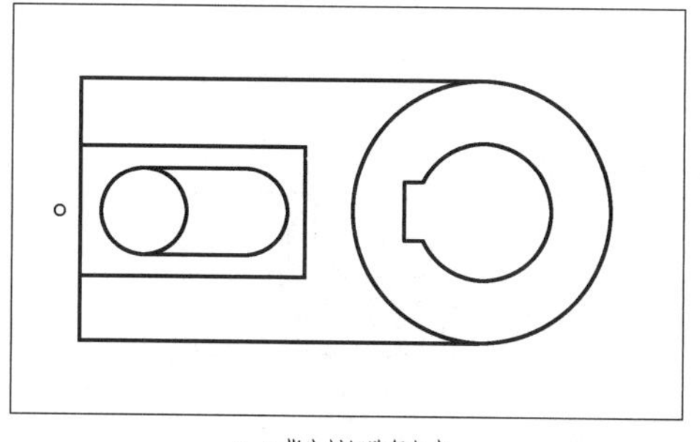
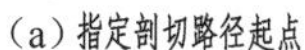
(a) 指定剖切路径起点

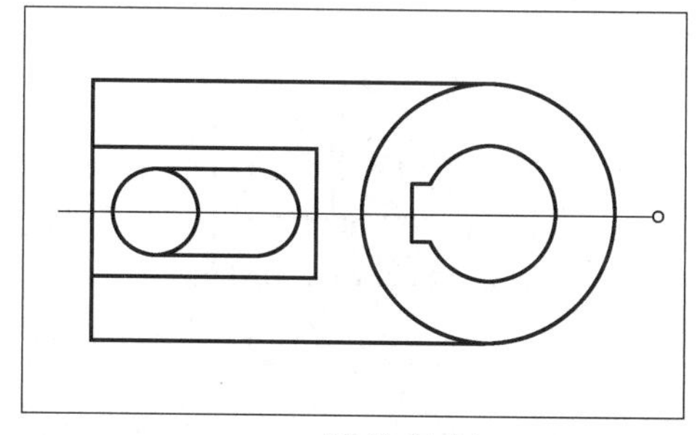
(b) 指定剖切路径终点

图 7-23　指定剖切路径

图草图”，即要求选择剖视图的“父视图”。此时，单击俯视图的红色边框。

②指定剖切路径。鼠标指向俯视图左侧圆心，出现绿色的圆点时向左水平移动鼠标到剖切路径的左起点单击左键（剖切位置符号与箭头线的转折点），如图 7-23(a)所示。然后向右水平移动鼠标到剖切路径的终点，单击左键如图 7-23(b)所示。同时应注意剖切路径的两个起点要落在视图轮廓线的外侧，确保剖切路径线是水平的。

③右击，在右键菜单中选择“继续”选项。出现“剖视图”对话框，其中的视图名称、比例及显示方式采用默认设置，如图 7-24 所示。向主视图的方向移动鼠标到合适位置后单击。全剖的主视图生成如图 7-25 所示。

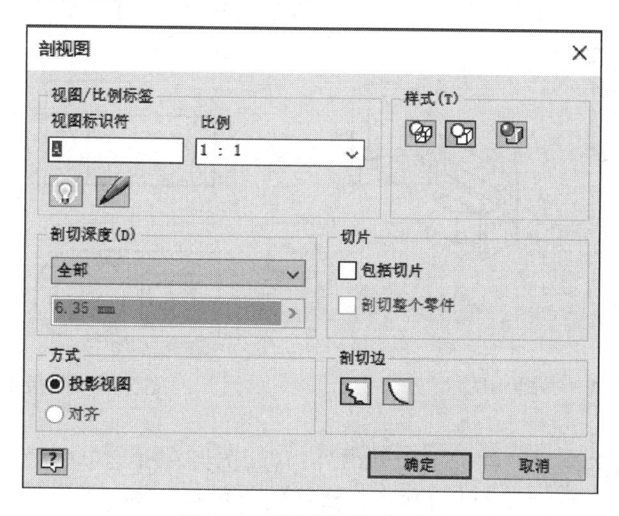

图 7-24　“剖视图”对话框

(4)修正剖切符号的位置。

由图 7-25 可见，俯视图上的剖切位置符号和图形轮廓线出现了相交，需要修正。鼠标移到俯视图的左箭头附近，单击绿色圆点，向左拖动箭头一小段距离，松开鼠标，箭头符号就移动到了新的位置。同样可以移动其他剖切符号和剖视图名称，如图 7-26 所示。

(5)生成轴测视图。

以主视图为“父视图”生成的是半个实体的轴测图，如图 7-27 所示。以俯视图为“父视图”生成的轴测图，其结果也不能令人满意。现采用一个过渡方法加以解决：

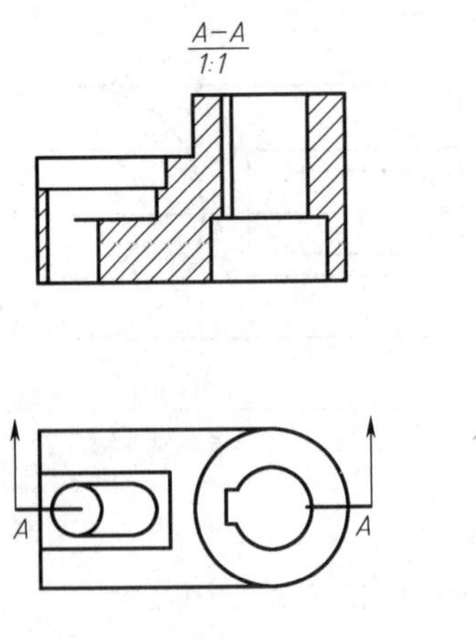

图 7-25　生成剖视图

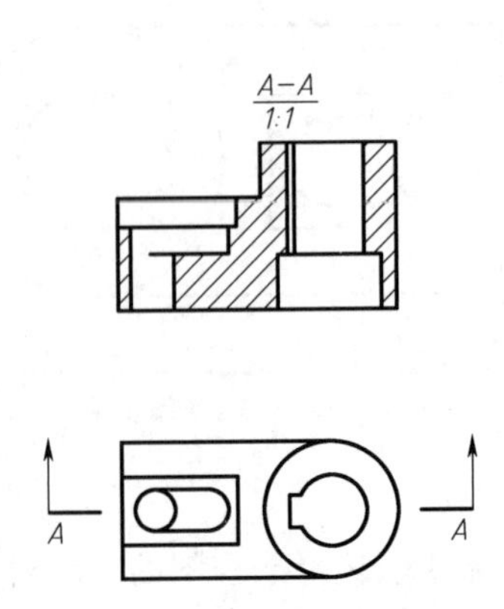

图 7-26　修正剖切符号的位置

①将剖视图向上移动，以俯视图为“父视图”生成一个不剖切的、临时性的主视图，以这个视图为“父视图”生成轴测图，如图 7-28 所示。

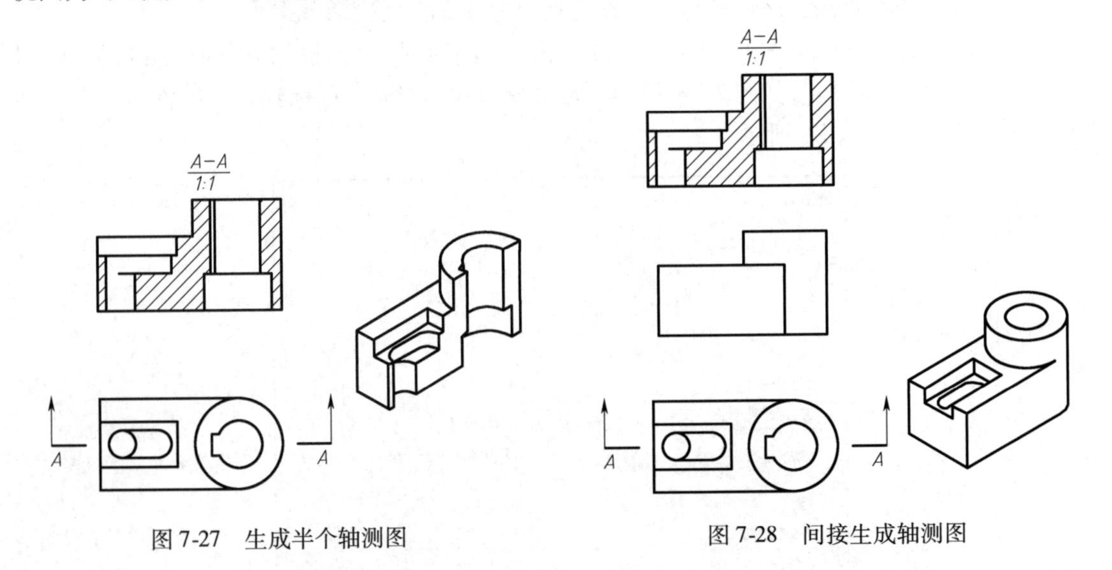

图 7-27　生成半个轴测图　　　　图 7-28　间接生成轴测图

②删除刚生成的主视图。单击主视图虚外边框，选择右键菜单中的“删除”命令。单击对话框中的“确定”按钮。将剖视图向下移动，结果如图 7-29 所示。

③将轴测图改为渲染着色效果。单击轴测图虚外边框，选择右键菜单中“编辑视图”命令，在对话框“编辑视图”命令的“显示方式”栏中选择“着色”按钮。着色渲染的轴测图效果如图 7-30 所示。

（6）为视图添加中心线。

①单击“标注”标签栏中的“中心标记”命令和“对分中心线”命令，分别生成主视图和俯视图的中心线和轴线，如图 7-30 所示。

②双击名称“*A*—*A*”和比例“1:1”，弹出文本格式对话框。将其中的 <DELIM> <比例> 删掉，并可以适当修改字体的大小，单击“确定”按钮，如图 7-30 所示。

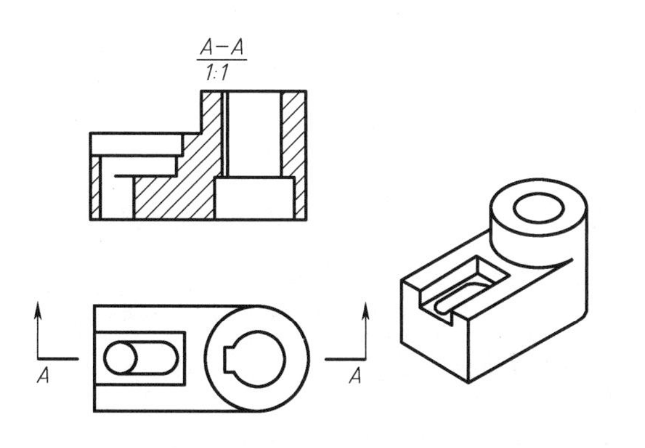

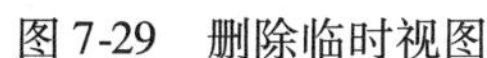

图 7-29　删除临时视图

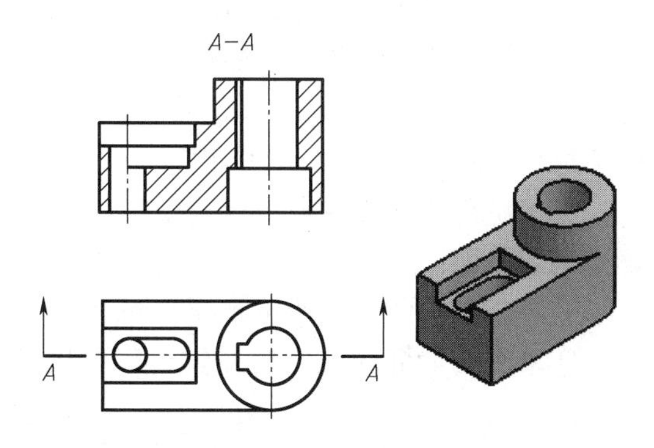

图 7-30　改为着色的轴视图、添加中心线

7.3.6　半剖视图

当机件具有对称平面时，向垂直于该对称平面的投影面上投射，并以对称平面的积聚投影为分界，一半画成**剖视图**，另一半画成**视图**的图形，称为**半剖视图**。半剖视图是在一个已存在的视图上生成。在 Inventor 中，半剖视图是由“局部剖视图”命令实现的。

【例 7-6】　设计生成“架座”零件的半剖视图，主视图的右侧剖开表达，俯视图不剖切。

操作步骤：

(1)打开架座工程图文件。

单击工具栏中的“打开”命令，打开工程图文件：架座.idw。“架座”零件的工程图如图 7-31 所示。

(2)绘制剖切平面草图。

①单击主视图的虚边框线，单击“放置视图”标签栏上的“创建草图”命令。原“工程视图”面板改变为“工程图草图”面板。

②使用“矩形”命令，在主视图右侧绘制矩形草图，如图 7-32(a)所示。

③单击主视图最下面的边线，选择右键菜单“投影几何图元”命令，将直线投射到当前草图平面，如图 7-32(b)所示。

图 7-31　架座工程图

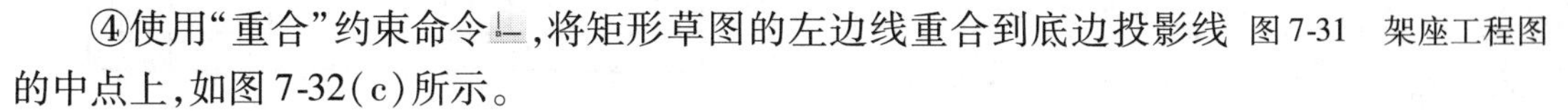

④使用“重合”约束命令，将矩形草图的左边线重合到底边投影线的中点上，如图 7-32(c)所示。

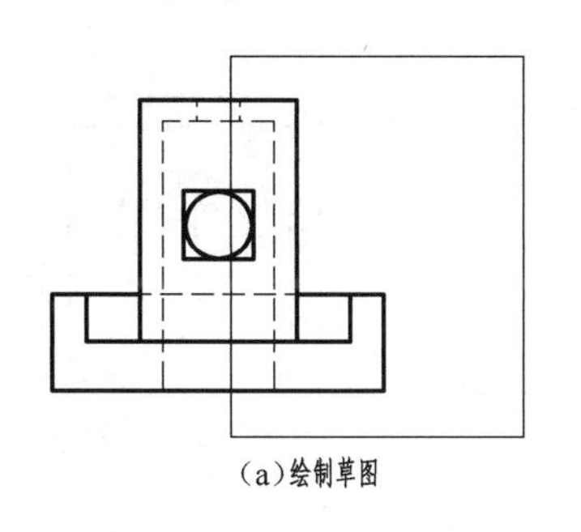

(a)绘制草图

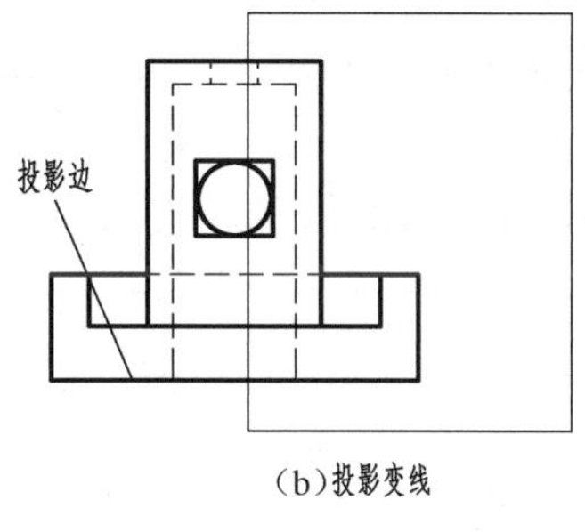

(b)投影变线

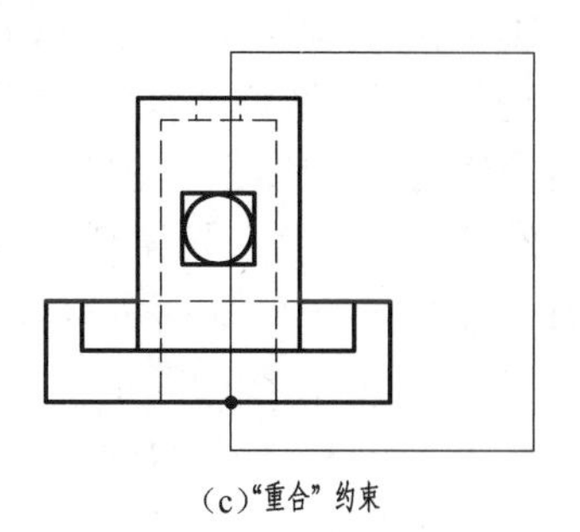

(c)“重合”约束

图 7-32　绘制剖切平面草图

⑤选择右键菜单“完成草图”命令，返回“工程图视图”面板。

(3)将主视图改成半剖视图。

①单击“局部剖视图”命令，单击主视图的虚边框线，出现“局部剖视图”对话框，如图7-33(a)所示。

②确定剖切的深度点。现采用“自点”方式，如图7-33(a)所示。此时需要在其他视图上确定剖切平面的位置。

③单击俯视图上圆的轮廓线右侧点，该点作为“自点”中的“点”，如图7-33(b)所示。

④单击对话框的“确定”按钮，半剖视图生成，如图7-33(c)所示。

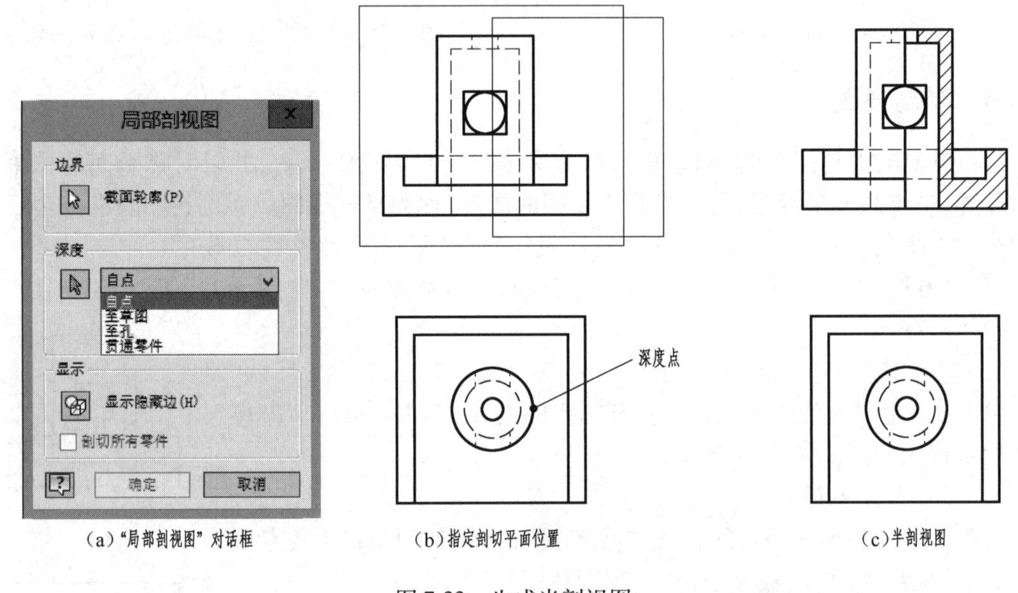

(a)“局部剖视图”对话框　(b)指定剖切平面位置　(c)半剖视图

图7-33　生成半剖视图

(4)隐藏主视图两条线、添加中心线。

由图7-34(a)可见，半剖视图生成后，在左、右图形对称处出现了两段分界线(上、下连在一起)，这不符合我国的制图标准，是多余的线，应将其隐藏。

①单击主视图上多余线，选择右键菜单的“可见性”命令，隐藏多余线，如图7-34(b)所示。然后同样的操作隐藏主视图中的虚线。

②添加中心线。切换到“标注”标签栏，添加所有中心线和轴线，如图7-34(b)所示。

(5)修改剖面线的间距。

单击半剖视图中的剖面线，选择右键菜单“编辑”，在对话框中将图案比例改为0.5，如图7-35(a)所示。单击“确定”按钮、剖面线间隔

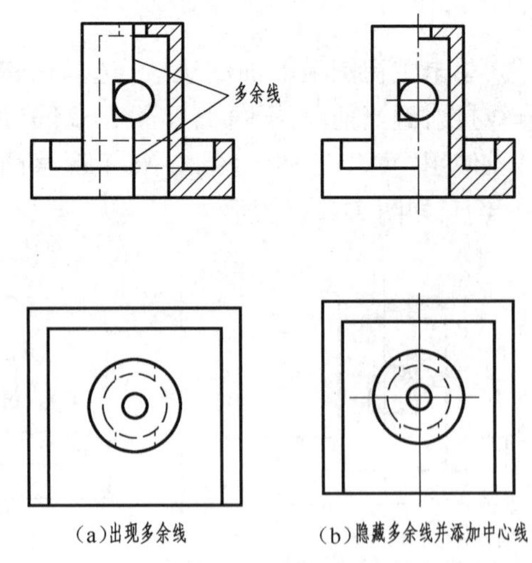

(a)出现多余线　(b)隐藏多余线并添加中心线

图7-34　完善图形

改变,如图 7-35(b)所示。

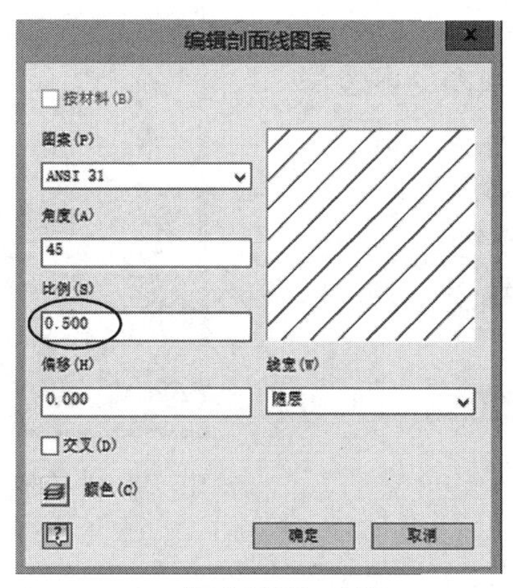

(a)"修改剖面线图案" 对话框

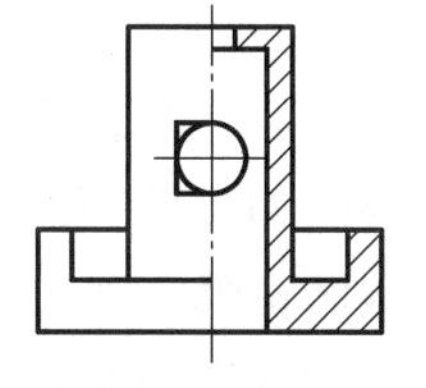

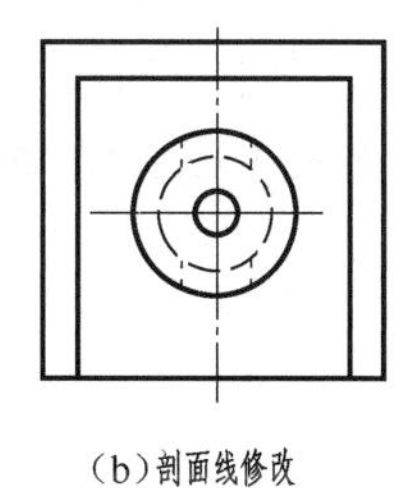

(b)剖面线修改

图 7-35　修改剖面线

7.3.7　局部剖视图

用剖切面局部地剖开形体所得到的剖视图称为局部剖视图,简称局部剖。局部剖视图使用"局部剖视图"命令处理。

【例 7-7】　设计生成"连杆"零件的局部剖视图,用于表达主视图右边的长圆凸台的内部结构,连杆如图 7-36 所示。

操作步骤:

(1)打开支架工程图文件:连杆 . idw。

(2)绘制剖切平面草图。

①单击主视图的虚边框线,选择"放置视图"标签栏中的"创建草图"选项。

②单击"工程图草图"面板中"样条曲线"命令,在主视图右侧绘制一个如图 7-37 所示的封闭的截面轮廓草图。

图 7-36　连杆

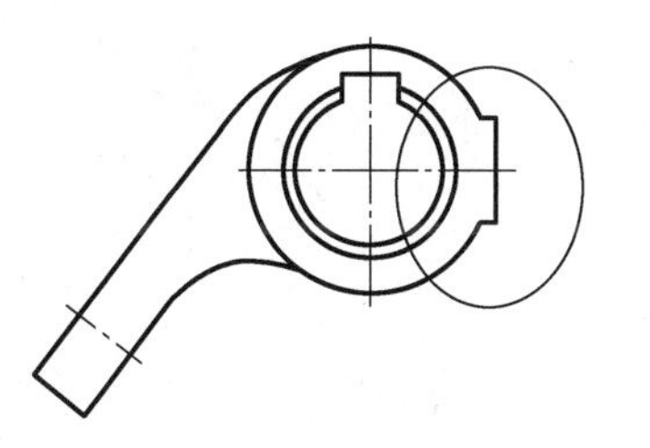

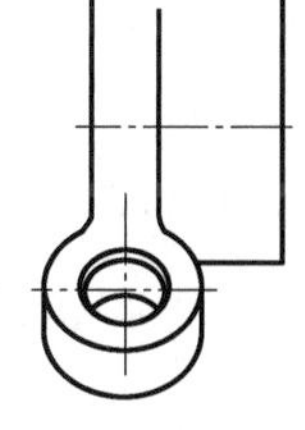

图 7-37　绘制截面草图

③选择右键菜单的“完成草图”命令，返回“工程视图”面板。

(3)生成局部剖视图。

①单击“局部剖视图”按钮，单击主视图的虚边框线，出现“局部剖视图”对话框，如图7-38所示。系统自动找到剖切平面(截面轮廓)，如图7-39(a)所示。

②确定剖切的深度点。单击左视图上的一直线的中点，如图7-39(b)所示。单击对话框的“确定”命令，局部剖视图生成，如图7-39(c)所示。

用类似上述的方法生成其他局部剖视图，如图7-40所示。

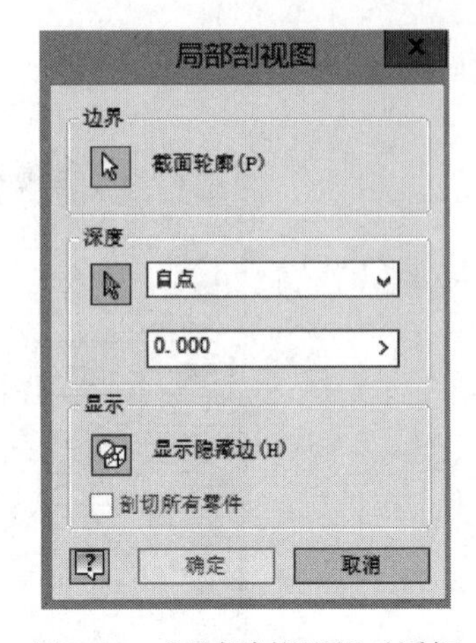

图7-38 “局部剖视图”对话框

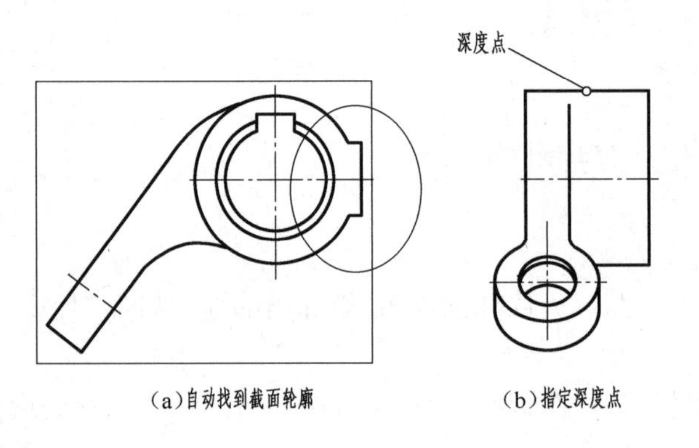

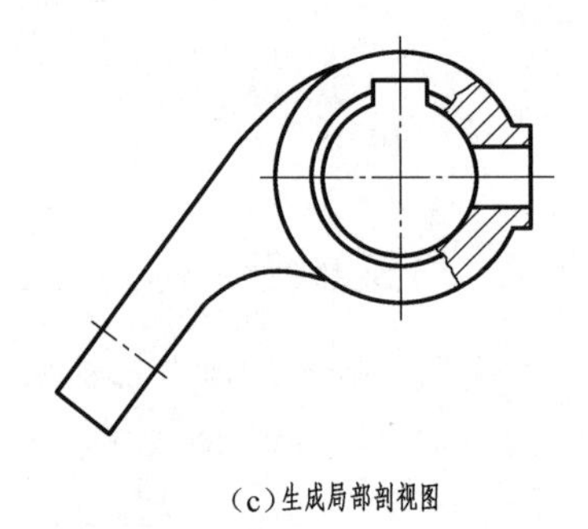

(a)自动找到截面轮廓　(b)指定深度点　(c)生成局部剖视图

图7-39 生成“局部剖视图”

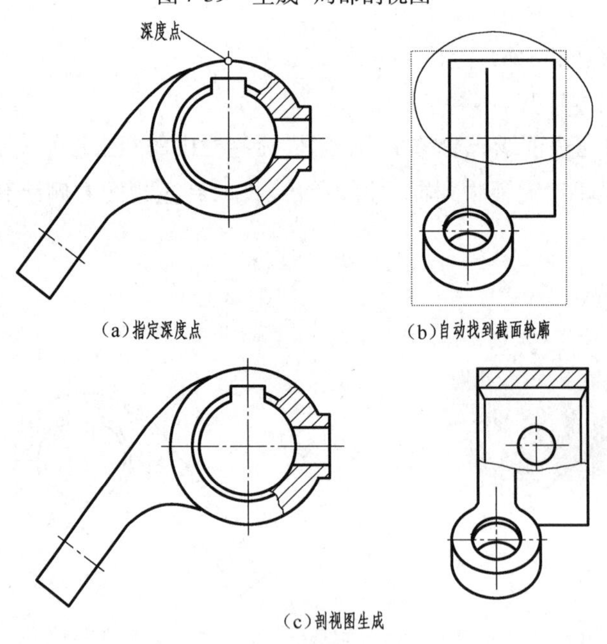

(a)指定深度点　(b)自动找到截面轮廓

(c)剖视图生成

图7-40 生成“局部剖视图”

7.4　工程图的标注

在三维设计系统中,工程图的尺寸分为两种类型:

(1)模型尺寸:在建立三维实体模型时的**草图尺寸**和**特征尺寸**。在生成工程图时,这些尺寸不能够自动显示。要由用户使用右键菜单的"检索尺寸"命令检索,确认后才显示出来。

(2)工程图尺寸:在工程图中添加的尺寸。有些"模型尺寸"并不能完全满足工程图的要求,比如尺寸标注不合理、标注的位置不合适、标注的尺寸为重复尺寸等。可以删除、编辑这些尺寸。也可以使用工程图环境下"工程图标注"面板上的标注命令,直接在工程图上标注工程图尺寸。"工程图尺寸"不能驱动二维工程图和三维模型的改变,但是它与几何图元相关联,并随着三维模型的改变而更新。下面的例子着重介绍工程图尺寸标注。

7.4.1　标注尺寸

在工程图上,对尺寸标注的基本要求是"**正确、完整、清晰、合理**"。

【例 7-8】　标注法兰盘的工程图尺寸,法兰盘三维模型如图 7-41 所示。

(1)打开工程图文件:法兰盘 . idw,法兰盘的工程图如图 7-42 所示。将"放置视图"标签栏切换为"标注"标签栏。

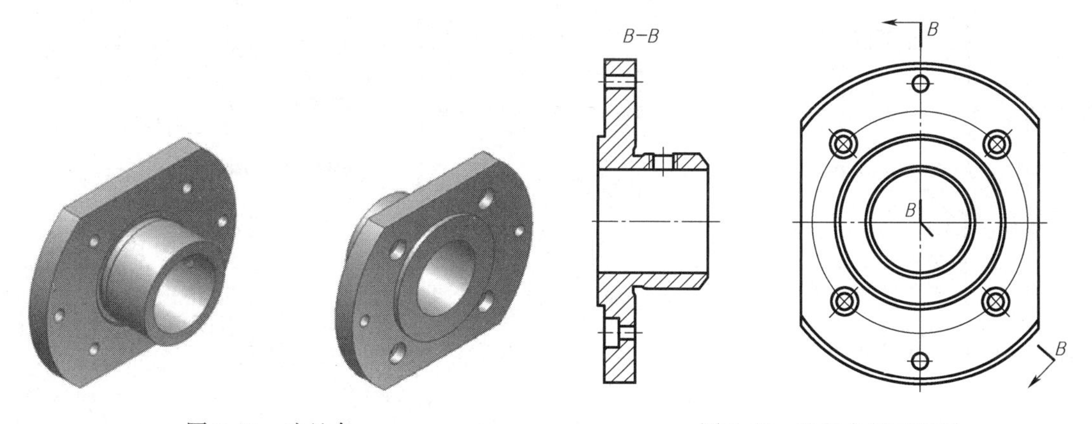

图 7-41　法兰盘　　　　图 7-42　法兰盘的工程图

(2)标注主视图的直径尺寸 ϕ130、ϕ70g6、ϕ42H7、ϕ55h6。

①单击"标注"标签栏中的"尺寸"命令 ,然后单击所标注尺寸的两侧直线,移动鼠标到适当的位置,单击,弹出"编辑尺寸"对话框,在"文本"页的右侧找到符号"ϕ",单击"确定"按钮,如图 7-43 所示。标注出尺寸 ϕ130,如图 7-44 所示。

②标注 ϕ70g6 时,在"编辑尺寸"对话框的"精度和公差页"页中,公差方式选择"公差/配合—平铺",轴的公差带代号选择"g6",孔的公差带代号选择 N/A,如图 7-45 所示。ϕ42H7 和 ϕ55h6 采用同样的操作,如图 7-46 所示。

(3)标注主视图的沉头孔尺寸。

在设计该零件的三维实体模型时,沉头孔是用"打孔"命令生成的。在这里可以很方便地标注其尺寸。

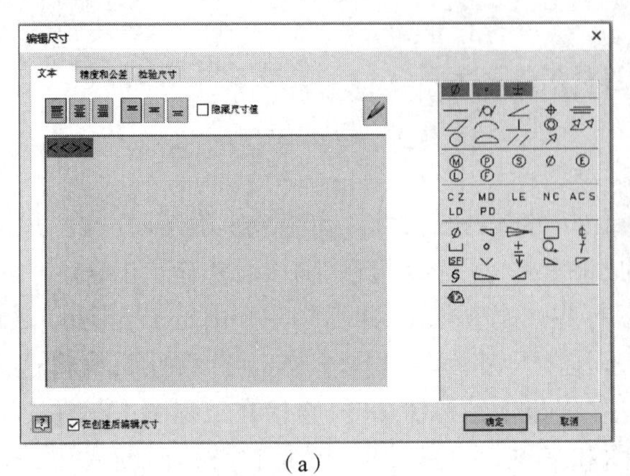
(a)

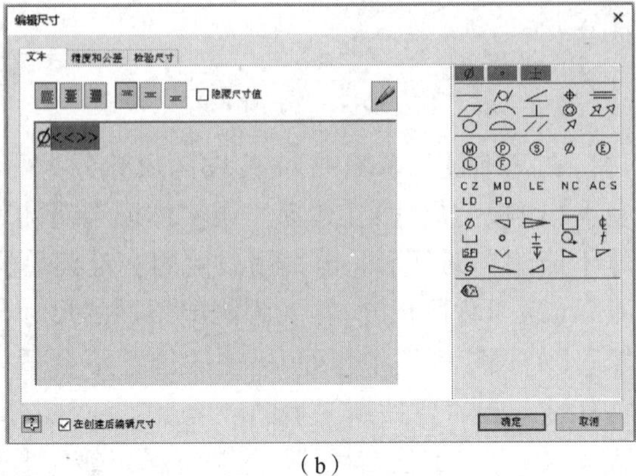
(b)

图 7-43 “编辑尺寸”对话框

①单击“标注”标签栏中的“孔/螺纹孔标注”命令。

②单击图 7-47 的沉孔中心线和最上轮廓线的交点，移动鼠标到适当的位置，单击即标注出沉头孔尺寸。

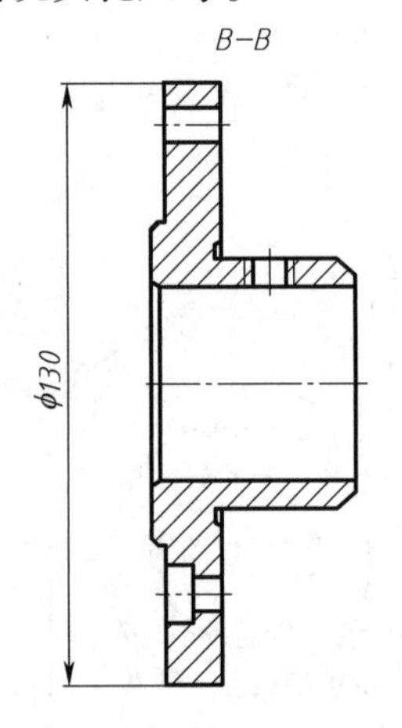

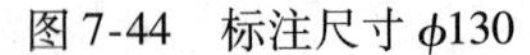
图 7-44 标注尺寸 φ130

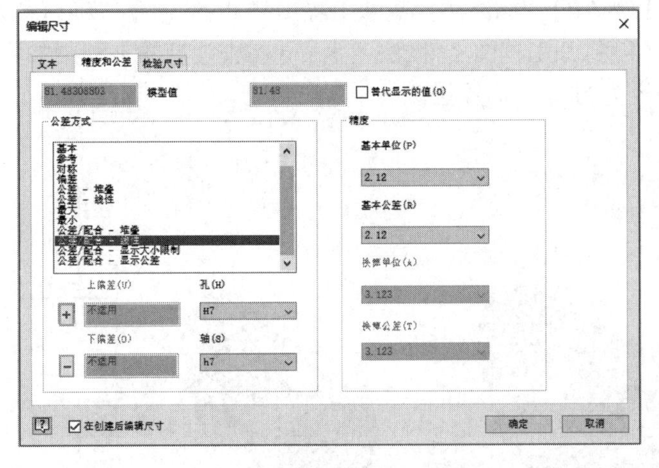
图 7-45 “编辑尺寸”对话框

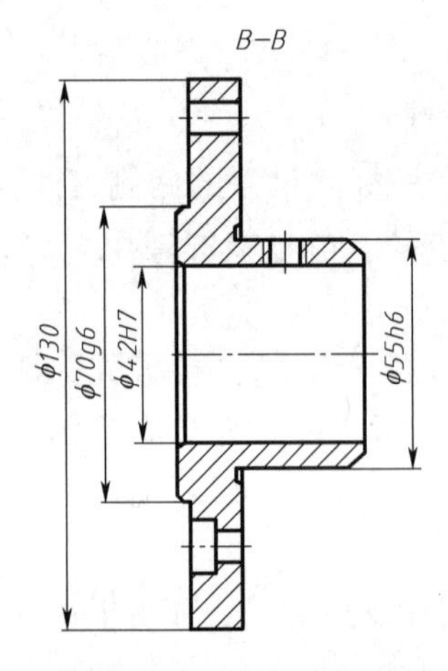

图 7-46 标注尺寸 φ70g6、φ42H7 和 φ55h6

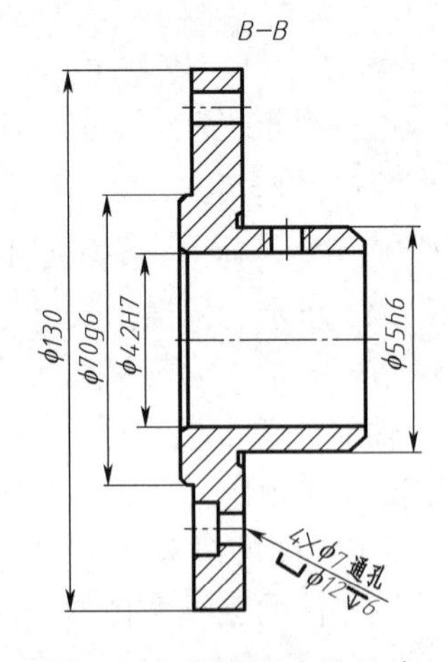

图 7-47 标注沉头孔尺寸

（4）标注主视图的螺纹孔尺寸。

①单击“标注”标签栏中的“孔/螺纹孔标注”按钮。

②单击图 7-48 的螺纹孔的大径，移动鼠标到适当的位置，单击。标注出螺纹孔尺寸和螺纹孔定位尺寸。

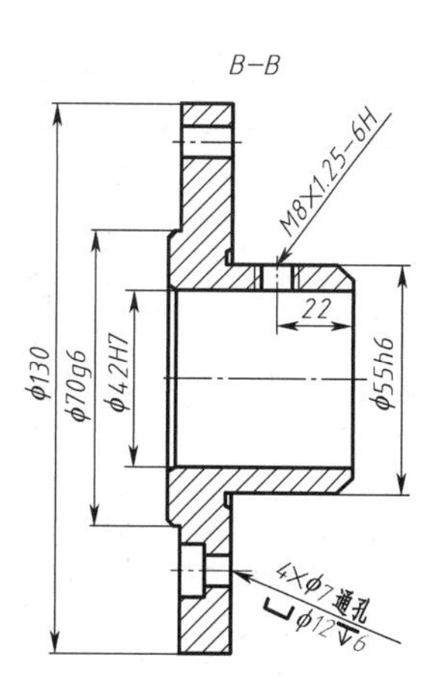

图 7-48　标注螺纹孔尺寸

（5）标注主视图的光孔尺寸。

单击“标注”标签栏中的“尺寸”按钮，然后单击所标注尺寸的两侧直线，移动鼠标到适当的位置单击，弹出“编辑尺寸”对话框。在“文本”页的右侧找到符号“ϕ”，同时其前面书写“2 ×”，单击“确定”，如图 7-49 所示。标注出尺寸“2 × ϕ7”，如图 7-50 所示。

（6）标注主视图的基线尺寸。

主视图中 3 和 45 两个尺寸具有共同的尺寸基准线—法兰盖的左端面。这样的尺寸标注应使用“基线”尺寸命令。

①单击“标注”标签栏中的“基线”尺寸按钮。

②单击图 7-51 中的 A、B、C，移动鼠标到适当的位置单击。

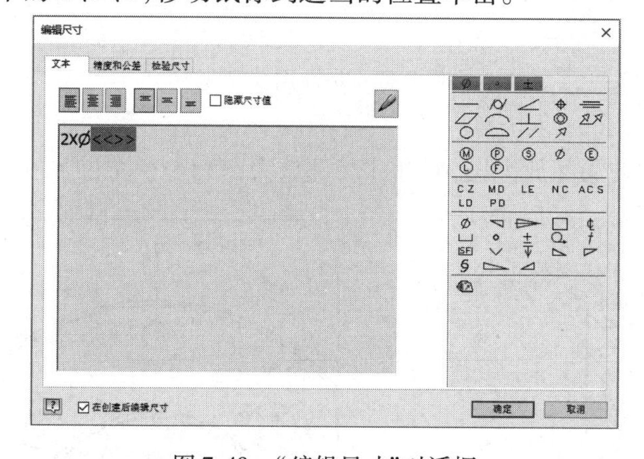

图 7-49　“编辑尺寸”对话框

③选择右键菜单中的“继续”选项，标注出基线尺寸，如图 7-51 所示。

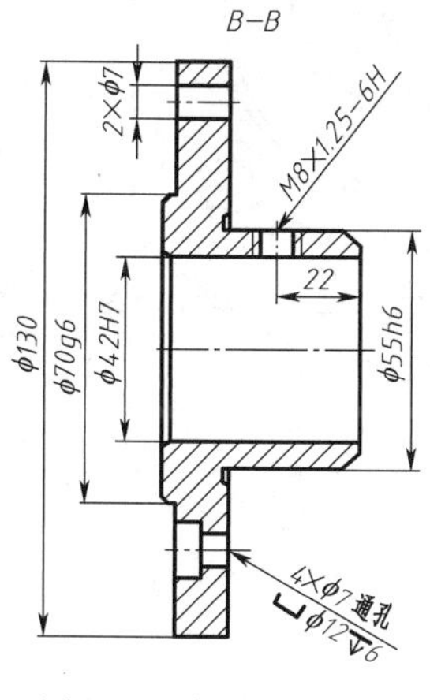

图 7-50　标注“2 × ϕ7”

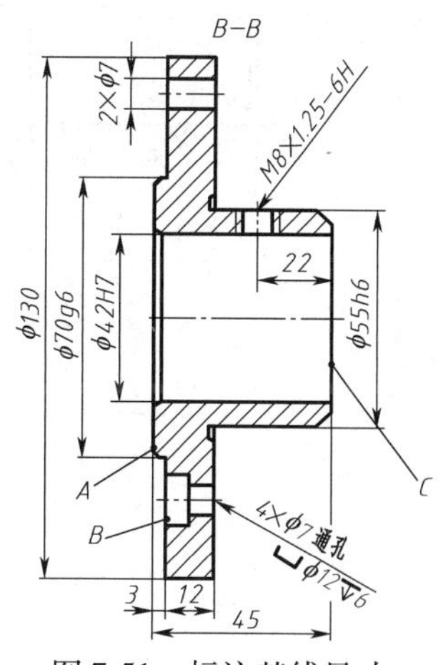

图 7-51　标注基线尺寸

(7)标注倒角尺寸。

单击“倒角”按钮，然后单击倒角斜线 D,再单击倒角一条边线 E。移动鼠标到适当的位置单击。全部倒角尺寸标注如图 7-52 所示。

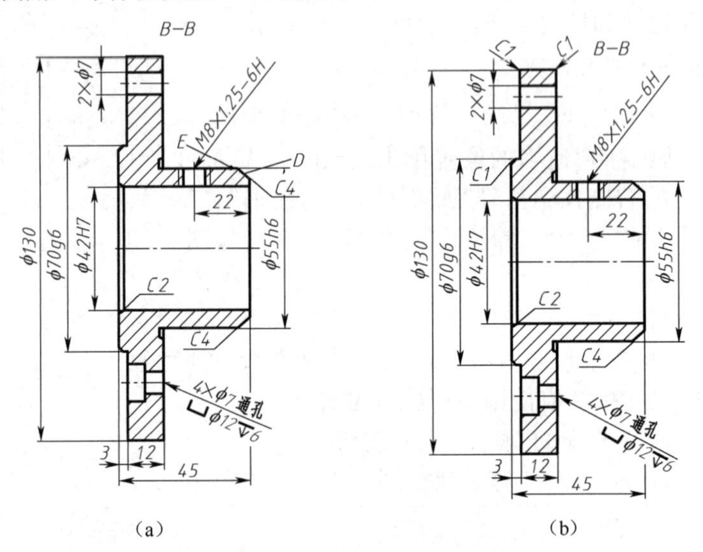

(a)　　　　(b)

图 7-52　标注倒角尺寸

(8)标注其余尺寸。

作出砂轮越程槽的局部放大图,并标注局部放大图和左视图的尺寸,如图 7-53 所示。

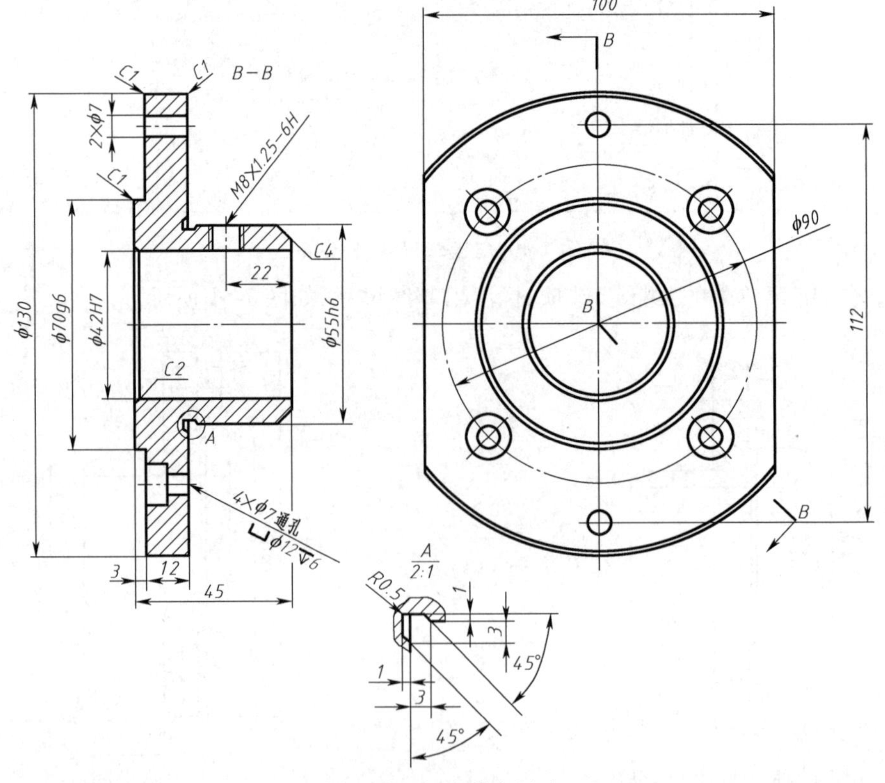

图 7-53　标注剩余尺寸

7.4.2 表面粗糙度代号

工程图上的符号包括表面粗糙度代号、几何公差符号、焊接符号等。

【例7-9】 标注例7-8“法兰盘”零件的粗糙度代号。

（1）打开工程图文件：法兰盘.idw。

（2）使用“表面粗糙度符号”命令√‾，单击要标注的表面线，拖移鼠标到符号所在的一侧，选择右键菜单的“继续”选项，在对话框内选择符号类型和粗糙度值等，如图7-54所示。单击“确定”按钮。标注出的表面粗糙度符号如图7-55所示。如果需要修改表面粗糙度，可选择所标注的粗糙度符号，右击。在弹出的菜单中选择“编辑表面粗糙度符号”选项进行修改即可。局部放大字母A修改为罗马数字Ⅰ。

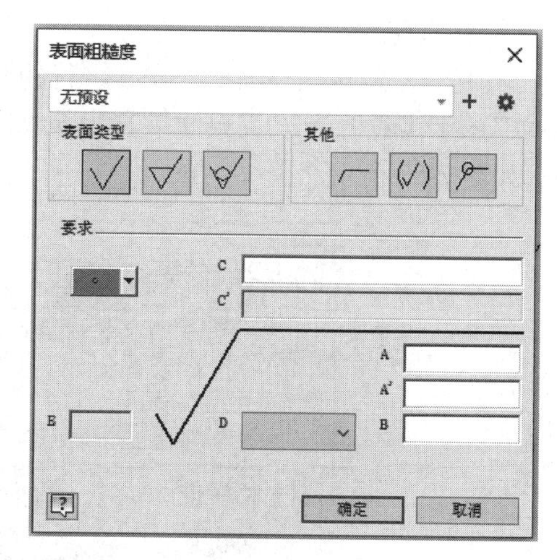

图7-54 “表面粗糙度符号”对话框

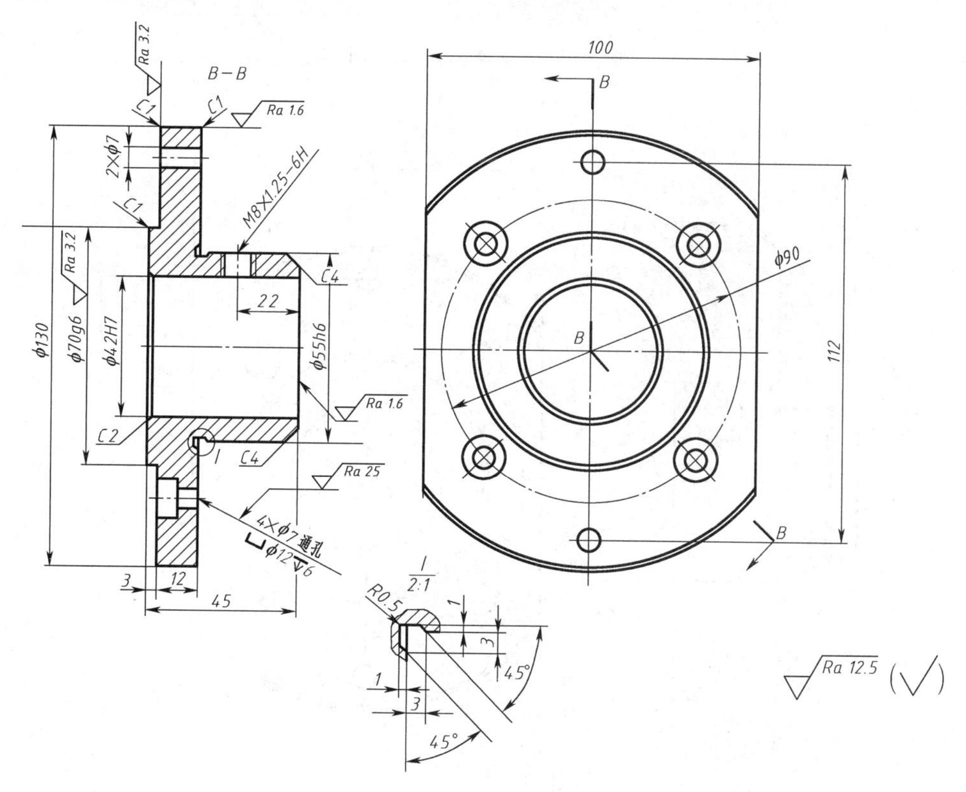

图7-55 标注表面粗糙度符号

7.4.3 工程图的技术要求

对于不便在图中标注的内容，可用文字形式按顺序书写在图样的合适位置。

【例7-10】 书写例7-9“法兰盘”零件的技术要求。

操作步骤：

使用“文本”命令 A 命令，在文字行的起始点单击，在“文本格式”对话框输入文字，“技术要求”的字高设置为7，其余文字高为5，如图7-56所示。单击“确定”按钮。书写后的技术要求，如图7-57所示。

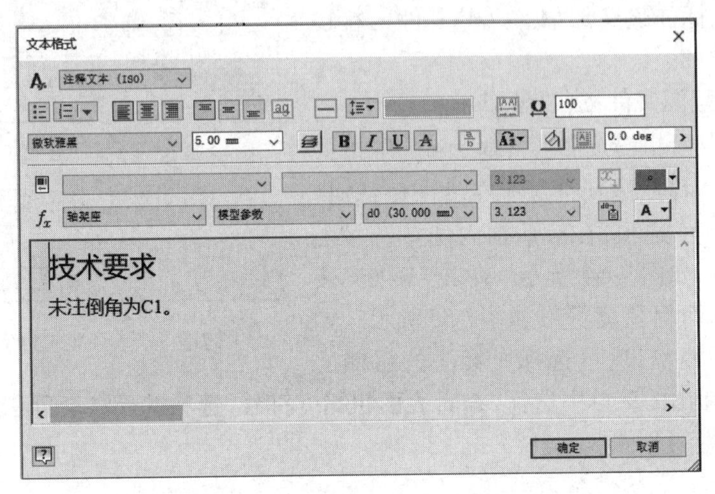

图7-56 “文本格式”对话框

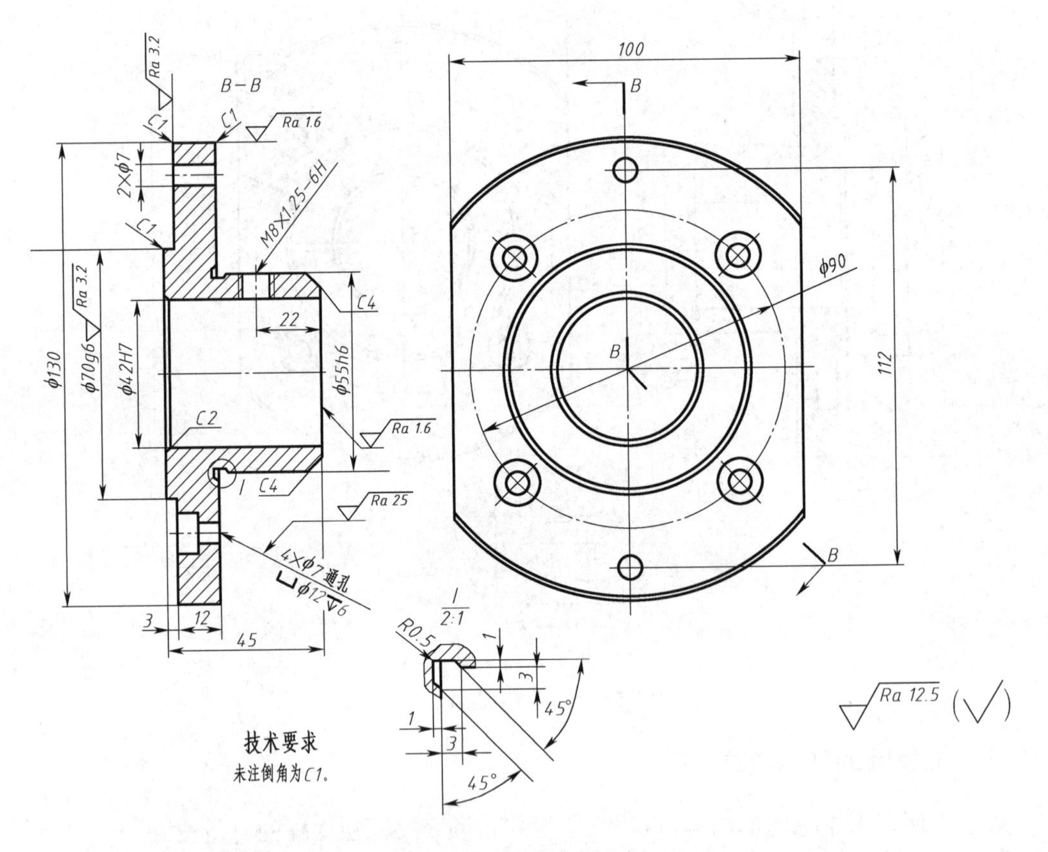

图7-57 书写技术要求

7.4.4　工程图的标题栏

标题栏的信息有一部分是从工程图特性中获取的。“工程图特性”对话框中有 5 项内容能够在标题栏中自动显示出来。其他内容如零件名称、重量、比例等要使用“文本”命令输入。

【例 7-11】　填写例 7-10“法兰盘”的工程图的标题栏。

操作步骤：

(1)在“工程图特性”对话框输入标题栏的内容。

①单击“文件”标签栏，选择“iProperty”选项。

②在工程图“特性”对话框的“概要”选项卡中输入“标题”(部件名称)、“作者”(设计者)及“单位”三项内容，如图 7-58 所示。

③在工程图“特性”对话框的“项目”选项卡中输入“零件代号”和“创建日期”(设计日期)后，如图 7-59 所示单击“确定”按钮。

图 7-58　程图“特性”—概要

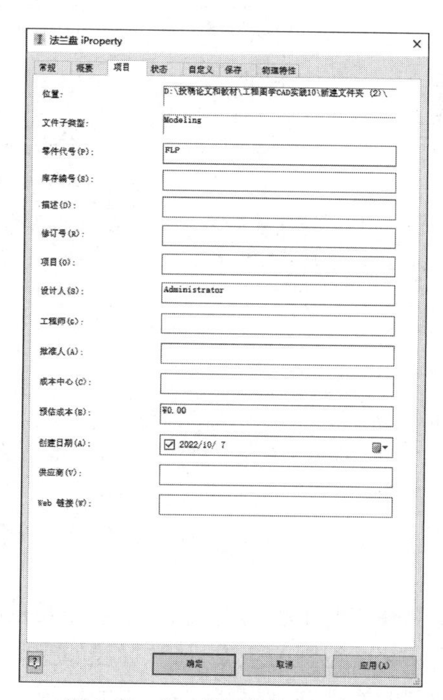

图 7-59　“工程图特性”—项目

(2)输入其他内容。

使用“文本”命令，输入零件名称“法兰盘”，输入重量和比例。标题栏的输入结果如图 7-60 所示。

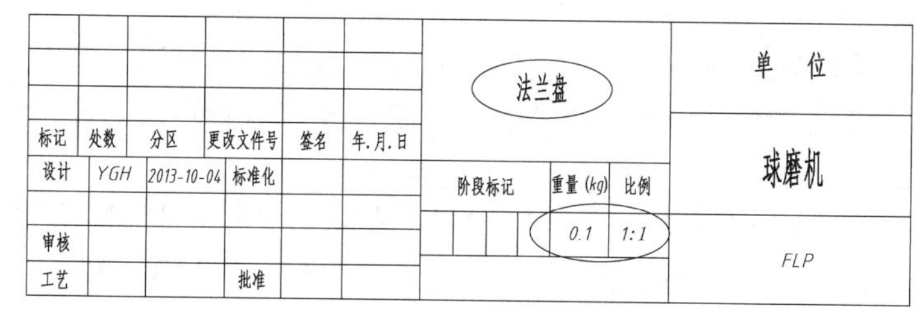

图 7-60　用“文本”命令输入的内容

在“模型”浏览器中，单击“图纸”命令，在右键菜单中，选择“编辑图纸”选项，将图纸的大小改为“A3”，并重新布置视图和技术要求等，法兰盘零件图最终如图 7-61 所示。

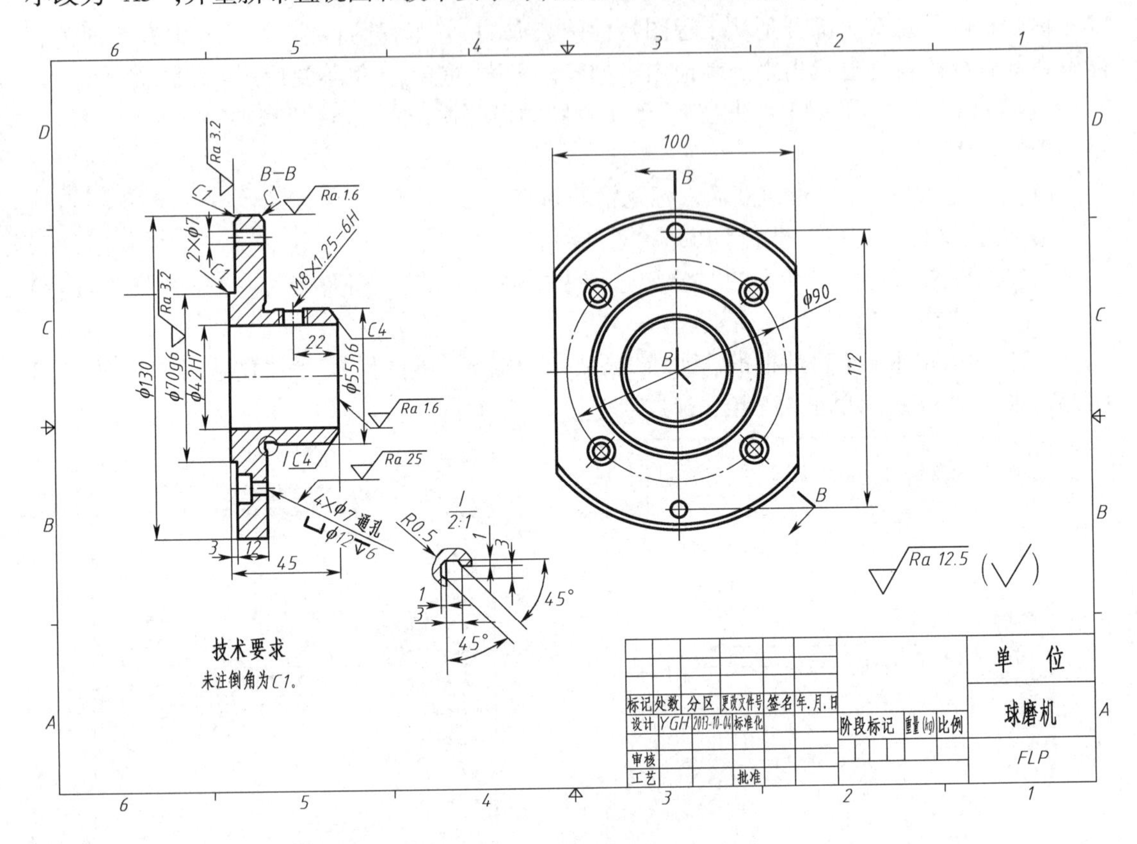

图 7-61　法兰盘零件图

7.5　部件装配工程图

部件装配工程图的主要内容：**一组视图**、**必要的尺寸**、**技术要求**、**零件的序号**、**标题栏和明细表**。装配视图的生成、尺寸标注的操作和零件工程图基本相同。本节通过一个实例介绍部件装配图的视图、序号和明细表的生成方法。

【例 7-12】 生成“定滑轮装置”的装配工程视图、尺寸、序号及标题栏和明细表。

(1)进入“工程图”工作环境：进入系统后，选择“新建”选项，单击图标。

(2)生成第一个视图，即左视图，如图 7-62 所示。模型浏览器中显示定滑轮装置的零件特征结构如图 7-63 所示。

分别选中“支架”和“销”，在右键菜单中选择“剖切参与件”选项，可以看出，支架参与剖切，而销作为标准件参与剖切，如图 7-64 所示。如有需要可进行更改。

(3)生成主视图。

①主视图采用局部剖视图表达。单击“放置视图”标签栏中“投影视图”按钮。在左视图上按住鼠标并向左拖动，在合适位置上单击鼠标左键，然后右击，选择“创建”选项。为了后叙作图方便，画上中心线和轴线，如图 7-65 所示。

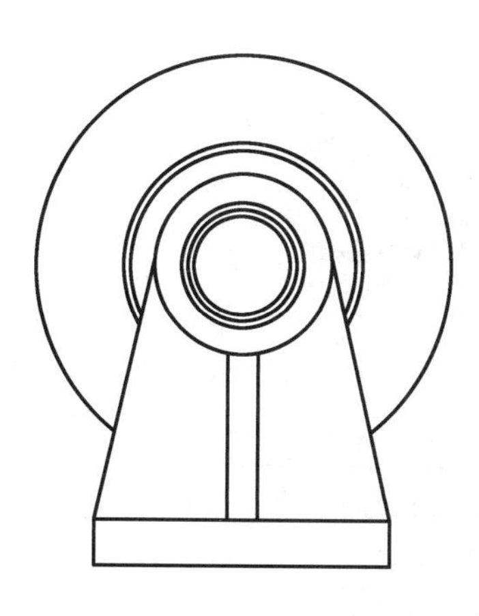

图 7-62　生成第一个视图

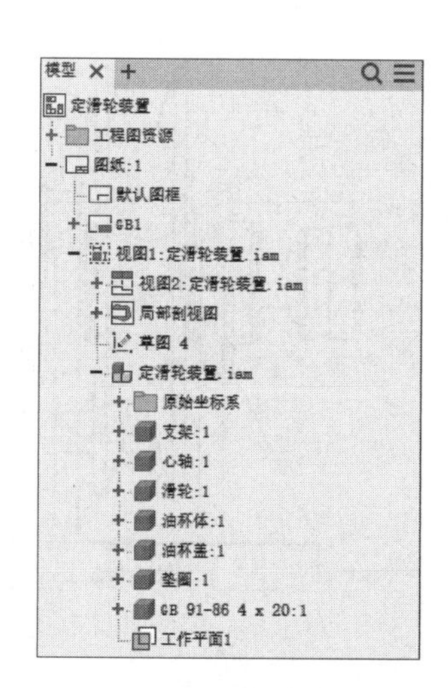

图 7-63　模型浏览器

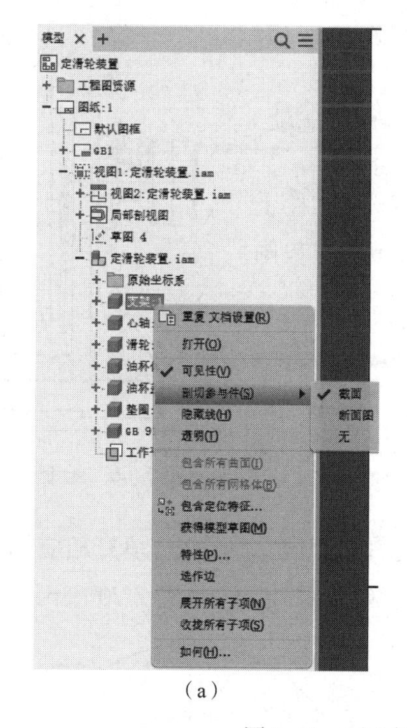

（a）

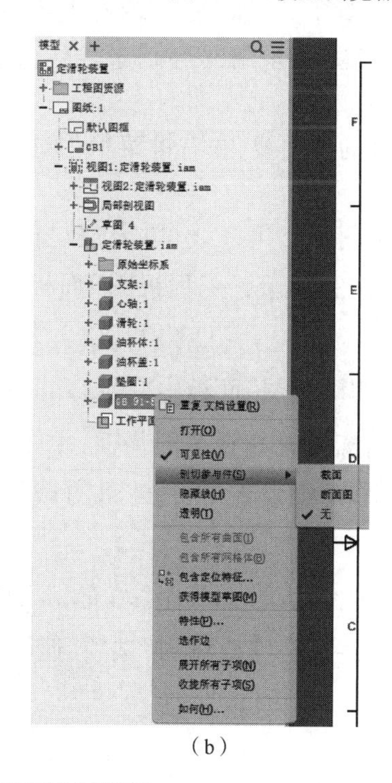

（b）

图 7-64　可选择是否进行剖切

②单击主视图的虚边框线，单击“放置视图”标签栏上的“创建草图”命令，原“工程视图”面板改变为“工程图草图”面板。

③单击“样条曲线”命令，绘制局部剖区域，如图 7-66 所示。单击“完成草图”。

④单击“局部剖视图”命令和主视图的虚边框线，出现“局部剖视图”对话框。单击左视图圆弧上的对称中点作为剖切的深度点，单击对话框的“确定”按钮，局部剖视图生成，如图 7-67 所示。

（4）修改主视图。

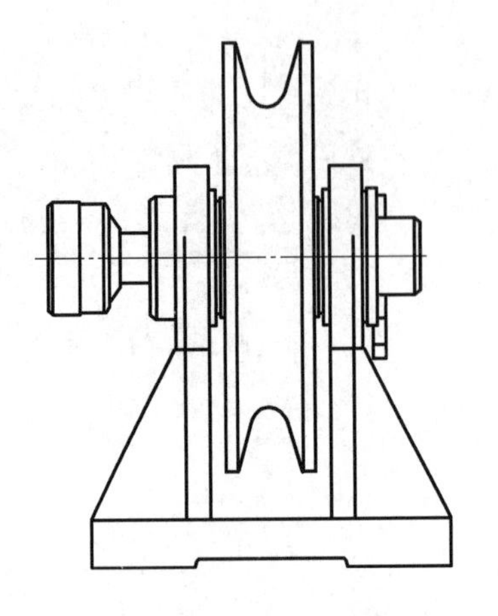
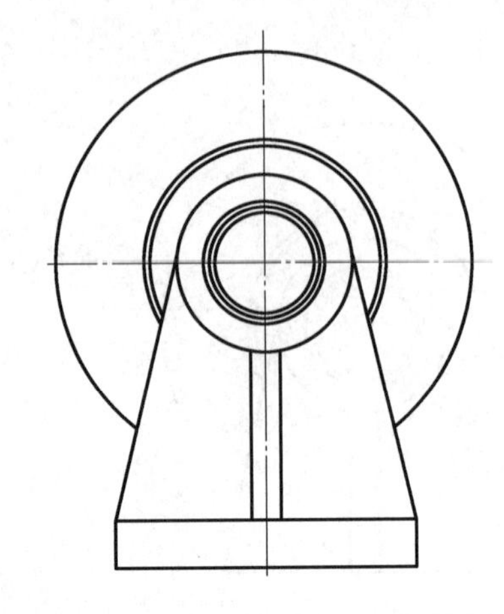

图 7-65　生成第二个视图

主视图中的零件“心轴”属于轴套类零件，不应采用全剖来表达局部结构，可采用局部剖来表达，使视图清晰，因此需要修改视图。

①单击心轴的剖面线，在右键菜单中选择“隐藏”选项，如图 7-68 所示。

②单击主视图的虚边框线，单击“放置视图”标签栏上的“创建草图”按钮，原“工程视图”面板改变为“工程图草图”面板。

③单击“工程图草图”面板中“投影几何图元”按钮，将心轴的主要轮廓线投射到草图平面，单击“样条曲线”按钮，在主视图右侧绘制一个封闭的截面轮廓草图，如图 7-69 所示。

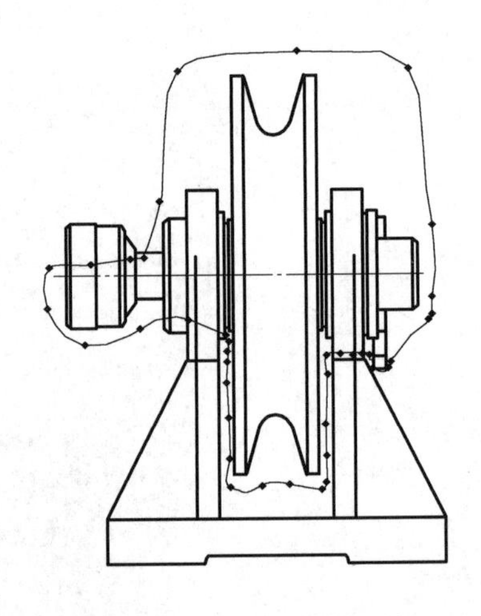

图 7-66　绘制局部剖区域

④单击“工程图草图”面板中“填充/剖面线填充面域”命令，填充相应剖面线，比例为 0.5。选择右键菜单的“完成草图”选项，返回“工程视图”面板，如图 7-70 所示。

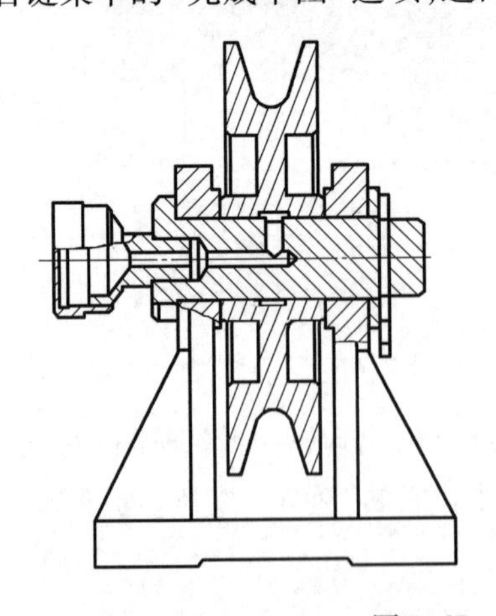
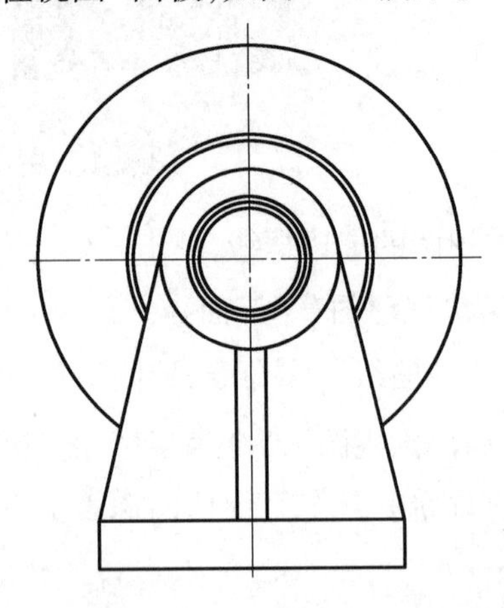

图 7-67　生成局部剖视图

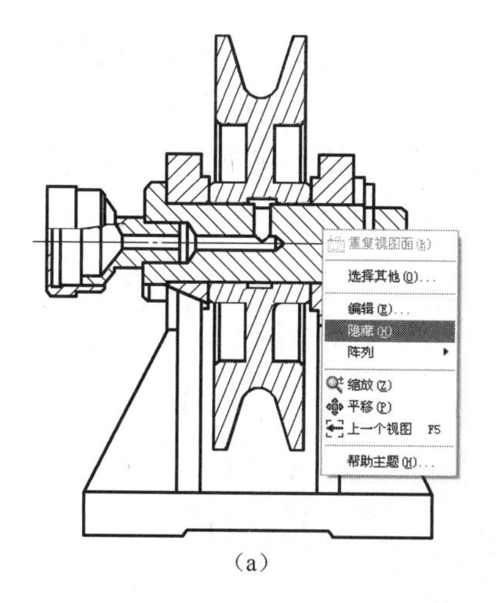

(a)

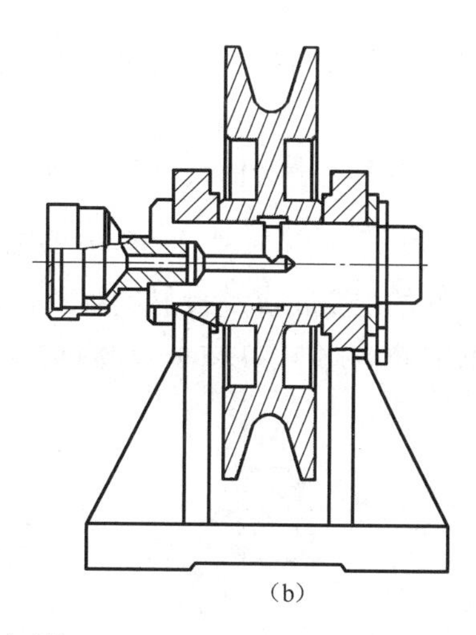

(b)

图 7-68 隐藏剖面线

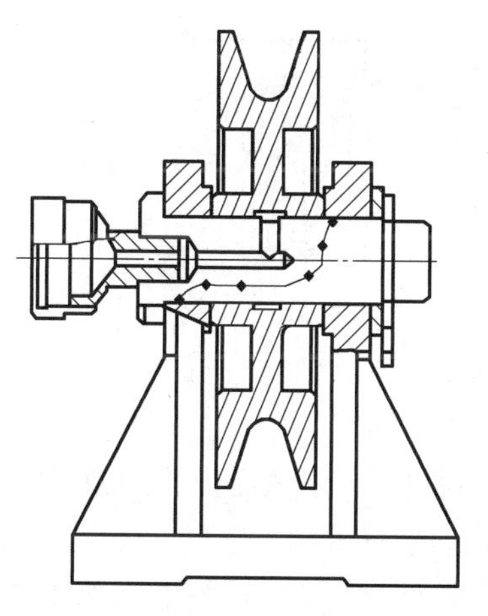

图 7-69 绘制样条曲线

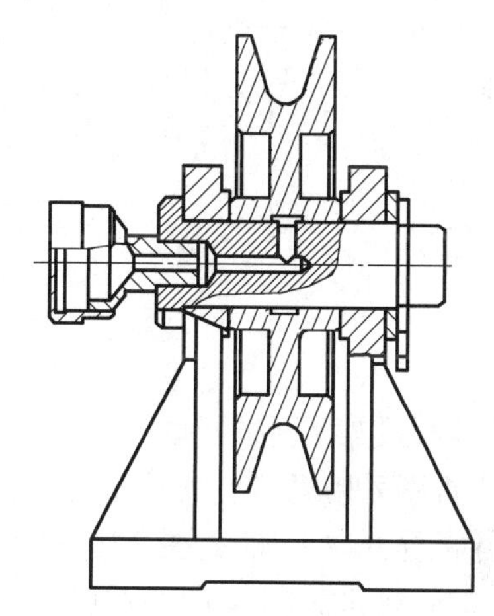

图 7-70 填充剖面线

⑤滑轮的剖面线不是45°,需要修改。单击滑轮的剖面,在右键菜单中选择“编辑”,在对话框中将角度改为135°,如图7-71所示。

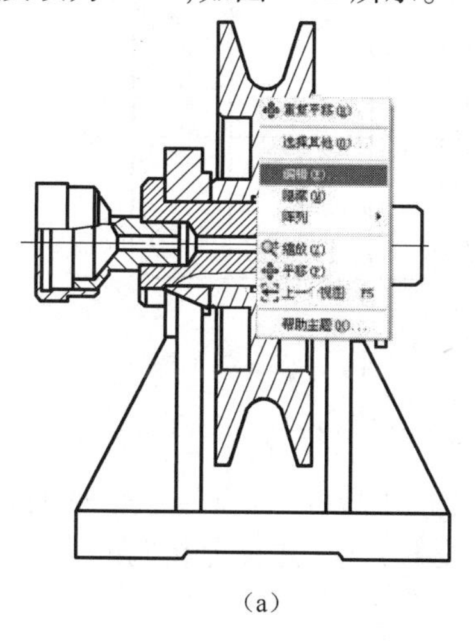

(a)

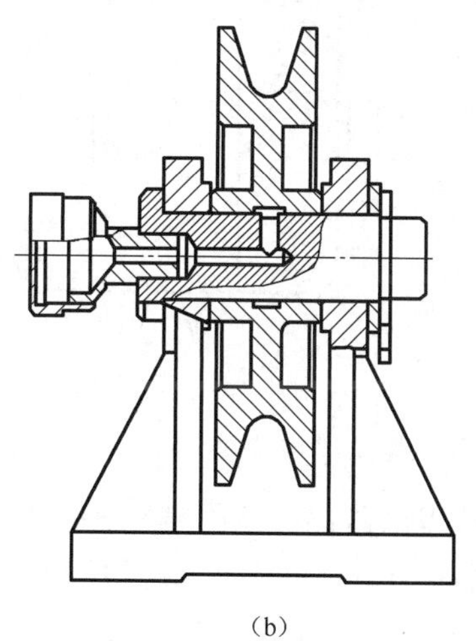

(b)

图 7-71 编辑剖面线

⑥单击心轴和开口销连接处的轮廓线，在右键菜单中选择“隐藏”选项，如图 7-72(a)、(b)所示。

⑦单击主视图的虚边框线，单击“放置视图”标签栏上的“创建草图”按钮，原“工程视图”面板改变为“工程图草图”面板。单击“工程图草图”面板中“投影几何图元”按钮，将心轴和开口销的主要轮廓线投射到草图平面，单击“直线”按钮，在主视图右侧绘制心轴和开口销的截面轮廓草图，如图 7-72(c)所示。

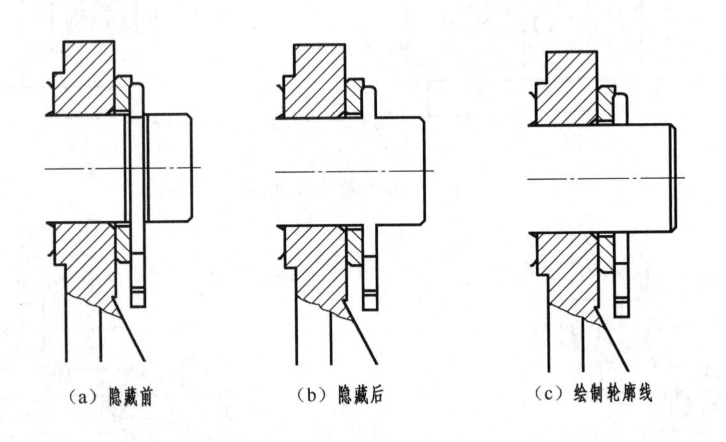

(a) 隐藏前　(b) 隐藏后　(c) 绘制轮廓线

图 7-72　编辑轮廓线

(5)生成支架零件向视图。

①主视图采用局部剖视图表达。单击“放置视图”标签栏中“投影视图”按钮。在主视图上按住鼠标并向上拖动，在合适位置上单击，然后右击，选择“创建”选项。为了后叙作图方便，画上中心线和轴线，如图 7-73(a)所示。隐藏其他零件的轮廓线，只剩下支架零件的轮廓线，如图 7-73(b)所示。

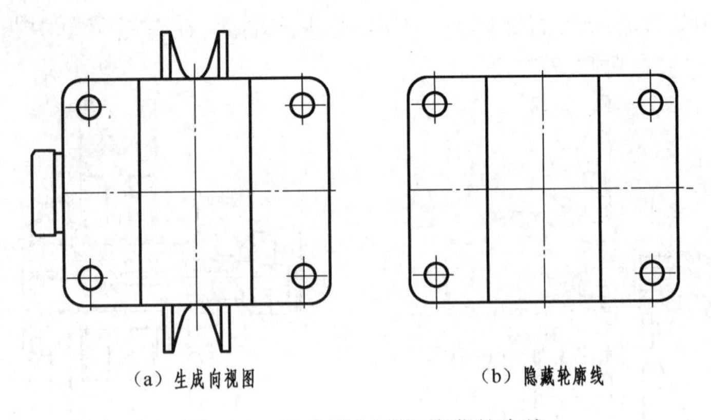

(a) 生成向视图　(b) 隐藏轮廓线

图 7-73　生成仰视图和隐藏轮廓线

②选择仰视图，右击，在右键菜单中的“对齐视图”中选择“断开”选项，此时，向视图上方标出视图的名称 A，在主视图的附近用箭头指明了投射方向，并标上相同的字母 A，可将向视图 A 拖到合适的位置，如图 7-74 所示。

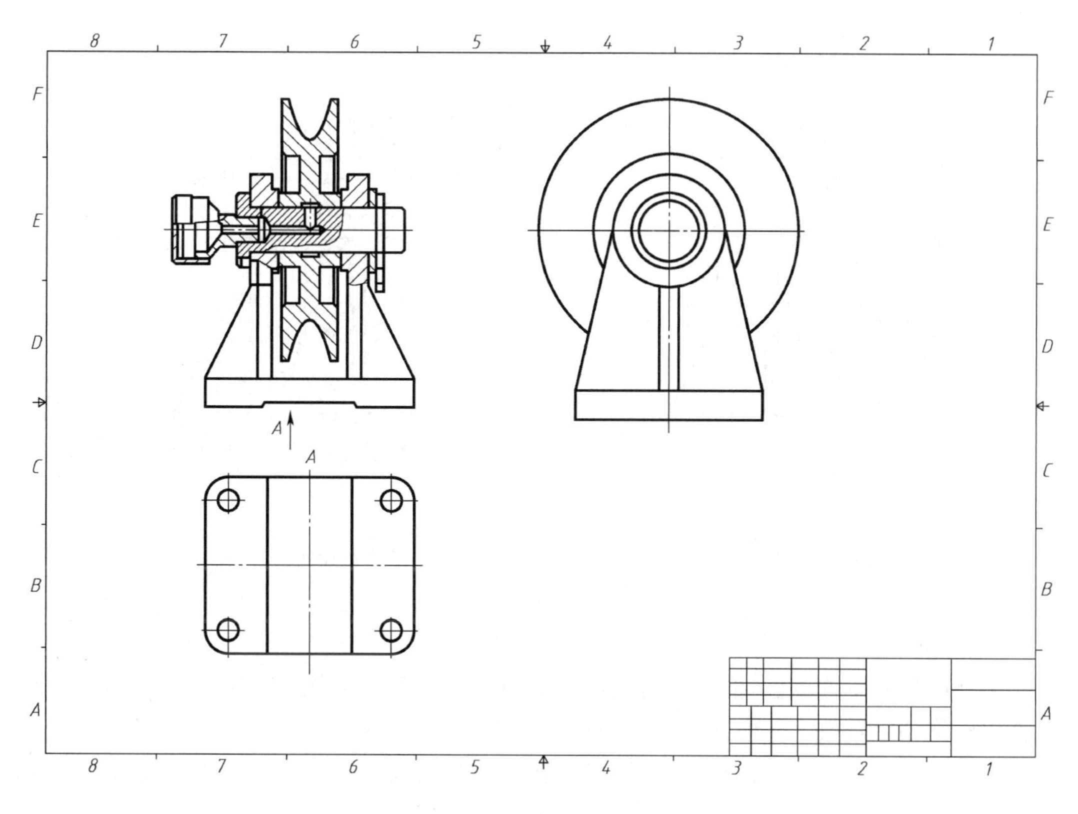

图 7-74　生成支架零件向视图

(6)生成零件序号。

①单击工程图“标注”标签栏上“自动引出序号”按钮，弹出“自动引出序号”对话框，如图 7-75 所示，对有关选项进行设置。

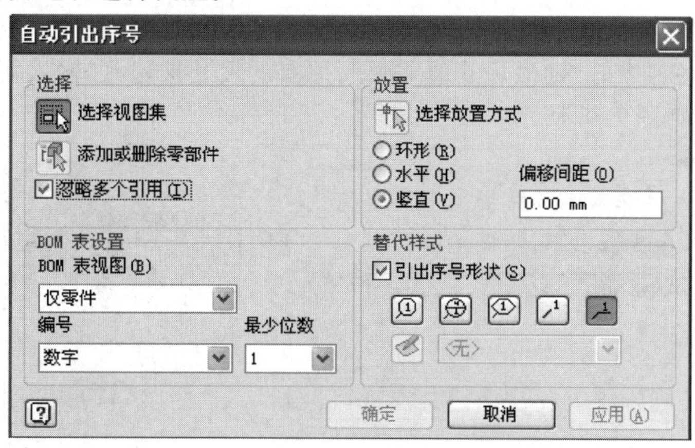

图 7-75　“自动引出序号”对话框

②提示选择视图，单击主视图虚边框。

③提示选择要添加引出符号的零部件，在主视图中依次点击各个零件。

④右击，在弹出的菜单中选择“继续”选项，将序号放在合适的位置。然后单击“确定”，如图 7-76(a)所示。序号调整后，如图 7-76(b)所示。

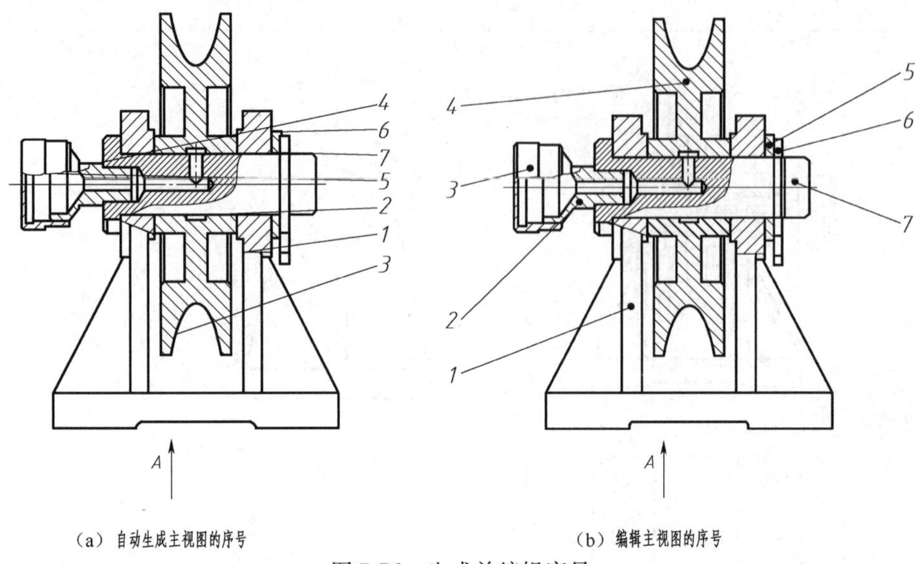

（a）自动生成主视图的序号　　（b）编辑主视图的序号

图 7-76　生成并编辑序号

（7）整理零件序号。

①调整序号的位置：鼠标拖动指引线箭头上圆点将箭头拖到合适位置。

②鼠标拖动序号数字下横线的圆点线将数字拖到合适位置。

③鼠标拖动序号数字时，与其他序号接触感应一下，可以引出虚导引线，导引当前序号和其他序号成水平或垂直排列。

④编辑序号。选中序号，右击选择“编辑引出序号”选项，调整序号的位置后的序号显示如图 7-76（b）所示。

（8）标注装配图尺寸。单击工程图“标注”标签栏上的“通用尺寸”按钮，标注装配图中的尺寸。在标注过程中，每标注一个尺寸，都会弹出“编辑尺寸对话框”选项，如图 7-77 所示，单击“文本”标签栏中的“隐藏尺寸值”按钮，原有的尺寸被隐藏，输入新的尺寸数值。标注尺寸后的装配图如图 7-78 所示。

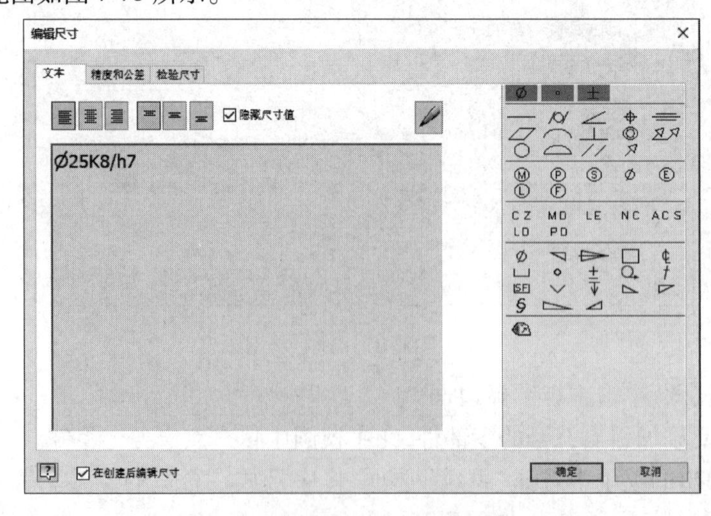

图 7-77　在“编辑尺寸”对话框中编辑尺寸

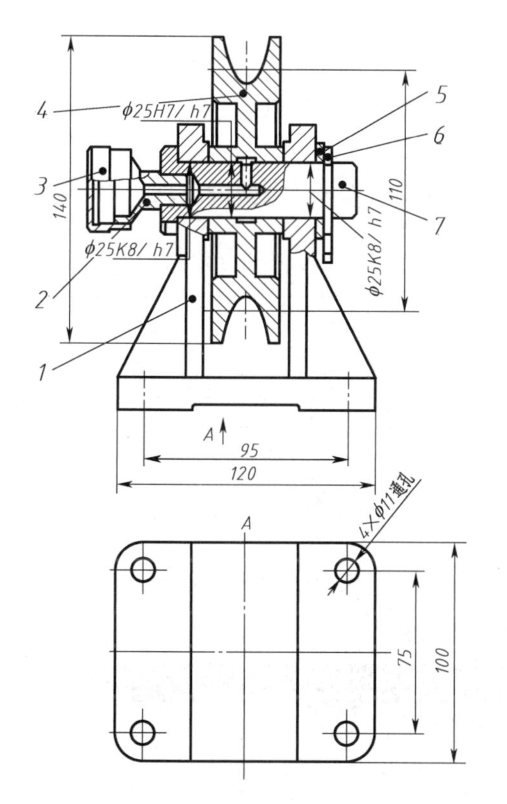

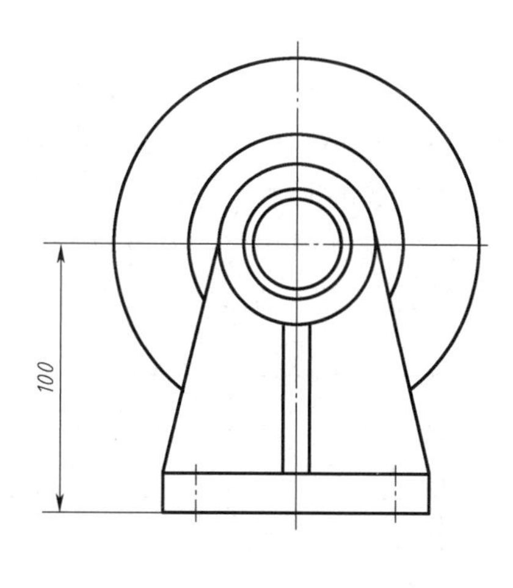

图 7-78 标注装配尺寸

(9)填写标题栏。

①单击“文件”标签栏,选择“iProperty”选项。

②在工程图“特性”对话框的“概要”栏中输入“标题”(部件名称)、“作者”(设计者)及“单位”三项内容。

③在工程图“特性”对话框的“项目”栏中输入“零件代号”和“创建日期”(设计日期)按“确定”按钮。

④使用“文本”命令,输入比例。标题栏的输入结果如图 7-79 所示。

									单 位
标记	处数	分区	更改文件号	签名	年、月、日				定滑轮装置
设计	YGH	2013-10-05	标准化			阶段标记	重量(kg)	比例	
								1:1	DHL
审核									
工艺			批准						

图 7-79 填写标题栏

(10)生成明细表。

①单击工程图“标注”标签栏中的“明细栏”按钮,弹出“明细栏”对话框,单击“确定”按钮。

②鼠标拖动明细表到标题栏上方和标题栏对齐的位置后单击,生成的明细表如图 7-80 所示。目前明细表中的绝大多数内容为空,因为明细表中的代号、名称、材料及质量的内容是从各自的零件模型的“特性”信息提取的。数量中的数值是来自装配模型。如果零件中的信息没有输入,则生成的明细表中的内容为空。

③选择明细表后右击,在弹出的菜单中选择“编辑明细栏”选项后出现“明细栏”对话框。在明细栏对话框中进行编辑,如图 7-81 所示。

7			1	低碳钢	
6	GB/T 91-2000		1	默认	
5			1	默认	
4			1	默认	
3			1	默认	
2			1	默认	
1			1	默认	
项目	标准	名称	数量	材料	注释
明细栏					

图 7-80　明细表

明细栏：定滑轮装置.iam

项目	标准	名称	数量	材料	注释
1		支架	1	HT200	
2		油杯体	1	H62	
3		油杯盖	1	H62	
4		滑轮	1	HT200	
5		垫圈	1	Q235	
6	GB/T91-2000	开口销	1	Q235	
7		心轴	1	35	

图 7-81　“明细栏”对话框

(11)优化明细表。

明细表中的代号、名称、材料及质量的内容是从各自的零件模型的“特性”信息提取的。数量中的数值是来自装配模型。

“项目”取自零件“特性”中的“项目”中“零件代号”的内容。

“名称”取自零件“特性”中的“项目”中“描述”的内容。

“材料”取自零件“特性”中的“物理特性”中“材料”内容。

“质量”取自零件“特性”中的“物理特性” 中“常规特性”内容。

在装配图中可以随时打开某个零件的模型文件,添加特性的有关信息:

①单击浏览器中某个零件的名称,选择右键菜单的“打开”选项。

②保存零件模型文件,然后回到工程图环境。

③浏览器中“明细表”前出现更新符号,单击“明细表”并右击选择右键菜单的“更新”选项。

④明细表的相关内容自动更新。

最终生成的定滑轮装配图,如图 7-82 所示。

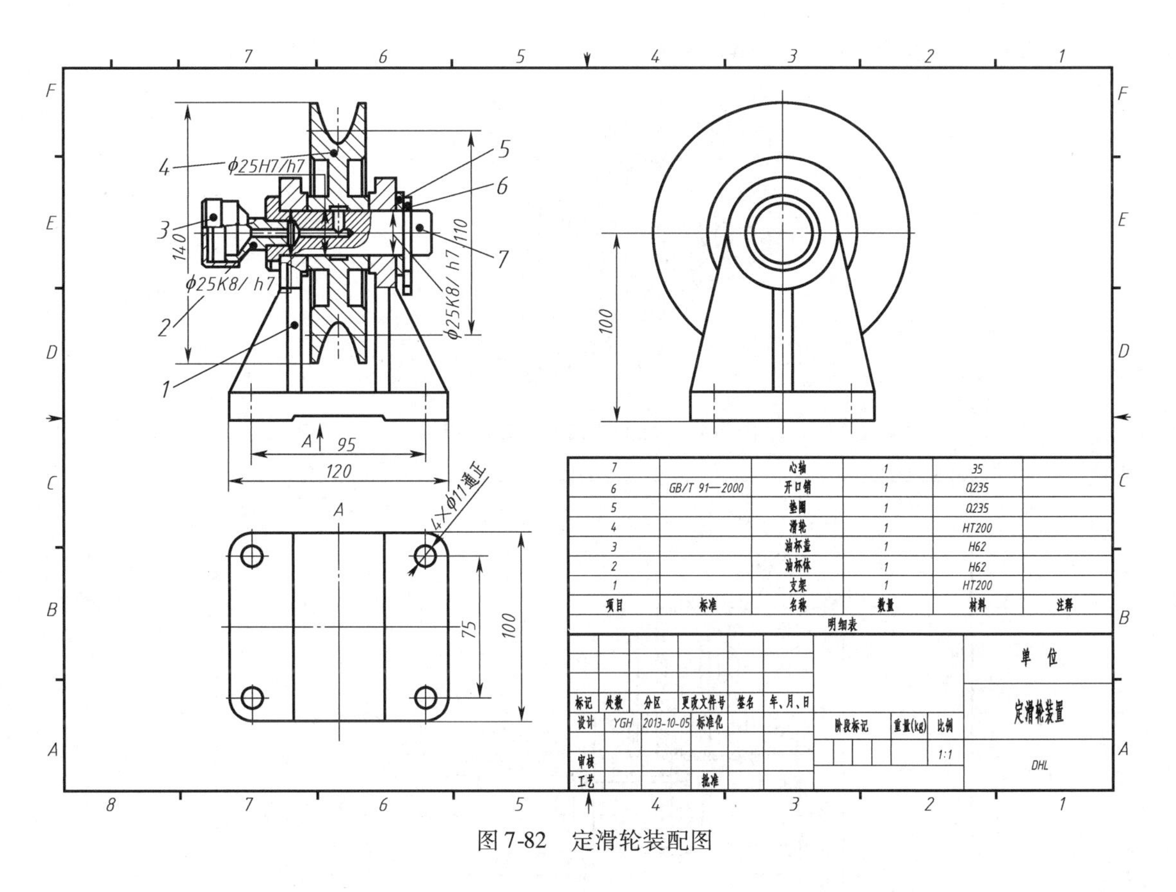

图 7-82　定滑轮装配图

练　习　题

1. 按照图 7-83 所示的填料压盖的零件图生成零件的三维模型,然后转换成二维工程图。

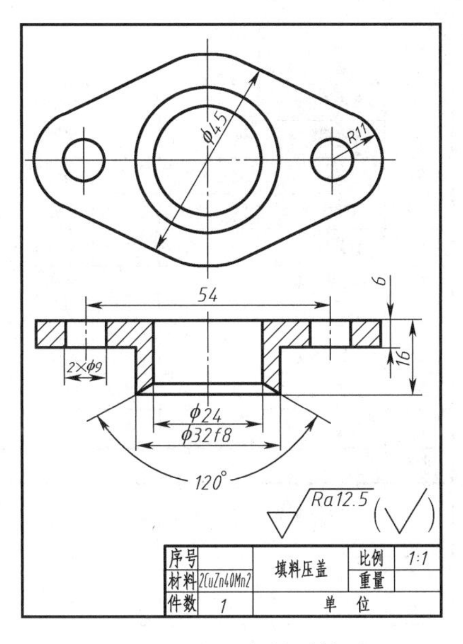

图 7-83　法兰盘的零件图

2. 图 7-84 所示为行程开关装配体,试生成行程开关装配图,如图 7-85 所示。

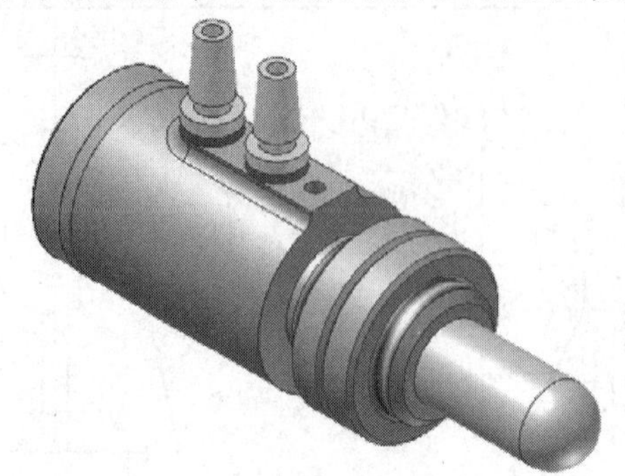

图 7-84　行程开关模型的装配体

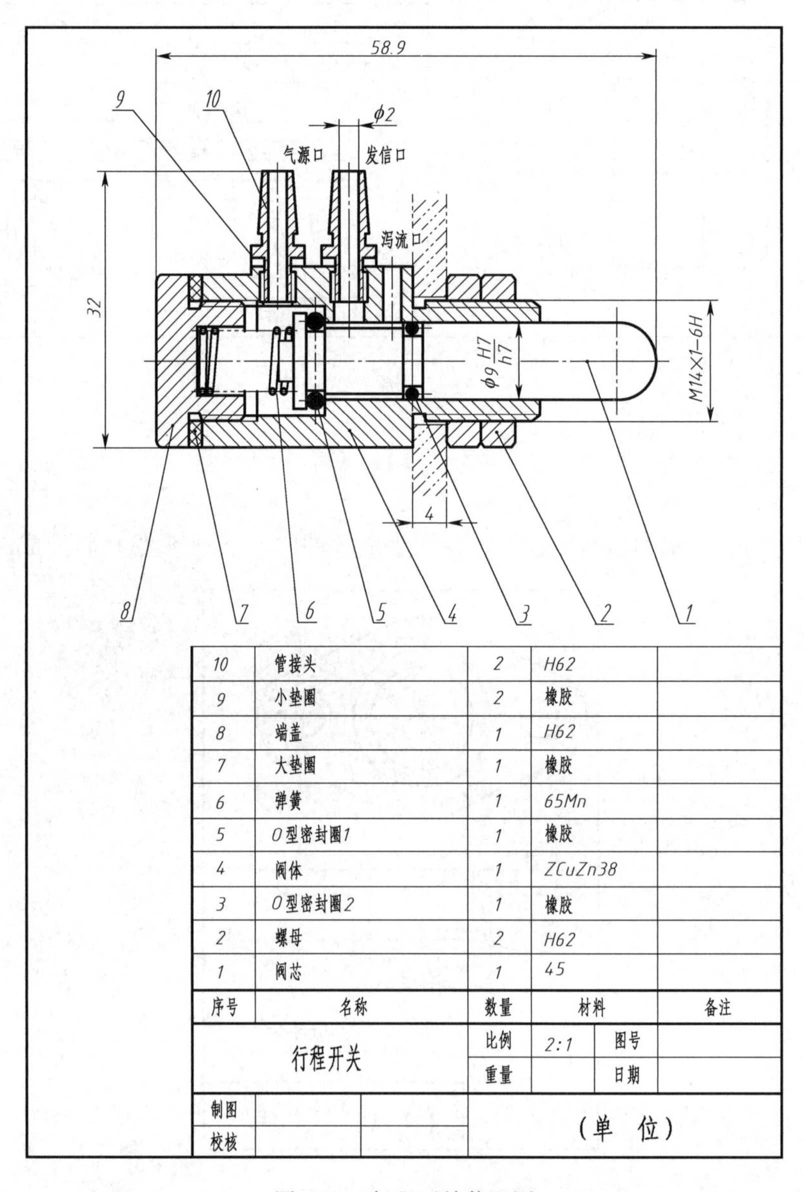

序号	名称	数量	材料	备注
10	管接头	2	H62	
9	小垫圈	2	橡胶	
8	端盖	1	H62	
7	大垫圈	1	橡胶	
6	弹簧	1	65Mn	
5	O型密封圈1	1	橡胶	
4	阀体	1	ZCuZn38	
3	O型密封圈2	1	橡胶	
2	螺母	2	H62	
1	阀芯	1	45	

行程开关		比例	2:1	图号	
		重量		日期	
制图			(单　位)		
校核					

图 7-85　行程开关装配图

3. 图 7-86 所示为齿轮泵装配体，试生成齿轮泵装配图，如图 7-87 所示。
4. 按照图 7-88 所示的泵体的零件图生成零件的三维模型，然后转换成二维工程图。

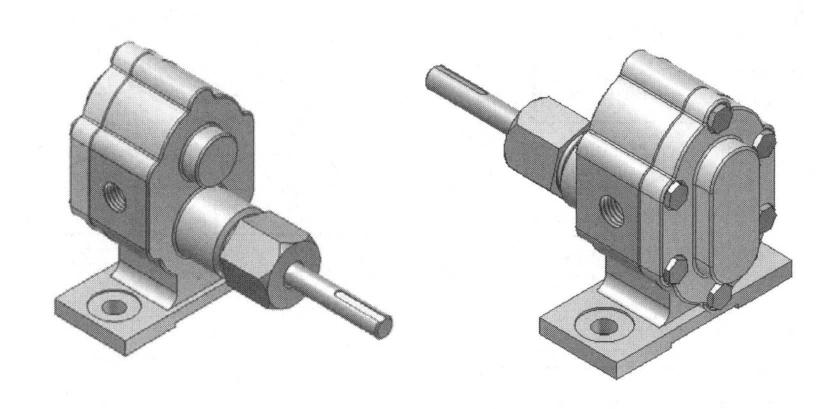

图 7-86　齿轮泵模型的装配体

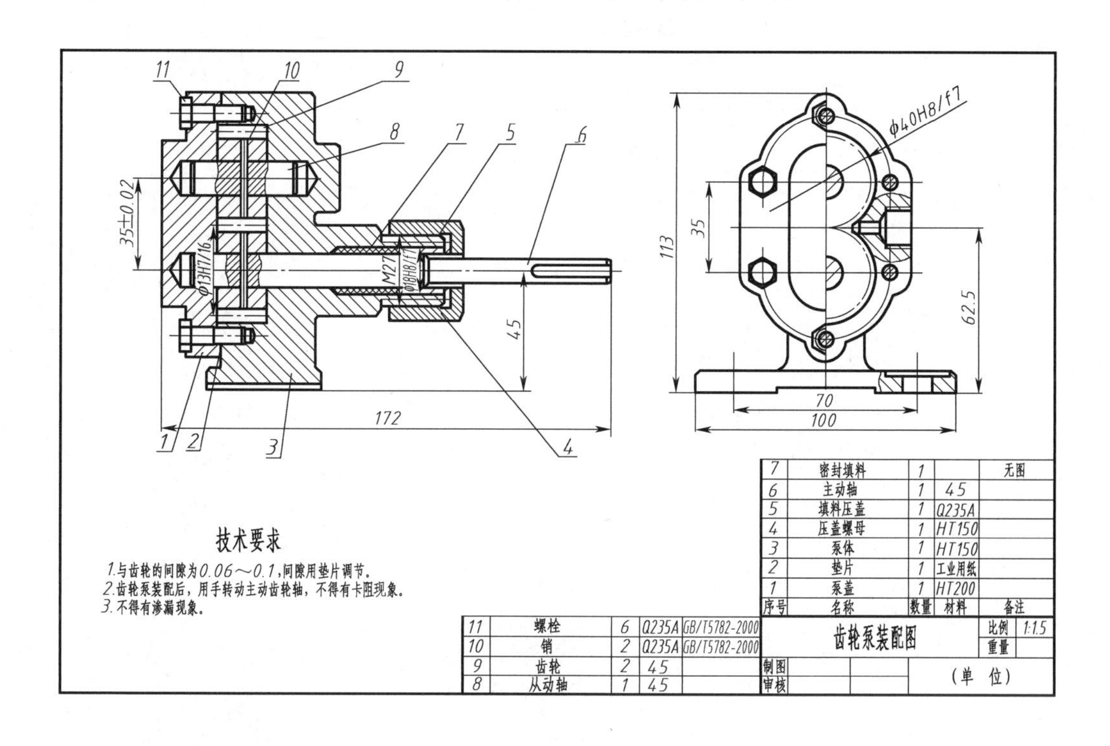

图 7-87　齿轮泵装配图

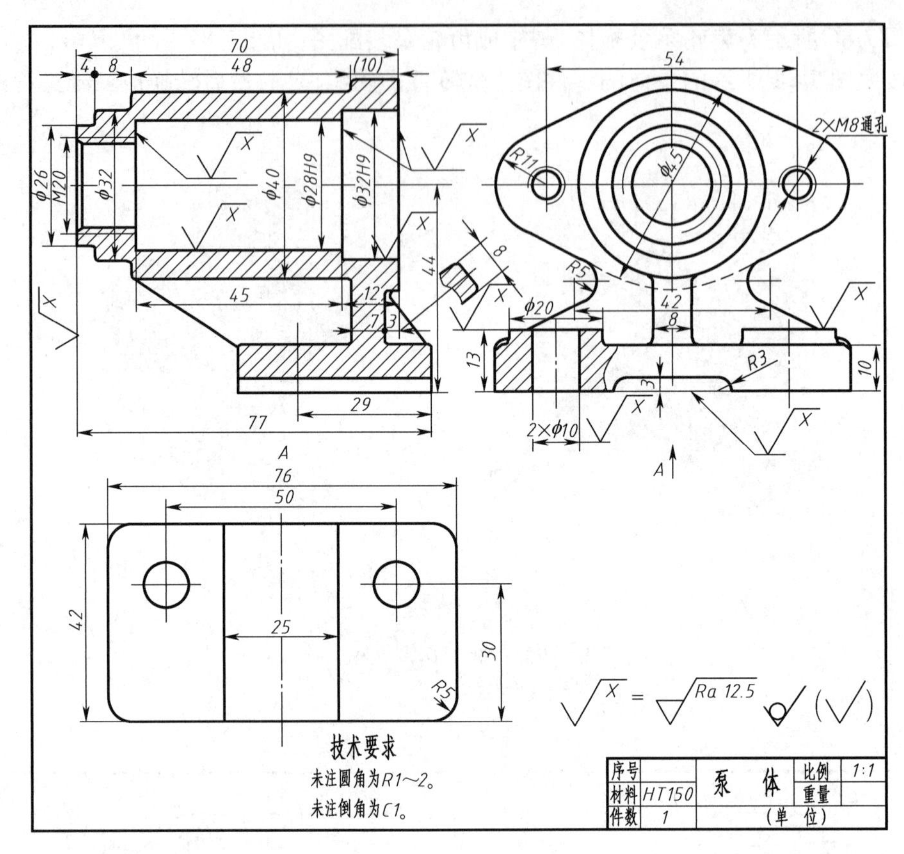
70
48
(10)
54
2×M8通孔
R11
ϕ45
ϕ26
M20
ϕ32
ϕ40
ϕ28H9
ϕ32H9
44
45
12
7.3
R5
42
8
ϕ20
13
10
R3
3
2×ϕ10
29
77
A
76
50
42
25
30
R5
Ra 12.5
技术要求
未注圆角为R1~2。
未注倒角为C1。
序号
泵　体
比例
1:1
材料
HT150
重量
件数
1
(单　位)

图 7-88　泵体的零件图

第 8 章　渲染与动画

学习目标

学习使用 Inventor Studio 功能创建渲染图像与动画制作的方法。

学习内容

1. 熟悉 Inventor Studio 的基本功能与作用。
2. 掌握使用 Inventor Studio 进行场景光源、阴影、材质、照相机等设置。
3. 掌握使用 Inventor Studio 制作产品渲染图像的方法。
4. 掌握使用 Inventor Studio 制作产品渲染动画的方法。

Inventor Studio 是集成在 Autodesk Inventor 中的渲染模块，相比较于专业渲染工具 Inventor 3D Max 其调用方便设置简单，也可以制作出优秀的渲染图片与动画。在 Inventor Studio 中可以对产品所处的场景样式、产品的阴影和反射情况，以及产品所处的光源进行调整和设置，在动画制作中可以对各零部件的运动顺序、速度、隐藏显示等做出精确的控制，并输出渲染图像和渲染动画。

使用 Inventor Studio 渲染得到的图像如图 8-1 所示。

图 8-1　Inventor Studio 渲染后的图像

8.1　渲染图像与渲染动画

8.1.1　场景光源、阴影、地平面反射、材质、局部光源与照相机设置

打开一个零部件或者装配体文件，单击工具面板“环境”选项卡中的“Inventor Studio”按

钮可启动 Inventor Studio 模块，进入渲染环境，如图 8-2 所示。在渲染前期准备中需要对光源与材质等内容进行设置，以期达到更好渲染效果。

图 8-2 “Inventor Studio”按钮

1. 场景光源设置

如图 8-3 所示，单击工具面板“渲染”选项卡中场景区域的 Studio 光源样式可以调出光源样式对话框。

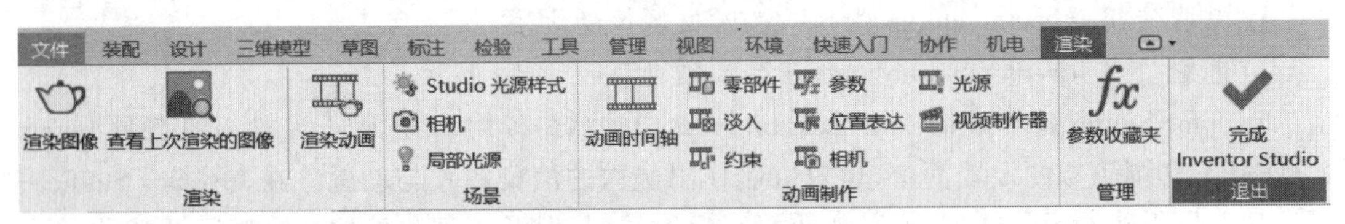

图 8-3 Studio 样式、相机、光源等设置工具

Studio 提供了 20 种不同的光源样式，如图 8-4 所示，选中“全局光源样式”中需要使用的样式并右击，在快捷菜单中选择“激活”便可创建“局部光源样式”并应用到渲染预览中，本例选择“边缘高光”样式作为演示，此时可直接选择保存后使用该样式，也可以单击“局部光源样式——边缘高光”命令对光源样式进行再调整。

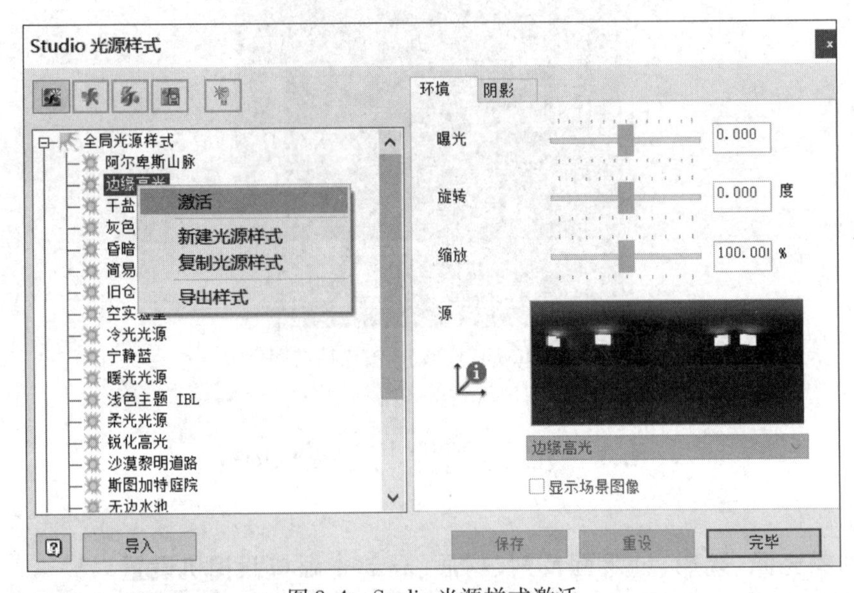

图 8-4 Studio 光源样式激活

如图 8-5 所示，在“环境”选项卡中可设置曝光、旋转、缩放值，其中调整曝光影响渲染图像的曝光量，旋转会使场景绕渲染对象进行旋转，缩放会改变渲染对象在光源场景中的比例大小，并且可以进一步选择不同的光源样式，通过 Studio 界面场景的实时变化来选择合适的样式，选中“显示场景图像”选项可调出场景背景。

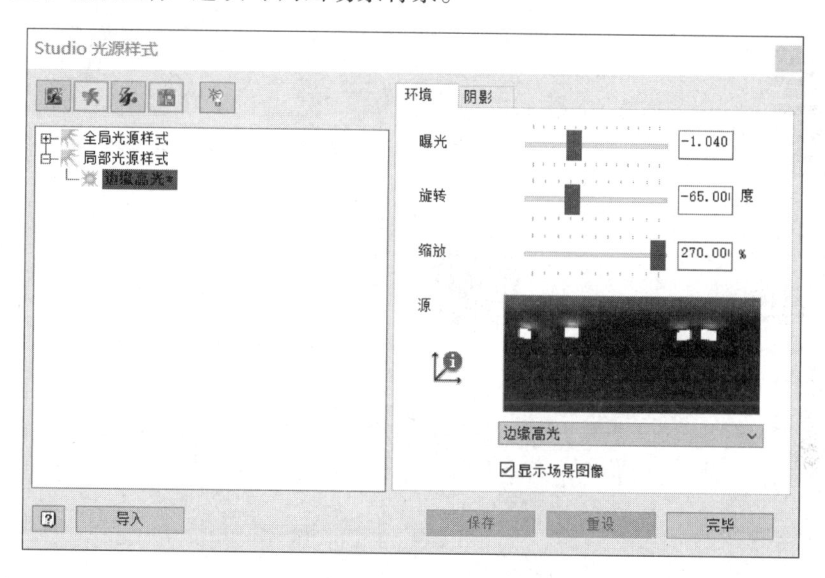

图 8-5　光源样式—“环境”选项卡

如图 8-6 所示，在“阴影”选项卡中可以对密度、柔和度、环境光阴影进行修改，其中调整密度可以改变物体的投影颜色深浅、柔和度可以改变投影边缘清晰度、环境光阴影可以改变光源对渲染对象细节展示效果的影响。在设置完成后单击“保存”和“完毕”按钮，退出“Studio 光源样式”对话框。

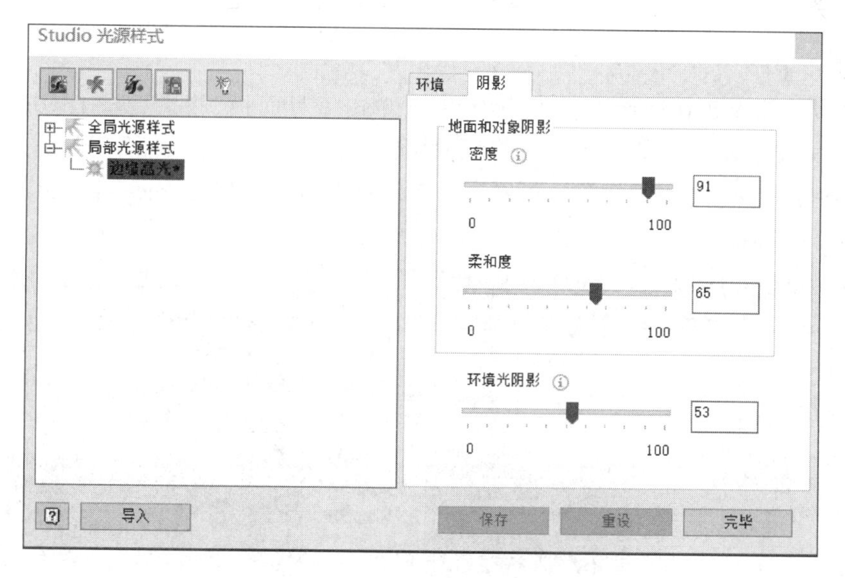

图 8-6　光源样式“阴影”选项卡

在“Studio 光源样式”设置面板中并不能对全局光源样式进行修改，如果想要调整，可通过单击工具面板“管理”选项卡中“样式编辑器”对已有光源样式进行设置，设置完成后单击“保存并关闭”按钮，如图 8-7 所示。

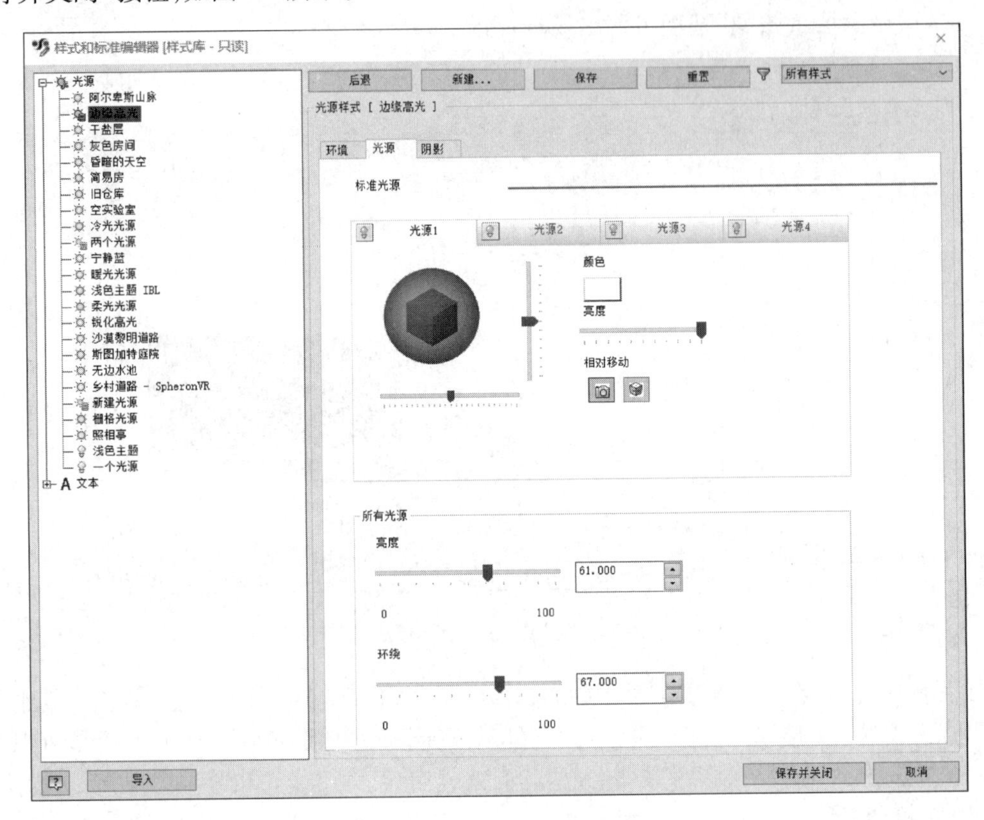

图 8-7　样式编辑器

2. 阴影设置

如果要使渲染对象在地面上投下阴影，需要单击工具面板“视图”选项卡中外观区域的“阴影”下三角按钮调出更多选项，选中“所有阴影”复选框可以调出地面阴影、对象阴影和环境光阴影，选择更多选择中的设置也可以进入样式编辑器对已有光源样式进行设置，如图 8-8 所示。

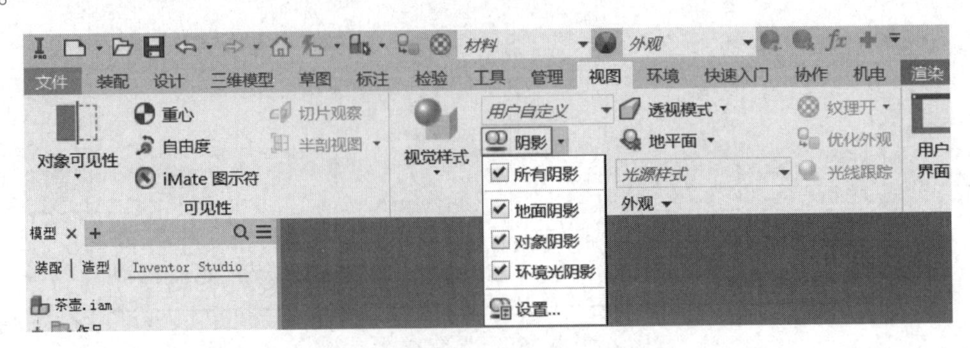

图 8-8　阴影设置

3. 地平面反射设置

如图 8-9 所示，如果要使渲染对象在地面上实现镜像反射效果，需要单击工具面板“视图”选项卡中外观区域的“反射”下三角按钮调出更多选项，勾选“反射”可以调出地面反射。

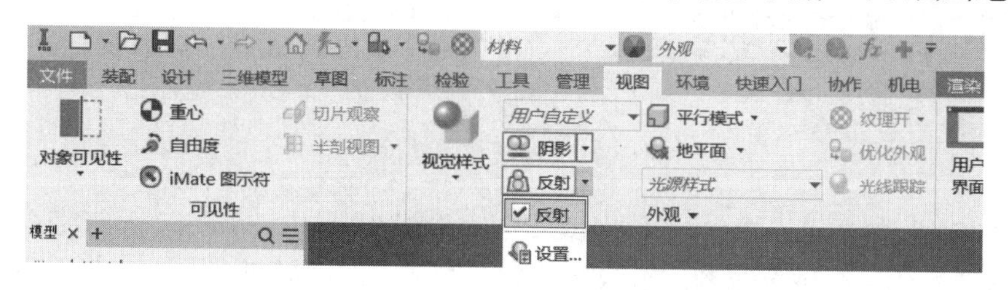

图 8-9　地面反射设置

如图 8-10 所示，在更多选项中单击设置弹出“地平面设置”对话框，可对其高度偏移量、反射量、平面颜色、模糊度等进行设置，通过实时预览调整到最优效果。

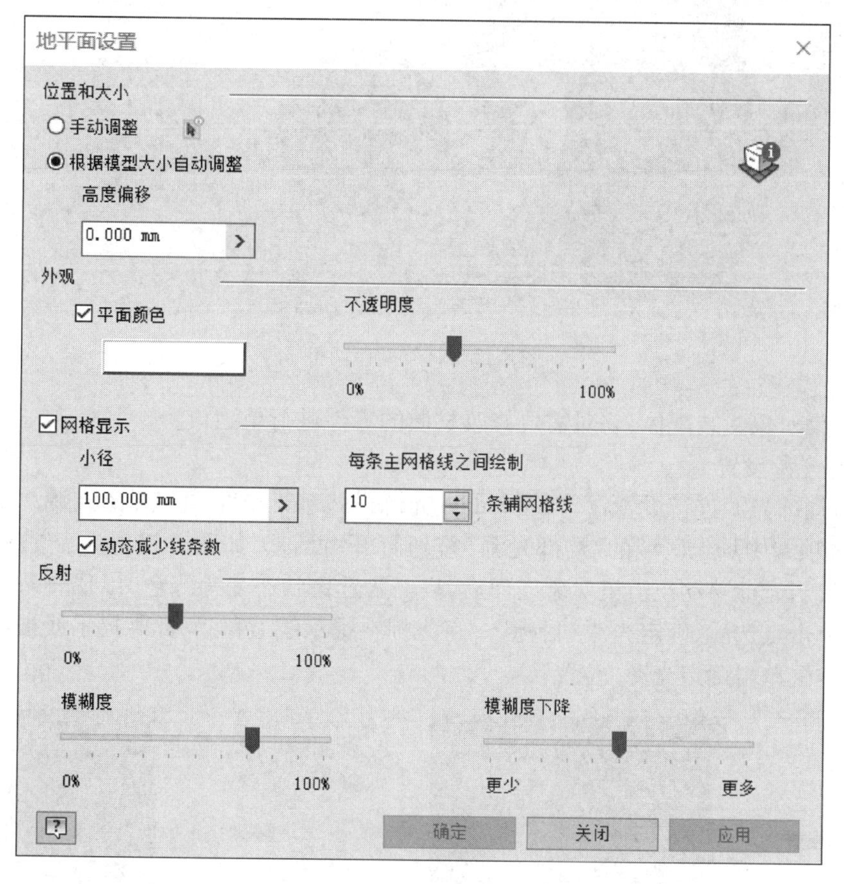

图 8-10　“地平面设置”对话框

4. 材质设置

如图 8-11 所示，通过外观设置可以给渲染对象一个适合的外观特征，当渲染对象为零件时，可以通过浏览器选中整个实体，单击“外观”下三角按钮打开更多选项，选择合适的材质，当前外观设置为“粗糙带纹理—棕土色”。

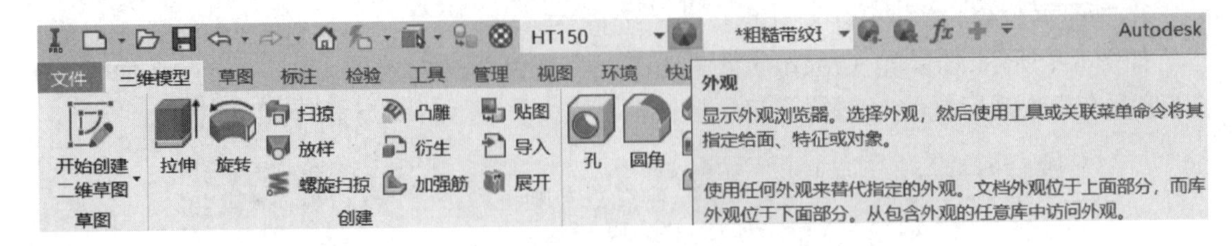

图 8-11　外观与调整设置

如图 8-12 所示，还可以单击打开“外观”按钮右侧的“调整”对话框，进行“取色”操作，之后可以对材质颜色进行微调或者重新定义。当点选某一表面后再单击设置材质，可以对选中表面进行单独设置。

图 8-12　材质颜色调整

如果渲染对象为装配体，要对需要修改材质的零件进行单独设置。

5. 局部光源设置

通过对局部光源进行设置，可以在 Studio 光源样式基础上添加需要的光源。单击工具面板“渲染”选项卡中场景区域的“局部光源”按钮打开对话框，如图 8-13 所示。首先对光源位置进行设置，当光标移动至渲染对象表面后，表面为选中状态变为绿色，出现一条垂直于表面的提示线，单击点选后，确定光源“目标”。将光标在提示线上移动，此时提示线被选中变为绿色，在合适位置单击确定光源“位置”。

（a）“目标”设置　　（b）“位置”设置

图 8-13　光源设置

如图 8-14 所示，在“常规”对话框中可以设置光源类型为点光源或者聚光灯光源、设置灯光方向，在“照明”对话框中设置光源的强度和颜色，如果知道光源在坐标系中的具体位置，可以在“点光源”对话框中对位置进行精确设置。如将光源类型设置为聚光灯光源，还可以对目标具体位置、聚光角和衰减角进行设置。

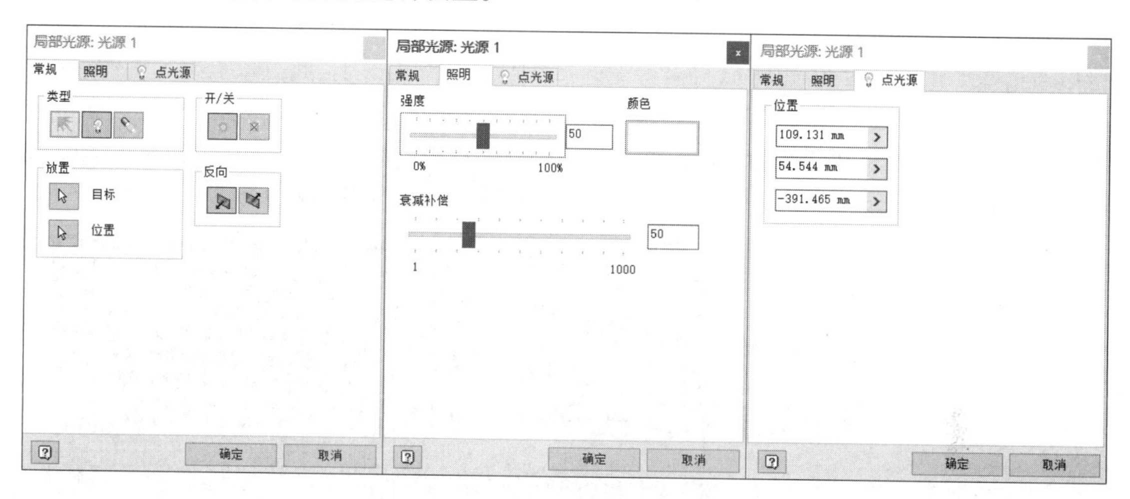

图 8-14 “局部光源”对话框

当初步设置完成后，如对当前光源方位不满意，可以单击已设置光源的“目标”点或者“位置”点，进行再次设置获得理想光源，操作方式为长按左键拖动鼠标。如图 8-15 所示，单击后在对应位置出现平移坐标系，其中长按拖动三根轴可以沿轴方向移动，长按拖动三个平面可以在平面上移动，拖动坐标原点可以任意位置移动。在之后的照相机设置界面也会用到此说明，不再赘述。

图 8-15 移动位置点

6. 照相机设置

通过设置照相机可以得到渲染对象的固定视角。单击工具面板“渲染”选项卡中场景区域的“相机”按钮打开对话框。对照相机位置的设置与局部光源方法一致，通过点选渲染对象表面和点选提示线合适位置，可以确定照相机的目标和位置，如对当前照相机方位不满意，可以单击已设置照相机的“目标”点或者“位置”点，分别拖动鼠标后获得合适的视角。在“照相机”对话框中可以设置相机旋转角度、视角缩放和景深，旋转角度会改变取景框与坐标系的角度关系，得到倾斜视角；缩放可以调整取景框大小，达到“超广角”效果。如图8-16所示，缩放可以通过拖动角度值改变，也可以直接将光标移动至取景框矩形上，此时取景框变为绿色，长按左键拖动鼠标以达到想要的效果；如图8-17所示，选择“景深”复选框可以达到对焦和背景虚化的效果，启用景深可以设置“近距离”和“远距离”的具体数值，或者选择“将焦平面链接到照相机目标”复选框使近距离、远距离在照相机目标位置点两侧对称分布。

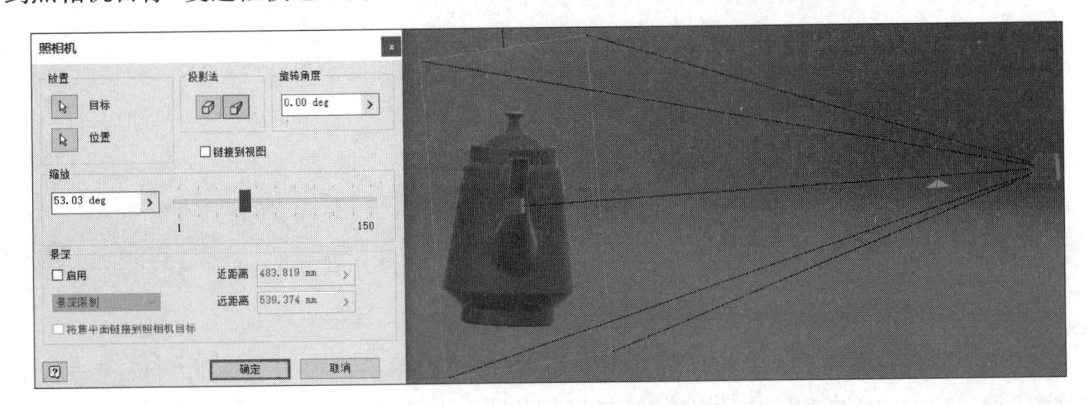

图8-16　照相机缩放设置

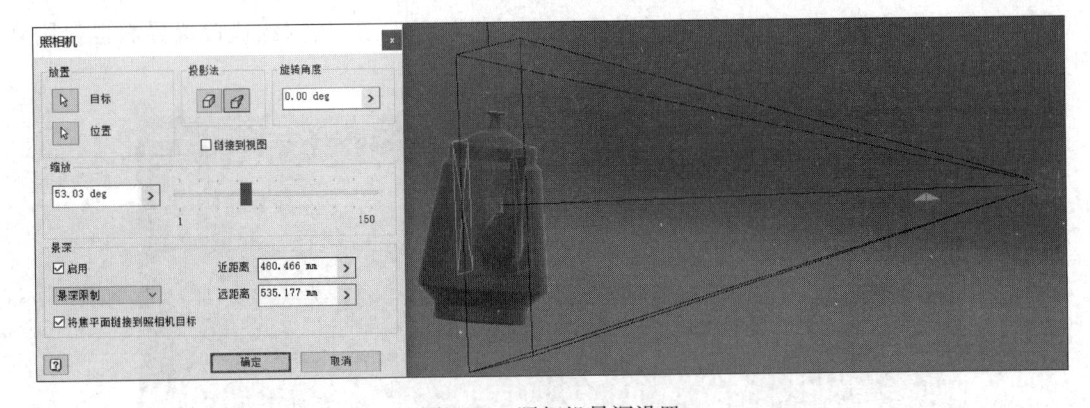

图8-17　照相机景深设置

如图8-18所示，如果通过位置调整依然不能得到理想的照相机视角，可以利用键盘上的【Shift】按键与鼠标滚轮将渲染对象旋转、缩放到合适状态，选中“链接到视图”复选框，可以将当前视图设置为照相机视角。通过该方法获得的“照相机”依然可以通过上述方式对位置、缩放、景深参数等进行修改。

8.1.2　渲染图像

完成上述场景光源、阴影、地平面反射、材质、局部光源与照相机设置后，可进行渲染图像的生成。

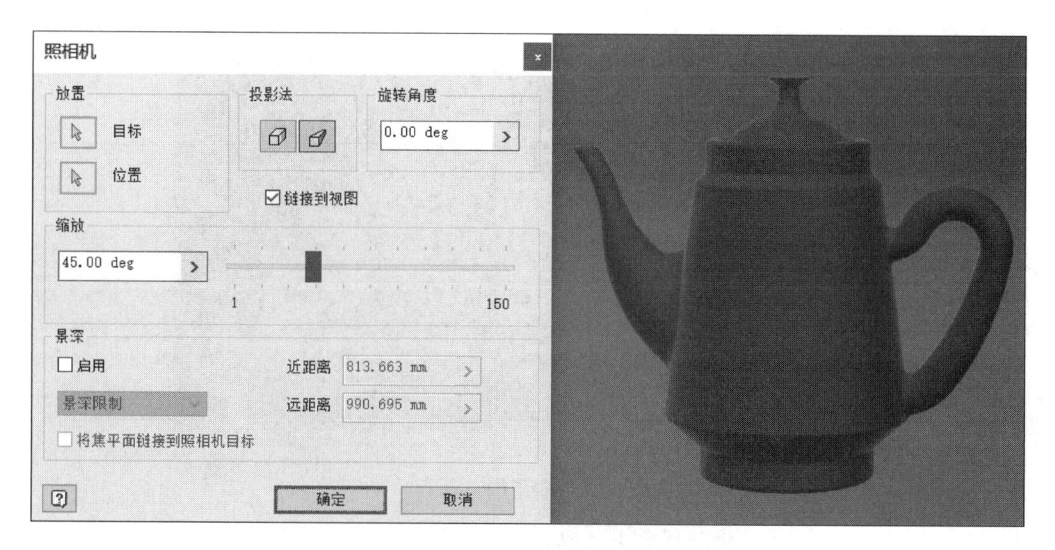

图 8-18　链接到照相机视图

如图 8-19 所示，单击“渲染”对话框最左侧的“渲染图像”按钮，打开“渲染图像”对话框。首先在“常规”选项卡中指定渲染图像的像素，选取已完成设置的照相机视角，以及光源样式。然后切换到“渲染器”选项卡，可以指定渲染时间、迭代次数或者选择“直到满意为止”选项，选择光源和材料精度，指定反走样等级；在“输出”选项卡中设置渲染图像的保存位置，也可以渲染结束后再进行保存。以上设置完成后，单击对话框中的“渲染”按钮，开始渲染。渲染结束后单击“保存”按钮保存渲染图像，如图 8-20 所示。

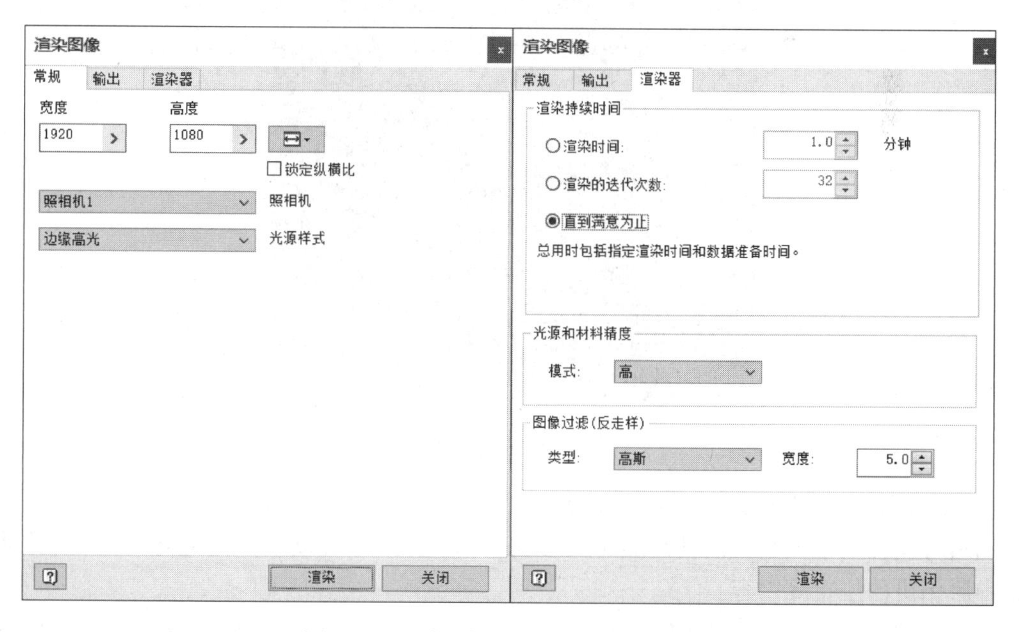

图 8-19　渲染“常规”及“渲染器”选项卡

图 8-20　渲染图片保存

8.1.3　渲染动画

在 Inventor Studio 模块中，通过驱动约束可以生成渲染动画。装配体模型在录制渲染动画前，首先应该添加相关驱动，然后设置场景光源、材质等内容，配置动画时间轴，最后生成动画。这里以图 8-21 所示的蜗轮减速器模型为例介绍动画时间轴的配置，以及动画的生成有关内容。

图 8-21　蜗轮减速器

1. 动画时间轴的配置以及约束动画制作

动画时间轴用于控制整个动画的时长、速度，各步骤动作在动画中的起止时间，以及动画过程中照相机的位置等内容。

如图 8-22 所示，单击工具面板渲染选项卡下动画制作区域的“动画时间轴”按钮，打开动画时间轴。如图 8-23 所示，单击“动画选项”按钮对动画进行整体设置，可在打开的对话框中设置动画的时常、速度等，现在将动画时长设为 8.0 s，速度使用默认设置。单击“展开操作编辑器”可以展开时间轴方便编辑。

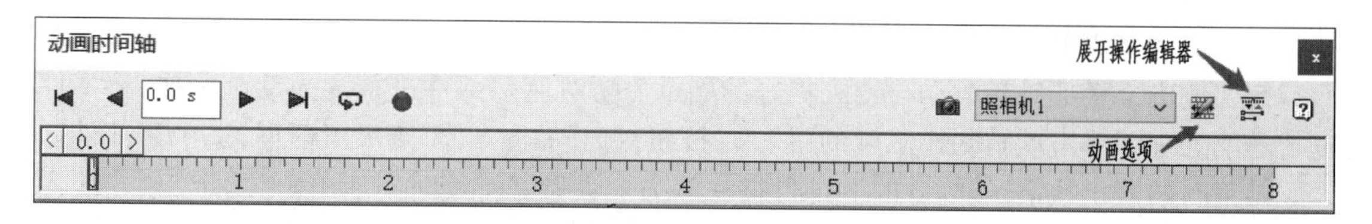

图 8-22 动画时间轴

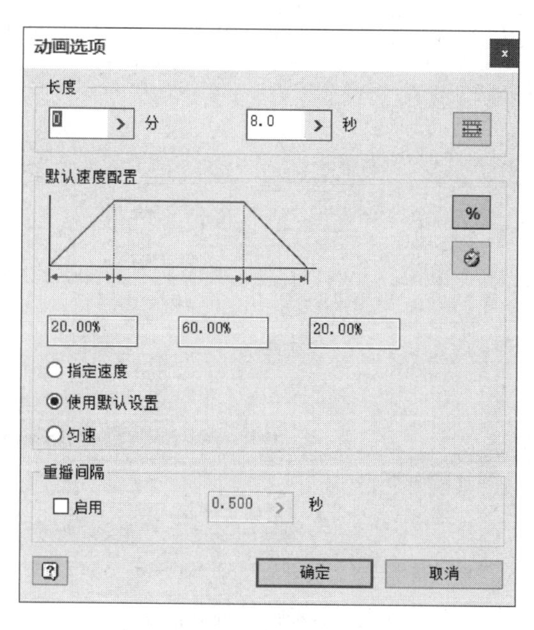

图 8-23 “动画选项”对话框

接下来通过为约束添加驱动的方式来约束动画制作的。如图 8-24 所示，展开浏览器，选中需要驱动的约束并右键单击，选择右键菜单中的“约束动画制作”。在打开的对话框中设置该约束的动作范围与动作持续时间，设置完成单击确定后可在动画时间轴生成一段 8 s 的蓝色动作控制条，悬停在控制条上方可查看此动作的基本参数，通过拖动动作控制条端点，可调整动作初始时间，选中控制条并右击可进行编辑、删除、镜像等操作。

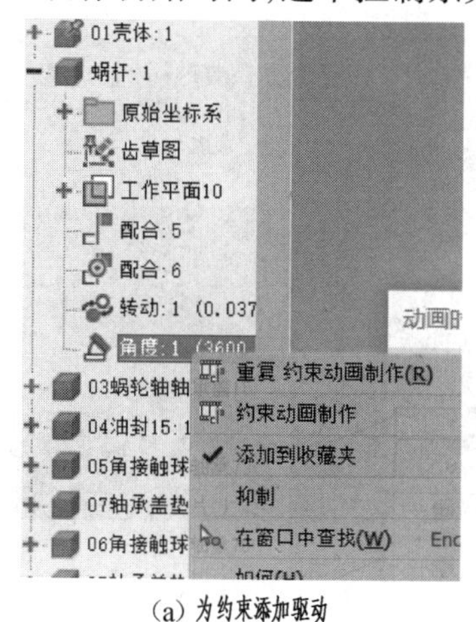

(a) 为约束添加驱动

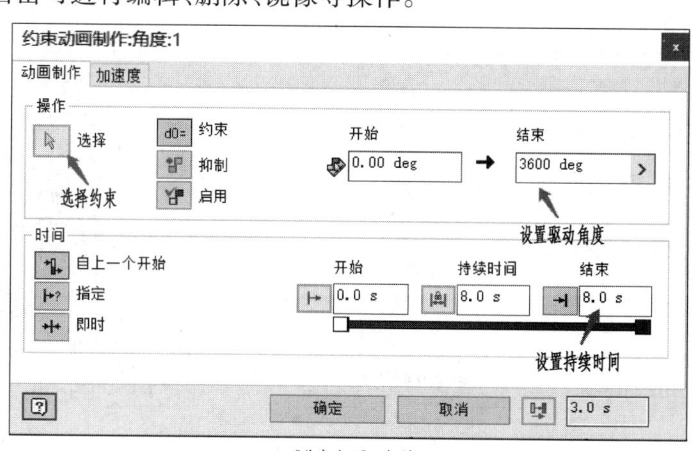

(b) “约束动画” 对话框

图 8-24 “约束动画”制作

2. 淡入动画制作

想要使内部零部件在运动时得到更好的展示需要对遮挡部件进行淡入动画制作，将零件进行透明处理。单击动画制作区域的“淡入”按钮，打开如图8-25所示对话框，选中零部件后设置结束时的淡化数值，其为0时零部件彻底消失。设置好持续时间后单击“确定”创建淡入动画。

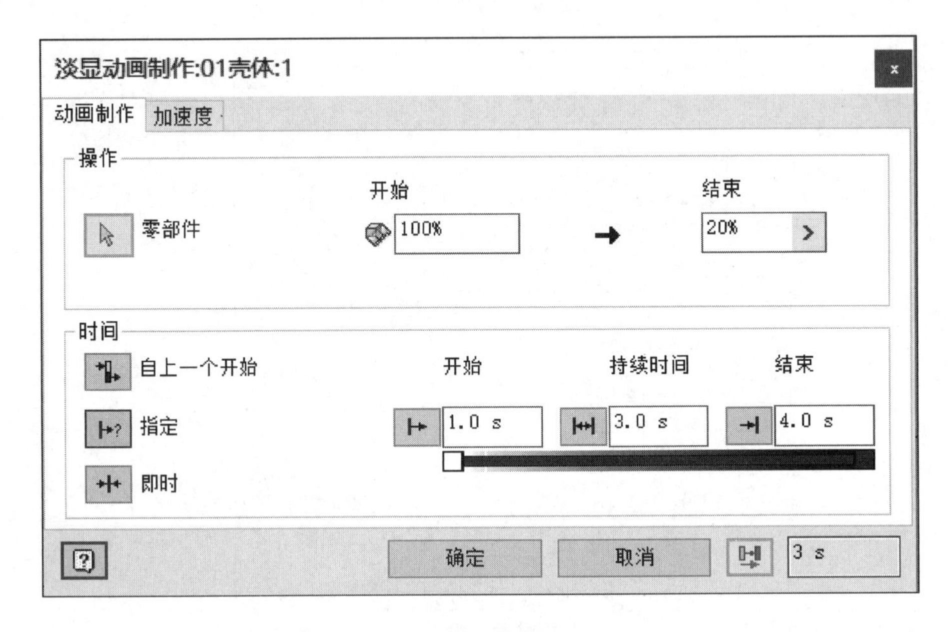

图8-25 “淡入动画”制作

3. 零部件动画制作

想要使渲染动画中出现零件拆解动作，需要对零部件动画进行设置，在移动零部件之前需要将已存在的限制移动的约束去除。单击动画制作区域的“零部件”按钮，打开如图8-26所示对话框。通过长按【shift】键点选多个需要同时移动的零部件后，单击“位置”按钮出现移动坐标系可以进行位置移动操作，设置好路径与持续时间后单击“确定”创建零部件动画。

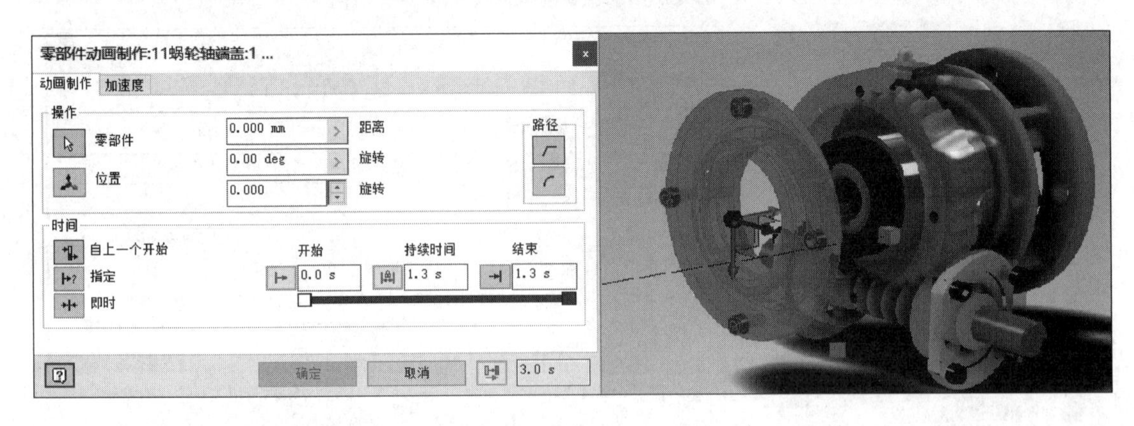

图8-26 “零部件动画”制作

4. 相机动画制作

设置相机动画可以让渲染动画具有视角变化。首先添加一个初始状态照相机，然后单击动画制作区域的“相机”按钮，打开如图 8-27 所示对话框，在“照相机—动画制作”对话框单击“定义”可以设置照相机第二视角，在如图 8-27(c)所示对话框可以设置照相机目标与位置也可以调整好角度后勾选“链接到视图”，或者在如图 8-27(b)所示选择“转盘”选项，设置旋转轴与转数。

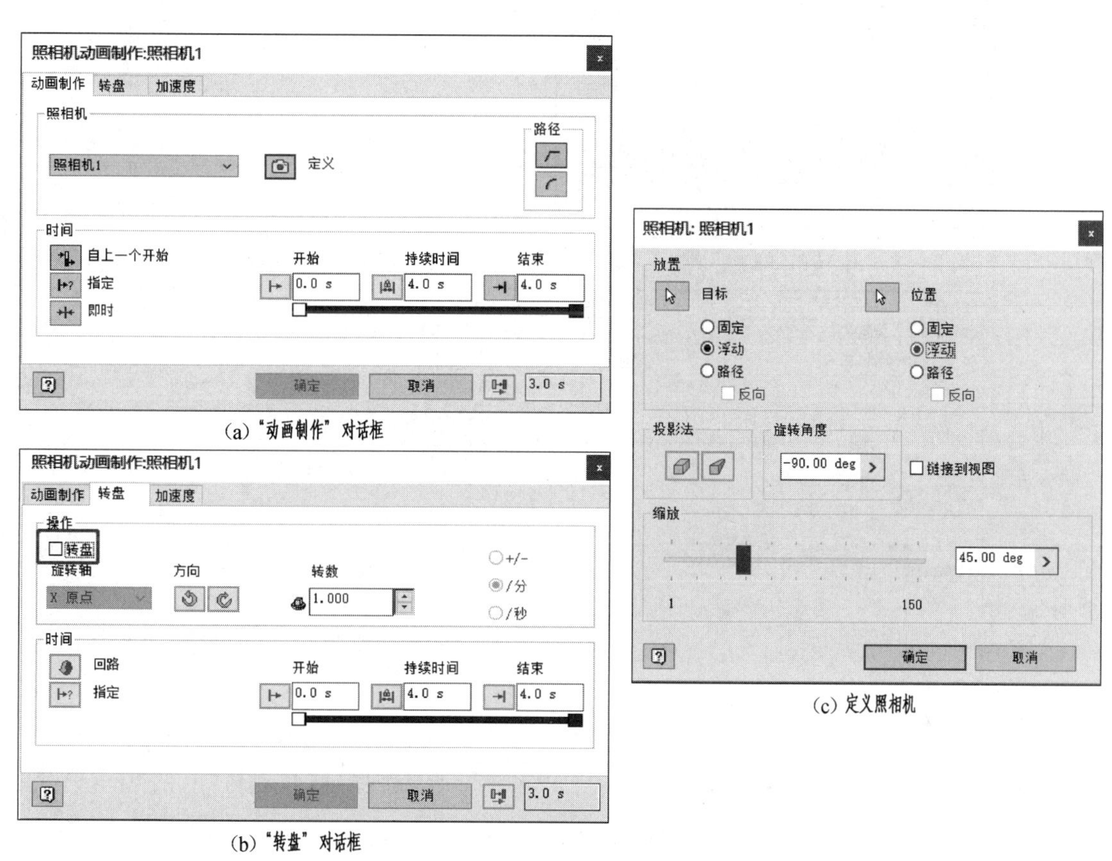

(a) “动画制作”对话框

(b) “转盘”对话框

(c) 定义照相机

图 8-27　“相机动画”制作

设置好持续时间后单击“确定”按钮创建相机动画，渲染动画视角会从照相机 1 视角在设置时间内逐渐变为已定义视角或者旋转已设置的转数。

5. 动画生成

场景光源、材质及动画时间轴设置完成后，可进行渲染动画的生成。如图 8-28 所示，单击“渲染动画”按钮打开对话框，在“渲染动画—常规”对话框中指定渲染图像的像素，选取照相机与光源样式。在“渲染动画—输出”对话框选择输出路径与输出动画时间范围，如果选中“预览:无渲染”选项则会逐帧剪切画面拼接视频，如果未勾选，在“渲染动画—渲染器”对话框可以设置总渲染时间或者每一帧迭代次数。相关设置配置完成后，单击对话框的“渲染”按钮进行动画的生成。

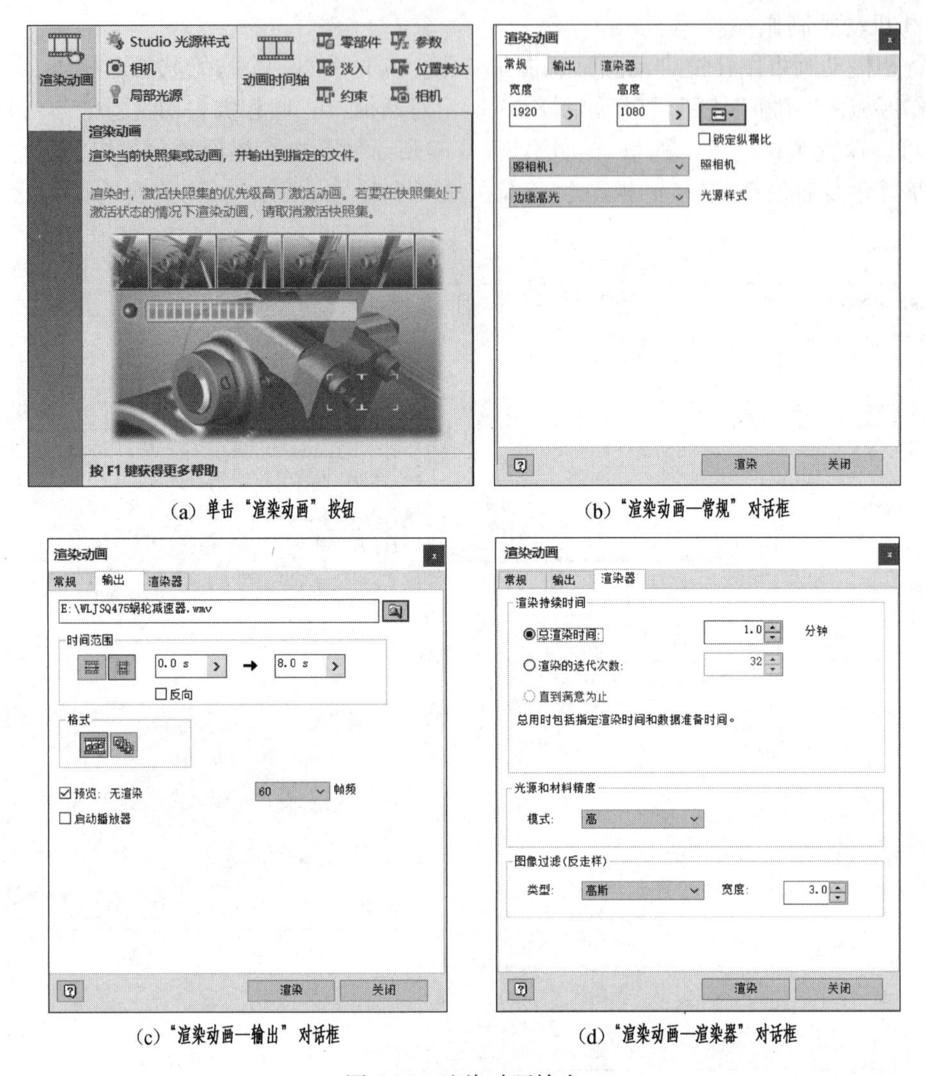

(a) 单击“渲染动画”按钮　　(b)“渲染动画—常规”对话框

(c)“渲染动画—输出”对话框　　(d)“渲染动画—渲染器”对话框

图 8-28　渲染动画输出

8.2　渲染与动画应用举例

8.2.1　蜗轮减速器渲染图像制作

1. 任务

蜗轮减速器如图 8-21 所示，完成该模型渲染图像的制作。

2. 操作步骤

(1)打开“蜗轮减速器.iam”，在工具面板“视图”选项卡中选中“所有阴影”与“反射”复选框，在工具面板环境中打开 Inventor Studio 进入渲染环境。

(2)单击“Studio 光源样式”按钮打开如图 8-29 所示对话框，设置合适的环境、阴影等参数，设置完成后单击“保存”按钮，单击“完毕”按钮关闭对话框。

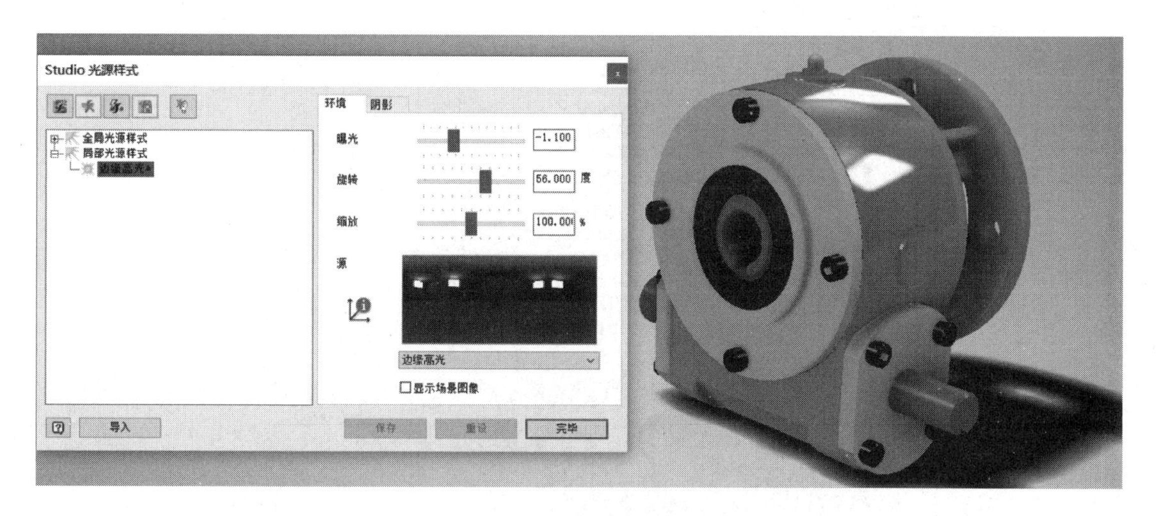

图 8-29　减速器光源样式设置

(3)单击“相机”按钮,打开如图 8-30 所示“照相机”对话框,在需要渲染的视角设置照相机,调整完毕后单击“确定”按钮。

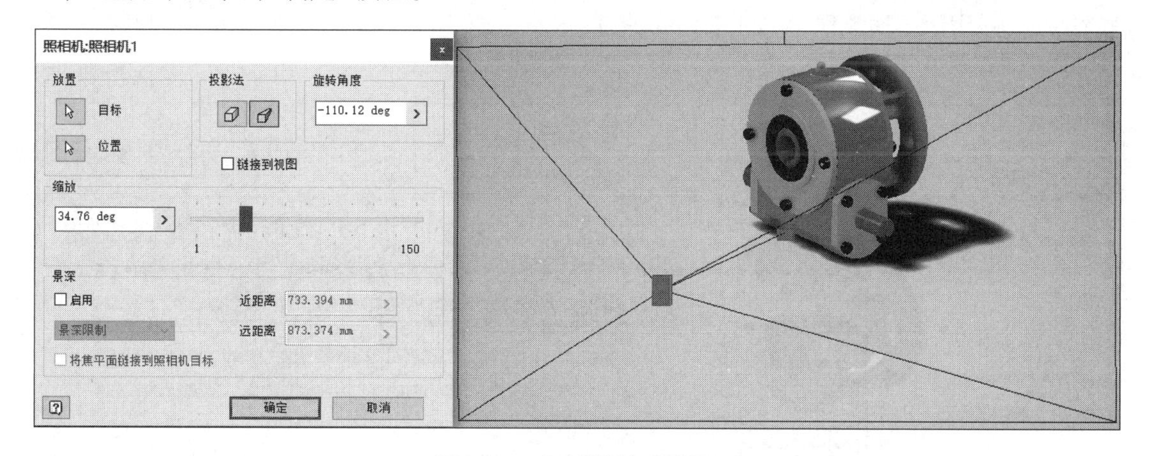

图 8-30　减速器照相机设置

(4)单击“渲染图像”按钮,在打开的对话框中设置像素大小、照相机视角、迭代次数与精度,单击“渲染”按钮,渲染结果如图 8-31 所示,迭代完成后保存图片。

8.2.2　蜗轮减速器渲染动画制作

1. 任务

按照 8.1.3 中的方法,完成蜗轮减速器渲染动画的制作。

2. 操作步骤

(1)打开“蜗轮减速器 . iam”,在 8.2.1 的基础上继续完成渲染动画制作。在工具面板“视图”选项卡中选中“所有阴影”与“反射”复选框,在工具面板环境中打开 Inventor Studio 进入渲染环境。

(2)按照 8.1.3 所示方法对约束动画、淡入动画、零部件动画、相机动画进行时间轴配置,

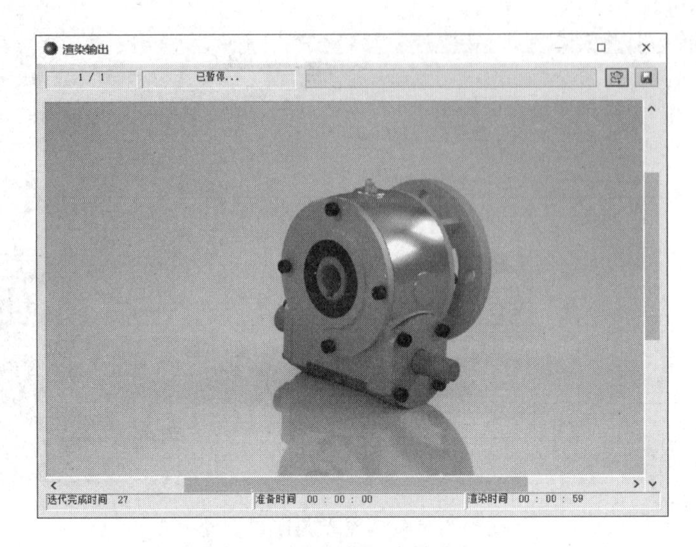

图 8-31　减速器渲染输出界面

对动画长度和速度进行设置，时间轴效果如图 8-32 所示。动画内容为以蜗杆轴为动力源的旋转驱动演示，中间穿插螺栓与端盖的拆除动画、箱体等部件的淡化动画、相机视角的旋转与平移动画效果，调整完毕后可以单击三角形“播放动画”按钮查看效果。

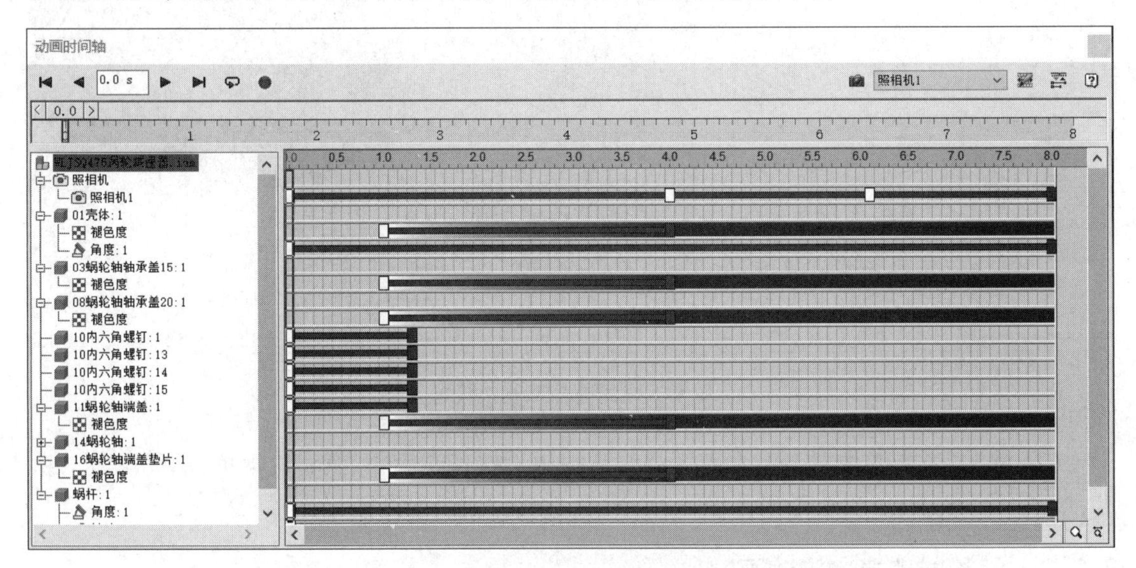

图 8-32　动画时间轴配置

（3）单击“渲染动画”按钮，如图 8-33 所示，在打开的“渲染动画”对话框常规选项中设置视频像素与光源样式，在“输出”选项卡中设置存储位置、动画时长与格式（如输出视频请选择视频格式），建议选中“预览：无渲染”复选框，可以进行快速动画生成。设置完成后单击“渲染”按钮，弹出如图 8-34 所示“ASF 导出特征”对话框。为使导出视频更清晰，在弹出的“ASF 导出特征”对话框中设置网络宽带为“自定义”方式，指定其参数为 1 500 Kbps，图像大小根据需求设置，单击“确定”按钮开始动画渲染，渲染效果如图 8-35 所示。

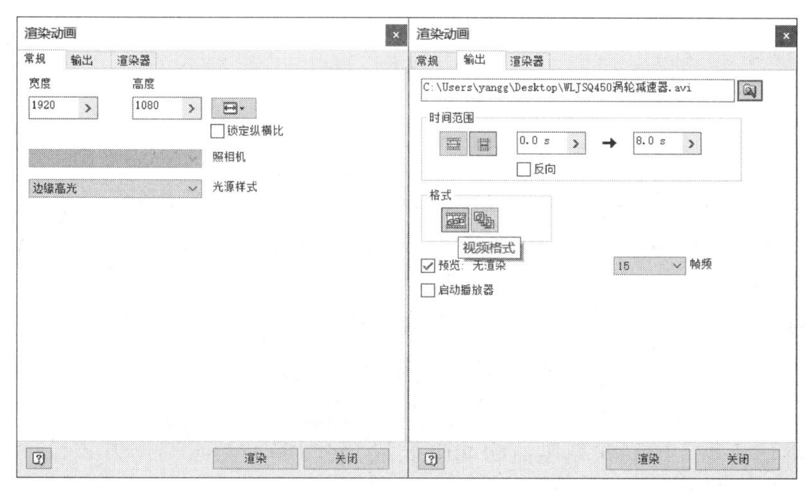

图 8-33　“渲染动画”对话框

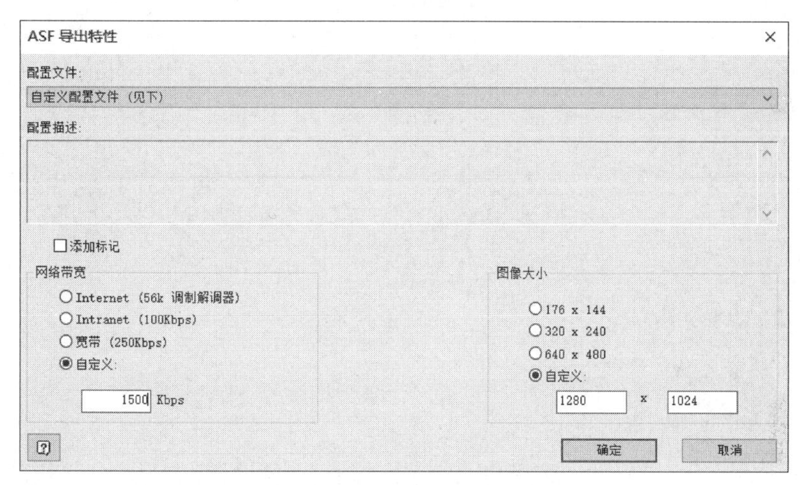

图 8-34　“ASF 导出特性”对话框

图 8-35　减速器渲染动画

练 习 题

1. Inventor Studio 具有哪些功能？在产品设计中发挥着什么作用？

2. 如何在 Inventor Studio 进行场景、光源、材质、照相机等设置？

3. 如何使用 Inventor Studio 制作产品渲染图像？

4. 如何使用 Inventor Studio 制作产品渲染动画？

5. 使用不同的光源样式与照相机视角，输出图 8-21 所示的蜗轮减速器模型的渲染图 3 张。

6. 重置本章 8.2.2 中蜗轮减速器的动画设置，利用多种动画制作方式设计动画时间轴，输出蜗轮减速器模型的渲染动画。

参 考 文 献

[1] 窦忠强,曹彤,陈锦昌.工业产品设计与表达[M].3 版.北京:高等教育出版社,2016.
[2] 窦忠强,杨光辉.工业产品类 CAD 技能二、三级(三维几何建模与处理)Autodesk Inventor 培训教程[M].北京:清华大学出版社,2012.
[3] 刘之汀.工业产品类 CAD 技能二、三级(三维几何建模与处理)Solid Edge 培训教程[M].北京:清华大学出版社,2011.
[4] 侯洪生,闫冠,谷艳华.机械工程图学[M].5 版.北京:科学出版社,2022.
[5] 大连理工大学工程图学教研室.机械制图[M].7 版.北京:高等教育出版社,2013.
[6] 万静,许纪倩.机械制图[M].2 版.北京:清华大学出版社,2016.